■ 程洁红　孔　峰　编著

环境污染治理

技术与实训

第二版

化学工业出版社

·北京·

本书是一本以培养高层次应用型人才应用能力和创新能力为目的，综合运用污染治理技术，重点介绍环境污染治理技术技能培养和实验能力应用的简明培训教程。

第二版修订时对第一版内容进行了大量删减、修正和精炼，如对第一版涉及的固体废弃物的成分分析、渗沥毒性测试、无害化、稳定化、材料化等方面的实验，进行了提炼和删改。另外，还删除了部分操作难度大、无法得知实际效果的实验。全书由四部分构成。第一部分为环境污染治理专业基础实验，侧重于基础实验技能的训练。第二部分为综合性、设计性实验，是建立在验证性实验的基础上，对各类专业基础实验项目进行综合，设计了环境监测和三废治理的综合性、设计性实验。第三部分为探究性实验，是探索如何提高读者科研能力，为未来科学研究工作奠定基础。第四部分是技能培训，包括污水处理工的技能鉴定培训内容。本书内容实用，既有经典实验项目，也有创新性实验，可操作性强。通过本书学习，可使读者掌握环境污染治理技术实际内容，达到举一反三的目的。

本书可供广大从事环境科学研究、环境治理保护工作、环保设备生产企业的科技人员、工程技术人员及管理人员参考，也可作为工科院校相关专业师生教学参考书、教材或技术培训用书。

图书在版编目（CIP）数据

环境污染治理技术与实训/程洁红，孔峰编著．—2版．北京：化学工业出版社，2017.10（2022.11重印）
ISBN 978-7-122-30360-8

Ⅰ.①环…　Ⅱ.①程…②孔…　Ⅲ.①环境污染-污染防治　Ⅳ.①X5

中国版本图书馆CIP数据核字（2017）第184157号

责任编辑：朱　彤　　装帧设计：刘丽华
责任校对：王　静

出版发行：化学工业出版社（北京市东城区青年湖南街13号　邮政编码100011）
印　　装：北京科印技术咨询服务有限公司数码印刷分部
787mm×1092mm　1/16　印张17¼　字数478千字　2022年11月北京第2版第2次印刷

购书咨询：010-64518888　　售后服务：010-64518899
网　　址：http://www.cip.com.cn
凡购买本书，如有缺损质量问题，本社销售中心负责调换。

定　　价：68.00元

前言

《环境污染治理技术与实训》一书于2012年4月出版以来，受到广大读者的关注，读者反映较好，充分表明这是一本内容丰富、深入浅出、图文并茂、理论与实践并重的工程技术书籍，也是一本实用而简明的环境工程专业实验参考书籍。

但是在第一版出版后的近5年时间里，我国不仅环境污染治理技术水平发展很快，不断有新技术、新方法出现，而且环境工程专业领域的实验教学方法也在不断改进和完善之中。此外，近年来本科教学水平评估以及正在开展的专业评估、工程教育专业认证等活动，都进一步促进了实验教学的改革，从原来的验证性实验逐步发展成为以实验项目为主的多元化、多层次的教学实验。

因此，为了适应环境污染治理技术与实践的新要求，笔者对第一版进行了修订，对一些内容进行了修改和调整。主要修改内容如下。

由于第一版中有些内容过于繁复，不够精练，并且包括了一些重复性的理论知识介绍，也存在少量疏漏，第二版修订时中将这些内容进行删减、修正和精练。第二版对第一版涉及的固体废弃物的成分分析、渗沥毒性测试、无害化、稳定化、材料化等方面的实验，进行了提炼和删改，同时删除了第10章内容，因该部分内容涵盖在环境工程本科专业课程中。另外，还删除了部分操作难度大、无法得知实际效果的实验，如“垃圾渗滤液的污染物在包气带中的迁移”的探究性实验等内容。

全书由程洁红和孔峰编著，感谢江苏理工学院化学与环境工程学院的蒋莉、高永、陈娴、路娟娟等对本书编写给予的帮助。全书由程洁红负责统稿和定稿，程洁红、孔峰、陈娴负责校对。本书第二版的出版获得了江苏理工学院环境工程校重点学科资助。

由于笔者水平和经验有限，本书仍有不足之处，热忱希望广大读者提出宝贵意见。

编著者

2017年8月

第一版前言

经济和社会的发展，导致环境污染现象加剧，水、气、声、固四方面的环境污染物不断翻新，新的环境污染问题不断出现，对环境污染治理技术人才提出更高、更新要求，因此，社会越来越需要具有较强应用能力和创新能力，具有能针对环境污染问题，综合运用污染治理技术，确定环境污染治理工艺的高层次应用型人才，而目前大多数验证性实验已经不能满足当前人才培养的最新要求。

环境工程专业是一门实践性很强的专业学科，该专业的主干课程如《环境监测》、《环境微生物学》、《水污染控制工程》、《大气污染控制工程》、《固体废弃物处理与处置》、《物理性污染控制工程》等课程都必须开设实验。目前还没有一本将以上课程实验融合在一起的实验教程。现有的与环境工程专业有关的实验教材或书籍，又大多以常规、验证性实验为主，而编入综合性、设计性实验及更深入的研究性、探索性实验内容的简明实验教程并不多见。

目前我国职业资格证书制度已经比较完善，每年需要参加职业技能鉴定的人数不断增加，环保行业大部分要求从业人员拥有职业资格证书。在上述情况下，编者总结了多年教学和实践经验，在长年从事工种职业技能鉴定和培训工作基础上，组织一线人员编写了这本《环境污染治理技术与实训》简明教程。

本书以循序渐进为主，共分为四部分。第一部分为环境污染治理专业基础实验，包括环境分析监测基础实验、环境微生物实验、金属分析测试实验和环境污染治理基础实验。专业基础实验为验证性实验，侧重于基础实验技能的训练。第二部分为综合性、设计性实验，是建立在验证性实验的基础上，对各类专业基础实验项目进行综合，设计了环境监测和三废治理的综合性、设计性实验。第三部分为探究性实验，是将编者部分成熟的科研成果转化为实验项目，使读者接触环境工程领域的研究前沿，提高读者科研能力，为未来科学研究工作奠定基础。第四部分是技能培训，包括污水处理工和三废处理工两个工种的技能鉴定培训内容。

本书的特点是符合环境工程专业本科人才培养目标要求，内容实用，由浅入深，从专业基础到应用，既有经典实验项目，也有创新性实验，可操作性强。通过本书学习，可使读者掌握环境污染治理技术的使用方法，并能达到举一反三的目的。本书可供广大从事环境科学研究、环境治理保护工作、环保设备生产企业的科技人员、工程技术人员及管理人员参考，也可作为工科院校相关专业师生教学参考书、教材或技术培训用书。

全书由程洁红和孔峰任主编、副主编，参加本书编写的教师还有蒋莉、高永、陈娴、路娟娟，由程洁红负责统稿和定稿，程洁红、孔峰、陈娴负责校对。本书在编写过程中得到了上海交通大学朱南文教授和江苏技术师范学院周全法教授的热心指导，在此表示衷心感谢！

由于编者时间有限，书中不足之处在所难免，恳请同行专家、学者和广大读者不吝指教，提出宝贵意见。

编　者

2012 年 2 月

目录

第三篇 探究性实验

第四篇 技能培训

第1章 绪论

1.1 目的与任务

自然科学除数学外，几乎都可以说是实验科学，离不开实验技术。实验不仅用来检验理论正确与否，而且大量的客观规律、科学理论的发现与确立都是从科学实验中总结出来的，因此实验技术是科学研究的重要手段之一。

实验教学是教学环节中的重要组成部分，是理论教学的继续、补充、扩展和深化。环境工程本身就是工程类学科，需要大量的实验解决科学问题，因而实验技术更为重要。一些现象、规律、理论，需要通过实验来验证和掌握。就是工程设计、运行管理中的很多问题，也都离不开实验，需要通过实验确定相关参数，解决相关问题。例如，废水处理工程中活性污泥系统沉淀池的设计，其污泥沉速与极限固体通量等重要设计参数都要通过实验测定，才能正确地选择。同时，环境工程实验可应用于指导水监测、处理的研究，改进现有工艺、设备以及研究新工艺、设备。因此，在学习环境工程有关专业课程的同时，必须加强环境污染治理技术的实验学习，注意培养自己独立解决工程实践中一些实验技术问题的能力。

本书的实验分为以下五种类型。

（1）演示性实验　演示性实验就是由实验指导教师操作，学生观摩的实验。由于实验操作复杂，难度较大，若让学生操作则超过本科教学培养的目标要求，但同时学生又必须对实验内容、先进的实验方法和现代实验仪器有所认识和了解，因此需要实验教师操作演示。或者实验操作量较少，经实验教师准备后，大部分是由仪器设备完成的实验。本书的演示性实验较少，出现在第5章。

（2）验证性实验　验证性实验是结合学生在课堂上所学的理论知识，为验证某个理论而进行的、预先知道实验结论的实验。学生通过验证性实验更好地消化吸收课堂上所学的理论知识。本书第一篇专业基础实验基本上均为这部分实验。

（3）综合性实验　学生经过一个阶段理论课和实验课的学习，综合运用所学知识和技能，完成一定的实验内容。可以在一门课程的一个小循环之后安排综合实验，培养学生理论联系实际和综合实验能力。综合性实验也是几个实验的组合，分为一般综合和大综合。一般综合实验也称一门课程的几个实验的综合，该类实验主要是涉及某门课程的几个章节的内容；大综合实验是涉及几门课程的实验综合。本书的第二篇综合性、设计性实验包括了这部分实验内容。

（4）设计性实验　学生根据实验题目，运用所学知识，确定实验方案，独立操作完成实验，写出实验报告，并且进行综合分析。培养学生的思考能力、组织能力和实验能力，可实现夯实学生的基础理论知识，使专业综合素质巩固提高。设计性实验也可根据实验设计题目不同分为一般设计性的和综合设计性的。本书的第二篇综合性、设计性实验包括了这部分实验内容。

(5) 探究性实验 探究性实验是在不知道实验结果的前提下，先进行合理假设，再设计一系列实验来验证假设的实验过程。本书的探究性实验均来自于教师科研项目的成果，将科研成果进行设计后形成，在第三篇的第8章。探究性实验能够培养学生的学习兴趣、启迪正确的科研方法，培养学生的创新能力、解决环境问题的实践能力。

本书的主要目的与任务如下。

① 通过实验的观察、分析，加深对环境工程有关基本概念、现象、规律与基本原理的理解。

② 掌握一般环境工程实验技能和仪器、设备的使用方法，具有一定的解决实验技术问题的能力。

③ 学会设计实验方案和组织实验的方法。

④ 学会对实验数据进行测定、分析与处理，从而能得出切合实际的结论。

⑤ 培养实事求是的科学态度和工作作风。

1.2 实验教学程序

为了更好地实现教学目的，使学生学好本门课程，下面简单介绍实验研究工作的一般程序。

(1) 明确任务和实验目的 根据教师提出的问题，确定实验任务、实验目标和实验目的，了解通过实验，需要掌握哪些基本概念、技术和方法，得到哪些能力训练，最终获得哪些实验结果或结论。

(2) 确定实验方案 确定实验目标后要根据人力、设备、药品和技术能力等方面的具体情况进行实验方案的设计。实验方案应包括实验目的、装置、步骤、计划、测试项目和测试方法等内容。

(3) 进行实验研究 根据设计好的实验方案进行实验，包括以下三个步骤。

① 收集实验数据。定时测试并做好记录。

② 定期整理分析实验数据。实验数据的可靠性和定期整理分析是实验工作的重要环节。实验者必须经常用已经掌握的基本概念分析实验数据，通过实验数据分析加深对基本概念的理解，并且发现实验设备、操作运行、测试方法和实验方向等方面的问题，以便及时解决，使实验工作能较顺利地进行。

③ 实验小结。通过实验数据的系统分析，对实验结果进行评价。小结的内容包括以下几个方面：通过实验掌握了哪些新的知识；是否解决了提出研究的问题；是否证明了文献中的某些论点；实验结果是否可用，以改进已有的工艺设备和操作运行条件，或设计新的实验设备；当实验数据不合理时，应分析原因，提出新的实验方案。

由于受课程学时等的条件限制，学生只能在已有的实验装置和规定的实验条件范围内进行实验，并且通过本课程的学习得到初步的培养和训练，为今后从事实验研究和进行科学实验打下好的基础。

1.3 实验教学要求

(1) 课前预习 为完成好每个实验，学生在课前必须认真阅读实验教材，清楚地了解实验项目的目的要求、实验原理和实验内容，写出简明的预习提纲。预习提纲包括：①实验目的和主要内容；②需要测试项目的测试方法；③实验中应注意事项；④准备好实验记录表格。

（2）实验设计　实验设计是实验研究的重要环节，是获得满足要求实验结果的基本保障。综合性、设计性实验及探究性实验的实验设计需在实验指导教师的指导下完成，以达到使学生掌握实验设计方法的目的。

（3）实验操作　学生实验前应该仔细检查实验设备、仪器仪表是否完整齐全。实验时严格按照操作规程认真操作，仔细观察实验现象，精心测定实验数据并详细填写实验记录。实验结束后，要将实验设备和仪器仪表恢复原状，将周围环境整理干净。学生应注意培养自己严谨的科学态度，养成良好的工作和学习习惯。

（4）实验数据处理　通过实验取得大量数据后，必须对数据做科学的整理分析，去伪存真、去粗取精，以得到正确可靠的结论。

（5）编写实验报告　将实验结果整理编写成一份实验报告，是实验教学必不可少的组成部分。这一环节的训练可为今后写好科学论文或科研报告打下基础。实验报告包括下述内容：①实验目的；②实验原理；③实验装置和方法；④实验数据和数据整理结果；⑤实验结果讨论。对于科研论文，最后还要列出参考文献。实验教学的实验报告，参考文献一项可以省略。实验报告的重点放在实验数据处理和实验结果的讨论。

第一篇

专业基础实验

第2章

环境分析监测基础实验

本章分四部分，即环境分析监测基础实验、环境微生物实验、金属分析测试实验和环境污染治理基础实验。本章实验类型多为验证性实验，是环境工程专业必须掌握的基本实验技术，涉及环境监测、环境微生物、水污染控制工程、大气污染控制工程和固体污染控制工程的知识内容。

本章还增添了金属分析测试实验，是水体、土壤、污废水、固体废弃物等环境中存在的或人们生产活动中排放物质的重金属分析测试。金属分析测试实验可以设计成验证性实验，也可在综合性、设计性实验以及探究性实验中应用到。

2.1 水质监测

2.1.1 水的 pH 和电导率的测定

2.1.1.1 pH 的测定

（1）实验原理　pH 值为水中氢离子活度的负对数，$pH=-\lg\alpha_{H^+}$，pH 值测定是废水分析中最重要和最经常进行的分析项目之一。pH 值可间接表示水的酸碱程度。pH<7 表示溶液呈酸性，pH=7 表示溶液呈中性，pH>7 表示溶液呈碱性。通常采用玻璃电极法和比色法测定 pH 值。

玻璃电极法以玻璃电极为指示电极，饱和甘汞电极为参比电极组成电池。该电池的电动势符合能斯特方程式：

$$E=E^{\ominus}-\frac{2.303RT}{F}\text{pH}$$

在 25℃溶液中每改变一个 pH 单位，其电位差的变化为 59.16mV。许多 pH 计上有温度补偿装置，以便校正温度差异。为了提高测定的准确度，校准仪器时选用的标准缓冲溶液的 pH 值，应与水样中的 pH 值接近。

（2）实验仪器　pH 计、玻璃电极、甘汞电极、磁力搅拌器、50mL 烧杯。

（3）实验试剂

① 水：蒸馏水煮沸数分钟，赶出 CO_2 并冷却。pH 在 6～7 之间即可使用。

② pH 标准缓冲溶液：通常使用在 25℃下，pH=4.008，pH=6.865，pH=9.180 三种标准缓冲溶液。

a. pH=4.008：称取 10.12g 邻苯二甲酸氢钾（G.R），定容至 1000mL。

b. pH＝6.865：将磷酸二氢钾和磷酸氢二钠在110～130℃下烘2h，冷却后，称取3.388g KH_2PO_4(G.R)和3.533g Na_2HPO_4(G.R)稀释于水中定容至1000mL。

c. pH＝9.180：称取3.80g硼砂（$Na_2B_4O_7 \cdot 10H_2O$）定容至1000mL。

也可购置市售的pH标准缓冲溶液的固体试剂，按要求稀释配制。

（4）实验方法与步骤

① 仔细阅读仪器说明书。

② 打开仪器，检查电极连接无误，预热1h以上。

③ 将水样与标准溶液调到同一温度，记录测量温度，把仪器温度补偿旋钮调至该温度处。

④ 清洗电极，用滤纸吸干水分，将电极浸入与水样pH值不超过2个pH单位的标准溶液中搅拌，待读数稳定后，调节定位钮校准仪器。取出电极后，仔细冲洗，吸干水分，浸入第二个标准溶液中，其pH值约与前一个相差3个pH单位。若测定值与标准溶液的pH值大于0.05pH时，需检查仪器、电极和标准溶液是否有问题，排除异常情况后，方可测定水样。

⑤ 用水仔细清洗电极，吸干水分，然后将电极浸入待测水样中搅拌，读数稳定后记录其pH值。

（5）注意事项

① 玻璃电极在使用前应在蒸馏水中浸泡24h以上，用毕，冲洗干净，浸泡水中。

② 玻璃球泡易破损，使用时要小心，安装时应高于甘汞电极的陶瓷芯端。玻璃电极受污染时，可用0.1mol/L稀盐酸溶液除去无机盐垢后，用丙酮除去油污，然后浸泡一昼夜后使用，若清洗无效，应更换电极。

③ 玻璃电极的内电极与球泡之间，甘汞电极的内电极与陶瓷芯之间不可存在气泡，以防断路，若发现有气泡，可用手指弹几下。

④ 甘汞电极的饱和氯化钾液面必须高于汞体，并且有适量氯化钾晶体存在。使用时，拔掉橡皮帽和橡皮塞，使盐桥溶液维持一定的流速渗漏，保持与待测溶液通路，不用时，应套好橡皮帽，以防蒸发和渗漏。

⑤ 注意防止甘汞电极的陶瓷砂芯的空隙被堵塞，应及时清洗。

⑥ 温度对pH值的测量是有影响的，因此样品的pH标准溶液的温度必须一致。

⑦ 为防止空气中CO_2的影响，应在测量时打开水样瓶塞。同时测量应注意远离各类污染，如盐酸和氨水等。

⑧ 注意电极的出厂日期，存放时间过长的电极性能将变劣。

2.1.1.2 电导率的测定

（1）实验原理　由于电导是电阻的倒数，因此，当两个电极插入溶液中，可以测出两电极间电阻R，根据欧姆定律，温度一定时，这个电阻值与电极的间距L(cm)成正比，与电极的截面面积A(cm^2)成反比。即$R=\rho L/A$。

由于电极面积A和间距L都是固定不变的，故L/A是一常数，称为电导池常数（以Q表示）。

比例常数ρ称为电阻率。其倒数$1/\rho$称为电导率，以K表示。

$$S=1/R=1/(\rho Q)$$

S表示电导度，反映导电能力的强弱。所以$K=QS$或$K=Q/R$。

当已知电导池常数并测出电阻后，即可求出电导率。

（2）实验仪器

① 电导率仪：误差不超过1%。

② 温度计：能读至0.1℃。

③ 恒温水浴锅：(25±0.2)℃。

（3）实验试剂

① 纯水：将蒸馏水通过离子交换柱，电导率小于1μS/cm。

② 0.0100mol/L 标准氯化钾溶液：称取 0.7456g 于 105℃干燥 2h 并冷却后的优级纯氯化钾，溶解于纯水中，于 25℃下定容至 1000mL。此溶液在 25℃时电导率为 1413μS/cm。

(4) 实验方法与步骤

① 电导池常数测定

a. 用 0.01mol/L 标准氯化钾溶液冲洗电导池 3 次。

b. 将电导池注满标准溶液，放入恒温水浴中约 15min。

c. 测定溶液电阻 R_{KCl}，更换标准液后再进行测定，重复数次，使电阻稳定在±2%范围内，取其平均值。

d. 用公式 $Q=KR_{KCl}$ 计算。对于 0.01mol/L 氯化钾溶液，在 25℃时，$K=1413\mu S/cm$，则 $Q=1413R_{KCl}$。

② 样品测定

a. 样品采集后应尽快分析，如果不能在采样后及时进行分析，样品应贮存于聚乙烯瓶中并满瓶封存，于 4℃冷暗处保存，在 24h 之内完成测定，测定前应加温至 25℃。不得加保存剂。

b. 用水冲洗数次电导池，再用水样冲洗后，装满水样，测定水样电阻 R。由已知电导池常数 Q，得出水样电导率 K。同时记录测定温度。

(5) 计算

$$电导率\ K(\mu S/cm)=\frac{Q}{R}=1413\times\frac{R_{KCl}}{R}$$

式中 R_{KCl}——0.01mol/L 标准氯化钾溶液电阻，Ω；

R——水样电阻，Ω；

Q——电导池常数。

当测定时的水样温度不是 25℃时，应按下式求出 25℃时电导率为：

$$K_s=K_t[1+\alpha(t-25)]$$

式中 K_s——25℃时电导率，μS/cm；

K_t——测定时 t 温度下电导率，μS/cm；

α——各离子电导率平均温度系数，取 0.022；

t——测定时温度，℃。

(6) 注意事项

① 最好使用和水样电导率相近的标准氯化钾溶液测定电导池常数。

② 如使用已知电导池常数的电导池，不需测定电导池常数，可调节好仪器直接测定，但要经常用标准氯化钾溶液校准仪器。

2.1.2 悬浮固体和浊度的测定

2.1.2.1 悬浮固体的测定

(1) 实验原理 悬浮固体是指剩留在滤料上并于 103～105℃烘至恒重的固体。测定的方法是将水样通过滤料后，烘干固体残留物及滤料，将所称重量减去滤料重量，即为悬浮固体(不可滤残渣)。

(2) 实验仪器

① 烘箱、分析天平、干燥器。

② 孔径为 0.45μm 滤膜及相应的滤器或中速定量滤纸。

③ 玻璃漏斗、内径为 30～50mm 称量瓶。

(3) 实验方法与步骤

① 将滤膜放在称量瓶中，打开瓶盖，在 103～105℃烘干 2h，取出在干燥器中冷却后盖好

瓶盖称重，直至恒重（两次称量相差不超过 0.0005g）。

② 去除漂浮物后振荡水样，量取均匀适量水样（使悬浮物大于 2.5mg），通过上面称至恒重的滤膜过滤；用蒸馏水洗残渣 3～5 次。如样品中含油脂，用 10mL 石油醚分两次淋洗残渣。

③ 小心取下滤膜，放入原称量瓶内，在 103～105℃烘箱中，打开瓶盖烘 2h，在干燥器中冷却后盖好盖称重，直至恒重为止。

(4) 计算

$$悬浮固体(mg/L)=\frac{(A-B)\times1000\times1000}{V}$$

式中　A——悬浮固体＋滤膜及称量瓶重，g；

B——滤膜及称量瓶重，g；

V——水样体积，mL。

(5) 注意事项

① 树叶、木棒、水草等杂质应先从水中除去。

② 废水黏度高时，可加 2～4 倍蒸馏水稀释，振荡均匀，待沉淀物下降后再过滤。

③ 也可采用石棉坩埚进行过滤。

2.1.2.2　浊度的测定

(1) 实验原理　浊度是表现水中悬浮物对光线透过时所发生的阻碍程度。水中含有泥土、粉砂、微细有机物、无机物、浮游动物和其他微生物等悬浮物和胶体物都可使水样呈现浊度。水的浊度大小不仅和水中存在颗粒物含量有关，而且和其粒径大小、形状、颗粒表面对光散射特性有密切关系。

将水样和硅藻土（或白陶土）配制的浊度标准液进行比较确定水样浊度。相当于 1mg 一定粒度的硅藻土（白陶土）在 1000mL 水中所产生的浊度，称为 1 度。

(2) 实验仪器

① 100mL 具塞比色管。

② 1L 容量瓶。

③ 250mL 具塞无色玻璃瓶，玻璃质量和直径均需一致。

④ 1L 量筒。

(3) 实验试剂

① 称取 10g 通过 0.1mm 筛孔（150 目）的硅藻土，于研钵中加入少许蒸馏水调成糊状并研细，移至 1000mL 量筒中，加水至刻度。充分搅拌，静置 24h，用虹吸法仔细将上层 800mL 悬浮液移至第二个 1000mL 量筒中。向第二个量筒内加水至 1000mL，充分搅拌后再静置 24h。

虹吸出上层含较细颗粒的 800mL 悬浮液，弃去。下部沉积物加水稀释至 1000mL。充分搅拌后贮于具塞玻璃瓶中，作为浑浊度原液。其中含硅藻土颗粒直径在 400μm 左右。

取上述悬浊液 50mL 置于已恒重的蒸发皿中，在水浴上蒸干。于 105℃烘箱内烘 2h，置于干燥器中冷却 30min，称重。重复以上操作，即烘 1h，冷却，称重，直至恒重。求出每毫升悬浊液中含硅藻土的重量（mg）。

② 吸收含 250mg 硅藻土的悬浊液，置于 1000mL 容量瓶中，加水至刻度，摇匀。此溶液浊度为 250 度。

③ 吸取浊度为 250 度的标准液 100mL 置于 250mL 容量瓶中，加入 10mL 甲醛溶液用水稀释至标线，此溶液浊度为100 度的标准液。

(4) 实验方法与步骤

① 浊度低于 10 度的水样

a. 吸取浊度为 100 度的标准液 0mL、1.0mL、2.0mL、3.0mL、4.0mL、5.0mL、6.0mL、7.0mL、8.0mL、9.0mL 及 10.0mL 分别于 100mL 比色管中，加水稀释至标线，混

匀，得浊度依次为0度、1.0度、2.0度、3.0度、4.0度、5.0度、6.0度、7.0度、8.0度、9.0度、10.0度的标准液。

b. 取100mL摇匀水样置于100mL比色管中，与浊度标准液进行比较。可在黑色底板上，由上往下垂直观察。

② 浊度为10度以上的水样

a. 吸取浊度为250度的标准液0mL、10mL、20mL、30mL、40mL、50mL、60mL、70mL、80mL、90mL及100mL置于250mL的容量瓶中，加水稀释至标线，混匀，即得浊度为0度、10度、20度、30度、40度、50度、60度、70度、80度、90度和100度的标准液，移入成套的250mL具塞玻璃瓶中，密塞保存。

b. 取250mL摇匀水样，置于成套的250mL具塞玻璃瓶中，瓶后放一有黑色的白纸作为判别标志，从瓶前向后观察，根据目标清晰程度，选出与水样产生视觉效果相近的标准液，记下其浊度值。

c. 水样浊度超过100度时，用水稀释后测定。

(5) 计算

$$\text{浊度(度)}=\frac{A(B+X)}{X}$$

式中 A——稀释后水样的浊度，度；

B——稀释水体积，mL；

X——原水样体积，mL。

2.1.3 色度的测定

2.1.3.1 铂钴比色法

水是无色透明的，当水中存在某些物质时，会表现出一定的颜色。溶解性的有机物、部分无机离子和有色悬浮微粒均可使水着色。

pH值对色度有较大的影响，在测定色度的同时，应测量溶液的pH值。

(1) 实验原理 用氯铂酸钾与氯化钴配成标准色列，与水样进行目视比色。每升水中含有1mg铂和0.5mg钴时所具有的颜色，称为1度，作为标准色度单位。

如水样浑浊，则放置澄清，也可用离心法或用孔径为0.45μm滤膜过滤以去除悬浮物，但不能用滤纸过滤，因滤纸可吸附部分溶解于水的颜色。

(2) 实验仪器 50mL具塞比色管，其刻线高度应一致。

(3) 实验试剂 铂钴标准溶液：称取1.246g氯铂酸钾（K_2PtCl_6）（相当于500mg铂）及1.000g氯化钴（$CoCl_2\cdot 6H_2O$）（相当于250mg钴），溶于100mL水中，加100mL盐酸，用水定容至1000mL。此溶液色度为500度，保存在密塞玻璃瓶中，存放暗处。

(4) 实验方法与步骤

① 标准色列的配制 向50mL比色管中加入0mL、0.50mL、1.00mL、1.50mL、2.00mL、2.50mL、3.00mL、3.50mL、4.00mL、4.50mL、5.00mL、6.00mL及7.00mL铂钴标准溶液，用水稀释至标线，混匀。各管的色度依次为0度、5度、10度、15度、20度、25度、30度、35度、40度、45度、50度、60度和70度。密塞保存。

② 水样的测定

a. 分取50.0mL澄清透明水样于比色管中，如水样色度较大，可酌情少取水样，用水稀释至50.0mL。

b. 将水样与标准色列进行目视比较。观察时，可将比色管置于白瓷板或白纸上，使光线从管底部向上透过液柱，目光自管口垂直向下观察，记下与水样色度相同的铂钴标准色列的色度。

(5) 计算

$$色度(度)=\frac{A\times 50}{B}$$

式中 A——稀释后水样相当于铂钴标准色列的色度；

B——水样的体积，mL。

(6) 注意事项

① 可用重铬酸钾代替氯铂酸钾配制标准色列。方法是：称取 0.0437g 重铬酸钾和 1.000g 硫酸钴（$CoSO_4\cdot 7H_2O$），溶于少量水中，加入 0.50mL 硫酸，用水稀释至 500mL。此溶液的色度为 500 度。不宜久存。

② 如果样品中有泥土或其他分散很细的悬浮物，虽经预处理而得不到透明水样时，则只测其表色。

2.1.3.2 稀释倍数法

(1) 实验原理　将有色工业废水用无色水稀释到接近无色时，记录稀释倍数，以此表示该水样的色度。并辅以用文字描述颜色性质，如深蓝色、棕黄色等。

(2) 实验仪器　50mL 具塞比色管，其标线高度要一致。

(3) 实验方法与步骤

① 取 100～150mL 澄清水样置于烧杯中，以白瓷板为背景，观察并描述其颜色种类。

② 分取澄清的水样，用水稀释成不同倍数，分取 50mL 分别置于 50mL 比色管中，管底部衬一白瓷板，由上向下观察稀释后水样的颜色，并且与蒸馏水相比较，直至刚好看不出颜色，记录此时的稀释倍数。

(4) 注意事项　如测定水样的真色，应放置澄清取上清液，或用离心法去除悬浮物后测定；如测定水样的表色，待水样中的大颗粒悬浮物沉降后，取上清液测定。

2.1.4 水的总硬度的测定

总硬度是指水中钙镁离子的总浓度，硬度对工业用水影响很大，尤其是锅炉用水。各种工业对水的硬度都有一定的要求。饮用水中硬度过高会影响肠胃的消化功能，我国生活饮用水卫生标准中规定总硬度（以 $CaCO_3$ 计）不得超过 450mg/L。

本实验目的就是了解测定水总硬度的意义及测定方法的原理，掌握测定水总硬度的方法。

(1) 实验原理　在 pH 值为 10 的条件下，用 EDTA 溶液络合滴定钙和镁离子。铬黑 T 作指示剂，与钙和镁生成紫红色或紫色溶液。滴定中，游离的钙和镁首先与 EDTA 反应，跟指示剂络合的钙和镁离子随后与 EDTA 反应，到达终点时溶液的颜色由紫色变为天蓝色。

(2) 实验试剂

① 乙二胺四乙酸二钠（简写为 $Na_2H_2Y\cdot 2H_2O$ 或 EDTA）

② $CaCO_3$：基准试剂或优级纯试剂，在 110℃干燥 2h。

③ HCl 溶液（1＋1）

④ 铬黑 T 指示剂：1g 铬黑 T 与 100g NaCl 混合，研细，存放于干燥器中。

⑤ 氨性缓冲溶液（pH＝10）：将 67g NH_4Cl 溶于 300mL 二次水中，加入 570mL 氨水，稀释至 1L，混匀。

⑥ EDTA-Mg：将 2.44g $MgCl_2\cdot 6H_2O$ 及 4.44g $Na_2H_2Y\cdot 2H_2O$ 溶于 200mL 水中，加入 20mL 氨性缓冲溶液及适量铬黑 T，应显紫红色。如呈蓝色，应加少量 $MgCl_2\cdot 6H_2O$ 至紫红色，再滴加 0.02mol/L EDTA 溶液至刚刚变为蓝色，然后用二次水稀释至 1L。

⑦ 三乙醇胺 $(HOCH_2CH_2)_3N$(1＋4)。

⑧ 0.02mol/L EDTA 溶液：称取 7.5g $Na_2H_2Y\cdot 2H_2O$ 置于烧杯中，加 500mL 水，微热并搅拌使其完全溶解，冷却后转入细口瓶中，稀释至 1L，摇匀。

⑨ 0.02mol/L 钙标准溶液：准确称取约 0.5g $CaCO_3$，置于 100mL 烧杯中，加几滴水湿润，盖上表面皿，缓慢滴加 HCl 至 $CaCO_3$ 完全溶解，加 20mL 水，小火煮沸 2min，冷却后定量转移到 250mL 容量瓶中，加水稀释至刻线，摇匀。

(3) 实验方法与步骤

① 标定 EDTA 溶液　移取 25.00mL 钙标准溶液于锥形瓶中，加 50mL 水及 3mL Mg-EDTA 溶液，预加 15.00mL EDTA 标准溶液，再加 5mL 氨性缓冲溶液及适量铬黑 T 指示剂，立即用 EDTA 标准溶液滴定至由紫红色变为纯蓝色为终点。平行滴定 3 次，其体积极差应小于 0.05mL，以其平均体积计算 EDTA 标准溶液的浓度。

② 自来水总硬度的测定　用 100mL 移液管量取自来水于锥形瓶中，加 5mL 氨性缓冲溶液及少量铬黑 T，立即用 EDTA 标准溶液滴定。要用力摇动，近终点时要慢滴多摇，颜色由紫红色变为纯蓝色时为终点。平行滴定 3 份，所耗 EDTA 标准溶液体积差值应不大于 0.1mL。

(4) 计算　水的总硬度，以 $CaCO_3$(mg/L) 表示。

$$CaCO_3(mg/L)=\frac{(cV)_{EDTA}\times M_{CaO}}{V_{H_2O}}\times 1000 \quad (mg/L)$$

2.1.5 水的化学需氧量的测定

2.1.5.1 重铬酸钾法

(1) 实验原理　在强酸性溶液中，准确加入过量的重铬酸钾标准溶液，加热回流，将水样中还原性物质（主要是有机物）氧化，过量的重铬酸钾以试亚铁灵作指示剂，用硫酸亚铁铵标准溶液回滴，根据所消耗的重铬酸钾标准溶液量来计算水样化学需氧量。

(2) 实验仪器

① 500mL 全玻璃回流装置。

② 加热装置（电炉）。

③ 25mL 或 50mL 酸式滴定管、锥形瓶、移液管、容量瓶等。

(3) 实验试剂

① 重铬酸钾标准溶液 [$c(1/6K_2Cr_2O_7)=0.2500mol/L$]：称取预先在 120℃烘干 2h 的基准或优级纯重铬酸钾 12.258g 溶于水中，移入 1000mL 容量瓶，稀释至标线，摇匀。

② 试亚铁灵指示液：称取 1.485g 邻菲咯啉（$C_{12}H_8N_2\cdot H_2O$）、0.695g 硫酸亚铁（$FeSO_4\cdot 7H_2O$）溶于水中，稀释至 100mL，贮于棕色瓶中。

③ 硫酸亚铁铵标准溶液 [$c(NH_4)_2Fe(SO_4)_2\cdot 6H_2O\approx 0.1mol/L$]：称取 39.5g 硫酸亚铁铵溶于水中，边搅拌边缓慢加入 20mL 浓硫酸，冷却后移入 1000mL 容量瓶中，加水稀释至标线，摇匀。临用前，用重铬酸钾标准溶液标定。

标定方法：准确吸取 10.00mL 重铬酸钾标准溶液于 500mL 锥形瓶中，加水稀释至 110mL 左右，缓慢加入 30mL 浓硫酸，摇匀。冷却后，加入 3 滴试亚铁灵指示液（约 0.15mL），用硫酸亚铁铵溶液滴定，溶液的颜色由黄色经蓝绿色至红褐色即为终点。

$$c=\frac{0.2500\times 10.00}{V}$$

式中　c——硫酸亚铁铵标准溶液的浓度，mol/L；

V——硫酸亚铁铵标准溶液的用量，mL。

④ 硫酸-硫酸银溶液：于 500mL 浓硫酸中加入 5g 硫酸银。放置 1～2d，不时摇动使其溶解。

⑤ 硫酸汞：结晶或粉末。

(4) 实验方法与步骤

① 取 20.00mL 混合均匀的水样（或适量水样稀释至 20.00mL）置于 250mL 磨口的回流

锥形瓶中，准确加入 10mL 重铬酸钾标准溶液及数粒小玻璃珠或沸石，连接磨口回流冷凝管，从冷凝管上口慢慢地加入 30mL 硫酸-硫酸银溶液，轻轻摇动锥形瓶使溶液混匀，加热回流 2h（自开始沸腾计时）。

对于化学需氧量高的废水样，可先取上述操作所需体积的 1/10 的废水样和试剂于 15mm×150mm 硬质玻璃试管中，摇匀，加热后观察是否呈绿色。如果溶液呈绿色，再适当减少废水取样量，直至溶液不变绿色为止，从而确定废水样分析时应取用的体积。稀释时，所取废水样量不得少于 5mL，如果化学需氧量很高，则废水样应多次稀释。废水中氯离子含量超过 30mg/L 时，应先把 0.4g 硫酸汞加入回流锥形瓶中，再加入 20.00mL 废水（或适量废水稀释至 20.00mL），摇匀。

② 冷却后，用 90.00mL 水冲洗冷凝管壁，取下锥形瓶。溶液总体积不得少于 140mL，否则因酸度太大，滴定终点不明显。

③ 溶液再度冷却后，加 3 滴试亚铁灵指示液，用硫酸亚铁铵标准溶液滴定，溶液的颜色由黄色经蓝绿色至红褐色即为终点，记录硫酸亚铁铵标准溶液的用量。

④ 测定水样的同时，取 20.00mL 重蒸馏水，按同样操作步骤做空白实验。记录滴定空白时硫酸亚铁铵标准溶液的用量。

(5) 计算

$$COD_{Cr}(O_2, mg/L) = \frac{8 \times 1000(V_0 - V_1)c}{V}$$

式中　c——硫酸亚铁铵标准溶液的浓度，mol/L；

V_0——滴定空白时硫酸亚铁铵标准溶液用量，mL；

V_1——滴定水样时硫酸亚铁铵标准溶液用量，mL；

V——水样的体积，mL；

8——1/2 氧的摩尔质量，g/mol。

(6) 注意事项

① 使用 0.4g 硫酸汞络合氯离子的最高量可达 40mg，如取用 20.00mL 水样，即最高可络合 2000mg/L 氯离子浓度的水样。若氯离子的浓度较低，也可少加硫酸汞，使保持硫酸汞：氯离子=10：1(质量比)。若出现少量氯化汞沉淀，并不影响测定。

② 水样取用体积可在 10.00～50.00mL 范围内，但试剂用量及浓度需按表 2-1 进行相应调整，也可得到满意的结果。

表 2-1　水样取用量和试剂用量

水样体积/mL	0.25000mol/L $K_2Cr_2O_7$/mL	H_2SO_4-Ag_2SO_4 溶液/mL	$HgSO_4$ /g	$[(NH_4)_2Fe(SO_4)_2]$ /(mol/L)	滴定前总体积/mL
10.0	5.0	15	0.2	0.050	70
20.0	10.0	30	0.4	0.100	140
30.0	15.0	45	0.6	0.150	210
40.0	20.0	60	0.8	0.200	280
50.0	25.0	75	1.0	0.250	350

③ 对于化学需氧量小于 50mg/L 的水样，应改用 0.0250mol/L 重铬酸钾标准溶液。回滴时用 0.01mol/L 硫酸亚铁铵标准溶液。

④ 水样加热回流后，溶液中重铬酸钾剩余量应为加入量的 1/5～4/5 为宜。

⑤ 用邻苯二甲酸氢钾标准溶液检查试剂的质量和操作技术时，由于每克邻苯二甲酸氢钾的理论 COD_{Cr} 为 1.176g，所以溶解 0.4251g 邻苯二甲酸氢钾（$HOOCC_6H_4COOK$）于重蒸馏水中，转入 1000mL 容量瓶，用重蒸馏水稀释至标线，使之成为 500mg/L 的 COD_{Cr} 标准溶液。

用时新配。

⑥ COD_{Cr}的测定结果应保留三位有效数字。

⑦ 每次实验时，应对硫酸亚铁铵标准滴定溶液进行标定，室温较高时尤其注意其浓度的变化。

2.1.5.2　密封催化消解法

（1）实验原理　本方法在经典重铬酸钾-硫酸消解体系中加入助催化剂硫酸铝钾与钼酸铵。同时密封法消解过程是在加压下进行的，因此大大缩短了消解时间。消解后测定化学需氧量的方法，既可以采用滴定法，也可以采用比色法。

注意：消解时应针对不同水样（COD值不同）选取不同浓度的重铬酸钾消解液进行消解，参考表2-2选择消解液。

表2-2　不同水样所需重铬酸钾消解液浓度

COD值	消解液中重铬酸钾浓度/(mol/L)	COD值	消解液中重铬酸钾浓度/(mol/L)
<50	0.05	1000～2500	0.4
50～1000	0.2		

该方法可以测定地表水、生活污水、工业废水（包括高盐水）的COD值。

采集的水样，应加入硫酸将pH值调节至<2，以抑制微生物活动。样品应尽快分析，必要时应在0～5℃冷藏下保存并在48h内测定。

（2）实验仪器

① 50mL具密封塞的加热管。

② 150mL锥形瓶。

③ 25mL酸式滴定管。

④ 恒温定量加热装置。

（3）实验试剂

① 重铬酸钾标准溶液[$c(1/6K_2Cr_2O_7)=0.1000mol/L$]：称取120℃烘干2h的基准或优级纯$K_2Cr_2O_7$ 4.903g，用少量水溶解，移入1000mL容量瓶中，用水稀释至标线，摇匀。

② 硫酸亚铁铵标准溶液{$c[Fe(NH_4)_2\cdot(SO_4)_2\cdot6H_2O]=0.1mol/L$}：称取39.2g分析纯$Fe(NH_4)_2(SO_4)_2\cdot6H_2O$溶解于水中，加入20.0mL浓硫酸，冷却后移入1000mL容量瓶中，用水稀释至标线，临用前用0.1000mol/L $K_2Cr_2O_7$的标准溶液标定（标定方法同上）。

③ 消化液：称取19.6g重铬酸钾，50.0g硫酸铝钾，10.0g钼酸铵，溶解于500mL水中，加入200mL浓硫酸，冷却后，转移至1000mL容量瓶中，用水稀释至标线。该溶液重铬酸钾浓度约为0.4mol/L[$c(1/6K_2Cr_2O_7)$]。

另外，称取9.8g、2.45g重铬酸钾（硫酸铝钾、钼酸铵称取量同上），按上述方法分别配制重铬酸钾浓度约为0.2mol/L、0.05mol/L的消化液，用于测定不同COD值的水样。

④ Ag_2SO_4-H_2SO_4催化剂：称取8.8g分析纯Ag_2SO_4，溶解于1000mL浓硫酸中。

⑤ 菲咯啉指示剂：称取0.695g分析纯$FeSO_4\cdot7H_2O$和1.4850g菲咯啉，溶解于水，稀释至100mL，贮于棕色瓶待用。

⑥ 掩蔽剂：称取10.0g分析纯$HgSO_4$，溶解于100mL10%硫酸中。

（4）实验方法与步骤　准确吸取3.00mL水样，置于50mL具密封塞的加热管中，加入1mL掩蔽剂，混匀，然后加入3.0mL消化液和5.0mL催化剂，旋紧密封盖，混匀。然后将加热器接通电源，待温度达165℃时，再将加热管放入加热器中，打开计时开关，经7min，待液体也达到165℃时，加热器会自动复零计时。待加热器工作75min之后会自动报时。取出加热管，冷却后加入3滴菲咯啉指示剂，用硫酸亚铁铵标准溶液滴定，当试液颜色由黄色经蓝绿色至红褐色，即为滴定终点。同时做空白实验。

(5) 计算

$$COD=\frac{(V_0-V_1)c\times 8\times 1000}{V_2}$$

式中 V_0——滴定空白时硫酸亚铁铵标准溶液用量，mL；

V_1——滴定水样时硫酸亚铁铵标准溶液用量，mL；

V_2——水样的体积，mL；

c——硫酸亚铁铵标准溶液的浓度，mol/L；

8——1/2 氧的摩尔质量，g/mL。

2.1.6 高锰酸盐指数的测定——酸性高锰酸钾法

(1) 实验原理 水样在酸性条件下，$KMnO_4$ 将水样中的某些有机物及还原性的物质氧化，剩余的 $KMnO_4$ 用过量的 $Na_2C_2O_4$ 还原，再以 $KMnO_4$ 标准溶液回滴过量的 $Na_2C_2O_4$，根据加入过量的 $KMnO_4$ 和 $Na_2C_2O_4$ 标准溶液的量及最后 $KMnO_4$ 标准溶液的用量，计算出高锰酸盐指数，以 O_2 mg/L 表示。其化学反应式如下：

$$4MnO_4^- + 5C(\text{有机物}) + 12H^+ \longrightarrow 4Mn^{2+} + 5CO_2 + 6H_2O$$

$$2MnO_4^- + 5C_2O_4^{2-} + 16H^+ \longrightarrow 2Mn^{2+} + 10CO_2 + 8H_2O$$

(2) 实验仪器

① 沸水浴装置。

② 250mL 锥形瓶。

③ 25mL 酸式滴定管。

④ 10mL、100.0mL 移液管。

(3) 实验试剂

① 高锰酸钾标准贮备溶液 [$c(1/5KMnO_4)=0.1$mol/L]：称取 3.2g 高锰酸钾溶于 1.2L 水中，加热煮沸，使体积减少到约 1L，放置过夜，用 G-3 玻璃砂芯漏斗过滤后，滤液贮于棕色瓶中保存。

② 高锰酸钾标准溶液 [$c(1/5KMnO_4)=0.01$mol/L]：吸取 100mL 上述 0.1mol/L 高锰酸钾溶液，于 1000mL 容量瓶，用水稀释混匀，贮于棕色瓶中。使用当天应进行标定，并且调节至 0.01mol/L 准确浓度。

③ 硫酸溶液：1+3(1 体积浓硫酸与 3 体积水)。

④ 草酸钠标准贮备溶液 [$c(1/2Na_2C_2O_4)=0.1000$mol/L]：称取 0.6705g 在 105～110℃ 烘干 1h 并冷却的草酸钠溶于水，移入 100mL 容量瓶中，用水稀释至标线。

⑤ 草酸钠标准溶液 [$c(1/2Na_2C_2O_4)=0.0100$mol/L]：吸取 10.00mL 上述草酸钠标准溶液，移入 100mL 容量瓶中，用水稀释至标线。

(4) 实验方法与步骤

① 分取 100.0mL 水样于 250mL 锥形瓶中。

② 加入 5mL(1+3) 硫酸，混匀。

③ 加入 10.00mL 0.01mol/L 高锰酸钾溶液，摇匀，立即放入沸水浴中加热 30min（从水浴重新沸腾起计时）。沸水浴液面要高于反应溶液的液面。

④ 取下锥形瓶，趁热加入 10.00mL 0.0100mol/L 草酸钠标准溶液，摇匀。立即用 0.01mol/L 高锰酸钾溶液滴定至显微红色，记录高锰酸钾溶液消耗量。

⑤ 高锰酸钾溶液浓度的标定，是将上述已滴定完毕的溶液加热至 70℃，准确加入 10.00mL 草酸钠标准溶液（0.0100mol/L），再用 0.01mol/L 高锰酸钾溶液滴定到显微红色。记录高锰酸钾溶液的消耗量。按下式求得高锰酸钾的校正系数（K）。

$$K=\frac{10.00}{V}$$

式中 V——高锰酸钾溶液消耗量，mL。

（5）计算

$$高锰酸盐指数(O_2\ mg/L)=\frac{[(10+V_1)K-10]\times M\times 8\times 1000}{100}$$

式中 V_1——滴定水样时，消耗高锰酸钾的量，mL；

K——校正系数（每毫升高锰酸钾标准溶液相当于草酸钠标准溶液的毫升数）；

M——高锰酸钾溶液浓度，mol/L；

8——1/2 氧的摩尔质量，g/mol。

2.1.7 水质总磷、总氮的测定

2.1.7.1 水质总磷的测定——钼酸铵分光光度法

在天然水体中，磷几乎以各种磷酸盐的形式存在，它们分为正磷酸盐、缩合磷酸盐（焦磷酸盐、偏磷酸盐和多磷酸盐）和有机结合的磷（如磷脂等），它们存在于溶液中、腐殖质粒子中或水生生物中。测定磷预处理方法如图 2-1 所示。

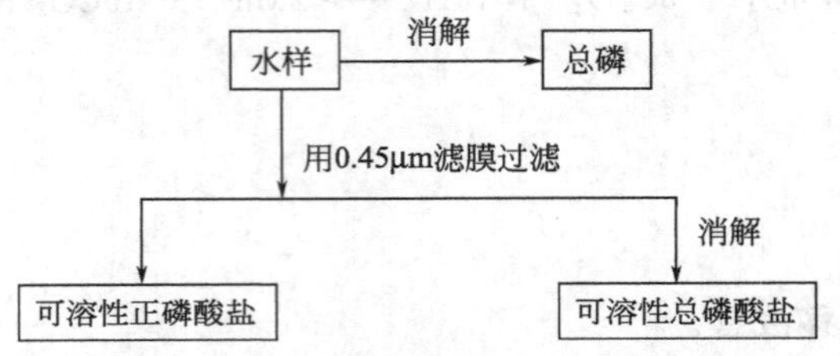

图 2-1 测定磷预处理方法示意图

本法是用过硫酸钾（或硝酸-高氯酸）为氧化剂，将未经过滤的水样消解，用钼酸铵分光光度法测定总磷。本法总磷包括溶解的、颗粒的、有机的和无机磷。适用于地面水、污水和工业废水。

取 25mL 试样，本法的最低检出浓度为 0.01mg/L，测定上限为 0.6mg/L。在酸性条件下，砷、铬、硫干扰测定。

（1）实验原理　在中性条件下用过硫酸钾使试样消解，将所含磷全部氧化为正磷酸盐。在酸性介质中，正磷酸盐与钼酸铵反应，在锑盐存在下生成磷钼杂多酸后，立即被抗坏血酸还原，生成蓝色络合物，其颜色深浅程度与浓度成正比，进而用分光光度法测定其含量。

（2）实验仪器

① 50mL 具塞（磨口）刻度管。

② 医用手提式蒸汽消毒器或一般压力锅（$1.1\sim1.4kgf/cm^2$[❶]）。

③ 分光光度计。

注：所有玻璃器皿均应用稀盐酸或稀硝酸浸泡。

（3）实验试剂　本标准所用试剂除另有说明外，均应使用符合国家标准或专业标准的分析试剂和蒸馏水或同等纯度的水。

① 硫酸溶液：密度 1.84g/mL。

② 硫酸溶液：1∶1。

③ 50g/L 过硫酸钾溶液：将 5g 过硫酸钾（$K_2S_2O_8$）溶解于水并稀释至 100mL。

❶ $1kgf/cm^2=98.0665kPa$。

④ 100g/L抗坏血酸溶液：将10g抗坏血酸（$C_6H_8O_6$）溶解于水并稀释至100mL。此溶液贮于棕色的试剂瓶中，在冷处可稳定几周，如不变色可长时间使用。

⑤ 钼酸盐溶液：溶解13g钼酸铵[$(NH_4)_6Mo_7O_{24} \cdot 4H_2O$]于100mL水中。溶解0.35g酒石酸锑钾（$KSbC_4H_4O_7 \cdot H_2O$）于100mL水中。在不断搅拌下把钼酸铵溶液徐徐加到300mL 1∶1的硫酸中，再加入酒石酸钾溶液并且混合均匀。

⑥ 浊度-色度补偿液：2体积的1∶1硫酸与1体积的100g/L抗坏血酸溶液混合（使用当天配制）。

⑦ 磷标准贮备溶液：称取（0.2197±0.001）g于110℃干燥2h在干燥器中放冷的磷酸二氢钾，用水溶解后转移至1000mL容量瓶中，加入约800mL水，加5mL 1∶1硫酸用水稀释至标线并混匀。1.00mL此标准溶液含50.0μg磷。

⑧ 磷标准使用溶液：将10.0mL的磷标准溶液转移至250mL容量瓶中，用水稀释至标线并混匀。1.00mL此标准溶液含50.0μg磷。

(4) 采样和样品

① 采样　采取500mL水样后加入1mL浓硫酸调节样品的pH值，使之低于或等于1，或不加任何试剂于冷处保存（含磷较少的水样不宜用塑料瓶采样，因磷酸盐容易吸附在塑料瓶壁上）。

② 试样的准备　取25mL样品于具塞刻度管中。取时应仔细摇匀，以得到溶解部分和悬浮部分均具有代表性的试样。如样品中含磷浓度较高，试样体积可以减少。

(5) 实验方法与步骤

① 空白试样　按以下测定方法进行空白试验，用蒸馏水代替试样，并且加入与测定时相同体积的试剂。

② 测定

a. 消解　向试样中加入4mL过硫酸钾，将具塞刻度管的盖塞紧后，用一小块布和线将玻璃塞扎紧（或用其他方法固定），放在大烧杯中置于高压蒸汽消毒器中加热，待压力达$1.1\mathrm{kgf/cm^2}$，相应温度为120℃时，保持30min后停止加热。待压力表读数降至零后，取出冷却。

注：如用硫酸保存水样，当用过硫酸钾消解时，须先将试样调至中性。

b. 发色　分别向各份消解液中加入1mL 100g/L的抗坏血酸溶液，混匀，30s后加入2mL钼酸盐溶液充分混匀，然后用蒸馏水稀释至标线。

注：①如试样中含有浊度或色度时，需配制一个空白试样（消解后用水稀释至标线），然后向试样中加入3mL浊度-色度补偿液，但不加抗坏血酸和钼酸盐溶液，再从试样的吸光度中扣除空白试样的吸光度。②砷大于2mg/L干扰测定，用硫代硫酸钠去除。硫化物大于2mg/L干扰测定，通氮气去除。铬大于50mg/L干扰测定，用亚硫酸钠去除。

c. 光密度测定　室温下放置15min后，使用光程为30mm比色皿，在700nm波长下，以蒸馏水作参比，测定吸光度扣除空白试验的吸光度后，从工作曲线上查得磷的浓度含量。

注：显色室温低于13℃，可在20～30℃水浴上显色15min即可。

d. 工作曲线的绘制　取7支具塞刻度管分别加入0.0mL、0.50mL、1.00mL、3.00mL、5.00mL、10.00mL、15.00mL磷标准使用溶液。加水至25mL。然后按试样的实验步骤进行处理。以蒸馏水作参比，测定吸光度。扣除空白试验的吸光度后，绘制对应的磷的浓度含量标准曲线。

(6) 计算

$$C=\frac{c\times 50}{V}$$

式中　c——测定中光密度所对应的浓度，μg/mL；

V——测定用试样体积，mL；

C——试样中磷的浓度，μg/mL。

2.1.7.2 水质总氮的测定——过硫酸钾消解紫外分光光度法

本法用碱性过硫酸钾在120～124℃消解，紫外分光光度测定水中总氮。总氮为水中亚硝酸盐氮、硝酸盐氮、无机盐氮、溶解态氨及大部分有机含氮化合物中氮的总和。测定中干扰物主要是溴离子与碘离子。碘离子相当于总氮含量的2.2倍以上，溴离子相当于总氮含量的3.4倍以上有干扰。某些有机物在规定的测定条件下不能完全转化为硝酸盐对测定有影响。

本法适用于地面水、地下水的测定。氮的最低检测浓度为0.050mg/L，测定上限为4mg/L，摩尔吸光系数为1470L/(mol·cm)。

(1) 实验原理　在60℃以上水溶液中，过硫酸钾可分解产生硫酸氢钾和原子态氧，硫酸氢钾在溶液中离解而产生氢离子，故在氢氧化钠的碱性介质中可促使分解过程趋于完全。

分解出的原子态氧在120～124℃条件下，可使水样中含氮化合物的氮元素转化为硝酸盐。并且在此过程中有机物同时被氧化分解。可用紫外分光光度法于波长220nm和275nm处，分别测出吸光度A_{220}及A_{275}，按下式求出校正吸光度A：

$$A=A_{220}-2A_{275}$$

按A的值查校准曲线并计算总氮（以NO_3-N计）含量。

(2) 实验试剂　除非另有说明外，分析时均应使用符合国家标准或专业标准的分析纯试剂。

① 水：无氨。按下述方法之一制备。

a. 离子交换法　将蒸馏水通过一个强酸型阳离子交换树脂（氢型）柱，流出液收集在带有密封玻璃盖的玻璃瓶中。

b. 蒸馏法　在1000mL蒸馏水中加入0.10mL硫酸（ρ=1.84g/mL）。并在全玻璃蒸馏器中重蒸馏，弃去前50mL馏出液，然后将馏出液收集在带有玻璃塞的玻璃瓶中。

② 200g/L氢氧化钠溶液：20g氢氧化钠固体溶于水中，稀释到100mL。

③ 20g/mL氢氧化钠溶液：200g/L氢氧化钠溶液稀释10倍即可。

④ 碱性过硫酸钾溶液：称取40g过硫酸钾（$K_2S_2O_8$），另称取15g氢氧化钠，溶于水中并稀释至1000mL，溶液存放于聚乙烯瓶内（最长可贮存1周）。

⑤ 盐酸溶液：1+9(1体积浓盐酸与9体积水)。

⑥ 硝酸钾标准贮备液，c_N=100mg/L：硝酸钾在105～110℃烘箱中干燥3h，在干燥器中冷却后，称取0.7218g，溶于水中，移至1000mL容量瓶中，用水稀释至标线在0～10℃暗处保存，或加入1～2mL三氯甲烷保存，可稳定6个月。

⑦ 硝酸钾标准使用液，c_N=10mg/L：将贮备液用水稀释10倍而得。使用时配制。

⑧ 硫酸溶液：1+35（1体积浓硫酸与35体积水）。

(3) 实验仪器

① 紫外分光光度计及10mm石英比色皿。

② 医用手提式蒸汽灭菌器或家用压力锅（压力为1.1～1.4kgf/cm^2），锅内温度相当于120～124℃。

③ 具玻璃磨口塞比色管，25mL。

注：所有玻璃器皿可以用盐酸（1+9）或硫酸（1+35）浸泡，清洗后再用水冲洗数次。

(4) 样品制备　在水样采集后立即放入冰箱中或低于4℃的条件下保存，但不得超过24h。水样放置时间较长时，可在1000mL水样中加入约0.5mL硫酸（ρ=1.84g/mL），酸化到pH值小于2并尽快测定。样品可贮存在玻璃瓶中。将所采样调节pH值至5～9从而制得试样。

(5) 实验方法与步骤

① 测定

a. 用无分度吸管取10.00mL试样（c_N超过100μg时，可减少取样量并加水稀释至10mL）置于比色管中。

b. 试样不含悬浮物时，按下述步骤进行。

(a) 加入5mL碱性过硫酸钾溶液，塞紧磨口塞用布及绳等方法扎紧瓶塞，以防弹出。

(b) 将比色管置于医用手提式蒸汽灭菌器中，加热，使压力表指针到1.1～1.4kgf/cm²，此时温度达120～124℃后开始计时。或将比色管置于家用压力锅中，加热至顶压阀吹气时开始计时。保持此温度加热0.5h。

(c) 冷却、开阀放气，移去外盖，取出比色管并冷却至室温。

(d) 加盐酸（1+9）1mL，用无氨水稀释至25mL标线，混匀。

(e) 移取部分溶液至10mm石英比色皿中，在紫外分光光度计上，以无氨的水作参比，分别在波长为220nm和275nm处测定吸光度，并且算出校正吸光度A。

c. 试样含悬浮物时，先按上述b.中（a）～(d) 步骤进行，然后待澄清后移取上清液到石英比色皿中。再按（e）步骤进行测定。

② 空白试验　空白试验除以10mL水代替试样外，其余均与试样的测定完全相同。

注：当测定在接近检测限时，必须控制空白试验的吸光度A_b不超过0.03，超过此值，要检查所用水、试剂、器皿和家用压力锅或手提灭菌器的压力。

③ 校准

a. 校准系列的制备

(a) 用分度吸管向一组（10支）比色管中，分别加入硝酸盐氮标准使用溶液0.0mL、0.10mL、0.30mL、0.50mL、0.70mL、1.00mL、3.00mL、5.00mL、7.00mL、10.00mL。加水稀释至10.00mL。

(b) 按测定步骤进行测定。

b. 标准曲线的绘制　零浓度（空白）溶液和其他硝酸钾标准使用溶液制得的标准系列完成全部分析步骤。以蒸馏水作参比，于波长220nm和275nm处测定吸光度后，分别按下式求出除零浓度外其他标准系列的校正吸光度A_S和零浓度的校正吸光度A_b及其差值A_r。

$$A_S = A_{S220} - 2A_{S275}$$

$$A_b = A_{b220} - 2A_{b275}$$

$$A_r = A_S - A_b$$

式中　A_{S220}——标准溶液在220nm波长的吸光度；

A_{S275}——标准溶液在275nm波长的吸光度；

A_{b220}——零浓度（空白）溶液在220nm波长的吸光度；

A_{b275}——零浓度（空白）溶液在275nm波长的吸光度。

按A_r值与相应的NO_3-N(μg) 含量绘制校准曲线。

(6) 计算　计算得试样校正吸光度A_r，在标准曲线上查出相应的总氮数，总氮浓度含量c_N（μg/L）按下式计算：

$$c_N = \frac{c \times 25}{V}$$

式中　c——测定中光密度所对应的浓度，μg/mL；

V——测定用试样体积，mL；

c_N——试样中磷的浓度，μg/mL。

2.1.8 水中氨氮的测定

氨氮的测定方法，通常有纳氏试剂比色法、苯酚-次氯酸盐（或水杨酸-次氯酸盐）比色法和电极法等。纳氏试剂比色法具有操作简便、灵敏等特点，但钙、镁、铁等金属离子、硫化物、醛、酮类，以及水中色度和浑浊等干扰测定，需要相应的预处理。苯酚-次氯酸盐比色法具有灵敏、稳定等优点，干扰情况和消除方法同纳氏试剂比色法。电极法通常不需要对水样进行预处理和具有测量范围宽等优点。氨氮含量较高时，可采用蒸馏-酸滴定法。

2.1.8.1 纳氏试剂比色法

(1) 实验原理 碘化汞和碘化钾的碱性溶液与氨反应生成淡红棕色胶态化合物，其色度与氨氮含量成正比，通常可在波长410～425nm范围内测其吸光度，计算其含量。

本法最低检出浓度为0.025mg/L(光度法)，测定上限为2mg/L。采用目视比色法，最低检出浓度为0.02mg/L。水样做适当的预处理后，本法可适用于地面水、地下水、工业废水和生活污水。

(2) 实验仪器

① 带氮球的定氮蒸馏装置：500mL凯氏烧瓶、氮球、直形冷凝管。

② 分光光度计。

③ pH计。

(3) 实验试剂 配制试剂用水均应为无氨水。

① 水：无氨。

可选用下列方法之一进行制备。

a. 蒸馏法 每升蒸馏水中加0.1mL硫酸，在全玻璃蒸馏器中重蒸馏，弃去50mL初馏液，接取其余馏出液于具塞磨口的玻璃瓶中，密塞保存。

b. 离子交换法 使蒸馏水通过强酸型阳离子交换树脂柱。

② 盐酸溶液：1mol/L。

③ 氢氧化钠溶液：1mol/L。

④ 轻质氧化镁：将氧化镁在500℃下加热，以除去碳酸盐。

⑤ 0.05%溴百里酚蓝指示液：pH 6.0～7.6。

⑥ 防沫剂：如石蜡碎片。

⑦ 吸收液：硼酸溶液，称取20g硼酸溶于水，稀释至1L。0.01mol/L硫酸溶液。

⑧ 纳氏试剂。

可选择下列方法之一制备。

a. 称取20g碘化钾溶于约25mL水中，边搅拌边分次少量加入二氯化汞（$HgCl_2$）结晶粉末（约10g），至出现朱红色沉淀不易溶解时，改为滴加饱和二氯化汞溶液并充分搅拌，当出现微量朱红色沉淀不再溶解时，停止滴加氯化汞溶液。

另称取60g氢氧化钾溶于水并稀释至250mL，冷却至室温后，将上述溶液徐徐注入氢氧化钾溶液中，用水稀释至400mL，混匀。静置过夜，将上清液移入聚乙烯瓶中，密塞保存。

b. 称取16g氢氧化钠，溶于50mL水中，充分冷却至室温。

另称取7g碘化钾和碘化汞（HgI_2）溶于水，然后将此溶液在搅拌下徐徐注入氢氧化钠溶液中。用水稀释至100mL，贮于聚乙烯瓶中，密塞保存。

⑨ 酒石酸钾钠溶液：称取50g酒石酸钾钠（$KNaC_4H_4O_6 \cdot 4H_2O$）溶于100mL水中，加热煮沸以除去氨，放冷，定容至100mL。

⑩ 铵标准贮备溶液：称取3.819g经100℃干燥过的氯化铵（NH_4Cl）溶于水中，移入1000mL容量瓶中，稀释至标线。此溶液每毫升含1.00mg氨氮。

⑪ 铵标准使用溶液：移取5.00mL铵标准贮备液于500mL容量瓶中，用水稀释至标线。此溶液每毫升含0.010mg氨氮。

(4) 实验方法与步骤

① 水样预处理 取250mL水样（如氨氮含量较高，可取适量并加水至250mL，使氨氮含量不超过2.5mg），移入凯氏烧瓶中，加数滴溴百里酚蓝指示液，用氢氧化钠溶液或盐酸溶液

调节至pH值在7左右。加入0.25g轻质氧化镁和数粒玻璃珠，立即连接氮球和冷凝管，导管下端插入吸收液液面下。加热蒸馏，至馏出液达200mL时，停止蒸馏。定容至250mL。

采用酸滴定法或纳氏比色法时，以50mL硼酸溶液为吸收液；采用水杨酸-次氯酸盐比色法时，改用50mL 0.01mol/L硫酸溶液为吸收液。

② 标准曲线的绘制　吸取0mL、0.50mL、1.00mL、3.00mL、5.00mL、7.00mL和10.0mL铵标准使用溶液于50mL比色管中，加水至标线，加1.0mL酒石酸钾钠溶液，混匀。加1.5mL纳氏试剂，混匀。放置10min后，在波长420nm处，用光程20mm比色皿，以水为参比，测定吸光度。

由测得的吸光度，减去零浓度空白管的吸光度后，得到校正吸光度，绘制以氨氮含量(mg)对校正吸光度的标准曲线。

③ 水样的测定

a. 分取适量经絮凝沉淀预处理后的水样（使氨氮含量不超过0.1mg），加入50mL比色管中，稀释至标线，加0.1mL酒石酸钾钠溶液。

b. 分取适量经蒸馏预处理后的馏出液，加入50mL比色管中，加一定量1mol/L氢氧化钠溶液以中和硼酸，稀释至标线。加1.5mL纳氏试剂，混匀。放置10min后，同标准曲线步骤测量吸光度。

④ 空白试验　以无氨水代替水样，做全程序空白测定。

(5) 计算　由水样测得的吸光度减去空白试验的吸光度后，从标准曲线上查得氨氮含量(mg)。

$$\text{氨氮}(\mathrm{N,mg/L})=\frac{m}{V}\times 1000$$

式中　m——由校准曲线查得的氨氮量，mg；

V——水样体积，mL。

(6) 注意事项

① 纳氏试剂中碘化汞与碘化钾的比例，对显色反应的灵敏度有较大影响。静置后生成的沉淀应除去。

② 滤纸中常含痕量铵盐，使用时注意用无氨水洗涤。所用玻璃器皿应避免实验室空气中氨的沾污。

2.1.8.2　滴定法

(1) 实验原理　滴定法仅适用于已进行蒸馏预处理的水样。调节水样至pH值在6.0～7.4范围内，加入氧化镁使呈微碱性。加热蒸馏，释出的氨被吸收入硼酸溶液中，以甲基红-亚甲基蓝为指示剂，用酸标准溶液滴定馏出液中的铵。

当水样中含有在此条件下，可被蒸馏出并在滴定时能与酸反应的物质，如挥发性胺类等，则将使测定结果偏高。

(2) 实验试剂

① 混合指示液：称取200mg甲基红溶于100mL 95%乙醇，另称取100mg亚甲基蓝溶于50mL 95%乙醇，以两份甲基红溶液与一份亚甲基蓝溶液混合后备用。混合液1个月配制一次。

② 硫酸标准溶液[$c(1/2H_2SO_4)=0.02\mathrm{mol/L}$]：分取5.6mL(1+9)硫酸溶液于1000mL容量瓶中，稀释至标线，混匀。按下列操作进行标定。

称取180℃干燥2h的基准试剂级无水碳酸钠(Na_2CO_3)约0.5g（称准至0.0001g），溶于新煮沸放冷的水中，移入500mL容量瓶中，加25mL水，加1滴0.05%甲基橙指示液，用硫酸溶液滴定至淡橙红色为止。记录用量，用下式计算硫酸溶液的浓度。

$$c(1/2H_2SO_4)\ (\mathrm{mol/L})=\frac{W\times 1000}{V\times 52.995}\times\frac{25}{500}$$

式中 W——碳酸钠的质量，g；

V——消耗硫酸溶液的体积，mL。

③ 0.05%甲基橙指示液。

(3) 实验方法与步骤

① 水样预处理 同纳氏比色法。

② 水样的测定 向硼酸溶液吸收的、经预处理后的水样中，加 2 滴混合指示液，用 0.020mol/L 硫酸溶液滴定至绿色转变成淡紫色为止，记录硫酸溶液的用量。

③ 空白试验 以无氨水代替水样，同水样全程序步骤进行测定。

(4) 计算

$$氨氮(N,mg/L)=\frac{(A-B)\times M\times 14\times 1000}{V}$$

式中 A——滴定水样时消耗硫酸溶液体积，mL；

B——空白试验消耗硫酸溶液体积，mL；

M——硫酸溶液浓度，mol/L；

V——水样体积，mL；

14——氨氮 (N) 摩尔质量，g/mol。

2.1.8.3 电极法

(1) 实验原理 氨气敏电极为复合电极，以 pH 玻璃电极为指示电极，银-氯化银电极为参比电极。此电极对置于盛有 0.1mol/L 氯化铵内充液的塑料套管中，管端部紧贴指示电极敏感膜处装有疏水半渗透薄膜，使内电解液与外部试液隔开，半透膜与 pH 玻璃电极之间有一层很薄的液膜。当水样中加入强碱溶液将 pH 值提高到 11 以上，使铵盐转化为氨，生成的氨由于扩散作用而通过半透膜（水和其他离子则不能通过），使氯化铵电解质液膜层内 $NH_4^+ \rightleftharpoons NH_3+H^+$ 的反应向左移动，引起氢离子浓度改变，由 pH 玻璃电极测得其变化。在恒定的离子强度下，测得的电动势与水样中氨氮浓度的对数呈一定的线性关系。由此，可从测得的电位值确定样品中氨氮的含量。

挥发性胺产生正干扰；汞和银因同氨络合力强而有干扰；高浓度溶解离子影响测定。

该方法可用于测定饮用水、地面水、生活污水及工业废水中氨氮的含量。色度和浊度对测定没有影响，水样不必进行预蒸馏。标准溶液和水样的温度应相同，含有溶解物质的总浓度也要大致相同。

该方法的最低检出浓度为 0.03mg/L 氨氮；测定上限为 1400mg/L 氨氮。

(2) 实验仪器

① 离子活度计或带扩展毫伏的 pH 计。

② 氨气敏电极。

③ 电磁搅拌器。

(3) 实验试剂 所有试剂均用无氨水配制。

① 铵标准贮备液：同纳氏比色法试剂 10。

② 1000mg/L、100mg/L、10mg/L、1.0mg/L、0.1mg/L 的铵标准使用溶液：用铵标准贮备液稀释配制。

③ 电极内充液：0.1mol/L 氯化铵溶液。

④ 5mol/L 氢氧化钠（内含 EDTA 二钠盐 0.5mol/L）混合溶液。

(4) 实验方法与步骤

① 仪器和电极的准备 按使用说明书进行，调试仪器。

② 标准曲线的绘制 吸取 10.00mL 浓度为 0.1mg/L、1.0mg/L、10mg/L、100mg/L、1000mg/L的铵标准溶液于 25mL 小烧杯中，浸入电极后加入 1.0mL 氢氧化钠溶液，在搅拌下，读

取稳定的电位值（1min内变化不超过1mV时，即可读数）。在半对数坐标线上绘制 E-lg$c$ 的标准曲线。

③ 水样的测定　取10.00mL水样，以下步骤与标准曲线绘制相同。由测得的电位值，在标准曲线上直接查得水样中的氨氮含量（mg/L）。

（5）注意事项

① 绘制标准曲线时，可以根据水样中氨氮含量，自行取舍三或四个标准点。

② 实验过程中，应避免由于搅拌器发热而引起被测溶液温度上升，影响电位值的测定。

③ 当水样酸性较大时，应先用碱液调至中性后，再加离子强度调节液进行测定。

④ 水样不要加氯化汞保存。

⑤ 搅拌速度应适当，不可使其形成涡流，避免在电极处产生气泡。

⑥ 水样中盐类含量过高时，将影响测定结果。必要时，应在标准溶液中加入相同量的盐类以消除误差。

2.1.9　水质溶解氧的测定——碘量法

（1）实验原理　碘量法是测定水中溶解氧的基准方法。水样中加入硫酸锰和碱性碘化钾，水中溶解氧将低价锰氧化成高价锰，生成四价锰的氢氧化物棕色沉淀。加酸后，氢氧化物沉淀溶解并与碘离子反应释放出游离碘。以淀粉作指示剂，用硫代硫酸钠滴定释放出来的碘，可计算溶解氧的含量。

在没有干扰的情况下，此方法适用于各种溶解氧浓度大于0.2mg/L和小于氧的饱和浓度2倍（约20mg/L）的水样。易氧化的有机物，如单宁酸、腐殖酸和木质素等会对测定结果产生干扰。可氧化的硫的化合物，如硫化物硫脲，也如同易于消耗氧的呼吸系统那样产生干扰。当含有这类物质时，宜采用电化学探头法。

水样中亚硝酸盐氮含量高于0.05mg/L，二价铁低于1mg/L时，采用叠氮化钠修正法。此法适用于多数污水及生化处理水；水样中二价铁高于1mg/L时，采用高锰酸钾修正法；水样有色或有悬浮物时，采用明矾絮凝修正法；含有活性污泥悬浮物的水样，采用硫酸铜-氨基磺酸絮凝修正法。

（2）实验仪器　250～300mL溶解氧瓶。

（3）实验试剂

① 硫酸锰溶液：称取48.0g硫酸锰（$MnSO_4 \cdot 4H_2O$）或36.4g($MnSO_4 \cdot H_2O$)，用水稀释至100mL。此溶液加入酸化过的碘化钾溶液，遇淀粉不得产生蓝色。

② 碱性碘化钾溶液：称取35g氢氧化钠溶液于300～400mL水中，另称取30g碘化钾（或27g NaI）溶于50mL水中，待氢氧化钠溶液冷却后，将两溶液合并，混匀，用水稀释至1000mL。如有沉淀，则放置过夜后，倾出上清液，贮于棕色瓶内。用橡皮塞塞紧，避光保存。此溶液酸化后，遇淀粉不应呈蓝色。

③ 硫酸溶液：1+5。

④ 1%淀粉溶液：称取1g可溶性淀粉，用少量水调成糊状，再用刚煮沸的水冲稀至100mL，冷却后，加入0.1g水杨酸或0.4g氯化锌防腐。

⑤ 重铬酸钾标准溶液［$c(1/6K_2Cr_2O_7)=0.0250$mol/L］：称取于105～110℃烘干并冷却的纯重铬酸钾1.2258g溶于水，移入1000mL容量瓶中，用水稀释至标线，摇匀。

⑥ 硫代硫酸钠溶液：称取6.2g硫代硫酸钠（$Na_2S_2O_3 \cdot 5H_2O$）溶于煮沸放冷的水中，加入0.2g碳酸钠，用水稀释至1000mL，贮于棕色瓶中。使用前用0.0250mol/L重铬酸钾标准溶液进行标定，标定方法如下：于250mL碘量瓶中，加入100mL水和1g碘化钾，加入10.00mL 0.0250mol/L重铬酸钾标准溶液滴定至溶液呈淡黄色，加入1mL淀粉溶液，继续滴定至蓝色刚好褪去为止，记录用量。

$$M=10.00\times\frac{0.0250}{V}$$

式中 M——硫代硫酸钠溶液的浓度，mol/L；

V——滴定时消耗硫代硫酸钠溶液的体积，mL。

(4) 实验方法与步骤

① 溶解氧的固定 用吸管插入溶解氧瓶的液面下，加入1mL硫酸锰溶液、2mL碱性碘化钾溶液，盖好瓶塞，颠倒混合数次，静置。待棕色瓶沉淀物降至瓶内一半时，再颠倒混合一次，待沉淀物降至瓶底时，一般在取样现场固定。

② 析出碘颠倒混合 轻轻打开瓶塞，立即用吸管插入液面下加入2.0mL硫酸。小心盖好瓶塞，颠倒混合均匀至沉淀全部溶解为止，放置暗处5min。

③ 滴定 移取100.0mL上述溶液于250mL锥形瓶中，用硫代硫酸钠溶液滴定至溶液呈淡黄色，加入1mL淀粉溶液，继续滴定至蓝色刚好褪去为止，记录硫代硫酸钠用量。

(5) 计算

$$溶解氧(O_2,mg/L)=\frac{M\times V\times 8\times 1000}{100}$$

式中 M——硫代硫酸钠溶液的浓度，mol/L；

V——滴定时消耗硫代硫酸钠溶液的体积，mL。

2.1.10 水质五日生化需氧量（BOD_5）的测定

生物化学需氧量（BOD）是指在规定条件下，水中有机物和无机物在生物氧化作用下所消耗的溶解氧（以质量浓度表示，mg/L）。该结果是生物化学与化学作用共同作用的结果，它们不像单一的、有明确定义的化学过程那样具有严格和明确的特性，但是它提供用于评价各种水样质量的指标。

本法适用于 BOD_5 大于或等于 2mg/L 并且不超过 6000mg/L 的水样。BOD_5 大于 6000mg/L 的水样仍可用本方法，但稀释会造成误差。

本实验的结果可能会被水中的某些物质所干扰，那些对微生物有毒的物质，如杀菌剂、有毒金属或游离氯等，会抑制生化作用。水中的藻类或硝化微生物也可能造成虚假的偏高结果。

(1) 实验原理 将水样注满培养瓶，塞好后应不透气，将瓶置于恒温条件下培养5天。培养前后分别测定溶解氧浓度，由两者的差值可算出每升水消耗氧的质量，即 BOD_5 值。

由于多数水样中含有较多的需氧物质，其需氧量往往超过水中可利用的溶解氧（DO）量，因此在培养前需对水样进行稀释，使培养后剩余的DO符合规定。

一般水质检验所测 BOD_5 包含了含碳有机物的耗氧量和无机还原性物质的耗氧量。为消除硝化作用的耗氧量，常用的方法是向培养基中投加硝化抑制剂，从而抑制硝化作用。加入适量的硝化抑制剂之后，所测出的耗氧量即为含碳物质的耗氧量和无机还原性物质的耗氧量。在5天培养时间内，硝化作用的耗氧量取决于是否存在足够的进行此种氧化的微生物，原污水或初级处理的出水中这种微生物的数量不足，不能氧化显著量的还原性氮，而许多二级生化处理的出水和受污染较久的水体中，往往含有大量硝化微生物，因此测定这种水样时应抑制其硝化反应。

在测定时需用葡萄糖和谷氨酸标准溶液完成验证试验。

(2) 实验试剂 分析时，只采用公认的分析纯试剂和蒸馏水或同等纯度的水（在全玻璃装置中蒸馏的水或去离子水），水中含铜不应高于0.01mg/L，并且不应有氯、氯胺、苛性钠、有机物和酸类。

① 接种水 如试验样品本身未含有合适性微生物，应采取以下方法之一，以获取接种水。

a. 城市废水，取自污水管或取自没有明显工业污染的住宅区污水管。这种水在使用前，应倾出上清液备用。

b. 在1L水中加入100g花园土壤，混合并静置10min，取出10mL上清液用清水稀释至1L。

c. 含有城市污水的河水或湖水。

d. 污水处理厂出水。

e. 当待分析水样为难降解物质的工业废水时，取自分析水排放口下游约3～8km的水或所含微生物适宜于待分析水并经实验室培养过的水。

② 盐溶液　下述溶液至少可稳定1个月，应贮存在玻璃瓶内，置于暗处，一旦发现有生物滋长迹象，则应弃之不用。

a. 磷酸盐缓冲溶液　将8.5g磷酸二氢钾（KH_2PO_4）、21.75g磷酸氢二钾（K_2HPO_4）、33.4g七水磷酸氢二钠（$Na_2HPO_4 \cdot 7H_2O$）和1.7g氯化铵（NH_4Cl）溶于约500mL水中，稀释至1000mL并混合均匀。此缓冲溶液的pH值为7.2。

b. 22.5g/L七水硫酸镁溶液　将22.5g七水硫酸镁（$MgSO_4 \cdot 7H_2O$）溶于水中，稀释至1000mL并混合均匀。

c. 27.5g/L氯化钙溶液　将27.5g氯化钙（$CaCl_2$）（若用水合氯化钙要取相当的量）溶于水，稀释至1000mL并混合均匀。

d. 0.25g/L六水氯化铁溶液　将0.25g六水氯化铁（$FeCl_3 \cdot 6H_2O$）溶于水中，稀释至1000mL并混合均匀。

③ 稀释水　取上述每种盐溶液各1mL，加入约500mL水中，然后稀释至1000mL并混合均匀，将此溶液置于恒温下，曝气1h以上，采取各种措施，使其不受污染，特别是不被有机物质、氧化或还原物质或金属污染，确保溶解氧不低于8mg/L。

此溶液的5日生化需氧量不超过0.2mg/L，应在8h内使用。

④ 接种的稀释水　根据需要和接种水的来源，向每升稀释水中加入1.0～5.0mL接种水，将已接种的稀释水在约20℃下保存，8h后尽早使用。

已接种水的确定5日生化需氧量（20℃）应在每升0.3～1.0mg之间。

⑤ 盐酸（HCl）溶液　0.5mol/L。

⑥ 氢氧化钠（NaOH）溶液　20g/L。

⑦ 亚硫酸钠（Na_2SO_3）溶液　1.575g/L，此溶液不稳定，需每天配制。

⑧ 葡萄糖-谷氨酸标准溶液　将无水葡萄糖（$C_6H_{12}O_6$）和谷氨酸（COOH—CH_2—CH_2—$CHNH_2$—COOH）在103℃下干燥1h，每种称量（150±1）mg，溶于蒸馏水中，稀释至1000mL并混合均匀。此溶液于临用前配制。

(3) 实验仪器　使用的玻璃器皿要认真清洗，不能接触有毒的或生物可降解的化合物，并且防止沾污。

① 培养瓶　细口瓶的容量在250～300mL之间，带有磨口玻璃塞，并且具有供水封用的钟形口，最好是直肩的。

② 培养箱　能控制在（20±1）℃。

③ 仪器　测定溶解氧仪器。

④ 用于样品运输和贮藏的冷藏手段　0～4℃。

⑤ 稀释容器　具塞玻璃瓶，刻度精确到毫升，其容积大小取决于稀释样品的体积。

(4) 样品的贮存　样品需充满并密封于瓶中，置于2～5℃保存到进行分析量时。一般应在采样后6h之内进行检验。若需远距离转运，在任何情况下贮存都不得超过24h。样品也可深度冷藏贮存。

(5) 实验方法与步骤

① 样品预处理

a. 样品的中和 如果样品的 pH 不在 6～8 之间，先做单独试验，确定需要用的盐酸溶液或氢氧化钠溶液的体积，再中和样品，不管有无沉淀形成。

b. 游离氯和结合氯的样品 加入所需体积的亚硫酸钠溶液，使样品中自由氯和结合氯失效，注意避免加过量。

② 试样的准备 将试验样品温度升至 20℃，然后在半充满的容器内摇动样品，以便消除可能存在的过饱和氧。将已知体积样品置于稀释容器中，用稀释水或接种稀释水稀释，轻轻地混合，避免夹杂空气泡。稀释倍数可参考表 2-3。

表 2-3 稀释倍数参考表

预期 BOD_5 值/(mg/L)	稀释比	结果取整到	适用的水样	预期 BOD_5 值/(mg/L)	稀释比	结果取整到	适用的水样
2～6	1～2	0.5	R	100～300	50	5	S,C
4～12	2	0.5	R,E	200～600	100	10	S,C
10～30	5	0.5	R,E	400～1200	200	20	I,C
20～60	10	1	E	1000～3000	500	50	I
40～120	20	2	S	2000～6000	1000	100	I

注：R 表示河水；E 表示生物净化过后的污水；S 表示澄清过的污水或轻度污染的工业废水；C 表示原污水；I 表示严重污染的工业污水。

若采用的稀释比大于 100 时，将分两步或几步进行稀释。若需要抑制硝化反应，则加入 ATU 或 TCMP 试剂。

若只需要测定有机物降解的耗氧，必须抑制硝化微生物以避免氮的硝化过程，为此目的，在每升稀释样品中加入 2mL 浓度为 500mg/L 的烯丙基硫脲（ATU）($C_4H_8N_2S$) 溶液或一定量的固定在氯化钠（NaCl）上的 2-氯代-6-三氯甲基吡啶（TCMP）($Cl—C_5H_3N—CCl_3$)，使 TCMP 在稀释样品中浓度约为 0.5mg/L。

恰当的稀释比应使培养后剩余溶解氧至少有 1mg/L 和消耗的溶解氧至少 2mg/L。

当难以确定恰当的稀释比时，可先测定水样的总有机碳（TOC）或重铬酸盐化学需氧量（COD），根据 TOC 或 COD 估计 BOD_5 可能值，再围绕预期的 BOD_5 值，做几种不同的稀释比，最后从所得测定结果中选取合乎要求条件者。如根据 COD 法来确定稀释倍数：使用稀释水时，由 COD 值分别乘以系数 0.075、0.15、0.225，即可获得三个稀释倍数；使用接种稀释水时，则分别乘以系数 0.075、0.15、0.25。

③ 空白试验 用接种稀释水进行空白平行试验测定。

④ 测定

a. 按采用的稀释比用虹吸管充满两个培养瓶至稍溢出。将所有附着在瓶壁上的空气泡赶掉，盖上瓶盖，小心避免夹空气泡。

b. 将瓶子分为两组，每组都含有一瓶选定稀释比的稀释水样和一瓶空白溶液。放一组瓶于培养箱中并在暗处放置 5 天。在计时起点时，测量另一组瓶的稀释水样和空白水样溶液中的溶解氧浓度。达到需要培养的 5 天时间时，测定放在培养箱内那组稀释水样和空白溶液的溶解氧浓度。

⑤ 验证试验 为了检验接种稀释水、接种水和分析人员的技术，需进行验证试验。将 20mL 葡萄糖-谷氨酸标准溶液用接种稀释水稀释至 1000mL，并且按照上述测定步骤进行测定。

得到的 BOD_5 应在 180～230mg/L 之间，否则，应检查接种水。如果必要，还应检查分析人员的技术。

本试验同试验样品同时进行。

(6) 计算

① 被测定溶液若满足以下条件，则能获得可靠的测定结果。

培养5天后：剩余DO≤1mg/L；消耗DO≥2mg/L。

若不能满足以上条件，一般应舍掉该组结果。

② 五日生化需氧量（BOD_5）以每升消耗氧的毫克数表示，由下式计算：

$$BOD_5=[(c_1-c_2)-(V_t-V_e)\times(c_3-c_4)/V_t]V_t/V_e$$

式中　c_1——在初始计时时一种试验水样的溶解氧浓度，mg/L；

c_2——在培养5天时同一种水样的溶解氧浓度，mg/L；

c_3——在初始计时时空白溶液的溶解氧浓度，mg/L；

c_4——在培养5天时空白溶液的溶解氧浓度，mg/L；

V_e——制备该试验水样用去的样品体积，mL；

V_t——该试验水样的总体积，mL。

若有几种稀释比所得数据都符合所要求的条件，则几种稀释比所得结果都有效，以其平均值表示检测结果。

2.1.11 水质总有机碳（TOC）的测定——燃烧氧化-非分散红外吸收法

（1）实验原理

① 差减法测定TOC　将试样连同净化气体分别导入高温燃烧管和低温反应管中，经高温燃烧管的试样被高温催化氧化，其中的有机碳和无机碳均转化为二氧化碳，经低温反应管的试样被酸化后，其中的无机碳分解为二氧化碳，两种反应管中生成的二氧化碳分别被倒入非分散红外检测器。在特定波长下，一定浓度范围内二氧化碳的红外线吸收强度与其浓度成正比，由此可对试样总碳（TC）和无机碳（IC）进行定量测定，两者之差即为总有机碳。

② 直接法测定TOC　试样经酸化曝气，其中的无机碳转化为二氧化碳被去除，再将试样注入高温燃烧管中，可直接测定总有机碳。由于酸化曝气会损失可吹扫有机碳（POC），故测得的总有机碳值为不可吹扫有机碳（NPOC）。

（2）实验仪器

① 非分散红外吸收TOC分析仪。

② 一般实验室常用仪器。

（3）实验试剂　本实验所用试剂除另有说明外，均应为分析纯试剂。所用水均为无二氧化碳水。

① 硫酸：$\rho(H_2SO_4)=1.84$g/mL。

② 邻苯二甲酸氢钾：优级纯。

③ 无水碳酸钠：优级纯。

④ 碳酸氢钠：优级纯。

⑤ 氢氧化钠溶液：$\rho(NaOH)=10$g/L。

⑥ 有机碳标准贮备液：ρ(有机碳，C)＝400mg/L。准确称取邻苯二甲酸氢钾（预先在110～120℃下干燥至恒重）0.8502g，置于烧杯中，加水溶解后，定容至1000mL。在4℃下可保存2个月。

⑦ 无机碳标准贮备液：ρ(无机碳，C)＝400mg/L。准确称取无水碳酸钠（预先在105℃下干燥至恒重）1.7634g和碳酸氢钠（预先在干燥器内干燥），置于烧杯中，加水溶解后，定容至1000mL。在4℃下可保存2周。

⑧ 差减法标准使用液：ρ(总碳，C)＝200mg/L，ρ(无机碳，C)＝100mg/L。分别吸取50.00mL有机碳标准贮备液和无机碳标准贮备液于200mL容量瓶中，稀释至标线，混匀。在4℃下可保存1周。

⑨ 直接法标准使用液：ρ(有机碳，C)＝100mg/L。吸取50.00mL有机碳标准贮备液于200mL容量瓶中，稀释至标线，混匀。在4℃下可保存1周。

⑩ 载气：氮气或氧气，纯度大于99.99%。

(4) 实验方法与步骤

① 样品保存 水样采集在棕色玻璃瓶中并应充满采样瓶，不留顶空。水样应在24h内测定。否则应加入硫酸将水样酸化至pH≤2，在4℃下可保存1周。

② 仪器调试 按TOC分析说明书设定条件参数，进行调试。

③ 校准曲线的绘制

a. 差减法校准曲线绘制 分别取0.00mL、2.00mL、5.00mL、10.00mL、20.00mL、40.00mL、100.00mL差减法标准使用液，定容至100mL。配制成总碳浓度为0.0mg/L、4.0mg/L、10.0mg/L、20.0mg/L、40.0mg/L、80.0mg/L、200.0mg/L和无机碳浓度为0.0mg/L、2.0mg/L、5.0mg/L、10.0mg/L、20.0mg/L、40.0mg/L、100.0mg/L的标准系列溶液，测定其响应值。分别绘制总碳和有机碳校准曲线。

b. 直接法校准曲线绘制 分别取0.00mL、2.00mL、5.00mL、10.00mL、20.00mL、40.00mL、100.00mL直接法标准使用液，定容至100mL。配制成有机碳浓度为0.0mg/L、2.0mg/L、5.0mg/L、10.0mg/L、20.0mg/L、40.0mg/L、100.0mg/L的标准系列溶液，测定其响应值。绘制有机碳校准曲线。

④ 样品测定

a. 差减法 经酸化的试样，在测定前以氢氧化钠溶液中和至中性，取一定体积注入TOC分析仪进行测定，记录相应的响应值。

b. 直接法 取一定体积酸化至pH≤2的试样注入TOC分析仪，经曝气除去无机碳后倒入高温氧化炉，记录相应的响应值。

(5) 计算

① 差减法 根据所测试样响应值，由校准曲线计算出总碳和无机碳浓度。试样中总有机碳浓度为：

$$\rho(\mathrm{TOC})=\rho(\mathrm{TC})-\rho(\mathrm{IC})$$

式中 $\rho(\mathrm{TOC})$——试样总有机碳浓度，mg/L；

$\rho(\mathrm{TC})$——试样总碳浓度，mg/L；

$\rho(\mathrm{IC})$——试样无机碳浓度，mg/L。

② 直接法 根据所测试样响应值，由校准曲线计算出总有机碳的浓度$\rho(\mathrm{TOC})$。

2.1.12 水中氟化物的测定——氟离子选择电极法

(1) 实验原理 将氟离子选择电极和外参比电极（如甘汞电极）浸入欲测含氟溶液，构成原电池。该原电池的电动势与氟离子活度的对数呈线性关系，故通过测量电极与已知F^-浓度溶液组成的原电池电动势和电极与待测F^-浓度溶液组成原电池的电动势，即可计算出待测水样中F^-浓度。常用定量方法是标准曲线法和标准加入法。

对于污染严重的生活污水和工业废水，以及含氟硼酸盐的水样均要进行蒸馏。

(2) 实验仪器

① 氟离子选择性电极。

② 饱和甘汞电极或银-氯化银电极。

③ 离子活度计或pH计，精确到0.1mV。

④ 磁力搅拌器、聚乙烯或聚四氟乙烯包裹的搅拌子。

⑤ 100mL、150mL聚乙烯杯。

⑥ 其他通常用的实验室设备。

(3) 实验试剂 所用水为去离子水或无氟蒸馏水。

① 氟化物标准贮备液：称取0.2210g基准氟化钠（NaF）（预先于105～110℃烘干2h，

或者于500～650℃烘干约40min，冷却)，用水溶解后转入1000mL容量瓶中，稀释至标线，摇匀。贮存在聚乙烯瓶中。此溶液每毫升含氟离子100μg。

② 氟化物标准溶液：用无分度吸管吸取氟化钠标准贮备液10.00mL，注入100mL容量瓶中，稀释至标线，摇匀。此溶液每毫升含氟离子10μg。

③ 乙酸钠溶液：称取15g乙酸钠（CH_3COONa）溶于水，稀释至100mL。

④ 总离子强度调节缓冲溶液（TISAB)：称取58.8g二水合柠檬酸钠和85g硝酸钠，加水溶解，用盐酸调节pH值至5～6，转入1000mL容量瓶中，稀释至标线，摇匀。

⑤ 2mol/L盐酸溶液。

(4) 实验方法与步骤

① 仪器准备和操作　按照所用测量仪器和电极使用说明，首先接好线路，将各开关置于"关"的位置，开启电源开关，预热15min，以后操作按说明书要求进行。测定前，试液应达到室温并与标准溶液温度一致（温差不得超过±1℃)。

② 标准曲线绘制　用无分度吸管吸取1.00mL、3.00mL、5.00mL、10.00mL、20.00mL氟化物标准溶液，分别置于5支50mL容量瓶中，加入10mL总离子强度调节缓冲溶液，用水稀释至标线，摇匀。分别移入100mL聚乙烯杯中，各放入一只塑料搅拌子，按浓度由低到高的顺序，依次插入电极，连续搅拌溶液，读取搅拌状态下的稳态电位值（E)。在每次测量之前，都要用水将电极冲洗干净并用滤纸吸去水分。在半对数坐标纸上绘制E-$\lg c_{F^-}$标准曲线，浓度标于对数分格上，最低浓度标于横坐标的起点线上。

③ 水样测定　用无分度吸管吸取适量水样，置于50mL容量瓶中，用乙酸钠或盐酸溶液调节至近中性，加入10mL总离子强度调节缓冲溶液，用水稀释至标线，摇匀。将其移入100mL聚乙烯杯中，放入一只塑料搅拌子，插入电极，连续搅拌溶液，待电位稳定后，在继续搅拌下读取电位值（E_X)。在每次测量之前，都要用水充分洗涤电极并用滤纸吸去水分。根据测得的毫伏数，由标准曲线上查得氟化物的含量。

④ 空白试验　用蒸馏水代替水样，按测定样品的条件和步骤进行测定。

当水样组成复杂或成分不明时，宜采用一次标准加入法，以便减小基体的影响。其操作是：先按步骤②测定试液的电位值（E_1)，然后向试液中加入一定量（与试液中氟的含量相近）的氟化物标准溶液，在不断搅拌下读取稳态电位值（E_2)。

(5) 计算

① 标准曲线法　根据从标准曲线上查知稀释水样的浓度和稀释倍数即可计算水样中氟化物含量（mg/L)。

② 标准加入法

$$c_X=\frac{c_S V_S}{(V_X+V_S)\left(10^{\Delta E/S}-\dfrac{V_X}{V_X+V_S}\right)}$$

式中　c_X——水样中氟化物（F^-）浓度，mg/L；

V_X——水样体积，mL；

c_S——F^-标准溶液的浓度，mg/L；

V_S——加入F^-标准溶液的体积，mL；

ΔE——等于E_1-E_2（对阴离子选择性电极)，其中，E_1为测得水样试液的电位值，mV，E_2为试液中加入标准溶液后测得的电位值，mV；

S——氟离子选择性电极的实测斜率。

如果$V_S \ll V_X$，则上式可简化为：

$$c_X=\frac{c_S V_S}{V_X(10^{\Delta E/S}-1)}$$

(6) 注意事项

① 电极用后应用水充分冲洗干净并用滤纸吸去水分，放在空气中，或者放在稀的氟化物标准溶液中。如果短时间不再使用，应洗净，吸去水分，套上保护电极敏感部位的保护帽。电极使用前仍应洗净，并吸去水分。

② 如果试液中氟化物含量低，则应从测定值中扣除空白试验值。

③ 不得用手触摸电极的敏感膜；如果电极膜表面被有机物等沾污，必须先清洗干净后才能使用。

④ 一次标准加入法所加入标准溶液的浓度（c_S），应比试液浓度（c_X）高10～100倍，加入的体积为试液的1/100～1/10，以使体系的TISAB浓度变化不大。

2.1.13 水中挥发酚类的测定

挥发酚类通常指沸点在230℃以下的酚类，属于一元酚，是高毒物质。生活饮用水和Ⅰ、Ⅱ类地表水水质限值均为0.002mg/L，污染中最高容许排放浓度为0.5mg/L（一、二级标准）。测定挥发酚类的方法有4-氨基安替比林分光光度法、溴化滴定法、气相色谱法等。

2.1.13.1 氨基安替比林分光光度法

(1) 实验仪器

① 500mL全玻璃蒸馏器。

② 50mL具塞比色管。

③ 分光光度计。

(2) 实验试剂

① 无酚水：于1L水中加入0.2g经200℃活化0.5h的活性炭粉末，充分振摇后，放置过夜。用双层中速滤纸过滤，滤出液贮于硬质玻璃瓶中备用或加氢氧化钠使水呈强碱性，并且滴加高锰酸钾溶液至紫红色，移入蒸馏瓶中加热蒸馏，收集馏出液备用。

② 硫酸铜溶液：称取50g硫酸铜（$CuSO_4 \cdot 5H_2O$）溶于水，稀释至500mL。

③ 磷酸溶液：量取10mL 85%的磷酸用水稀释至100mL。

④ 甲基橙指示剂溶液：称取0.05g甲基橙溶于100mL水中。

⑤ 苯酚标准贮备液：称取1.00g无色苯酚溶于水，移入1000mL容量瓶中，稀释至标线，置于冰箱内备用。

标定方法：吸取10.00mL苯酚标准贮备液于250mL碘量瓶中，加100mL水和10.00mL 0.1000mol/L溴酸钾-溴化钾溶液，立即加入5mL浓盐酸，盖好瓶塞，轻轻摇匀，于暗处放置10min。加入1g碘化钾，密塞，轻轻摇匀，于暗处放置5min后，用0.125mol/L硫代硫酸钠标准溶液滴定至淡黄色，加1mL淀粉溶液，继续滴定至蓝色刚好褪去，记录用量。以水代替苯酚储备液做空白试验，记录硫代硫酸钠标准溶液用量。苯酚贮备液浓度按下式计算：

$$\text{苯酚(mg/L)}=\frac{(V_1-V_2)\times c\times 15.68}{V}$$

式中 V_1——空白试验消耗硫代硫酸钠标准溶液量，mL；

V_2——滴定苯酚标准贮备液时消耗硫代硫酸钠标准溶液量，mL；

V——取苯酚标准贮备液体积，mL；

c——硫代硫酸钠标准溶液浓度，mol/L；

15.68——苯酚摩尔（$1/6C_6H_5OH$）质量，g/mol。

⑥ 苯酚标准中间液：取适量苯酚贮备液，用水稀释至每毫升含0.010mg苯酚。使用时当天配制。

⑦ 溴酸钾-溴化钾标准参考溶液［$c(1/6KBrO_3)=0.1mol/L$］：称取2.784g溴酸钾（$KBrO_3$）溶于水，加入10g溴化钾（KBr），使其溶解，移入1000mL容量瓶中，稀释至

标线。

⑧ 碘酸钾标准溶液［$c(1/6KIO_3)=0.250mol/L$］：称取预先经180℃烘干的碘酸钾0.8917g溶于水，移入1000mL容量瓶中，稀释至标线。

⑨ 硫代硫酸钠标准溶液：称取6.2g硫代硫酸钠（$Na_2S_3O_3 \cdot 5H_2O$）溶于煮沸放冷的水中，加入0.2g碳酸钠，稀释至1000mL，临用前标定。

标定方法：吸取20.00mL碘酸钾溶液于250mL碘量瓶中，加水稀释至100mL，加1g碘化钾，再加5mL（1+5）硫酸，加塞，轻轻摇匀。置于暗处放置5min，用硫代硫酸钠溶液滴定至淡黄色，加1mL淀粉溶液，继续滴定至蓝色刚褪去为止，记录硫代硫酸钠溶液用量。按下式计算硫代硫酸钠溶液浓度（mol/L）：

$$c(Na_2S_3O_3 \cdot 5H_2O)=\frac{0.0250\times V_4}{V_3}$$

式中　V_3——硫代硫酸钠标准溶液消耗量，mL；

V_4——移取碘酸钾标准溶液量，mL；

0.0250——碘酸钾标准溶液浓度，mol/L。

⑩ 淀粉溶液：称取1g可溶性淀粉，用少量水调成糊状，加沸水至100mL，冷后，置于冰箱内保存。

⑪ 缓冲溶液（pH值约为10）：称取2g氯化铵（NH_4Cl）溶于100mL氨水中，加塞，置于冰箱中保存。

⑫ 2%（质量浓度）4-氨基安替比林溶液：称取4-氨基安替比林（$C_{11}H_{13}N_3O$）2g溶于水，稀释至100mL，置于冰箱内保存，可使用1周。

注：固体试剂易潮解、氧化，宜保存在干燥器中。

⑬ 13.8%（质量浓度）铁氰化钾溶液：称取8g铁氰化钾{$K_3[Fe(CN)_6]$}溶于水，稀释至100mL，置于冰箱内保存，可使用1周。

（3）实验方法与步骤

① 水样预处理

a. 量取250mL水样置于蒸馏瓶中，加数粒小玻璃珠以防暴沸，再加2滴甲基橙指示液，用磷酸溶液调节至pH=4（溶液呈橙红色），加5.0mL硫酸铜溶液（如采样时已加过硫酸铜，则补加适量）。

如加入硫酸铜溶液后产生较多量的黑色硫化铜沉淀，则应摇匀后放置片刻，待沉淀后，再滴加硫酸铜溶液，至不再产生沉淀为止。

b. 连接冷凝器，加热蒸馏，至蒸馏出约225mL时，停止加热，放冷。向蒸馏瓶中加入25mL水，继续蒸馏至馏出液为250mL为止。

在蒸馏过程中，如发现甲基橙的红色褪去，应在蒸馏结束后，再加1滴甲基橙指示液。如发现蒸馏后残液不呈酸性，则应重新取样，增加磷酸加入量，进行蒸馏。

② 标准曲线的绘制　于一组8支50mL比色管中，分别加入0mL、0.50mL、1.00mL、3.00mL、5.00mL、7.00mL、10.00mL、12.50mL苯酚标准中间液，加水至50mL标线。加0.5mL缓冲溶液，混匀，此时pH值为10.0±0.2，加4-氨基安替比林溶液1.0mL，混匀。再加1.0mL铁氰化钾溶液，充分混匀，放置10min后立即于510nm波长处，用20mm比色皿，以水为参比，测量吸光度。经空白校正后，绘制吸光度对苯酚含量（mg）的标准曲线。

③ 水样的测定　分取适量馏出液于50mL比色管中，稀释至50mL标线。用与绘制标准曲线相同步骤测定吸光度，计算减去空白试验后的吸光度。空白试验是以水代替水样，经蒸馏后，按与水样相同的步骤测定。水样中挥发酚类的含量按下式计算：

$$挥发酚类(以苯酚计,mg/L)=\frac{m}{V}\times 1000$$

式中　m——水样吸光度经空白校正后从标准曲线上查得的苯酚含量，mg；

V——移取馏出液体积，mL。

(4) 结果处理

① 绘制吸光度-苯酚含量（mg）标准曲线。

② 计算所取水样中挥发酚类含量（以苯酚计，mg/L）。

③ 根据实验情况，分析影响测定结果准确度的因素。

(5) 注意事项

① 如水样含挥发酚较高，移取适量水样并加至250mL进行蒸馏，则在计算时应乘以稀释倍数。如水样中挥发酚类浓度低于0.5mg/L时，采用4-氨基安替比林萃取分光光度法。

② 当水样中含游离氯等氧化剂，硫化物、油类、芳香胺类及甲醛、亚硫酸钠等还原剂时，应在蒸馏前先做适当的预处理。处理方法参阅《水和废水监测分析方法》（第四版）第四编第二章。

2.1.13.2　气相色谱法

气相色谱法能测定含酚浓度1mg/L以上的废水中简单酚类组分的分析。其中难分离的异构体及多元酚的分析，可以通过选择其他固定液或配合衍生化技术予以解决。

(1) 实验仪器　气相色谱仪。

(2) 实验试剂

① 载气：高纯度的氮气。

② 氢气：高纯度的氢气。

③ 水：要求无酚高纯水，可用离子交换树脂及活性炭处理，在色谱仪上检查无杂质峰。

④ 酚类化合物：要求高纯度的基准，可采用重蒸馏、重结晶或制备色谱等方法纯制。根据测试要求，可准备下列标准物质：酚、邻二甲酚、对二甲酚、邻二氯酚、间二氯酚、对二氯酚等1～5种二氯酚，1～6种二甲酚等。

(3) 色谱条件

① 固定液：5%聚乙二醇+1%对苯二甲酸（减尾剂）。

② 担体：101酸洗硅烷化白色担体，或Chromosorb　W（酸洗、硅烷化），60～80目。

③ 色谱柱：柱长1.2～3m，内径3～4mm。

④ 柱温：114～118℃。

⑤ 检测器：氢火焰检测器，温度250℃。

⑥ 汽化温度：300℃。

⑦ 载气：N_2 流速20～30mL/min。

⑧ 氢气：流速25～30mL/min。

⑨ 空气：流速500mL/min。

⑩ 记录纸速度：300～400mm/h。

(4) 实验方法与步骤

① 标准溶液的配制　配单一标准溶液及混合标准溶液，先配制每种组分的浓度为1000.0mg/L，然后再稀释配成100.0mg/L、10.0mg/L、1.0mg/L三种浓度；混合标准溶液中各组分的浓度分别为100.0mg/L、10.0mg/L、1.0mg/L。

② 色谱柱的处理　在180～190℃的条件下，通载气20～40mL/min预处理16～20h。

③ 保留时间的测定　在相同的色谱条件下，分别将单一组分标准溶液注入，测定每种组分的保留时间，然后求出每种组分对苯酚的相对保留时间（以苯酚为1），以此作为定性的依据。

④ 响应值的测定　在相同的浓度范围和相同色谱条件下，测出每种组分的色谱峰面积，然后求出每种组分的响应值及每种组分对苯酚响应值比率，公式如下：

$$响应值=\frac{某组分的浓度(mg/L)}{某组分的峰面积(mm^2)}$$

$$响应值比率=\frac{\dfrac{某组分的浓度(mg/L)}{某组分的峰面积(mm^2)}}{\dfrac{苯酚浓度}{苯酚峰面积}}$$

⑤ 水样的测定　根据预先选择好的进样量及色谱仪的灵敏度范围，重复注入试样三次，求得每种组分的平均峰面积。

(5) 计算

$$c_i(mg/L)=A_i\times\frac{c_{酚}}{A_{酚}}\times K_i$$

式中　c_i——待测组分 i 的浓度，mg/L；

A_i——待测组分 i 的峰面积，mm^2；

$c_{酚}$——苯酚的浓度，mg/L；

$A_{酚}$——苯酚的峰面积，mm^2；

K_i——组分 i 的响应值比率。

2.1.14　废水中油的测定

2.1.14.1　重量法

(1) 实验原理　以硫酸酸化水样，用石油醚萃取矿物油，蒸除石油醚后，称量。

此法测定的是酸化样品中可被石油醚萃取的且在试验过程中不挥发的物质总量。溶剂去除时，使得轻质油有明显损失。由于石油醚对油有选择地溶解，因此，石油的较重成分中可能含有不为溶剂萃取的物质。

(2) 实验仪器

① 分析天平。

② 恒温箱。

③ 恒温水浴锅。

④ 1000mL 分液漏斗。

⑤ 干燥器。

⑥ 直径 11cm 中速定性滤纸。

(3) 实验试剂

① 石油醚：将石油醚（沸程 30～60℃）重蒸馏后使用。100mL 石油醚的蒸干残渣不应大于 0.2mg。

② 无水硫酸钠：在 300℃马弗炉中烘 1h，冷却后装瓶备用。

③ 1+1 硫酸。

④ 氯化钠。

(4) 实验方法与步骤

① 在采集瓶上做一容量记号后（以便以后测量水样体积），将所收集的约 1L 已经酸化（pH<2）水样，全部转移至分液漏斗中，加入氯化钠，其量约为水样量的 8%。用 25mL 石油醚洗涤采样瓶并转入分液漏斗中，充分摇匀 3min，静置分层并将水层放入原采样瓶内，石油醚层转入 100mL 锥形瓶中。用石油醚重复萃取水样两次，每次用量 25mL，合并三次萃取液于锥形瓶中。

② 向石油醚萃取液中加入适量无水硫酸钠（加入至不再结块为止），加盖后，放置 0.5h 以上，以便脱水。

③ 用预先以石油醚洗涤过的定性滤纸过滤，收集滤液于100mL已烘干至恒重的烧杯中，用少量石油醚洗涤锥形瓶、硫酸钠和滤纸，洗涤液并入烧杯中。

④ 将烧杯置于（65±5）℃水浴上，蒸出石油醚。蒸干后再置于（65±5）℃恒温箱内烘干1h，然后放入干燥器中冷却30min，称量。

（5）计算

$$油(mg/L)=\frac{(W_1-W_2)\times10^6}{V}$$

式中 W_1——烧杯加油总质量，g；

W_2——烧杯质量，g；

V——水样体积，mL。

（6）注意事项

① 分液漏斗的活塞不要涂凡士林。

② 测定废水中石油类时，若含有大量动、植物性油脂，应取内径20mm，长300mm，一端呈漏斗状的硬质玻璃管，填装100mm厚活性氧化铝（在150～160℃活化4h，未完全冷却前装好柱），然后用10mL石油醚清洗。将石油醚萃取液通过色谱柱，除去动、植物性油脂，收集流出液于恒重的烧杯中。

③ 采样瓶应为清洁玻璃瓶，用洗涤剂清洗干净（不要用肥皂）。应定容采样并将水样全部移入分液漏斗测定，以减少油附着于容器壁上引起的误差。

2.1.14.2 紫外分光光度法

（1）实验原理 石油及其产品在紫外区有特征吸收，带有苯环的芳香族化合物主要吸收波长为250～260nm；带有共轭双键的化合物主要吸收波长为215～230nm。一般原油的两个主要吸收波长为225nm和254nm。石油产品中，如燃料油、润滑油等的吸收峰与原油相近。因此，波长的选择应视实际情况而定，原油和重质油可选254nm，而轻质油及炼油厂的油品可选225nm。

标准油采用受污染地点水样中的石油醚萃取物。如有困难可采用15号机油、20号重柴油或环保部门批准的标准油。

水样加入1～5倍含油量的苯酚，对测定结果无干扰，动、植物性油脂的干扰作用比红外线法小。用塑料桶采集或保存水样，会引起测定结果偏低。

（2）实验仪器

① 紫外分光光度计（具215～256nm波长），10nm石英比色皿。

② 1000mL分液漏斗。

③ 50mL容量瓶。

④ G3型25mL玻璃砂芯漏斗。

（3）实验试剂

① 标准油：用经脱芳烃并重蒸馏过的30～60℃石油醚，从待测水样中萃取油品，经无水硫酸钠脱水后过滤。将滤液置于（65±5）℃水浴上蒸出石油醚，然后置于（65±5）℃恒温箱内赶尽残留的石油醚，即得标准油品。

② 标准油贮备溶液：准确称取标准油品0.100g溶于石油醚中，移入100mL容量瓶内，稀释至标线，贮于冰箱中。此溶液每毫升含1.00mg油。

③ 标准油使用溶液：临用前把上述标准油贮备液用石油醚稀释10倍，此液每毫升含0.10mg油。

④ 无水硫酸钠：在300℃下烘1h，冷却后装瓶备用。

⑤ 石油醚（60～90℃馏分）。

脱芳烃石油醚：将60～100目粗孔微球硅胶和70～120目中性氧化铝（在150～160℃活化4h），在未完全冷却前装入内径25mm（其他规格也可）、高750mm的玻璃柱中。下层硅胶高600mm，上面覆盖50mm厚的氧化铝，将60～90℃石油醚通过此柱以脱除芳烃。收集石油醚于细口瓶中，以水为参比，在225nm处测定处理过的石油醚，其透光率不应小于80%。

⑥ 1+1硫酸。

⑦ 氯化钠。

(4) 实验方法与步骤

① 向7个50mL容量瓶中，分别加入0mL、2.00mL、4.00mL、8.00mL、12.00mL、20.00mL和25.00mL标准油使用溶液，用石油醚（60～90℃）稀释至标线。在选定波长处，用10mm石英比色皿，以石油醚为参比测定吸光度，经空白校正后，绘制标准曲线。

② 将已测量体积的水样，仔细移入1000mL分液漏斗中，加入1+1硫酸5mL酸化（若采样时已酸化，则不需加酸）。加入氯化钠，其量约为水量的2%（质量浓度）。用20mL石油醚（60～90℃馏分）清洗采样瓶后，移入分液漏斗中。充分振摇3min，静置使之分层，将水层移入采样瓶内。

③ 将石油醚萃取液通过内铺约5mm厚度无水硫酸钠层的砂芯漏斗，滤入50mL容量瓶内。

④ 将水层移回分液漏斗内，用20mL石油醚重复萃取一次，同上操作。然后用10mL石油醚洗涤漏斗，其洗涤液均收集于同一容量瓶内，用石油醚稀释至标线。

⑤ 在选定的波长处，用10mm石英比色皿，以石油醚为参比，测量其吸光度。

⑥ 取水样相同体积的纯水，与水样同样操作，进行空白试验，测量吸光度。

⑦ 由水样测得的吸光度，减去空白试验的吸光度后，从标准曲线上查出相应的油含量。

(5) 计算

$$\text{油}(\text{mg/L})=\frac{m\times 1000}{V}$$

式中 m——从标准曲线中查出相应油的量，mg；

V——水样体积，mL。

(6) 注意事项

① 不同油品的特征吸收峰不同，如难以确定测定的波长时，可向50mL容量瓶中移入标准油使用溶液20～25mL，用石油醚稀释至标线，在波长为215～300nm，用10mm石英比色皿测得吸收光谱图（以吸光度为纵坐标、波长为横坐标的吸光度曲线），得到最大吸收峰的位置。一般在220～225nm。

② 使用的器皿应避免有机物污染。

③ 水样及空白测定所使用的石油醚应为同一批号，否则会由于空白值不同而产生误差。

④ 如石油醚纯度较低，或缺乏脱芳烃条件，也可采用己烷作萃取剂。把己烷进行重蒸馏后使用，或用水洗涤3次，以除去水溶性杂质。以水作参比，于波长225nm处测定，其透光率应大于80%方可使用。

2.1.15 废水中苯系化合物的测定

苯系物通常包括苯、甲苯、乙苯、邻二甲苯、间二甲苯、对二甲苯、异丙苯、苯乙烯八种化合物，是生活饮用水、地表水质量标准和污水排放标准中控制的有毒物质指标。测定苯系物的方法有顶空气相色谱法、二硫化碳萃取气相色谱法和气相色谱-质谱（GC-MS）法。本实验采用顶空气相色谱法，其原理基于：在恒温的密闭容器中，水样中的苯系物挥发进入容器上空气相中，当气、液两相间达到平衡后，取液上气相样品进行色谱分析。

(1) 实验仪器

① 气相色谱仪，具有FID检测器。

② 带有恒温水浴的振荡器。

③ 100mL全玻璃注射器或气密性注射器，还配有耐油胶帽，也可以用顶空瓶。

④ 5mL 全玻璃注射器。

⑤ 10μL 微量注射器。

(2) 实验试剂

① 有机硅皂土，色谱固定液。

② 邻苯二甲酸二壬酯（DNP），色谱固定液。

③ 101 白色担体。

④ 苯系物标准物质：苯、甲苯、乙苯、对二甲苯、间二甲苯、邻二甲苯、异丙苯和苯乙烯，均为色谱纯。

⑤ 苯系物标准贮备液：用 10μL 微量注射器取苯系物标准物质，配成浓度各为 10mg/L 的混合水溶液。该贮备液于冰箱内保存，1 周内有效。

⑥ 氯化钠（优级纯）。

⑦ 高纯氮气（99.999%）。

(3) 实验方法与步骤

① 顶空样品的制备　称取 20g 氯化钠，放入 100mL 注射器中，加入 40mL 水样，排出针筒内空气，再吸入 40mL 氮气，用胶帽封好注射器。将注射器置于振荡器恒温水槽中固定，在约 30℃下振荡 5min，抽出液上空间的气样 5mL 进行色谱分析。当废水中苯系物浓度较高时，适当减少进样量。

② 标准曲线的绘制　用苯系物标准贮备液配成浓度为 5μg/L、20μg/L、40μg/L、60μg/L、80μg/L、100μg/L 的苯系物标准系列水溶液，吸取不同浓度的标准系列溶液，按“顶空样品的制备”方法处理，取 5mL 液上空间气样进行色谱分析，绘制浓度-峰高标准曲线。

③ 色谱条件

a. 色谱柱　长 3m，内径 4mm 螺旋形不锈钢柱或玻璃柱。

b. 柱填料　3%有机硅皂土-101 白色担体与 2.5% DNP-101 白色担体，其比例为 35∶65。

c. 温度　柱温 65℃；汽化室温度 200℃；检测器温度 150℃。

d. 气体流量　氮气 400mL/min，氢气 40mL/min；空气 400mL/min。应根据仪器型号选用最合适的气体流量。

④ 查得浓度　根据样品色谱图上苯系物各组分的峰高，从各自的标准曲线上查得样品中苯系物的浓度。

(4) 结果处理

① 根据测定苯系物标准系列溶液和水样得到的色谱图，绘制各组分浓度-峰高标准曲线；由水样中苯系物各组分的峰高，从各自的标准曲线上查得样品中的浓度。

② 根据实验操作和条件控制等方面的实际情况，分析可能导致测定误差的因素。

(5) 注意事项

① 用顶空法制备样品是准确分析的重要步骤之一，振荡时温度变化及改变气、液两相的比例等因素都会使分析误差增大。如需要二次进样，应重新恒温振荡。进样时所用注射器应预热到稍高于样品温度。

② 配制苯系物标准贮备液时，可先将移取的苯系物加入少量甲醇中后，再配制成水溶液。配制工作要在通风良好的条件下进行，以免危害健康。

2.2 大气监测

2.2.1 大气中总悬浮颗粒物的测定——重量法

(1) 实验原理　用重量法测定大气中总悬浮颗粒物的方法一般分为大流量（1.1～1.7m^3/

min）采样法和中流量（0.05～0.15m^3/min）采样法。其原理基于：抽取一定体积的空气，使之通过已恒重的滤膜，则悬浮微粒被阻留在滤膜上，根据采样前后滤膜重量之差及采气体积，即可计算总悬浮颗粒物的质量浓度。

本实验采用中流量采样法测定。

（2）实验仪器

① 中流量采样器：流量 50～150L/min，滤膜直径 8～10cm。

② 流量校准装置：经过罗茨流量计校准的孔口校准器。

③ 气压计。

④ 滤膜：超细玻璃纤维或聚氯乙烯滤膜。

⑤ 滤膜贮存袋及贮存盒。

⑥ 分析天平：感量 0.1mg。

（3）实验方法与步骤

① 采样器的流量校准　采样器每月用孔口校准器进行流量校准。

② 采样

a. 每张滤膜使用前均需用光照检查，不得使用有针孔或有任何缺陷的滤膜采样。

b. 迅速称重在平衡室内已平衡 24h 的滤膜，读数准确至 0.1mg，记下滤膜的编号和重量，将其平展地放在光滑洁净的纸袋内，然后贮存于盒内备用。天平放置在平衡室内，平衡室温度在 20～25℃之间，温度变化小于±3℃，相对湿度小于 50%，湿度变化小于 5%。

c. 将已恒重的滤膜用小镊子取出，“毛”面向上，平放在采样夹的网托上，拧紧采样夹，按照规定的流量采样。

d. 采样 5min 后和采样结束前 5min，各记录一次 U 形压力计压差值，读数准确至 1mm。若有流量记录器，则可直接记录流量。测定日平均浓度一般从8：00开始采样至第二天 8：00 结束。若污染严重，可用几张滤膜分段采样，合并计算日平均浓度。

e. 采样后，用镊子小心取下滤膜，使采样“毛”面朝内，以采样有效面积的长边为中线对叠好，放回表面光滑的纸袋并贮于盒内。将有关参数及现场温度、大气压力等记录填写在表 2-4 中。

表 2-4　总悬浮物颗粒物采样记录

__________市（县）__________监测点

月、日	时间	采样温度/K	采样气压/kPa	采样器编号	滤膜编号	压差值/cmH_2O			流量/(m^3/min)		备注
						开始	结束	平均	Q_2	Q_n	

③ 样品测定　将采样后的滤膜在平衡室内平衡 24h，迅速称重，结果及有关参数记录于表 2-5 中。

表 2-5　总悬浮颗粒物浓度测定记录

__________市（县）__________监测点

月、日	时间	滤膜编号	流量 Q_n/(m^3/min)	采样体积/m^3	滤膜质量/g			总悬浮颗粒物浓度/(mg/m^3)
					前	后	样品质量	

分析者__________审核者__________

(4) 计算

$$总悬浮颗粒物(TSP,mg/m^3)=\frac{W}{Q_n t}$$

$$Q_n=Q_2[(T_3/T_2)(P_2/P_3)]^{1/2}(273\times P_3)\div(101.3\times T_3)$$
$$=Q_2[(P_2/T_2)(P_3/T_3)]^{1/2}(273/101.3)$$
$$=2.69\times Q_2[(P_2/T_2)(P_3/T_3)]^{1/2}$$

式中 W——采样在滤膜上的总悬浮颗粒物质量，mg；

t——采样时间，min；

Q_n——标准状态下的采样流量，m^3/min；

Q_2——现场采样流量，m^3/min；

P_2——采样器现场校准时大气压力，kPa；

P_3——采样时大气压力，kPa；

T_2——采样器现场校准时空气温度，K；

T_3——采样时的空气温度，K。

若 T_3、P_3 与采样器校准时的 T_2、P_2 相近，可用 T_2、P_2 代之。

(5) 注意事项

① 滤膜称重时的质量控制：取清洁滤膜若干张，在平衡室内平衡 24h，称量。每张滤膜称 10 次以上，则每张滤膜的平均值为该张滤膜的原始质量，此为“标准滤膜”。每次称清洁或样品滤膜的同时，称量两张“标准滤膜”，若称出的质量在原始质量±5mg 范围内，则认为该批样品滤膜称量合格，否则应检查称量环境是否符合要求并重新称量该批样品滤膜。

② 要经常检查采样头是否漏气。当滤膜上颗粒物与四周白边之间的界线逐渐模糊，则表明应更换面板密封垫。

③ 称量不带衬纸的聚氯乙烯滤膜时，在取放滤膜时，用金属镊子触一下天平盘，以消除静电的影响。

附：大气中可吸入颗粒物浓度的测定——大流量采样法

(1) 实验原理　使一定体积的空气，通过带有 10μm 切割器的大流量采样器，小于 10μm 的可吸入颗粒物随气流经分离器的出口被截留在已恒重的滤膜上，根据采样前后滤膜的质量差及采样体积，即可计算出可吸入颗粒物浓度，用 mg/m^3 表示。

(2) 实验仪器　PM_{10}采样器是指具有 10μm 切割器的大流量采样器。

收集效率为 50%时的粒子空气动力学直径 $D_{50}=(10\pm1)\mu m$。切割曲线的几何标准差 $\delta g\leqslant1.5\pm0.1$，在有风的条件下（风速小于 8m/s）切割入口应具有各向同性效应。

所用切割器必须经国家环境保护总局主管部门校验标定。

以下各项均与 TSP 相同。

(3) 注意事项　采样器在采样过程中必须准确保持恒定的流量，因采样器的 $D_{50}=10\mu m$，$\delta_g=1.5\pm0.1$ 是在一定的流量下获得的。

定期清扫切割器内大于 10μm 的颗粒物，保持切割器入口距离，以防止大颗粒的干扰。

2.2.2 沉降天平法测定粉尘粒径分布

沉降天平法是测定粉尘粒径的常用方法之一，所测结果为颗粒的斯托克斯直径，粒径测定范围为 0.2～40μm。

通过本实验，可以了解沉降天平法测定粉尘粒径分布的基本原理。掌握沉降天平的操作方法，学会使用沉降天平法测定粉尘的粒径分布。

(1) 实验原理　沉降天平法属于液体沉降法中的一种，其原理和移液管法相类似。也是利用不同粒径的颗粒在液体介质中的沉降速度不同而使粉尘分级，因而静止的沉降液的黏滞性对沉降颗粒起到摩擦阻力的作用。根据斯托克斯定律：

$$t=\frac{18\mu H}{(\rho_P-\rho)gd_P^2}$$

式中 t——颗粒的沉降时间，s；

μ——液体的黏度，Pa·s；

H——颗粒的沉降高度，m；

ρ_P——颗粒密度，kg/m^3；

ρ——液体密度，kg/m^3；

g——重力加速度，m/s^2；

d_P——粉尘颗粒的直径，m。

由上式可知，当沉降高度相同时，不同粒径的颗粒沉降的时间不同。

（2）实验仪器

① TZC-4型自动颗粒测定仪。

② 烘箱。

（3）实验试剂

① 滑石粉。

② 分散液。

（4）实验方法与步骤

① 实验准备

a. 粉尘试样　事先把粉尘试样放入烘箱内，在80℃条件下烘干4h，放入干燥器中冷却至室温，装入带磨塞的试样瓶待用。

b. 检查仪器　检查自动颗粒测定仪是否处于水平状态。

c. 悬浮液的制备

（a）分散液的制备　分散剂为浓度0.2%的六偏磷酸钠溶液，沉降液为蒸馏水。用一定百分比的蒸馏水与分散剂混合，微微加热使其溶化。

例如，用20%的六偏磷酸钠溶液制备的分散剂。在500mL沉降液中需加500×(0.2/100)×(100/20)=5mL。

（b）悬浮液的制备　将5mL的分散剂加入500mL的蒸馏水中，然后倒入沉降筒中，用电动搅拌机进行搅拌。此为制备好的沉降液。

称取3～10g滑石粉，倒入上述沉降液中，再用搅拌机进行充分的搅拌，因为悬浮液的均匀程度直接影响实验数据的准确性，建议搅拌时间为30min。对一些分散不理想的样品，则需要先采用超声波分散，约20min，再用搅拌机进行搅拌。

② 天平和计算机的操作

a. 天平的操作

（a）键盘功能

ON/OFF	开启/关闭
T	清零及去皮键
C	自校键
←→	量制转换键 [可在g与ct（克拉）之间转换，一般设置为g]

（b）接通电源　接通电源，显示屏显示SHP预热0.5h以上，按“ON”键，显示器作全屏扫描后显示0.000g。

（c）校准操作　在标准状态下，先按“T”键，再按“C”键，显示CAL，放上校准砝码，约30s后，显示器显示校准砝码值，待发出“嘟”的声音后拿去砝码，显示器应显示“0.000”，若不是零，再按“T”键清零，重复上述校准操作。

b. 计算机的操作　进入 WIN2003 视窗，打开 TZC-4 颗粒测定仪界面。

③ 样品的测试和计算

a. 测试

(a) 进入 TZC-4 颗粒测定仪界面，进行参数设置。

(b) 将盛有悬浮液（经充分搅拌的沉降液＋分散剂＋被测样品）的沉降筒连同秤盘一起放入沉降筒的底座，再把秤盘上下往复拉几次，主要用来改变搅拌机搅拌后产生的离心力，防止粗颗粒向沉降筒壁沉降。

(c) 将前吊耳向上翻起，沉降筒放到天平底板上，再把前吊耳放下，迅速把秤盘挂到前吊耳上，天平经过短暂的平衡以后，面板显示的数字变动逐渐变小，此时按下天平面板上的“TAR”清零键，同时迅速用鼠标点击“沉降曲线采集”菜单，显示屏上马上显示出采集的沉降曲线。

上述这一操作要熟练，尽量在短时间内完成，防止被测样品大量沉积。

(d) 应尽量使样品可沉降颗粒都沉降，沉降曲线趋于水平时，单击“终止采样”菜单，曲线采集结束。

(e) 单击“数据采集”菜单，保存曲线。

b. 计算

(a) 取出曲线　单击“数据处理”菜单，进入数据处理窗口，打开保存的沉降曲线文件。

(b) 计算　曲线出现后，单击“计算”菜单，选中“设置”菜单，弹出颗粒区间设置框，提示框有相应的提示出现。设置框中 1 是采样终止时测得的颗粒直径，首先按“Enter”键，输入颗粒直径，再按“Enter”键，如此往复到需计算的最大颗粒直径数值。然后单击“计算”下拉菜单，选中计算，便可以查看计算结果了。可分别查看“累积分布图”、“频度分布图”、“直方图”和“计算结果”。打印“直方图”。

(5) 实验数据与整理

粉尘粒径分布测定记录见表 2-6。

表 2-6　粉尘粒径分布测定记录

实验日期	实验人员	试样名称	试样质量/g
室内温度/℃	粉尘密度 ρ_p/(kg/m^3)	分散液密度 ρ/(kg/m^3)	分散液名称
分散液黏度	分散剂名称	分散剂浓度	分散液用量
沉降高度/mm	试验初悬浮液温度/℃		

以粉尘试样的粒径为横坐标，以质量频率（g）和累积质量频率（G）为纵坐标，画出频度分布图和累积分布图。

2.2.3 大气中氮氧化物的测定——盐酸萘乙二胺分光光度法

(1) 实验原理　大气中的氮氧化物主要是一氧化氮和二氧化氮。在测定氮氧化物浓度时，应先用三氧化铬将一氧化氮氧化成二氧化氮。

二氧化氮被吸收液吸收后，生成亚硝酸和硝酸。其中，亚硝酸与对氨基苯磺酸发生重氮化反应，再与盐酸萘乙二胺偶合，生成玫瑰红色偶氮染料，根据其颜色深浅，用分光光度法定量。因为 NO_2（气）转变为 NO_2^-（液）的转换系数为 0.76，故在计算结果时应除以 0.76。

(2) 实验仪器

① 多孔玻璃板吸收管。

② 双球玻璃管：内装三氧化铬-砂子。

③ 空气采样器：流量范围 0～1L/min。

④ 分光光度计。

(3) 实验试剂　所有试剂均用不含亚硝酸根的重蒸馏水配制。其检验方法是：所配制的吸收液对 540nm 光的吸光度不超过 0.005。

① 吸收液：称取 5.0g 对氨基苯磺酸，置于 1000mL 容量瓶中，加入 50mL 冰乙酸和 900mL 水的混合溶液，盖塞振摇使其完全溶解，继之加入 0.05g 盐酸萘乙二胺，溶解后，用水稀释至标线，此为吸收原液，贮于棕色瓶中，在冰箱内可保存 2 个月。保存时应密封瓶口，防止空气与吸收液接触。采样时，按 4 份吸收原液与 1 份水的比例混合配成采样用的吸收液。

② 三氧化铬-砂子氧化管：筛取 20～40 目海砂（或河砂），用 1＋2 的盐酸溶液浸泡一夜，用水洗至中性，烘干。将三氧化铬与砂子按质量比 1＋20 混合，加少量水调匀，放在红外灯下或烘箱内于 105℃烘干，烘干过程中应搅拌几次。制备好的三氧化铬-砂子应是松散的，若黏在一起，说明三氧化铬比例太大，可适当增加一些砂子，重新制备。称取约 8g 三氧化铬-砂子装入双球玻璃管内，两端用少量脱脂棉塞好，用乳胶管或塑料管制的小帽将氧化管两端密封，备用。采样时将氧化管与吸收管用一小段乳胶管相连接。

③ 亚硝酸钠标准贮备液：称取 0.1500g 粒状亚硝酸钠（$NaNO_2$，预先在干燥器内放置 24h 以上），溶解于水，移入 1000mL 容量瓶中，用水稀释至标线。此溶液每毫升含 100.0μg NO_2^-，贮存于棕色瓶内，冰箱中保存，可稳定 3 个月。

④ 亚硝酸钠标准溶液：吸取贮备液 5mL 于 100mL 容量瓶中，用水稀释至标线。此溶液每毫升含 5.0μg NO_2^-。

(4) 实验方法与步骤

① 标准曲线的绘制　取 7 支 50mL 具塞比色管，按表 2-7 所列数据配制标准色列。

表 2-7　亚硝酸钠标准色列

管　号	0	1	2	3	4	5	6
亚硝酸钠标准溶液/mL	0	0.10	0.20	0.30	0.40	0.50	0.60
吸收原液/mL	4.00	4.00	4.00	4.00	4.00	4.00	4.00
水/mL	1.00	0.90	0.80	0.70	0.60	0.50	0.40
NO_2^- 含量/(μg/mL)	0	0.5	1.0	1.5	2.0	2.5	3.0

以上溶液摇匀，避开阳光直射放置 15min，在 540nm 波长处，用 1cm 比色皿，以水为参比，测定吸光度。以吸光度为纵坐标，相应的标准溶液中 NO_2^- 含量（μg/mL）为横坐标，绘制标准曲线。

② 采样　将一支内装 5.00mL 吸收液的多孔玻璃板吸收管进气口接三氧化铬-砂子氧化管，并且使管口略微向下倾斜，以免当湿空气将三氧化铬弄湿时污染后面的吸收液。将吸收管的出气口与空气采样器相连接。以 0.2～0.3L/min 的流量避光采样至吸收液呈微红色为止，记下采样时间，密封好采样管，带回实验室，当日测定。若吸收液不变色，应延长采样时间，采样量应不少于 6L。在采样的同时，应测定采样现场的温度和大气压力并做好记录。

③ 样品的测定　采样后，放置 15min，将样品溶液移入 1cm 比色皿中，按绘制标准曲线的方法和条件测定试剂空白溶液和样品溶液的吸光度。若样品溶液的吸光度超过标准曲线的测定上限，可用吸收液稀释后再测定吸光度。计算结果应乘以稀释倍数。

(5) 计算

$$\text{氮氧化物}(NO_2, mg/m^3)=\frac{(A-A_0)/b}{0.76V_n}$$

式中 A——样品溶液的吸光度；

A_0——试剂空白溶液的吸光度；

$1/b$——标准曲线斜率的倒数，即单位吸光度对应的NO_2毫克数；

V_n——标准状态下的采样体积，L；

0.76——NO_2（气）转换为NO_2^-（液）的系数。

(6) 注意事项

① 吸收液应避光，而且不能长时间暴露在空气中，以防止光照时吸收液显色或吸收空气中的氮氧化物而使试管空白值增高。

② 氧化管适于在相对湿度为30%～70%时使用。当空气相对湿度大于70%时，应勤换氧化管；小于30%时，则在使用前，用经过水面的潮湿空气通过氧化管，平衡1h。在使用过程中，应经常注意氧化管是否吸湿引起板结，或者变为绿色。若板结会使采样系统阻力增大，影响流量；若变成绿色，表示氧化管已失效。

③ 亚硝酸钠（固体）应密封保存，防止空气及湿气侵入。部分氧化成硝酸钠或呈粉末状的试剂都不能用直接法配制标准溶液。若无颗粒状亚硝酸钠试剂，可用高锰酸钾容量法标定出亚硝酸钠贮备液的准确浓度后，再稀释为含5.0μg/mL亚硝酸根的标准溶液。

④ 溶液若呈黄棕色，表明吸收液已受三氧化铬污染，该样品应报废。

⑤ 绘制标准曲线，向各管中加亚硝酸钠标准使用溶液时，都应以均匀、缓慢的速度加入。

2.2.4 大气中二氧化硫的测定——盐酸副玫瑰苯胺分光光度法

(1) 实验原理 大气中的二氧化硫被四氯汞钾溶液吸收后，生成稳定的二氯亚硫酸盐络合物，此络合物再与甲醛及盐酸副玫瑰苯胺发生反应，生成紫红色的络合物，根据其颜色深浅，用分光光度法测定。按照所用的盐酸副玫瑰苯胺使用液含磷酸多少，分为两种操作方法。

方法一：含磷酸量少，最后溶液的pH值为1.6±0.1。

方法二：含磷酸量多，最后溶液的pH值为1.2±0.1，是我国暂时选为环境监测系统的标准方法。

本实验采用方法二测定。

(2) 实验仪器

① 多孔玻璃吸收管（用于短时间采样）；多孔玻璃吸收瓶（用于24h采样）。

② 空气采样器：流量0～1L/min。

③ 分光光度计。

(3) 实验试剂

① 0.04mol/L四氯汞钾吸收液：称取10.9g氯化汞（$HgCl_2$）、6.0g氯化钾和0.070g乙二胺四乙酸二钠盐（EDTA-Na_2），溶解于水，稀释至1000mL。此溶液在密闭容器中贮存，可稳定6个月。如发现有沉淀，不能再用。

② 2.0g/L甲醛溶液：量取36%～38%甲醛溶液1.1mL，用水稀释至200mL，临用现配。

③ 6.0g/L氨基磺酸铵溶液：称取0.60g氨基磺酸铵（$H_2NSO_3NH_4$），溶解于100mL水中，临用现配。

④ 碘贮备液［$c(1/2I_2)=0.10mol/L$］：称取12.7g碘于烧杯中，加入40g碘化钾和25mL水，搅拌至全部溶解后，用水稀释至1000mL，贮于棕色试剂瓶中。

⑤ 碘使用液［$c(1/2I_2)=0.01mol/L$］：量取50mL碘贮存液，用水稀释至500mL，贮于棕色试剂瓶中。

⑥ 2g/L淀粉指示剂：称取0.20g可溶性淀粉，用少量水调成糊状，慢慢倒入100mL沸水中，继续煮沸至溶液澄清，冷却后贮于试剂瓶中。

⑦ 碘酸钾标准溶液［$c(1/6KIO_3)=0.1000mol/L$］：称取3.5668g碘酸钾（KIO_3，优级

纯，110℃烘干2h)，溶解于水，移入1000mL容量瓶中，用水稀释至标线。

⑧ 盐酸溶液[$c(HCl)=1.2mol/L$]：量取100mL浓盐酸，用水稀释至1000mL。

⑨ 硫代硫酸钠贮备液[$c(Na_2S_2O_3)\approx 0.1mol/L$]：称取25g硫代硫酸钠（$Na_2S_2O_3\cdot 5H_2O$)，溶解于1000mL新煮沸并已冷却的水中，加0.2g无水碳酸钠，贮于棕色瓶中，放置1周后标定其浓度。若溶液呈现浑浊时，应该过滤。

标定方法：吸取碘酸钾标准溶液25.00mL，置于250mL碘量瓶中，加70mL新煮沸并已冷却的水，加1.0g碘化钾，振荡至完全溶解后，再加1.2mol/L盐酸溶液10.0mL，立即盖好瓶塞，混匀。在暗处放置5min后，用硫代硫酸钠溶液滴定至淡黄色，加淀粉指示剂5mL，继续滴定至蓝色刚好消失。按下式计算硫代硫酸钠溶液的浓度：

$$c=25.00\times\frac{0.1000}{V}$$

式中　V——消耗硫代硫酸钠溶液的体积，mL；

　　c——硫代硫酸钠溶液浓度，mol/L。

⑩ 硫代硫酸钠标准溶液：取50.00mL硫代硫酸钠贮备液于500mL容量瓶中，用新煮沸并已冷却的水稀释至标线，计算其准确浓度。

⑪ 亚硫酸钠标准溶液：称取0.2g亚硫酸钠（Na_2SO_3）及0.010g乙二胺四乙酸二钠，将其溶解于200mL新煮沸并已冷却的水中，轻轻摇匀（避免振荡，以防充氧）。放置2～3h后标定。此溶液每毫升相当于含320～400μg二氧化硫。

标定方法：取4个250mL碘量瓶（A1、A2、B1、B2），分别加入0.010mol/L碘溶液50.00mL。

在A1、A2瓶内各加25mL水，在B1瓶内加入25.00mL亚硫酸钠标准溶液，盖好瓶塞。立即吸取2.0mL亚硫酸钠标准溶液于已加有40～50mL四氯汞钾溶液的100mL容量瓶中，使其生成稳定的二氯亚硫酸盐络合物。再吸取25.00mL亚硫酸钠标准溶液于B2瓶内，盖好瓶塞。然后用四氯汞钾吸收液将100mL容量瓶中的溶液稀释至标线。

A1、A2、B1、B2四瓶于暗处放置5min后，用0.01mol/L硫代硫酸钠标准溶液滴定至浅黄色，加5mL淀粉指示剂，继续滴定至蓝色刚好褪去。平行滴定所用硫代硫酸钠溶液体积之差应不大于0.05mL。

所配100mL容量瓶中的亚硫酸钠标准溶液相当于二氧化硫的浓度由下式计算：

$$SO_2(\mu g/mL)=[(V_0-V)\times c\times 32.02\times 1000]/25.00\times 2.00/100$$

式中　V_0——滴定A瓶时所用硫代硫酸钠标准溶液体积的平均值，mL；

　　V——滴定B瓶时所用硫代硫酸钠标准溶液体积的平均值，mL；

　　c——硫代硫酸钠标准溶液的准确浓度，mol/L；

32.02——相当于1mmol/L硫代硫酸钠溶液的二氧化硫（$1/2SO_2$）的质量，mg。

根据以上计算的二氧化硫标准溶液的浓度，再用四氯汞钾吸收液稀释成每毫升含2.0μg二氧化硫的标准溶液，此溶液用于绘制标准曲线，在冰箱中存放，可稳定20d。

⑫ 0.2%盐酸副玫瑰苯胺（PRA，即对品红）贮备液：称取0.20g经提纯的盐酸副玫瑰苯胺，溶解于100mL 1mol/L盐酸溶液中。

⑬ 磷酸溶液[$c(H_3PO_4)=3mol/L$]：量取41mL 85%浓磷酸，用水稀释至200mL。

⑭ 0.016%盐酸副玫瑰苯胺使用液：洗去0.2%盐酸副玫瑰苯胺贮备液20.00mL于250mL容量瓶中，加3mol/L磷酸溶液200mL，用水稀释至标线。至少放置24h方可使用。存放暗处，可稳定9个月。

(4) 实验方法与步骤

① 标准曲线的绘制　取8支10mL具塞比色管，按表2-8所列参数配制标准色列。

表 2-8 亚硫酸钠标准色列

试　剂	色列管编号							
	0	1	2	3	4	5	6	7
2.0μg/mL 亚硫酸钠标准溶液/mL	0	0.60	1.00	1.40	1.60	1.80	2.20	2.70
四氯汞钾吸收液/mL	5.00	4.40	4.00	3.60	3.40	3.20	2.80	2.30
二氧化硫含量/μg	0	1.2	2.0	2.8	3.2	3.6	4.4	5.4

在以上各管中加入 6.0g/L 氨基磺酸铵溶液 0.50mL，摇匀。再加 2.0g/L 甲醛溶液 0.50mL 及 0.016% 盐酸副玫瑰苯胺使用液 1.5mL，摇匀。当室温为 15～20℃时，显色 30min；室温为 20～25℃时，显色 20min；室温为 25～30℃时，显色 15min。用 1cm 比色皿，于 575nm 波长处，以水为参比，测定吸光度。以吸光度对二氧化硫含量（μg）绘制标准曲线，或用最小二乘法计算出回归方程式。

② 采样

a. 短时间采样　用内装 5mL 四氯汞钾吸收液的多孔玻璃吸收管以 0.5L/min 流量采样 10～20L。

b. 24h 采样　测定 24h 平均浓度时，用内装 50mL 吸收液的多孔玻璃板吸收瓶以 0.2L/min 流量，10～16℃恒温采样。

③ 样品测定　样品浑浊时，应离心分离除去。采样后应放置 20min，以使臭氧分解。

a. 短时间样品　将吸收管中的吸收液全部移入 10mL 具塞比色管内，用少量水洗涤吸收管，洗涤液并入具塞管中，使总体积为 5mL。加 6g/L 氨基磺酸铵溶液 0.5mL，摇匀，放置 10min，以除去氮氧化物的干扰。以下步骤同标准曲线的绘制。

b. 24h 样品　将采集样品后的吸收液移入 50mL 容量瓶中，用少量水洗涤吸收瓶，洗涤液并入容量瓶中，使溶液总体积为 50.0mL，摇匀。吸取适量样品溶液置于 10mL 具塞比色管中，用吸收液定容为 5.00mL。以下步骤同短时间样品测定。

（5）计算

$$二氧化硫(SO_2, mg/m^3)=\frac{W}{V_n}\times\frac{V_t}{V_a}$$

式中　W——测定时所取样品溶液中二氧化硫含量（由标准曲线查知），μg；

V_t——样品溶液总体积，mL；

V_a——标定时所取样品溶液体积，mL；

V_n——标准状态下的采样体积，L。

（6）注意事项

① 温度对显色影响较大，温度越高，空白值越大。温度高时显色快，褪色也快，最好用恒温水浴控制显色温度。

② 对品红试剂必须提纯后方可使用，否则，其中所含杂质会引起试剂空白值增高，使方法灵敏度降低。已有经提纯合格的 0.2% 对品红溶液出售。

③ 六价铬能使紫红色络合物褪色，产生负干扰，故应避免用硫酸-铬酸洗液洗涤所用玻璃器皿，若已用此洗液洗过，则需用 1+1 盐酸溶液浸洗，再用水充分洗涤。

④ 用过的具塞比色管及比色皿应及时用酸洗涤，否则红色难以洗净。具塞比色管用 1+4 盐酸溶液洗涤，比色皿用 1+4 盐酸加 1/3 体积乙酸混合液洗涤。

⑤ 四氯汞钾溶液为剧毒试剂，使用时应小心，如溅到皮肤上，立即用水冲洗。使用过的废液要集中回收处理，以免污染环境。

2.2.5 大气中一氧化碳的测定——非色散红外吸收法

（1）实验原理　一氧化碳对以 4.5μm 为中心波段的红外辐射具有选择性吸收，在一定的浓度范围内，其吸光度与一氧化碳浓度呈线性关系，故根据气样的吸光度可确定一氧化碳的浓度。

水蒸气，悬浮颗粒物干扰一氧化碳的测定。测定时，气样需经硅胶、无水氯化钙过滤管除去水蒸气，经玻璃纤维滤膜除去颗粒物。

（2）实验仪器

① 非色散红外一氧化碳分析仪。

② 0～10mV记录仪。

③ 聚乙烯塑料采气袋、铝箔采气袋或衬铝塑料采气袋。

④ 弹簧夹。

⑤ 双联球。

（3）实验试剂

① 99.99%高纯氮气。

② 变色硅胶。

③ 无水氯化钙。

④ 霍加拉特管。

⑤ 一氧化碳标准气。

（4）采样　用双联球将现场空气抽入采气袋内，洗3～4次，采气500mL，夹紧进气口。

（5）实验方法与步骤

① 启动和调零　开启电源开关，稳定1～2h，将高纯氮气连接在仪器进气口，通入氮气校准仪器零点。也可以用经霍加拉特管（加热至90～100℃）净化后的空气调零。

② 校准仪器　将一氧化碳标准气连接在仪器进气口，使仪表指针指示满刻度的95%，重复2～3次。

③ 样品测定　将采气袋连接在仪器进气口，则样气被抽入仪器中，由指示表直接指示出一氧化碳的浓度（μL/L）。

（6）计算

$$CO(mg/m^3)=1.25c$$

式中　c——实测空气中一氧化碳浓度，μL/L；

1.25——一氧化碳浓度从μL/L换算为标准状态下质量浓度（mg/m^3）的换算系数。

（7）注意事项

① 仪器启动后，必须预热，稳定一定时间再进行测定。仪器具体操作按仪器说明书规定进行。

② 空气样品应经硅胶干燥，玻璃纤维滤膜过滤后再进入仪器，以消除水蒸气和颗粒物的干扰。

③ 仪器接上记录仪，将空气连续抽入仪器，可连续监测空气中一氧化碳浓度的变化。

2.2.6　室内空气污染监测

室内空气污染对人体健康的影响最为显著，与大气环境相比又有其特殊性。室内空气污染监测，是评价居住环境的一项重要指标。

通过本实验应达到以下目的。

① 掌握酚试剂分光光度法和离子色谱法测定空气中甲醛浓度的方法。

② 掌握气相色谱法测定空气中苯系物的方法。

③ 掌握纳氏试剂比色法测定空气中氨的方法。

2.2.6.1　空气中甲醛的浓度测定

甲醛的测定方法有乙酰丙酮分光光度法、变色酸分光光度法、酚试剂分光光度法、离子色谱法等。其中乙酰丙酮分光光度法灵敏度略低，但选择性较好，操作简便，重现性好，误差小；变色酸分光光度法显色稳定，使用很浓的强酸，使操作不便，而且共存的酚干扰测定。酚试剂分光光度法灵敏度高，在室温下即可显色，但选择性较差，该法是目前测定甲醛较好的方法。离子色谱法是个新方法，建议试用。近年来随着室内污染监测的开展，相继出现了无动力取样分析方法，该法简单、易行，是一种较理想的室内测定方法。

下面重点介绍酚试剂分光光度法和离子色谱法。

2.2.6.1.1　酚试剂分光光度法

（1）实验原理　甲醛与酚试剂反应生成嗪，在高铁离子存在下，嗪与酚试剂的氧化产物反应生成蓝绿色化合物。在波长 630nm 处，用分光光度法测定，反应方程式如下：

CH_3, N, S, C═N—NH_2 + H—C(═O)—H → CH_3, N, S, C═N—N═CH_2 + H_2O　A(嗪)

CH_3, N, S, C═N—NH_2 $\xrightarrow[\text{[O]}]{Fe^{3+}}$ CH_3, N, S, C═N—N^+—H　B

A + B $\xrightarrow[\text{[O]}]{Fe^{3+}}$ CH_3, N, S, C═N—N(H)—C(H)═N—N═C, S, N, CH_3　(蓝绿色)

本法检出限为 0.1μg/5mL，当采样体积为 10L 时，最低检出浓度为 0.01mg/m³。

（2）实验仪器

① 大型气泡吸收管：10mL。

② 空气采样器：流量范围 0～2L/min。

③ 具塞比色管：10mL。

④ 分光光度计。

（3）实验试剂

① 吸收液：称取 0.10g 酚试剂（3-甲基-2-苯并噻唑啉酮腙盐酸盐，简称 MBTH），溶于水中，稀释至 100mL，即为吸收原液，贮存于棕色瓶中，在冰箱内可以稳定 3d。采样时取 5.0mL 原液加入 95mL 水，即为吸收液。

② 硫酸铁铵溶液（1%）：称取 1.0g 硫酸铁铵，用 0.10mol/L 盐酸溶液溶解并稀释至 100mL。

③ 甲醛标准溶液：量取 10mL 浓度为 36%～38%甲醛，用水稀释至 500mL，用碘量法标定甲醛溶液浓度。使用时，先用水稀释成每毫升含 10.0μg 的甲醛溶液。然后立即吸取 10.00mL 此稀释溶液于 100mL 容量瓶中，加 5.0mL 吸收原液，再用水稀释至标线。此溶液每毫升含 1.0μg 甲醛。放置 30min 后，用此溶液配制标准色列，此标准溶液可稳定 24h。

标定方法：吸取 5.00mL 甲醛溶液于 250mL 碘量瓶中，加入 40.00mL $c(1/2I_2)$ = 0.10mol/L 碘溶液，立即逐滴加入浓度为 30%氢氧化钠溶液，至颜色褪至淡黄色为止。放置 10min，用 5.0mL 盐酸溶液（1+5）酸化（做空白滴定时需多加 2mL）。置于暗处放 10min，加入 100～150mL 水，用 0.1mol/L 硫代硫酸钠标准溶液滴定至淡黄色，加 1.0mL 新配制的 5%淀粉指示剂，继续滴定至蓝色刚刚褪去。

另取 5mL 水，同上法进行空白滴定。

按下式计算甲醛溶液浓度：

$$c_f=\frac{(V_0-V)\times c(Na_2S_2O_3)\times 15.0}{5.00}$$

式中　c_f——被标定的甲醛溶液的浓度，g/L；

V_0，V——滴定空白溶液、甲醛溶液所消耗硫代硫酸钠标准溶液体积，mL；

$c(Na_2S_2O_3)$——硫代硫酸钠标准溶液浓度，mol/L；

15.0——相当于1L 1mol/L硫代硫酸钠标准溶液的甲醛（$1/2CH_2O$）的质量，g。

（4）采样　用一个内装5.0mL吸收液的气泡吸收管，以0.5L/min流量，采气10L。

（5）实验步骤

① 标准曲线的绘制　取8支10mL比色管，按表2-9配制标准系列。

表2-9　甲醛标准系列

管　号	0	1	2	3	4	5	6	7
甲醛标准溶液/mL	0	0.10	0.20	0.40	0.60	0.80	1.00	1.50
吸收液/mL	5.00	4.90	4.80	4.60	4.40	4.20	4.00	3.50
甲醛含量/μg	0	0.10	0.20	0.40	0.60	0.80	1.00	1.50

然后向各管中加入1%硫酸铁铵溶液0.40mL，摇匀。在室温下（8～35℃）显色20min。在波长630nm处，用1cm比色皿，以水为参比，测定吸光度。以吸光度对甲醛含量（μg），绘制标准曲线。

② 样品的测定　采样后，将样品溶液移入比色皿中，用少量吸收液洗涤吸收管，洗涤液并入比色管，使总体积为5.0mL。室温下（8～35℃）放置80min后，以下操作同标准曲线的绘制。

（6）计算

$$c_f=\frac{W}{V_n}$$

式中　c_f——空气中甲醛的含量，mg/m^3；

W——样品中甲醛的含量，μg；

V_n——标准状态下采样体积，L。

（7）注意事项

① 绘制标准曲线时与样品测定时温差不超过2℃。

② 标定甲醛时，在摇动下逐滴加入30%氢氧化钠溶液，至颜色明显减褪，再摇片刻，待褪成淡黄色，放置后应褪至无色。若碱量加入过多，则5mL盐酸溶液（1+5）不足以使溶液酸化。

③ 当与二氧化硫共存时，会使结果偏低。可以在采样时，使样品先通过装有硫酸锰滤纸的过滤器，排除干扰。

2.2.6.1.2　离子色谱法

（1）实验原理　空气中的甲醛经活性炭富集后，在碱性介质中用过氧化氢氧化成甲酸。用具有电导检测器的离子色谱仪测定甲酸的峰高，以保留时间定性，峰高定量，间接测定甲醛浓度。

方法的检出限为0.06μg/mL，当采样体积为48L，样品定容25mL，进样量为200μL时，最低检出浓度为$0.03mg/m^3$。

（2）实验仪器

① 玻璃砂芯漏斗：G4。

② 空气采样器：流量0～1L/min。

③ 微孔滤膜：0.45μm。

④ 超声波清洗器。

⑤ 离子色谱仪：具电导检测器。

(3) 实验试剂

① 活性炭吸附采样管：商品活性炭采样管。

② 淋洗液 [$c(Na_2B_4O_7 \cdot 10H_2O)$=0.005mol/L]：称取 1.907g 四硼酸钠（$Na_2B_4O_7 \cdot 10H_2O$），溶解于少量水，移入1000mL 容量瓶中，用水稀释至标线，混匀。

③ 甲酸标准贮备液：称取 0.5778g 甲酸钠（$HCOONa \cdot 2H_2O$），溶解于少量水，移入250mL 容量瓶中，用水稀释至标线，混匀。该溶液每毫升含 1000μg 甲酸根离子。

分析样品时，用去离子水将甲酸标准贮备液稀释成与样品水平相当的甲酸标准使用溶液。

(4) 采样　打开活性炭采样管两端封口，按说明书将一端连接在空气采样器入口处，以 0.2L/min 的流量，采样 4h。采样后，用胶帽将采样管两端密封，带回实验室。

(5) 实验方法与步骤

① 离子色谱条件的选择　按以下各项选择色谱条件。

a. 淋洗液　0.005mol/L 四硼酸钠溶液。

b. 流量　1.5mL/min。

c. 纸速　4mm/min。

d. 柱温　室温±0.5℃（不低于 18℃）。

e. 进样量　200μL。

② 样品溶液的制备　将采样管内的活性炭全部取出，置于已盛有 1.50mL 水、0.05mol/L 氢氧化钠溶液 2.0mL、0.3%过氧化氢水溶液 1.50mL 的小烧杯中，在超声波清洗器中提取处理 20min，放置 2h。用 0.45μm 滤膜过滤于 25mL 容量瓶中，然后分次各用 2.0mL 水洗涤烧杯及活性炭，洗涤液并入容量瓶中，用水稀释至标线，混匀，即为待测样品溶液。

③ 样品的测定　按所用离子色谱仪的操作要求分别测定标准溶液、样品溶液，得出峰高值。以单点外标法或绘制标准曲线法，由甲酸根离子的浓度换算为空气中甲醛的浓度。

(6) 计算

$$c_f=\frac{H\times K\times V_t}{V_n\times \eta}\times\frac{30.03}{45.02}$$

式中　c_f——空气中甲醛的含量，mg/m^3；

H——样品溶液中甲酸根离子的峰高，mm；

K——定量校正因子，即标准溶液中甲酸根离子浓度与其峰高的比值，g/(L·m)；

V_t——样品溶液总体积，mL；

η——甲醛的解吸效率；

V_n——标准状态下的采样体积，L；

30.03，45.02——1mol 甲醛分子、甲酸根离子的质量，g。

(7) 注意事项

① 活性炭采样管由于性能不稳定，因此每批活性炭采样管应抽 3～5 支，以测定甲醛的解吸效率，供计算结果使用。

② 如乙酸产生干扰，淋洗液四硼酸钠浓度应改用 0.0025mol/L，甲酸和乙酸的分离度有所提高。

③ 当乙酸的浓度为甲酸的 5 倍，可溶性氯化物为甲酸浓度的 200 倍时，对甲酸测定有影响，改变淋洗液的浓度，可增加甲酸和乙酸的分离度。

2.2.6.1.3　乙酰丙酮分光光度法

（1）实验原理　甲醛气体经水吸收后，在 pH=6 的乙酸-乙酸铵缓冲溶液中，与乙酰丙酮作用，在沸水浴条件下，迅速生成稳定的黄色化合物，在波长 413nm 处测定。

本方法的检出限为 0.25μg，在采样体积为 30L 时，最低检出浓度为 0.008mg/m^3。

（2）实验试剂　除非另有说明，分析时均使用符合国家标准的分析纯试剂和不含有机物的蒸馏水。

① 不含有机物的蒸馏水：加少量高锰酸钾的碱性溶液于水中再行蒸馏即得（在整个蒸馏过程中水应始终保持红色，否则应随时补加高锰酸钾）。

② 吸收液：不含有机物的重蒸馏水。

③ 乙酸铵（NH_4CH_3COO）。

④ 冰乙酸（CH_3COOH）：ρ=1.05g/cm^3。

⑤ 乙酰丙酮溶液，0.25%(体积)：称量 25g 乙酸铵，加少量水溶解，加 3mL 冰乙酸及 0.25mL 新蒸馏的乙酰丙酮，混匀，再加水至 100mL，调整 pH=6.0，此溶液于 2～5℃贮存，可稳定 1 个月。

⑥ 0.1000mol/L 碘溶液：称量 40g 碘化钾，溶于 25mL 水中，加入 12.7g 碘。待碘完全溶解后，用水定容至 1000mL。移入棕色瓶中，暗处贮存。

⑦ 氢氧化钠（NaOH）。

⑧ 1mol/L 氢氧化钠溶液：称量 40g 氢氧化钠，溶于水中，稀释至 1000mL。

⑨ 0.5mol/L 硫酸溶液：取 28mL 浓硫酸（ρ=1.84g/mL）缓慢加入水中，冷却后，稀释至 1000mL。

⑩ 1+5 硫酸：取 40mL 浓硫酸（ρ=1.84g/mL）缓慢加入 200mL 水中，冷却后待用。

⑪ 0.5%淀粉指示剂：将 0.5g 可溶性淀粉，用少量水调成糊状后，再加入 100mL 沸水，煮沸 2～3min 至溶液透明。冷却后，加入 0.1g 水杨酸或 0.4g 氯化锌保存。

⑫ 重铬酸钾标准溶液［$c(1/6K_2Cr_2O_7)$=0.1000mol/L］：准确称取在 110～130℃烘 2h，冷却至室温的重铬酸钾 2.4516g，用水溶解后移入 500mL 容量瓶中，用水稀释至标线，摇匀。

⑬ 硫代硫酸钠标准滴定溶液［$c(Na_2S_2O_3 \cdot 5H_2O)$≈0.10mol/L］：称取 12.5g 硫代硫酸钠溶于煮沸并放冷的水中，稀释至 1000mL。加入 0.4g 氢氧化钠，贮于棕色瓶内，使用前用重铬酸钾标准溶液标定。

标定方法：于 250mL 碘量瓶内，加入约 1g 碘化钾及 50mL 水，加入 20.0mL $c(1/6K_2Cr_2O_7)$=0.1000mol/L 重铬酸钾标准溶液，加入 5mL 1+5 硫酸溶液，混匀，于暗处放置 5min。用硫代硫酸钠溶液滴定，待滴定至溶液呈淡黄色时，加入 1mL 淀粉指示剂，继续滴定至蓝色刚好褪去，记下用量（V_1）。

硫代硫酸钠标准滴定溶液浓度（mol/L），由下式计算：

$$c_1=\frac{c_2 \times V_2}{V_1}$$

式中　c_1——硫代硫酸钠标准滴定溶液浓度，mol/L；

c_2——重铬酸钾标准溶液浓度，mol/L；

V_1——滴定时消耗硫代硫酸钠溶液体积，mL；

V_2——取用重铬酸钾标准溶液体积，mL。

⑭ 甲醛标准贮备溶液：取 2.8mL 含量为 36%～38%甲醛溶液，放入 1L 容量瓶中，加水稀释至刻度。此溶液 1mL 约相当于 1mg 甲醛。其准确浓度用碘量法标定。

标定方法：精确量取 20.00mL 上述经稀释后的甲醛溶液，置于 250mL 碘量瓶中。加入 20.00mL 0.1000mol/L 碘溶液和 15mL 1mol/L 氢氧化钠溶液，放置 15min。加入 20mL 0.5mol/L 硫酸溶液，再放置 15min，用 0.1000mol/L 硫代硫酸钠溶液滴定，至溶液呈现淡黄色时，加入 1mL 0.5%淀粉指示剂，继续滴定至刚使蓝色消失为终点，记录所用硫代硫酸钠溶液体积。同时用水做试剂空白滴定。甲醛溶液的浓度用下式计算：

$$c=\frac{(V_1-V_2)\times M\times 15}{20}$$

式中 c——溶液中甲醛浓度，mg/mL；

V_1——滴定空白时所用硫代硫酸钠标准溶液体积，mL；

V_2——滴定甲醛溶液时所用硫代硫酸钠标准溶液体积，mL；

M——硫代硫酸钠标准溶液的摩尔浓度，mol/L；

15——甲醛的换算值。

甲醛标准贮备溶液：取上述标准溶液稀释 10 倍作为贮备液，此溶液置于室温下可使用 1 个月。

⑮ 甲醛标准使用溶液：用时取甲醛标准贮备液，用吸收液稀释成 1.00mL 含 5.00μg 甲醛，此溶液应现用现配。

(3) 实验仪器

① 空气采样器。

② 皂膜流量计。

③ 气泡吸收管：10mL；采工业废气时，用多孔玻璃板吸收管 50mL 或 125mL，采样流量 0.5mL/min 时，阻力为（6.7±0.7）kPa，当吸收率大于 99%。

④ 具塞比色管：10mL，带 5mL 刻度，经校正；浓度高时，改用 25mL，带 10mL、250mL 刻度。

⑤ 分光光度计。

⑥ 空盒气压表。

⑦ 水银温度计：0～100℃。

⑧ pH 酸度计。

⑨ 水浴锅。

(4) 实验方法与步骤

① 样品的采集和保存　日光照射能使甲醛氧化，因此在采样时选用棕色吸收管，在样品运输和存放过程中，都应采取避光措施。棕色气泡吸收管装 5mL 吸收液，以 0.5～1.0L/min 的流量，采气 45min 以上。采集好的样品于室温避光贮存，2d 内分析完毕。

② 步骤

a. 校准曲线的绘制　取 7 支 10mL 具塞比色管，按表 2-10 用甲醛标准使用液配制标准色列。

表 2-10　甲醛标准色列

管　　号	0	1	2	3	4	5	6
5.00μg/mL 甲醛/mL	0.0	0.1	0.4	0.8	1.2	1.6	2.00
甲醛/μg	0.0	0.5	2	4	6	8	10

于上述标准系列中，用水稀释定容至 5.0mL 刻线，加 0.25% 乙酰丙酮溶液 2.0mL，混匀，置于沸水浴中加热 3min，取出冷却至室温，用 1cm 吸收池（比色皿），以水为参比，于波长 413nm 处测定吸光度。将上述系列标准溶液测得的吸光度 A 值扣除试剂空白（零浓度）的吸光度 A_0 值，便得到校准吸光度 y 值，以校准吸光度 y 为纵坐标，以甲醛含量 x(μg) 为横坐标，用最小二乘法计算其回归方程式。注意零浓度不参与计算。

$$y=bx+a$$

式中 a——校准曲线截距；

b——校准曲线斜率。

由斜率倒数求得校准因子：$B_s = 1/b$。

b. 样品测定　取 5mL 样品溶液试样（吸取量视试样浓度而定）于 10mL 比色管中，用水定容至 5.0mL 刻线，以下步骤同标准溶液的测定。

c. 空白试验　现场未采样空白吸收管的吸收液进行空白测定。

(5) 计算　试样中甲醛的吸光度 y 用下式计算：

$$y = A_s - A_b$$

式中　A_s——样品测定吸光度；

A_b——空白试验吸光度。

试样中甲醛含量 $x(\mu g)$ 用下式计算：

$$x = \frac{y-a}{b} \times \frac{V_1}{V_2} \quad 或 \quad x = (y-a) B_s \frac{V_1}{V_2}$$

式中　V_1——定容体积，mL；

V_2——测定取样体积，mL。

空气中甲醛浓度 $c(mg/m^3)$ 用下式计算：

$$c = \frac{x}{V_{nd}}$$

式中　V_{nd}——所采气样在标准状态下的体积，L。

2.2.6.2　空气中苯系物的浓度测定

测定环境空气中苯系物，可采用活性炭吸附取样、低温冷凝取样，然后用气相色谱法测定。常见的测定方法及特点见表 2-11，下面重点介绍 DNP+Bentane 柱（CS_2 解吸）法。

表 2-11　环境空气中苯系物各种气相色谱测定方法及特点

测定方法	原　理	测定范围	特　点
DNP＋Bentane 柱（CS_2 解吸）法	用活性炭吸附采样管富集空气中苯、甲苯、乙苯、二甲苯后，加二硫化碳解吸，经 DNP＋Benrane 色谱柱分离，用火焰离子化检测器测定，以保留时间定性，峰高（或峰面积）外标法定量	当采样体积为 100L 时，最低检出浓度：苯 0.005mg/m³；甲苯 0.004mg/m³；二甲苯及乙苯均为 0.010mg/m³	可同时分离测定空气中丙酮、苯乙烯、乙酸乙酯、乙酸丁酯，乙酸戊酯，测定面广
PEG-6000 柱（CS_2 解吸进样）法	用活性炭管采集空气中苯、甲苯、二甲苯，用二硫化碳解吸进样，经 PEG-6000 柱分离后，用氢焰离子化检测器检测，以保留时间定性，峰高定量	对苯、甲苯、二甲苯的检测限分别为 $0.5\times10^{-3}\mu g$、$1\times10^{-3}\mu g$、$2\times10^{-3}\mu g$（进样 1μL 液体样品）	只能测苯、甲苯、二甲苯、苯乙烯
PEG-6000 柱（热解吸进样）法	用活性炭管采集空气中苯、甲苯、二甲苯，热解吸后进样，经 PEG-6000 柱分离后，用氢焰离子化检测器检测，以保留时间定性，峰高定量	对苯、甲苯、二甲苯的检测限分别为 $0.5\times10^{-3}\mu g$、$1\times10^{-3}\mu g$、$2\times10^{-3}\mu g$（进样 1μL 液体样品）	解吸方便，效率高
邻苯二甲酸二壬酯-有机皂土柱	苯、甲苯、二甲苯气样在－78℃浓缩富集，经邻苯二甲酸二壬酯及有机皂土色谱柱分离，用氢焰离子化检测器测定	检出限：苯 0.4mg/m³、二甲苯 1.0mg/m³（1mL 气样）	样品不稳定，需尽快分析

(1) 实验原理　实验原理见表 2-11。

(2) 实验仪器

① 容量瓶：5mL、100mL。

② 无分度吸管：1mL、5mL、10mL、15mL及20mL。

③ 微量注射器：10μL。

④ 气相色谱仪：具火焰离子化检测器。

色谱柱：长2m，内径3mm不锈钢柱，柱内填充涂覆2.5%DNP及2.5%Bentane的Chromosorb W HP DMCS（80～100目）。

⑤ 空气采样器：流量0～1L/min。

⑥ 活性炭吸附采样管：长10cm，内径6mm玻璃管，内装20～50目粒状活性炭0.5g（活性炭预先在马弗炉内经350℃灼烧3h，放冷后备用），分A、B两段，中间用玻璃棉隔开。

（3）实验试剂

① 苯系物：苯、甲苯、乙苯、邻二甲苯、对二甲苯、间二甲苯均为色谱纯试剂。

② CS_2：使用前必须纯化并经色谱检验。进样5μL，在苯与甲苯峰之间不出峰方可使用。

③ 苯系物标准贮备液：分别吸取苯、甲苯、乙苯、二甲苯各10.0μL于装有90mL经纯化的CS_2的100mL容量瓶中，用CS_2稀释至标线，再取此标准液10.0mL于装有80mL CS_2的100mL容量瓶中，稀释至标线。此贮备液每毫升含苯8.8μg，乙苯8.7μg，甲苯8.7μg，对二甲苯8.6μg，间二甲苯8.7μg，邻二甲苯8.8μg。此贮备液在4℃可保存1个月。

（4）采样　用乳胶管连接采样管B端与空气采样器的进气口并垂直放置，以0.5L/min流量，采样100～400min。采样后，用乳胶管将采样管两端套封，10d内测定。

（5）实验方法与步骤

① 色谱条件的选择　按以下各项选择色谱条件。

a. 柱温　64℃。

b. 汽化室温度　150℃。

c. 检测室温度　150℃。

d. 载气（氮气）流量　50mL/min。

e. 燃气（氢气）流量　46mL/min。

f. 助燃气（空气）流量　320mL/min。

② 标准曲线的绘制　分别取苯系物各贮备液0mL、5.0mL、10.0mL、15.0mL、20.0mL、25.0mL于100mL容量瓶中，用CS_2稀释至标线，摇匀。其浓度见表2-12。

表2-12　苯系物各品种不同浓度的配制

编号	0	1	2	3	4	5
苯、邻二甲苯标准贮备液体积/mL	0	5.0	10.0	15.0	20.0	25.0
稀释至100mL后的浓度/(mg/L)	0	0.44	0.88	1.32	1.76	2.20
甲苯、乙苯、间二甲苯标准贮备液体积/mL	0	5.0	10.0	15.0	20.0	25.0
稀释至100mL后的浓度/(mg/L)	0	0.44	0.87	1.31	1.74	2.18
对二甲苯标准贮备液体积/mL	0	5.0	10.0	15.0	20.0	25.0
稀释至100mL后的浓度/(mg/L)	0	0.43	0.86	1.29	1.72	2.15

另取6支5mL容量瓶，各加入0.25g粒状活性炭及0～5号的苯系物标准液2.00mL，振荡2min，放置20min后，在上述色谱条件下，各进样5.0μL。色谱图如图2-2所示，测定标样的保留时间及峰高（峰面积），以峰高（或峰面积）对含量，绘制标准曲线。

③ 样品的测定　将采样管A段和B段活性炭，分别移入2只5mL容量瓶中，加入纯化过的二硫化碳CS_2 2.00mL，振荡2min，放置20min后，吸取5.0μL解吸液注入色谱仪，记录保留时间和峰高（或峰面积）。以保留时间定性，峰高（或峰面积）定量。

（6）计算

$$c=\frac{W_1+W_2}{V_n}$$

式中　c——空气中苯系物各成分的含量，mg/m^3；

W_1——A段活性炭解吸液中苯系物的含量，μg；

W_2——B段活性炭解吸液中苯系物的含量，μg；

V_n——标准状况下的采样体积，L。

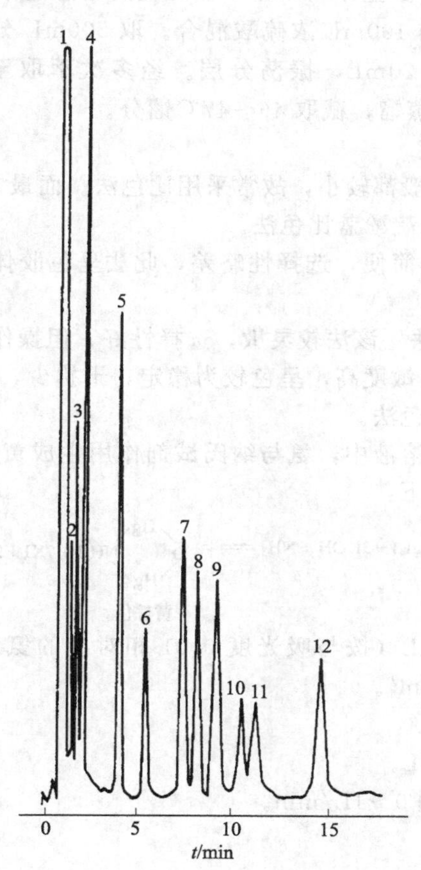

图 2-2　苯系物各组分色谱图

1—二硫化碳；2—丙酮；3—乙酸乙酯；4—苯；5—甲苯；6—乙酸丁酯；7—乙苯；8—对二甲苯；9—间二甲苯；10—邻二甲苯；11—乙酸戊酯；12—苯乙烯

（7）注意事项

① 本法同样适用于空气中丙酮、苯乙烯、乙酸乙酯、乙酸丁酯、乙酸戊酯的测定。在以上色谱条件下，其比保留时间见表 2-13。

表 2-13　各组分的比保留时间

组　分	丙酮	乙酸乙酯	苯	甲苯	乙酸丁酯	乙苯	对二甲苯	间二甲苯	邻二甲苯	乙酸戊酯	苯乙烯
比保留时间	0.65	0.76	1.00	1.89	2.53	3.50	3.80	4.35	5.01	5.55	6.94

② 空气中苯系物浓度在 $0.1mg/m^3$ 左右时，可用 100mL 注射器采气样，气样经 Tenax-GC 在常温下浓缩后，再加热解吸，用 GC 法测定。

③ 市售活性炭、玻璃棉需经空白检验后，方能使用。检验方法是取用量为 1 支活性炭吸附采样管的玻璃棉和活性炭（分别约为 0.1g、0.5g），加纯化过的 CS_2 2mL 振荡 2min，放置 20min，进样 5μL，观察待测物位置是否有干扰峰。无干扰峰时方可应用，否则要预先处理。

④ 市售分析纯 CS_2 常含有少量苯与甲苯，需纯化后才能使用。

纯化方法：取 1mL 甲醛与 100mL 浓硫酸混合。取 500mL 分液漏斗 1 支，加入市售 CS_2 250mL 和甲醛-浓硫酸萃取液 20mL，振荡分层。经多次萃取至 CS_2 呈无色后，再用 20% Na_2CO_3 水溶液洗涤 2 次，重蒸馏，截取 46～47℃馏分。

2.2.6.3 空气中氨的浓度测定

在环境空气中氨的浓度一般都较小，故常采用比色法。而最常用的比色法有纳氏试剂比色法、次氯酸钠-水杨酸比色法和靛酚蓝比色法。

① 纳氏试剂比色法　操作简便，选择性略差，此法呈色胶体不十分稳定，易受醛类和硫化物的干扰。

② 次氯酸钠-水杨酸比色法　该法较灵敏，选择性好，但操作较复杂。

③ 靛酚蓝比色法　该法灵敏度高，呈色较为稳定，干扰少，但操作条件要求严格。

下面重点介绍纳氏试剂比色法。

(1) 实验原理　在稀硫酸溶液中，氨与纳氏试剂作用生成黄棕色化合物，根据颜色深浅，用分光光度法测定。反应式如下：

$$2K_2(HgI_4)+3KOH+NH_3 \rightleftharpoons O\begin{matrix}Hg\\ \\Hg\end{matrix}NH_2I+7KI+2H_2O$$

黄棕色

本法检出限为 0.6μg/10mL（按与吸光度 0.01 相对应的氨含量计），当采样体积为 20L 时，最低检出浓度为 0.03mg/m^3。

(2) 实验仪器

① 大型气泡吸收管：10mL。

② 空气采样器：流量范围 0～1L/min。

③ 分光光度计。

(3) 实验试剂

① 吸收液：硫酸溶液 [$c(1/2H_2SO_4)$=0.01mol/L]。

② 纳氏试剂：称取 5.0g 碘化钾，溶于 5.0mL 水；另取 2.5g 氯化汞（$HgCl_2$）溶于 10mL 热水。将氯化汞溶液缓慢加到碘化钾溶液中，不断搅拌，直到形成的红色沉淀（HgI_2）不溶为止。冷却后，加入氢氧化钾溶液（15.0g 氢氧化钾溶于 30mL 水），用水稀释至 100mL，再加入 0.5mL 氯化汞溶液，静置 1d。将上清液贮于棕色细口瓶中，盖紧橡皮塞，存入冰箱，可使用 1 个月。

③ 酒石酸钾钠溶液：称取 50.0g 酒石酸钾钠（$KNaC_4H_4O_6\cdot 4H_2O$），溶解于水中，加热煮沸以驱除氨，放冷，稀释至 100mL。

④ 氯化铵标准贮备液：称取 0.7855g 氯化铵，溶解于水，移入 250mL 容量瓶中，用水稀释至标线，此溶液每毫升相当于含 1000μg 氨。

⑤ 氯化铵标准溶液：临用时，吸取氯化铵标准贮备液 5.00mL 于 250mL 容量瓶中，用水稀释至标线，此溶液每毫升相当于含 20.0μg 氨。

(4) 采样　用一个内装 10mL 吸收液的大型气泡吸收管，以 1L/min 流量采样。采样体积为 20～30L。

(5) 实验方法与步骤

① 标准曲线的绘制　取 6 支 10mL 具塞比色管，按表 2-14 配制标准系列。

表 2-14　氯化铵标准系列

管　号	0	1	2	3	4	5
氯化铵标准溶液/mL	0	0.10	0.20	0.50	0.70	1.00
水/mL	10.00	9.90	9.80	9.50	9.30	9.00
氨含量/μg	0	2.0	4.0	10.0	14.0	20.0

在各管中加入酒石酸钾钠溶液 0.20mL，摇匀，再加纳氏试剂 0.20mL，放置 10min（室温低于 20℃时，放置 15～20min）。用 1cm 比色皿，于波长 420nm 处，以水为参比，测定吸光度。以吸光度对氨含量（μg），绘制标准曲线。

② 样品的测定　采样后，将样品溶液移入 10mL 具塞比色管中，用少量吸收液洗涤吸收管，洗涤液并入比色管，用吸收液稀释至 10mL 标线，以下步骤同标准曲线的绘制。

(6) 计算

$$c(NH_3)=\frac{W}{V_n}$$

式中　W——样品溶液中的氨含量，μg；

V_n——标准状态下的采样体积，L；

$c(NH_3)$——空气中氨的含量，mg/m^3。

(7) 注意事项

① 本法测定的是空气中氨气和颗粒物中铵盐的总量，不能分别测定两者的浓度。

② 为降低试剂空白值，所有试剂均用无氨水配制。

无氨水配制方法：于普通蒸馏水中，加少量高锰酸钾至浅紫红色，再加少量氢氧化钠至呈碱性，蒸馏。取中间蒸馏部分的水，加少量硫酸呈微酸性，再重新蒸馏一次即可。

③ 在氯化铵标准贮备液中加 1～2 滴氯仿，可以抑制微生物的生长。

④ 若在吸收管上做好 10mL 标记，采样后用吸收液补充体积至 10mL，可代替具塞比色管直接在其中显色。

⑤ 用 72 型分光光度计，于波长 420nm 处测定时，应采用 10V 电压。

⑥ 硫化氢、三价铁等金属离子干扰氨的测定。加入酒石酸钾钠，可以消除三价铁离子的干扰。

2.3 固体监测

2.3.1 土壤中镉的测定

(1) 实验原理　土壤样品用 HNO_3-HF-$HClO_4$ 或 HCl-HNO_3-HF-$HClO_4$ 混酸体系消解后将消解液直接喷入空气-乙炔火焰。在火焰中形成的 Cd 基态原子蒸气对光源发射的特征电磁辐射产生吸收。测得试液吸光度扣除全程序空白吸光度，从标准曲线查得镉含量。计算土壤中镉含量。

该方法适用于高背景土壤（必要时应消除基体元素干扰）和受污染土壤中 Cd 的测定。方法检出限范围为 0.05～2mg Cd/kg。

(2) 实验仪器

① 原子吸收分光光度计，空气-乙炔火焰原子化器，镉空心阴极灯。

② 仪器工作条件：测定波长 228.8nm；通带宽度 1.3nm；灯电流 7.5mA；火焰类型为空气-乙炔，氧化型，蓝色火焰。

(3) 实验试剂

① 盐酸：优级纯。

② 硝酸：优级纯。

③ 氢氟酸：优级纯。

④ 高氯酸：优级纯。

⑤ 镉标准贮备液：称取 0.5000g 金属镉粉（光谱纯），溶于 25mL 1+5 HNO_3（微热溶解）。冷却，移入 500mL 容量瓶中，用去离子水稀释并定容。此溶液每毫升含 1.0mg 镉。

⑥ 镉标准使用液：吸取 10.0mL 镉标准贮备液于 100mL 容量瓶中，用水稀释至标线，摇匀备用。吸取 5.0mL 稀释后的标准液于另一个 100mL 容量瓶中，用水稀释至标线，即得每毫升含 5μg 镉的标准使用液。

(4) 实验方法与步骤

① 土样试液的制备 称取 0.5～1.000g 土样于 25mL 聚四氟乙烯坩埚中，用少许水湿润，加入 10mL HCl，在电热板上加热（<450℃）消解 2h，然后加入 15mL HNO_3，继续加热至溶解物剩余约 5mL 时，再加入 5mLHF 并加热分解除去硅化合物，最后加入 5mL $HClO_4$ 加热至消解物呈淡黄色时，打开盖，蒸至近干。取下冷却，加入 1+5 HNO_3 1mL 微热溶解残渣，移入 50mL 容量瓶中，定容。同时进行全程序试剂空白试验。

② 标准曲线的绘制 吸取镉标准使用液 0mL、1.00mL、2.00mL、3.00mL、4.00mL 分别于 6 个 50mL 容量瓶中，用 0.2% HNO_3 溶液定容，摇匀。此标准系列分别含镉 0μg/mL、0.05μg/mL、0.10μg/mL、0.20μg/mL、0.30μg/mL、0.40μg/mL，测其吸光度，绘制标准曲线。

③ 样品测定

a. 标准曲线法 按绘制标准曲线条件测定试样溶液的吸光度，扣除全程序空白吸光度，从标准曲线上查得并计算镉含量：

$$镉的含量(mg/kg)=\frac{m}{W}$$

式中 m——从标准曲线上查得镉含量，μg；

W——称量土样干总量，g。

b. 标准加入法 各取试样溶液 5.0mL 分别于 4 个 10mL 容量瓶中，依次分别加入镉标准使用液（5.0μg/mL）0mL、0.50mL、1.00mL、1.50mL，用 0.2% HNO_3 溶液定容，设试样溶液镉浓度为 ρ_x，加标后试样浓度分别为 ρ_x+0、$\rho_x+\rho_S$、$\rho_x+2\rho_S$、$\rho_x+3\rho_S$，测得的吸光度分别为 A_x、A_1、A_2、A_3。绘制 A-c 图。由图知，所得曲线不通过原点，其截距所对应的吸光度是试液中待测离子浓度的响应。外延曲线与横坐标相交，原点与交点的距离，即为待测离子的浓度。结果计算方法同上。

(5) 注意事项

① 土样消化过程中，最后除 $HClO_4$ 时必须防止将溶液蒸干，不慎蒸干时，Fe、Al 盐可能形成难溶的氧化物而包藏镉，使结果偏低。注意无水 $HClO_4$ 会爆炸！

② 镉的测定波长为 228.8nm，该分析线处于紫外区，易受光散射和分子吸收的干扰，特别是在 220.0～270.0nm 之间，NaCl 有强烈的分子吸收，覆盖了 228.8nm 谱线。另外，Ca、Mg 的分子吸收和光散射也十分强。这些因素都可造成镉的表现吸光度增大。为消除基体干扰，可在测量体系中加入适量基体改进剂，如在标准系列溶液和试样中分别加入 0.5g $La(NO_3)_3\cdot6H_2O$。此法适用于测定土壤中镉含量较高和受镉污染土壤中的镉含量。

③ 高氯酸的纯度对空白值的影响很大，直接关系到测定结果的准确度，因此必须注意全过程空白值的扣除，并且尽量减少加入量，以降低空白值。

2.3.2 土壤中汞的测定

(1) 实验原理 汞是常温下唯一的液态金属，而且有较大的蒸气压，测汞仪利用汞蒸气对光源发射的253.7nm谱线具有特征吸收来测定汞的含量。

（2）实验仪器

① 测汞仪（冷原子吸收光度仪）。

② 25mL容量瓶。

③ 50mL烧杯（配表面皿）和1mL、5mL刻度吸管。

④ 100mL锥形瓶。

（3）实验试剂

① 浓硫酸（分析纯）。

② 5% $KMnO_4$（分析纯）。

③ 10%盐酸羟胺：称10g盐酸羟胺（$NH_2OH \cdot HCl$）溶于蒸馏水中稀释至100mL，以2.5L/min的流量通氮气或干净空气30min，以驱除微量汞。

④ 10%氯化亚锡：称10g氯化亚锡（$SnCl_2 \cdot 2H_2O$）溶于10mL浓硫酸中，加蒸馏水至100mL。同上法通氮气或干净空气驱除微量汞，加几粒金属锡，密塞保存。

⑤ 汞标准贮备液：称取0.1354g氯化汞，溶于含有0.05%重铬酸钾的5+95硝酸溶液中，转移到1000mL容量瓶中并稀释至标线，此液每毫升含100.0μg汞。

⑥ 汞标准液：临用时将贮备液用含有0.05%重铬酸钾的5+95硝酸稀释至每毫升含0.05μg汞的标准液。

（4）实验方法与步骤

① 样品消化　准确称取30～50mg过筛后的样品粉末于50mL烧杯中，加入5% $KMnO_4$ 8mL，小心加浓硫酸5mL，盖上表面皿。小心加热至土样完全消化，如消化过程中紫红色消失应立即滴加$KMnO_4$。冷却后，滴加盐酸羟胺至紫红色刚消失，以除去过量的$KMnO_4$，所得溶液不应有黑色残留物或土样。稍静置（去氯气），转移到25mL容量瓶稀释至标线，立即测定。

② 标准曲线绘制

a. 在7个100mL锥形瓶中分别加入汞标准液0mL、0.50mL、1.00mL、2.00mL、3.00mL、4.00mL及5.00mL（即0μg、0.025μg、0.05μg、0.10μg、0.15μg、0.20μg及0.25μg汞）。各加蒸馏水至50mL，再加2mL H_2SO_4和2mL 5% $KMnO_4$煮沸10min（加玻璃珠防崩沸），冷却后滴加盐酸羟胺至紫红色消失，转移到25mL容量瓶，稀释至标线立即测定。

b. 按规定调好测汞仪，将标准液和样品液分别倒入25mL翻泡瓶，加2mL 10%氯化亚锡，迅速塞紧瓶塞，开动仪器，待指针达最高点，记录吸收值，其测定次序应按浓度从小到大进行。

以标准溶液系列作吸收值-微克数的标准曲线。

（5）计算

$$汞含量(\mu g/g)=\frac{查标准曲线所得汞微克数}{土样克数}$$

（6）注意事项

① 各种型号测汞仪操作方法、特点不同，使用前应详细阅读仪器说明书。

② 由于方法灵敏度很高，因此实验室环境和试剂纯度要求很高，应予注意。

③ 消化是本实验重要步骤，也是容易出错的步骤，必须仔细操作。

2.3.3　固体废物中铜的测定

（1）实验原理　试样经硫酸-氢氟酸分解后，加热蒸发至三氧化硫白烟逸尽。在硝酸介质中，铜离子与二乙基二硫代氨基甲酸钠相互作用，用四氯化碳萃取形成的二乙基硫代氨基甲酸铜，然后用分光光度计测定其萃取液的吸光度。

（2）实验仪器　分光光度计。

(3) 实验试剂

① 硝酸。

② 硫酸(1+1)。

③ 氢氟酸。

④ 氨水。

⑤ 氯化钠溶液(200g/L)。

⑥ 二乙基二硫代氨基甲酸钠溶液(1g/L):将0.1g二乙基二硫代氨基甲酸钠溶解于100mL氯化钠溶液中(200g/L)。

⑦ 铜标准溶液(1mL溶液含有0.005mg铜):称取0.3928g硫酸铜($CuSO_4 \cdot 5H_2O$),用水溶解后移入1000mL容量瓶中,用水稀释至标线,混匀。分取25mL上述溶液于500mL容量瓶中,用水稀释至标线,混匀。

⑧ 百里酚酞溶液(1g/L):将0.1g百里酚酞溶于20mL乙醇中,用水稀释至100mL。

⑨ 四氯化碳。

(4) 工作曲线的绘制 分别向125mL分液漏斗中注入0.00mL、1.00mL、2.00mL、5.00mL、10.00mL、15.00mL、20.00mL、25.00mL铜标准溶液(分别含有0.00mg、0.005mg、0.01mg、0.025mg、0.05mg、0.075mg、0.10mg、0.125mg铜),再分别加入2滴百里酚酞溶液(1g/L),滴加氨水至溶液变为天蓝色,然后加1mL二乙基二硫代氨基甲酸钠溶液(1g/L),摇匀,静置10min。准确加入10mL四氯化碳,盖上分液漏斗塞,摇混1~2min,放置5min,待萃取物分层后,使用分光光度计,30mm比色皿,以四氯化碳作参比,于波长436nm处测定萃取液的吸光度。每个溶液的浓度取三次测定结果的平均值。然后以测得的吸光度为纵坐标,比色溶液的浓度为横坐标,绘制工作曲线。

(5) 实验方法与步骤 称取约1g(精确至0.001g)试样于铂坩埚中,加5mL硫酸(1+1)和8~10mL氢氟酸,加热蒸发,直至出现三氧化硫白烟,取下稍冷,加4~5mL水、3~4滴硝酸,加热蒸发至干。将残渣用10mL硝酸溶解,移至100~150mL烧杯中,用少量热水洗净坩埚,盖上表面皿,微沸10min,取下冷却至室温,移至125mL分液漏斗中,加2~3滴百里酚酞(1g/L),滴加氨水至溶液变为天蓝色。然后加1mL二乙基二硫代氨基甲酸钠溶液(1g/L),摇匀,静置10min。以下操作步骤同工作曲线的绘制。

(6) 计算 铜的百分含量(X_{Cu})按下式计算,计算结果的数值修约至四位小数:

$$X_{Cu}=\frac{c}{m\times 1000}\times 100\%$$

式中 c——在工作曲线上查得的被测定溶液中铜的含量,mg;

m——试样的质量,g。

平行结果的允许差见表2-15。

表2-15 平行结果允许差

铜含量/%	允许差/%
<0.0030	0.0004
≥0.0030	0.0005

若平行测定结果之差在允许范围内,取其算术平均值为测定结果。否则,应重新测定。

2.3.4 固体废物中铬的测定

固体废物浸出液中铬的测定常用分光光度法,是在酸性溶液中,六价铬离子与二苯碳酰二肼反应,生成紫红色化合物,其最大吸收波长为540nm,吸光度与浓度的关系符合比尔定律。如果测定总铬,需先用高锰酸钾将水样中的三价铬氧化为六价,再用本法测定。

2.3.4.1　六价铬的测定

(1) 实验仪器

① 分光光度计，比色皿（1cm、3cm）。

② 50mL 具塞比色管，移液管，容量瓶等。

(2) 实验试剂

① 丙酮。

② 1+1 硫酸。

③ 1+1 磷酸。

④ 0.2%（质量浓度）氢氧化钠溶液。

⑤ 氢氧化锌共沉淀剂：称取硫酸锌（$ZnSO_4 \cdot 7H_2O$）8g，溶于 100mL 水中；称取氢氧化钠 2.4g，溶于 120mL 水中。将以上两溶液混合。

⑥ 4%（质量浓度）高锰酸钾溶液。

⑦ 铬标准贮备液：称取于120℃干燥 2h 的重铬酸钾（优级纯）0.2829g，用水溶解，移入 1000mL 容量瓶中，用水稀释至标线，摇匀。每毫升贮备液含 0.100mg 六价铬（浓度为 0.1g Cr/L=100mg/L）。

⑧ 铬标准使用液：吸取 5.00mL 铬标准贮备液于 500mL 容量瓶中，用水稀释至标线，摇匀。每毫升标准使用液含 1.00μg 六价铬。使用当天配制（浓度为 0.001g Cr/L=1mg/L）。

⑨ 20%（质量浓度）尿素溶液。

⑩ 2%（质量浓度）亚硝酸钠溶液。

⑪ 二苯碳酰二肼溶液：称取二苯碳酰二肼（简称 DPC，$C_{13}H_{14}N_4O$）0.2g，溶于 50mL 丙酮中，加水稀释至 100mL，摇匀，贮于棕色瓶内，置于冰箱中保存。颜色变深后不能再用。

(3) 实验方法与步骤　将浸出液 pH 值调至 8。

① 水样预处理

a. 对不含悬浮物、低色度的清洁地面水，可直接进行测定。

b. 如果水样有色但不深，可进行色度校正。即另取一份试样，加入除显色剂以外的各种试剂，以 2mL 丙酮代替显色剂，用此溶液为测定试样溶液吸光度的参比溶液。

c. 对浑浊、色度较深的水样，应加入氢氧化锌共沉淀剂并进行过滤处理。

d. 水样中存在次氯酸盐等氧化性物质时，干扰测定，可加入尿素和亚硝酸钠消除。

e. 水样中存在低价铁、亚硫酸盐、硫化物等还原性物质时，可将 Cr^{6+} 还原为 Cr^{3+}，此时，调节水样 pH 值至 8，加入显色剂溶液，放置 5min 后再酸化显色，并且以同法作标准曲线。

② 标准曲线的绘制　取 9 支 50mL 比色管，依次加入 0mL、0.20mL、0.50mL、1.00mL、2.00mL、4.00mL、6.00mL、8.00mL 和 10.00mL 铬标准使用液，用水稀释至标线，加入 1+1 硫酸 0.5mL 和 1+1 磷酸 0.5mL，摇匀。加入 2mL 显色剂溶液，摇匀。5～10min 后，于 540nm 波长处，用 1cm 或 3cm 比色皿，以水为参比，测定吸光度并做空白校正。以吸光度为纵坐标，相应六价铬含量为横坐标，绘出标准曲线。

③ 水样的测定　取适量（含 Cr^{6+} 少于 50μg）无色透明或经预处理的水样于 50mL 比色管中，用水稀释至标线，测定方法同标准溶液。进行空白校正后根据所测吸光度从标准曲线上查得 Cr^{6+} 含量。

(4) 计算

$$Cr^{6+}(mg/L)=\frac{m}{V}$$

式中　m——从标准曲线上查得的 Cr^{6+} 量，μg；

V——水样的体积，mL。

2.3.4.2 总铬的测定

（1）实验仪器 同Cr^{6+}测定。

（2）实验试剂

① 硝酸，硫酸，三氯甲烷。

② 1+1 氢氧化铵溶液。

③ 5%（质量浓度）铜铁试剂：称取铜铁试剂［$C_6H_5N(NO)ONH_4$］5g，溶于冰冷水中并稀释至100mL。临用时现配。

④ 其他试剂同六价铬的测定试剂。

（3）实验方法与步骤

① 水样预处理

a. 一般清洁地面水可直接用高锰酸钾氧化后测定。

b. 对含大量有机物的水样，需进行消解处理。即取50mL或适量（含铬少于50μg）水样，置于150mL烧杯中，加入5mL硝酸和3mL硫酸，加热蒸发至冒白烟。如溶液仍有色，再加入5mL硝酸，重复上述操作，至溶液清澈，冷却。用水稀释至10mL，用氢氧化铵溶液中和至pH=1～2，移入50mL容量瓶中，用水稀释至标线，摇匀，供测定。

c. 如果水样中钼、钒、铁、铜等含量较大，先用铜铁试剂-三氯甲烷萃取除去，然后再进行消解处理。

② 高锰酸钾氧化三价铬 取50.0mL或适量（铬含量少于50μg）清洁水样或经预处理的水样（如不到50.0mL，用水补充至50.0mL）于150mL锥形瓶中，用氢氧化铵和硫酸溶液调至中性，加入几粒玻璃珠，加入1+1硫酸和1+1磷酸各0.5mL，摇匀。加入4%高锰酸钾溶液2滴，如紫色消退，则继续滴加高锰酸钾溶液至保持紫红色。加热煮沸至溶液剩约20mL。冷却后，加入1mL 20%的尿素溶液，摇匀。用滴管加2%亚硝酸钠溶液，每加一滴充分摇匀，至紫色刚好消失。稍停片刻，待溶液内气泡逸尽，转移至50mL比色管中，稀释至标线，供测定。

标准曲线的绘制、水样的测定和计算同六价铬的测定。

（4）注意事项

① 用于测定铬的玻璃器皿不应用重铬酸钾洗液洗涤。

② Cr^{6+}与显色剂的显色反应一般控制酸度在0.05～0.3mol/L（$1/2H_2SO_4$）范围内，以0.2mol/L时显色最好。显色前，水样应调至中性。显色温度和放置时间对显色有影响，在15℃时，5～15min颜色即可稳定。

③ 如测定清洁地面水样，显色剂可按以下方法配制：溶解0.2g二苯碳酰肼于100mL 95%的乙醇中，边搅拌边加入1+9硫酸400mL。该溶液在冰箱中可存放1个月。用此显色剂，在显色时直接加入2.5mL即可，不必再加酸。但加入显色剂后，要立即摇匀，以免Cr^{6+}可能被乙酸还原。

2.4 环境噪声的物理监测

随着现代化城市的发展，城市噪声问题日益严重，为了解噪声污染状况，给环境质量评价、城市噪声控制以及城市防噪声规划提供科学依据，需要进行环境噪声调查。

（1）实验原理 略。

（2）实验仪器 基本测量仪器为精密声级计。测量前，对使用传声器要进行校准，并且要检查声级计电池电压是否足够，测量后要求复校一次，前后灵敏度相差不大于2dB。

（3）实验方法与步骤 测量一定时间间隔的A声级瞬时值，动态特性为慢响应。

① 测量条件

a. 一般选在无雨的时间测量，要求加风罩，以避免风噪声的干扰，用时使传声器膜片保持清洁，风力在三级以上，必须加风罩，大风天气（四级以上）应停止测量。

b. 测量仪器可手持或固定在测量三角架上，传声器要求距离地面高1.2m。

② 测量点的选择　将全市划分为500m×500m的网格，测量点选在每个网格的中心（可在市区图上作网格图得到）。若中心点的位置不易测量（如污沟、房顶、禁区等），可移到旁边适宜位置。

测量网格的数目不应少于100，如果城市小，可按250m×250m的距离分网格。

③ 测量时间　分为白天（6：00至22：00）和夜间（22：00至6：00）两部分。

白天测量一般选在上午8：00至12：00，下午2：00至6：00，根据南北方地区、季节的不同，时间可稍有变化，在此期间测得的每个网格的噪声，即代表该网格白天的噪声。

夜间噪声测量，一般选在晚上22：00至清晨5：00，此期间测得的噪声，即代表该网格夜间的噪声水平，夜间测量时间也可依地区与季节不同而稍作修改。

④ 读数方法　声级计置于慢格，每隔5s读一个瞬时A声级，对每一个测量点，连续读取100个数据（当噪声较大时应取200个数据）。读数的同时，要判断测点附近的主要噪声来源（如交通噪声、工厂噪声、施工噪声、居民噪声或其他声源等），记录周围声学环境。

（4）实验结果与整理　由于环境噪声是随时间而起伏的无规则噪声，因此测量结果一般用统计值或等效声级来表示。

① 累积分布值L_{10}、L_{50}、L_{90}与标准偏差δ　L_{10}表示10%的时间超过的噪声级，相当于噪声的平均峰值；L_{50}表示50%的时间超过的噪声级，相当于噪声的平均值；L_{90}表示90%的时间超过的噪声级，相当于噪声的本底值。

计算方法：将100个数据按从大到小的顺序排列，第10个数据即为L_{10}，第50个数据即为L_{50}，第90个数据即为L_{90}。标准偏差为：

$$\delta=\sqrt{\frac{1}{n-1}\sum_{i=1}^{n}(L_i-\overline{L})^2}$$

式中　L_i——测得的第i个声级；

L——测得声级的算术平均值；

n——测得声级的总个数。

② 等效声级　等效声级是声级的能量平均值。

$$L_{eq}=10\lg\left(\frac{1}{T}\int_0^T 10^{L_t/10}\mathrm{d}t\right)$$

式中　L_t——时刻t的噪声级。

在本方法条件下：

$$L_{eq}=10\lg\left(\frac{1}{100}\sum_{i=1}^{100}10^{L_i/10}\right)$$

如果数据符合正态分布，其累积分布在正态概率坐标上为一直线，即可用近似公式：

$$L_{eq}\approx L_{50}+d^2/60\qquad d=L_{10}-L_{90}$$

测量最终结果可以用区域噪声污染图来表示，为便于制图，白天的时间是6：00至22：00，共16h，夜间是22：00至6：00，共8h。

全市测量结果应列出全市网点L_{eq}、L_{10}、L_{50}、L_{90}的算术平均值L和最大值及标准偏差，以便于城市之间比较。

（5）注意事项

① 每次测量前均应仔细校准声级计。

② 在测量中改变任何开关位置后都必须按一下复位按钮，以消除开关换挡时可能引起的干扰。

③ 在读取最大值时，若出现过量程或欠量程标志，应改变量程开关的挡位，重新测量。

④ 注意反射对测量的影响，一般应使传声器远离反射面2～3m，手持声级计应尽量使身体离开话筒，传声器离地面1.2m，距人体至少50cm。

第3章 环境微生物实验

3.1 环境微生物基础实验

3.1.1 光学显微镜的操作及微生物个体形态的观察

(1) 实验目的

① 掌握光学显微镜的结构、原理，学习显微镜的操作方法和保养。

② 观察细菌、真菌、藻类、原生动物和后生动物的个体形态，学会生物图的绘制。

③ 学习用压滴法制作标本片。

(2) 显微镜的结构及其操作方法　显微镜分为机械装置和光学系统两部分，如图 3-1 所示。

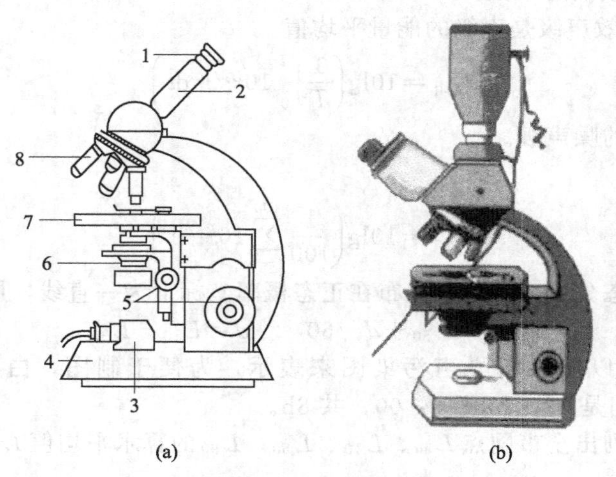

图 3-1　显微镜的结构

1—目镜；2—镜筒；3—灯；4—镜座；5—调焦轮；6—聚光镜；7—载物台；8—物镜

机械装置有以下几部分。

① 镜筒　镜筒上端装目镜，下端接转换器。镜筒有单筒和双筒两种。单筒有直立式（长度为 160mm）和后倾斜式（倾斜 45°）。双筒全是倾斜式的，其中一个筒有屈光度调节装置，以备两眼视力不同者调节使用。两筒之间可调距离，以适应两眼宽度不同者。

② 转换器 转换器装在镜筒的下方，其上有3个孔，有的有4个或5个孔。不同规格的物镜分别安装在各孔上。

③ 载物台 载物台为方形（多数）和圆形的平台，中央有一光孔，孔的两侧各装1个夹片，载物台上还有移动器（其上有刻度标尺），可纵向和横向移动。移动器的作用是夹住和移动标本。

④ 镜臂 镜臂支撑镜筒、载物台、聚光器和调节器。镜臂有固定式和活动式（可改变倾斜度）两种。

⑤ 镜座 镜座为马蹄形，支撑整台显微镜，其上有反光镜。

⑥ 调节器 调节器包括大、小螺旋调节器（调焦距）各一个。可调节物镜和所需观察的物体之间的距离。调节器有装在镜臂上方或下方的两种，装在镜臂上方的是通过升降镜臂来调焦距，装在镜臂下方的是通过升降载物台来调焦距，新式显微镜多半装在镜臂的下方。

（3）实验仪器

① 显微镜、擦镜纸、吸水纸、香柏油或液体石蜡、二甲苯。

② 酵母菌、霉菌示范片，藻类培养液及活性污泥混合液（内有原生动物和微型后生动物）。

③ 示范片：大肠杆菌（杆状）、小球菌（球形）、硫酸盐还原菌（弧形）、浮游球衣菌（丝状）、枯草芽孢杆菌、细菌鞭毛及细菌荚膜、放线菌、颤藻、色腥藻或念珠藻。

（4）实验方法与步骤

① 显微镜的操作

a. 低倍镜的操作

(a) 置显微镜在固定的桌子上。窗外不宜有障碍视线之物。

(b) 旋动转换器，将低倍镜移到镜筒正下方，和镜筒对直。

(c) 转动反光镜向着光源处，同时用眼对准目镜（选用适当放大倍数的目镜）仔细观察，使视野亮度均匀。

(d) 将标本片放在载物台上，使观察的目的物置于圆孔的正中央。

(e) 将粗调节器向下旋转（或载物台向上旋转），眼睛注视物镜，以防物镜和载玻片相碰。当物镜的尖端距载玻片约0.5cm处时停止旋转。

(f) 左眼向目镜里观察，将粗调节器向上旋转，如果见到目的物，但不十分清楚，可用细调节器调节，直至目的物清晰为止。

(g) 如果粗调节器旋得太快，超过焦点，必须从第（e）步重调，需注视目镜情况下调粗调节器，以防没把握地旋转使物镜与载玻片相碰。

(h) 观察时两眼同时睁开（双眼不感疲劳）。单筒显微镜应习惯用左眼观察，以便于绘图。

b. 高倍镜的操作

(a) 使用高倍镜前，先用低倍镜观察，发现目的物后将它移至视野正中处。

(b) 旋动转换器换高倍镜，如果高倍镜触及载玻片应立即停止旋动，说明原来低倍镜就没有调准焦距，目的物并没有找到，要用低倍镜重调。如果调对了，换高倍镜时基本可以看到目的物。若有点模糊，用细调节器调就清晰可见。

c. 油镜的操作

(a) 如果用高倍镜目的物未能看清，可用油镜。先用低倍镜和高倍镜检查标本片，将目的物移到视野正中。

(b) 在载玻片上滴一滴香柏油（或液体石蜡）。将油镜移至正中，使油镜头浸没在油中，刚好贴近载玻片。用细调节器微微向上调（切记不用粗调节器）即可。

(c) 油镜观察完毕，用擦镜纸将镜头上的油擦净，另用擦镜纸蘸少许二甲苯擦拭镜头，再用擦镜纸擦干。

② 微生物的个体形态观察

a. 严格按光学显微镜的操作方法，依低倍镜、高倍镜及油镜的次序逐个观察杆状、球状、弧状及丝状的细菌示范片，用铅笔分别绘出各种细菌的形态图。

b. 用低倍镜和高倍镜观察酵母菌和霉菌的示范片，绘其形态图。

c. 同法逐个观察放线菌的示范片，绘出其形态团。

d. 同法逐个观察颤藻、鱼腥藻或念珠藻，绘出其形态图。

③ 压滴法制作生物标本

a. 用压滴法制作藻类、原生动物和微型后生动物的标本片。制作方法如图 3-2 所示。

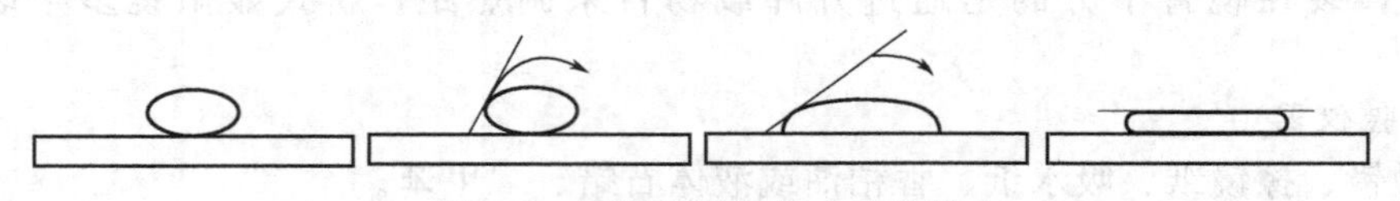

图 3-2 压滴法制作标本示意图

取一片干净的载玻片放在实验台上，用一支滴管吸取试管中藻类培养液于载玻片的中央，将干净的盖玻片覆盖在液滴上（注意不要有气泡）即成标本片，然后用低倍镜和高倍镜观察。

b. 用压滴法观察活性污泥中的原生动物和微型后生动物，制作法与上面相同。

(5) 思考题

① 使用油镜为什么要先用低倍镜和高倍镜检查？

② 你观察到几种微生物？将它们的形态绘制成图。

3.1.2 显微镜测微技术

(1) 实验目的　了解目镜测微尺和镜台测微尺的构造及使用原理，掌握目镜测微尺的标定及测量微生物大小的基本方法。

(2) 实验原理　微生物细胞的大小是微生物重要的形态特征，由于菌体微小，只能在显微镜下测量，用于测量微生物细胞大小的工具有目镜测微尺和镜台测微尺。

① 目镜测微尺　目镜测微尺是一种圆形玻片，其中央刻有 5mm 长、等分为 50 倍（或 100 格）的标尺，每格的长度随使用目镜和物镜的放大倍数及镜筒长度而定。测量时，目镜测微尺放在目镜中的隔板上（此处正好与物镜放大的中间物像重叠），用于观测经显微镜放大后的物像。由于不同目镜、物镜组的放大倍数不同，目镜测微尺每格实际代表的长度，随使用的目镜和物镜的放大倍数以及镜筒的长度而改变。因此，目镜测微尺每小格所代表的长度是相对的，在使用之前必须用镜台测微尺标定，以求出在一定放大倍数下，目镜测微尺每小格所代表的实际长度。使用前用镜台测微尺标定，用时放在目镜内（图 3-3）。

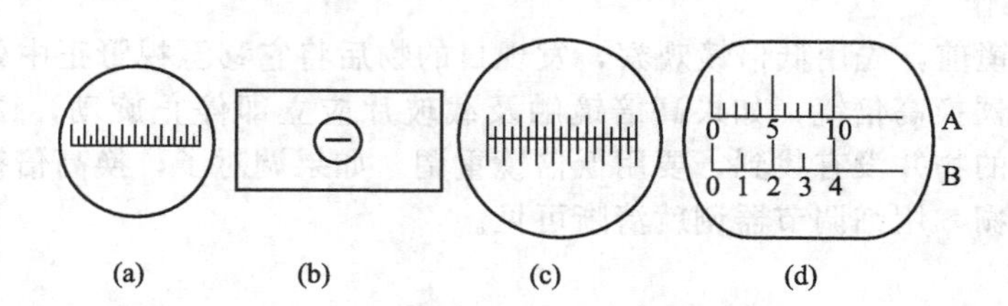

图 3-3 目镜测微尺和镜台测微尺

(a) 目镜测微尺；(b) 镜台测微尺；(c) 镜台测微尺的中心放大；(d) 重叠情景

A—目镜测微尺；B—镜台测微尺

② 镜台测微尺　镜台测微尺是一厚玻片，中央有一圆形盖玻片，中央刻有 1mm 长的标尺，等分为 100 格，每格为 10μm，用于标定目镜测微尺在不同放大倍数下每格的实际长度，如图 3-3 所示。

③ 目镜测微尺的标定　将目镜测微尺装入目镜的隔板上，使刻度朝下；把镜台测微尺放在载物台上使刻度朝上，用低倍镜找到镜台测微尺的刻度，移动镜台测微尺和目镜测微尺使两者的第一条线重合，顺着刻度找出另一条重合线。例如图 3-3(d) 中 A（目镜测微尺）上 5 格对准 B 镜台测微尺上的 2 格，B 的 1 格为 10μm，2 格的长度为 20μm，所以目镜测微尺上 1 小格的长度为 4μm，再分别求出高倍镜和油镜下目镜测微尺每格的长度。

(3) 实验仪器

① 显微镜。

② 目镜测微尺、镜台测微尺、香柏油、擦镜纸、微生物样品。

(4) 实验方法与步骤

① 将一侧目镜从镜筒中拔出，将目镜测微尺刻度向下装在目镜的焦平面上，重新装好目镜。

② 将镜台测微尺刻度向上放在镜台上夹好，使测微尺分度位于视野中央。调焦至能看清镜台测微尺的分度。

③ 小心移动镜台测微尺和转动目镜测微尺，使两尺左边的一直线重合，然后由左向右找出两尺另一次重合的直线。

④ 记录两条重合线间目镜测微尺和镜台测微尺的格数。各种放大倍数的低倍镜和高倍镜各观察测量 3 次，取其平均值。由下式计算出用低倍镜和高倍镜观察物体时，目镜测微尺每格所代表的实际长度。

目镜测微尺每格所代表的实际长度(μm)＝(两重合线间镜台测微尺的格数/两重合线间目镜测微尺的格数)×10μm

⑤ 取下镜台测微尺，换上需要测量的样品，用目镜测微尺测量样品。

菌体大小的测量：测量菌体长宽各占目镜测微尺几个格，将格数乘上每格长度，即知菌体大小。

测量微生物的大小，应镜检 3～5 个视野，每个视野测量 3～5 个菌体，得到其大小范围才有代表性。

(5) 实验数据与整理

分别报告低倍镜、高倍镜下对目镜测微尺的标定结果：

目镜测微尺____格＝镜台测微尺____格，目镜测微尺每格＝____ μm。

样品测定结果：

菌体长：目镜测微尺____～____格，即____～____ μm；

菌体宽：目镜测微尺____～____格，即____～____ μm。

(6) 思考题　在更换不同放大倍数的目镜和物镜后，必须重新用镜台测微尺对目镜测微尺进行标定，为什么？

(7) 注意事项

① 为了提高测量的准确率，通常要测定 10 个以上的菌体后再求平均值。

② 一般用对数生长期的菌体进行测量，此时菌体的生长情况较为一致。

③ 由于不同显微镜及附件的放大倍数不同，因此校正目镜测微尺必须针对特定的显微镜和附件（特定的物镜、目镜、镜筒长度）进行，而且只能在该显微镜上重复使用，当更换不同显微镜目镜或物镜时，必须重新校正目镜测微尺每一格所代表的长度。

3.1.3 微生物细胞的显微镜直接计数和测量

(1) 实验目的 掌握使用血细胞计数板直接进行微生物计数的方法。

(2) 实验原理 利用血细胞计数板在显微镜下直接计数，是一种常用的微生物计数方法。此法的优点是直观、快速。将经过适当稀释的菌悬液（或孢子悬液）放在血细胞计数板载玻片与盖玻片之间的计数室中，在显微镜下进行计数。由于计数室的容积是一定的（$0.1mm^3$），可以根据在显微镜下观察到的微生物数目来换算成单位体积内的微生物总数目。由于此法计得的是活菌体和死菌体的总和，故又称为总菌计数法。

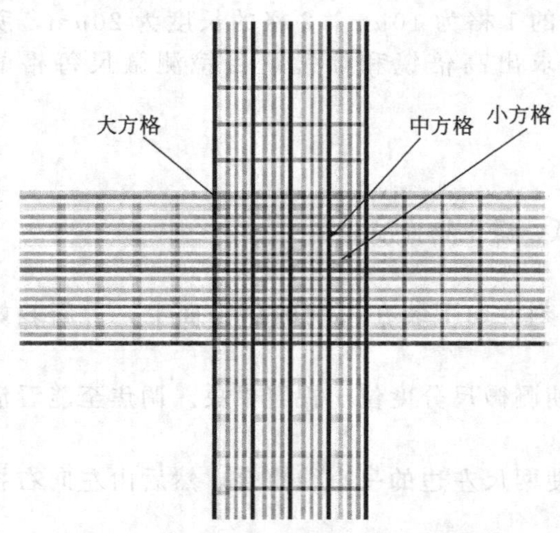

图 3-4 血细胞计数板计数网的分区和分格

血细胞计数板（图 3-4），通常是一块特制的载玻片，其上有 4 条槽构成 3 个平台。中间的平台又被一短槽隔成两半，每一边的平台上各刻有一个方格网，每个方格网共分 9 个大方格，中间的大方格即为计数室，微生物的计数就在计数室中进行。计数室的刻度一般有两种规格：一种是一个大方格分成 16 个中方格，而每个中方格又分成 25 个小方格；另一种是一个大方格分成 25 个中方格，而每个中方格又分成 16 个小方格。但无论是哪种规格的计数板，每个大方格中的小方格数都是相同的，即 $16\times25=400$ 小方格。每个大方格边长为 1mm，则每个大方格的面积为 $1mm^2$，盖上盖玻片后，载玻片与盖玻片之间的高度为 0.1mm，则计数室的容积为 $0.1mm^3$。在计数时，通常数 5 个中方格的总菌数，然后求得每个中方格的平均值，再乘上 16 或 25，就得出一个大方格中的总菌数，然后再换算成 1mL 菌液中的总菌数。

下面以一个大方格有 25 个中方格的计数板为例进行计算：设 5 个中方格中总菌数为 A，菌液稀释倍数为 B，那么，一个大方格中的总菌数（即 $0.1mm^3$ 中的总菌数）为：

$$\frac{A}{5}\times25\times B$$

因 $1mL=1cm^3=1000mm^3$，故 1mL 菌液中的总菌数 $=A/5\times25\times10\times1000\times B=50000AB$（个）。

同理，如果是 16 个中方格的计数板，设 5 个中方格的总菌数为 A'，则 1mL 菌液中总菌数 $=A'/5\times16\times10\times1000\times B'=32000A'B'$（个）。

(3) 实验仪器

① 显微镜。

② 血细胞计数板、菌株。

(4) 实验方法与步骤

① 稀释 将细菌悬液进行适当稀释，菌液如不浓，可不必稀释。

② 镜检计数室 在加样前，先对计数板的计数室进行镜检。若有污物，则需清洗后才能进行计数。

③ 加样品 将清洁干燥的血细胞计数板盖上盖玻片，再用无菌的细口滴管将稀释的菌液由盖玻片边缘滴一小滴（不宜过多），让菌液沿缝隙靠毛细渗透作用自行进入计数室，一般计数室均能充满菌液。注意不可有气泡产生。

④ 显微镜计数　静止5min后，将血细胞计数板置于显微镜载物台上，先用低倍镜找到计数室所在位置，然后换成高倍镜进行计数。在计数前若发现菌液太浓或太稀，需重新调节稀释度后再计数。一般样品稀释度要求每小格内有5～10个菌体为宜。每个计数室选5个中格（可选4个角和中央的中格）中的菌体进行计数。位于格线上的菌体一般只数上方和右边线上的。计数一个样品要从两个计数室中计得的值来计算样品的含菌量。

⑤ 清洗血细胞计数板　使用完毕后，将血细胞计数板在水龙头上用水柱冲洗，切勿用硬物洗刷，洗完后自行晾干或用吹风机吹干。观察每小格内是否有残留菌体或其他沉淀物。如不干净，则必须重复洗涤至干净为止。

（5）思考题　根据实验，说明用血细胞计数板计数的误差主要来自哪几个方面？应如何尽量减少误差，力求准确？

（6）注意事项

① 计数室内不可有气泡，因为有气泡会使计数体积有较大误差，影响计数结果的准确性。

② 为了减少误差，应避免重复或遗漏，凡在方格线上的菌体，只数底线及另一侧线上的菌体。

③ 如果计数酵母菌，遇到有出芽的酵母菌时，只有当芽体与母细胞一样大时才计为两个菌体。

3.1.4 酵母菌的形态观察

（1）实验目的

① 了解自然存在的酵母菌及其形态结构。了解酵母菌产生子囊孢子的条件及其形态。

② 观察酵母菌个体形态、酵母菌的假菌丝和繁殖过程、自然状态的酵母菌。

（2）实验原理　略。

（3）实验仪器　显微镜、载玻片、擦镜纸、盖玻片、接种环、V形玻璃棒、放置一个三角形玻璃棒支架的培养皿。

（4）实验试剂　酿酒酵母（*Saccharomyes cerevisiae*）、热带假丝酵母（*Candida tropicalis*）斜面菌种。

PDA培养基、麦氏（McClary）培养基（乙酸钠培养基）。

0.05%美蓝染色液（以pH值为6.0的0.02mol/L磷酸缓冲液配制）、碘液、0.04%的中性红染色液、孔雀绿、0.5%沙黄液、95%乙醇。

（5）实验方法与步骤

① 酵母菌的活体染色观察及死亡率的测定

a. 以无菌水洗在PDA斜面培养的酿酒酵母菌苔，制成菌悬液。

b. 取0.05%美蓝染色液1滴，置于载玻片中央，并且用接种环取酵母菌悬液与染色液混匀，染色2～3min，加盖玻片，在高倍镜下观察酵母菌个体形态，区分其母细胞与芽体，区分死细胞（蓝色）与活细胞（不着色）。

c. 在一个视野里计数死细胞和活细胞，共计数5～6个视野。

酵母菌死亡率一般用百分数来表示，以下式来计算：

$$死亡率=\frac{死细胞总数}{死活细胞总数}\times 100\%$$

② 酵母菌液泡系的活体观察　于洁净载玻片中央加1滴中性红染色液，取少许上述酵母菌悬液与之混合，染色5min，加盖玻片在显微镜下观察。细胞无色，液泡呈红色。

③ 酵母菌细胞中肝糖粒的观察　将1滴碘液置于载玻片中央，接入上述酵母菌悬液，混匀，盖上盖玻片，显微镜观察，细胞内的贮藏物质肝糖颗粒呈深红色。

④ 酵母菌子囊孢子的观察

a. 活化酿酒酵母 将酿酒酵母接种至新鲜的麦芽汁培养基上，置28℃培养2～3d，然后再移植2～3次。

b. 转接产孢培养基 将活化的酿酒酵母转接至乙酸钠培养基上，置30℃恒温培养14d。

c. 观察 挑取少许产孢菌苔于载玻片的水滴上，经涂片、热固定后，加数滴孔雀绿，1min后水洗，加95%乙醇30s，水洗，最后用0.5%沙黄液复染30s，水洗去染色液，最后用吸水纸吸干。制片干燥后，镜检，子囊孢子呈绿色，子囊为粉红色。注意观察子囊孢子的数目、形状和子囊的形成率。

d. 计算子囊形成的百分率 计数时随机取3个视野，分别计数产子囊孢子的子囊数和不产孢子的细胞，然后按下列公式计算：

$$子囊形成率(\%)=\frac{3个视野中形成子囊的总数}{3个视野中(形成子囊的总数+不产孢子细胞总数)}\times 100\%$$

⑤ 酵母菌假菌丝的观察 取一无菌载玻片浸于溶化的PDA培养基中，取出放在温室培养的支架上，待培养基凝固后，进行酵母菌划线接种，然后将无菌盖玻片盖在接菌线上，28℃培养2～3d后，取出载玻片，擦去载玻片下面的培养基，在显微镜下直接观察。可见到芽殖酵母形成的藕节状假菌丝，裂殖酵母则形成竹节状假菌丝。

⑥ 自然状态下的酵母菌观察 取1滴美蓝染色液于载玻片中央，春夏秋季取酱油或腌菜上的白膜，冬季取腌酸菜汤上的白膜，将其置于载玻片染色液中，盖上盖玻片，在显微镜下仔细观察酵母菌形态、出芽生殖、假菌丝等。

(6) 实验数据与整理

① 绘图

a. 绘制酵母菌细胞图。

b. 绘制子囊及子囊孢子形态图。

② 记录并计数酵母菌的死亡率及子囊形成率（原始记录及计算结果）。

(7) 问题和思考

① 酵母菌的假菌丝是怎样形成的？与霉菌的真菌丝有哪些区别？

② 如何区别营养细胞和释放出的子囊孢子？

③ 试设计一个从子囊中分离子囊孢子的实验方案。

(8) 注意事项

① 用于活化酵母菌的麦芽汁培养基要新鲜、表面湿润。

② 在产孢培养基上加大移种量，可提高子囊形成率。

③ 通过微加热增加酵母的死亡率，易于观察死亡细胞。

附：酵母菌的简易培养

配2%葡萄糖水（或白糖水），煮沸，装入三角瓶中（液面高度2～2cm），加HCl调至pH=3～5放入几块葡萄皮（或其他糖分较高的果皮），置5～28℃恒温箱中培养2～3d，闻到酒香味后，即可取培养液镜检。

3.1.5 培养基的制备和灭菌

本实验主要为淀粉酶的定性测定和微生物的纯种分离培养实验做准备，实验内容主要包括玻璃器皿的洗涤和包装，培养基的制备和灭菌技术等。

(1) 实验目的

① 熟悉玻璃器皿的洗涤和灭菌前的准备工作。

② 掌握培养基的配制原理。

③ 掌握配制培养基的一般方法和步骤。

④ 掌握高压蒸汽灭菌的技术。

(2) 实验原理

① 培养基的制备原理　培养基是按照微生物生长发育的需要，用不同组分的营养物质调制而成的营养基质。人工制备培养基的目的，在于给微生物创造一个良好的营养条件。把一定的培养基放入一定的器皿中，则提供了人工繁殖微生物的环境和场所。自然界中，微生物种类繁多，由于微生物具有不同的营养类型，对营养物质的要求也各不相同，加之实验和研究上的目的不同，所以培养基在组成原料上也各有差异。但是，不同种类和不同组成的培养基中，均应含有满足微生物生长发育的水分、碳源、氮源、无机盐和生长素以及某些特需的微量元素等。此外，培养基还应具有适宜的酸碱度（pH 值）和一定缓冲能力及一定的氧化还原电位和合适的渗透压。

根据制备培养基对所选用的营养物质的来源，可将培养基分为天然培养基、半合成培养基和合成培养基三类。按照培养基的形态可将培养基分为液体培养基和固体培养基。根据培养基使用目的，可将培养基分为选择培养基、加富培养基及鉴别培养基等。

培养基的类型和种类是多种多样的，必须根据不同的微生物和不同的目的进行选择配制，本实验分别配制常用培养细菌、放线菌和真菌的牛肉膏蛋白胨培养基、高氏一号合成培养基和马铃薯蔗糖培养基等固体培养基。

固体培养基是在液体培养基中添加凝固剂制成的，常用的凝固剂有琼脂、明胶和硅酸钠，其中以琼脂最为常用，其主要成分为多糖类物质，性质较稳定，一般微生物不能分解，故用凝固剂而不致引起化学成分变化。琼脂在95℃的热水中才开始融化，融化后的琼脂冷却到45℃才重新凝固。因此用琼脂制成的固体培养基在一般微生物的培养温度范围内（25～37℃）不会融化而保持固体状态。

② 灭菌原理

a. 干热灭菌原理　干热灭菌是利用高温使微生物内的蛋白质凝固变性而达到灭菌的目的。细胞内的蛋白质凝固性与其本身的含水量有关。在菌体受热时，当环境和细胞内含水量越大，则蛋白质凝固就越快；反之，含水量越小，凝固越缓慢。因此与湿热灭菌相比，干热灭菌所需温度高（160～170℃），时间长（1～2h）。但干热灭菌温度不能超过180℃，否则，包器皿的牛皮纸（报纸）和棉塞就会被烤焦，甚至引起燃烧。

b. 高压蒸汽灭菌原理　高压蒸汽灭菌是将待灭菌的物品放在一个密闭的加压灭菌锅内，通过高温高压致使菌体蛋白质凝固变性，而达到灭菌的目的。一般培养基用1.05kgf/cm^2、121.3℃、15～30min 可达到彻底灭菌的目的。灭菌的温度及维持时间随灭菌物品的性质和容量等具体情况而定。

在同一温度下，湿热的杀菌效力比干热大，其原因有三：一是湿热中细菌菌体吸收水分，蛋白质较易凝固，因蛋白质含水量增加，所需凝固温度降低；二是湿热的穿透力比干热大；三是湿热的蒸汽有潜热存在，1g 水在100℃时，由气态变为液态时可放出2.26kJ 的热量。这种潜热能迅速提高被灭菌物体的温度，从而增加灭菌效力。

在使用高压蒸汽灭菌锅灭菌时，灭菌锅内冷空气的排除是否完全极为重要，因为空气膨胀压大于水蒸气的膨胀压，所以，当水蒸气中含有空气时，在同一压力下，含空气蒸汽的温度低于饱和蒸汽的温度。一般培养基用0.1MPa、121.3℃、15～30min 可达到彻底灭菌的目的。灭菌的温度及维持时间随灭菌物品的性质和容量等具体情况而有所改变。

c. 紫外线灭菌原理　紫外线灭菌是用紫外灯进行的，波长200～300nm 的紫外线都有杀菌能力，其中以260nm 的杀菌力最强。在波长一定的情况下，紫外线的杀菌效率与强度和时间的乘积成正比。紫外线灭菌原理主要是因为它诱导胸腺嘧啶二聚体的形成，从而抑制了DNA

的复制。另外，辐射空气中的氧电离成［O］，再使 O_2 氧化成 O_3，或使水氧化生成过氧化氢，O_3 和过氧化氢都有杀菌作用。

（3）实验仪器

① 灭菌锅。

② 试管、锥形瓶、烧杯、量筒、玻璃棒、天平、药匙、精密 pH 试纸、棉花、纱布、牛皮纸（或报纸）等。

（4）实验试剂

① 牛肉膏、蛋白胨、氯化钠、琼脂、淀粉。

② 氢氧化钠（1mol/L）。

③ HCl(1mol/L)。

（5）实验方法与步骤

① 玻璃器皿的洗涤和包装

a. 洗涤　玻璃器皿在使用前必须洗涤干净。培养皿、试管、锥形瓶等可用洗衣粉加去污粉洗刷并用自来水冲净。移液管先用洗液浸泡，再用水冲洗干净。洗刷干净的玻璃器皿自然晾干或放入烘箱中烘干，备用。

b. 包装

（a）移液管的吸端用细铁丝将少许棉花塞入构成 1～1.5cm 长的棉塞（以防细菌吸入口中，并且避免将口中细菌收入管内）。棉塞要塞得松紧适宜，吸时既能通气，又不致使棉花滑入管内。将塞好棉花的移液管的尖端，放在 4～5cm 宽的长纸条的一端，移液管与纸条约成30°夹角，折叠包装纸包住移液管的尖端［图 3-5(a)］，用左手将移液管压紧，在桌面上向前搓转，纸条螺旋式地包在移液管外面，余下纸头折叠打结。按实验需要，可单支包装或多支包装，待灭菌。

（b）用棉塞将试管管口和锥形瓶瓶口部塞住棉塞的制作方法是：按试管口或锥形瓶口大小估计用棉量，将棉花铺成中心厚周围逐渐变薄的圆形，对折后卷成卷，一手握粗端，将细端塞入试管或锥形瓶的口内，棉塞不宜过松或过紧，用手提棉塞，以管、瓶不掉下为准。棉塞四周应该紧贴管壁和瓶壁，不能有皱褶，以防空气中微生物沿棉塞皱褶侵入，棉塞塞入 2/3，其余留在管口（瓶口）外，便于拔塞。试管、锥形瓶塞好棉塞后，用牛皮纸（报纸）包住棉塞并用细绳扎好［图 3-5(b)］，待灭菌。

（c）培养皿由一底一盖组成，用牛皮纸（报纸）将 10 个培养皿包好（每 5 个培养皿包在一起）包好［图 3-5(c)］。

(a) 移液管　(b) 试管、锥形瓶　(c) 培养皿

图 3-5　移液管、试管、锥形瓶和培养皿

② 培养基的制备

a. 称量、溶化　称取可溶性淀粉，放入小烧杯中，用少量冷水调成糊状，再加入少量所需水量的沸水，继续加热，使可溶性淀粉完全溶化。再按培养基配方比例依次准确地称取牛肉膏、蛋白胨和氯化钠放入烧杯中，用玻璃棒搅匀，加热使其溶解。待药品完全溶解后，补充水

分到所需的总体积。如果配制固体培养基，将称好的琼脂放入已融化的药品中，再加热融化，在琼脂融化过程中，需不断搅拌，以防琼脂糊底使烧杯破裂。最后补足所需的水分。

b. 调 pH 值　在未调 pH 值前，先测原始的培养基的 pH 值，依据实际情况调节。pH 值调到 7.4～7.6。注意：pH 值不要调过头，以避免回调，否则，将会影响培养基内各离子浓度。

c. 过滤　趁热用滤纸或多层纱布过滤，以利于结果的观察。一般在无特殊要求的情况下，这一步可省略。

d. 分装　按实验要求，可将配制的培养基分装入试管内或锥形瓶内。分装过程注意不要使培养基黏在管口或瓶口上，以免沾污棉塞而引起污染。

液体分装的分装高度以试管高度的 1/4 为宜。

固体分装，分装试管其装量不超过管高的 1/5，灭菌后制成斜面。分装锥形瓶以不超过锥形瓶容积的一半为宜。

半固体分装一般以试管高度的 1/3 为宜，灭菌后垂直待凝。

e. 加塞　培养基分装完毕后，在试管口或锥形瓶上塞上棉塞，以阻止外界微生物进入培养基内而造成污染，并且保证有良好的通气性能。

f. 包扎　加塞后，将全部试管或锥形瓶用麻绳扎好，再在棉塞外包一层牛皮纸（报纸），防止灭菌时冷凝水润湿棉塞，其外再用一道麻绳扎好。在锥形瓶上贴上标签，注明培养基名称、组别、日期。

g. 灭菌　将上述培养基以 1.05kgf/cm^2、121.3℃、20min 高压蒸汽灭菌。

h. 搁置斜面　将试管培养基冷却至 50℃左右，将试管棉塞端搁置在玻璃棒上，搁置斜面长度以不超过试管总长度的一半为宜。

i. 无菌检查　将灭菌的培养基放入 37℃的温室中培养 24～48h，以检查灭菌是否彻底。

③ 灭菌

a. 高压蒸汽灭菌　将待灭菌的物品放在一个密闭的加压灭菌锅内，锅内有一定存水，接通电源，通过高温高压导致菌体蛋白质凝固变性，而达到灭菌的目的。一般培养基用 1.05kgf/cm^2、121.3℃、15～30min 可达到彻底灭菌的目的。灭菌的温度及维持时间随灭菌物品的性质和容量等具体情况而定。

b. 紫外线照射灭菌　在打开紫外灯前，可在无菌室内喷洒 3%～5%的石炭酸溶液，无菌室内的桌面等先用 2%～3%的来苏尔溶液擦洗。然后打开紫外灯，紫外线距照射物以不超过 1.2m 为宜，照射 30min，关闭。将培养基平皿盖打开 15min，然后盖上皿盖，置于培养箱内检查灭菌效果。

c. 化学消毒剂与紫外线照射结合使用　在无菌室内，先喷洒 3%～5%的石炭酸溶液，再用紫外线照射 15min。无菌室内的桌面用 2%～3%的来苏尔溶液擦洗，再打开紫外灯照射 15min。灭菌检查同上。

注意：由于紫外线对眼结膜及视神经有损伤作用，对皮肤有刺激作用，所以不能直视紫外灯，更不能在紫外灯下工作。

(6) 思考题

① 培养基根据什么原理制成？各成分分别起什么作用？

② 为什么干热灭菌比湿热灭菌所需要的温度高，时间长？

3.1.6 细菌淀粉酶的定性测定

(1) 实验目的　通过对淀粉酶的定性测定，加深对酶和酶促反应的感性认识。

(2) 实验原理　酶是微生物机体内生物合成的一种生物催化剂，它是高分子蛋白质，具有催化生物化学反应加速进行，及传递电子、原子和化学基团的作用。微生物的酶按它所在细胞的部位分为胞外酶、胞内酶及表面酶。细菌淀粉酶是一种胞外酶，能将遇碘呈蓝色的淀粉水解为遇碘不显色的糊精，并且进一步转化为糖。本实验对胞外酶中的淀粉酶进行定性测定。

(3) 实验仪器

① 培养箱。

② 试管（15mm×150mm）4支、试管架1个、培养皿（ϕ90mm）3套、接种环。

(4) 实验试剂

① 肉膏胨淀粉琼脂培养基：牛肉膏3g，氯化钠5g，蛋白胨10g，琼脂15～20g，淀粉2g，蒸馏水1000mL，pH＝7.4～7.8。灭菌：1.05kgf/cm^2，20min。

② 0.2%淀粉溶液、革兰碘液。

③ 生活污水活性污泥混合液或枯草杆菌培养液。

(5) 实验内容和操作方法

① 生活污水活性污泥混合液中淀粉酶的测定

a. 取4支干净的试管，按1号、2号、3号对照编号。放在试管架上备用。

b. 在1号、2号、3号试管内分别加入1mL、2mL、3mL的活性污泥混合液，再在1号、2号、3号试管中分别加入14mL、13mL、12mL蒸馏水。对照管内加入15mL蒸馏水。

c. 在1号、2号、3号及对照管内分别加入0.2%的淀粉液若干滴（淀粉液的用量，在做预备实验时根据样品中淀粉酶含量多少而定），迅速摇匀并记下反应的初始时间。

d. 在上述4支管内分别滴加若干滴碘液（碘液用量在预备实验时酌定），迅速摇匀，这时各管均呈蓝色。

e. 观察结果。注意各管的变化，记下各管蓝色完全消失的时间（即淀粉酶和淀粉反应完全的时间），并且对结果进行分析。

② 细菌淀粉酶在固体培养中的扩散实验　将肉膏胨、淀粉琼脂培养基加热融化，待冷却至45℃左右倒入无菌培养皿内（每皿约10mL），静置待冷凝即成平板。

在无菌操作条件下，用接种环挑取活性污泥一环在平板上点种5个点，倒置于37℃恒温箱内培养24～48h。

观察结果，取出平板，在平板周围滴加碘液，观察菌落周围颜色的变化。若在菌落周围有一个无色的透明圈，说明该细菌产生淀粉酶并扩散到机质中去。若菌落周围仍为蓝色，说明该细菌不产生淀粉酶。

(6) 思考题　淀粉酶定性测定中对照管应呈什么颜色？为什么？1号、2号、3号管应呈什么颜色？为什么？

3.1.7 细菌纯种分离、培养和接种技术

(1) 实验目的

① 掌握从环境（土壤、水体、活性污泥、垃圾、堆肥等）中分离培养细菌的方法，从而获得若干种细菌纯培养技能。

② 掌握几种接种技术。

(2) 实验仪器与材料

① 恒温箱。

② 接种环、酒精灯或煤气灯。

(3) 实验试剂

① 无菌培养皿（直径90mm）10套、无菌移液管1mL 2支、10mL 1支。

② 营养琼脂培养基1瓶、活性污泥或土壤或湖水1瓶、无菌稀释水90mL 1瓶、9mL

5管。

（4）实验方法与步骤

① 细菌纯种分离的操作方法 细菌纯种分离的方法有三种：稀释平板分离法、平板划线分离法和稀释平板涂布法。

a. 稀释平板分离法

（a）取样 用无菌锥形瓶到现场取一定量的活性污泥或土壤或湖水，迅速带回实验室。

（b）稀释水样 将1瓶90mL和5管9mL的无菌水排列好，按10^{-1}、10^{-2}、10^{-3}、10^{-4}、10^{-5}及10^{-6}依次编号。在无菌操作条件下，用10mL的无菌移液管吸取10mL水样（或其他样品10g）置于第一瓶90mL无菌水（内含玻璃珠）中，将移液管吹洗三次，用手摇10min将颗粒状样品打散，即为10^{-1}浓度的菌液。用1mL无菌移液管吸取1mL 10^{-1}浓度的菌液于1管9mL无菌水中，将移液管吹洗三次，摇匀，即为10^{-2}浓度的菌液。同样方法，依次稀释到10^{-6}。样品稀释过程如图3-6所示。

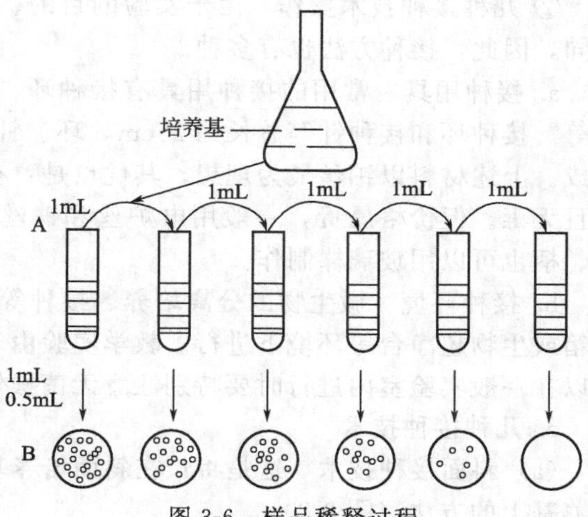

图3-6 样品稀释过程

（c）平板的制作 取10套无菌培养皿编号，10^{-4}、10^{-5}、10^{-6}各3个，另1个为空气对照，取1支1mL无菌移液管从浓度小的10^{-6}菌液开始，以10^{-6}、10^{-5}、10^{-4}为序分别吸取0.5mL菌液于相应编号的无菌培养皿内（每次吸取前，用移液管在菌液中吹泡使菌液充分混匀），涂布均匀后倒置于30℃培养24～48h。然后取“对照”的无菌培养皿，打开皿盖10min后盖上皿盖。倒置于30℃培养24～48h后观察结果。无菌培养皿的制备：加热融化培养基，当培养基冷却至45℃左右时，右手拿装有培养基的锥形瓶，左手拿培养皿，以中指、无名指和小指托住皿底，拇指和食指夹住皿盖，靠近火焰，将皿盖掀开，倒入培养基后将培养皿平放在桌上冷却即可。

b. 平板划线分离法

（a）平板的制作 将融化并冷却至约50℃的肉膏蛋白胨琼脂培养基倒入无菌培养皿内，使凝固成平板。

（b）操作 用接种环挑取一环活性污泥（或土壤悬液等），左手拿培养皿，中指、无名指和小指托住皿底，拇指和食指夹住皿盖，将培养皿稍倾斜，左手拇指和食指将皿盖掀半开，右手将接种环伸入培养皿内，在平板上轻轻划线（切勿划破培养基），划线的方式可取图3-7中任何一种。划线完毕盖好皿盖，倒置，30℃培养24～48h后观察结果。

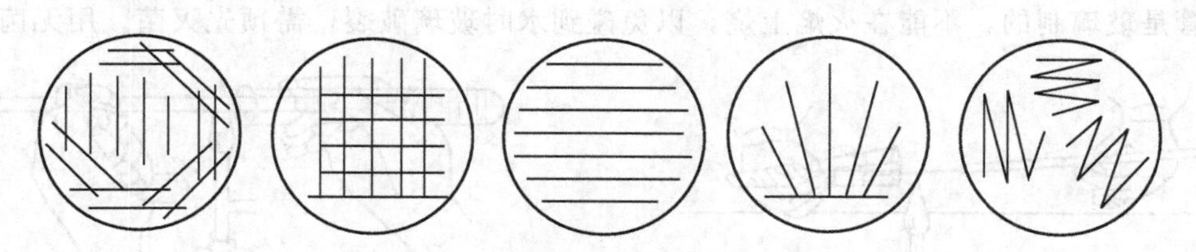

图3-7 几种平板划线分离方法

c. 稀释平板涂布法 稀释平板涂布法与稀释平板法、平板划线分离法的作用一样，都是把聚集在一起的群体分散成能在培养基上长成单个菌落的分离方法。此法接种量不宜太多，只能在 0.5mL 以下，培养时起初不能倒置，先正摆一段时间等水分蒸发后倒置。

稀释平板涂布法步骤如下。

(a) 稀释样品　方法与稀释平板法中的稀释方法和步骤一样。

(b) 倒平板　将融化并冷却至 50℃左右的培养基倒入无菌培养皿中，冷凝后即成平板。

(c) 用无菌移液管吸取一定量的经适当稀释的样品液于平板上，换上无菌玻璃刮刀在平板上旋转涂布均匀。

(d) 正摆在所需温度的恒温箱内培养，如果培养时间较长倒置继续培养。

(e) 待长出菌落观察结果。

② 几种接种技术操作　由于实验的目的、所研究的微生物种类、所用的培养基及容器的不同，因此，接种方法也有多种。

a. 接种用具　常用的接种用具有接种环、接种针、接种钩、玻璃刮刀、铲、移液管、滴管等。接种环和接种针等总长约 25cm，环、针、钩的长为 4.5cm，可用铂丝、电炉丝或镍丝制成。上述材料以铂丝最为理想，其优点是：在火焰上灼烧红得快，离火焰后冷得快，不易氧化且无毒。但价格昂贵，一般用电炉丝和镍丝。接种环的柄为金属的，其后端套上绝热材料套。柄也可以用玻璃棒制作。

b. 接种环境　微生物的分离培养、接种等操作需在经紫外线灭菌的无菌操作室、无菌操作箱或生物超净台等环境下进行。教学实验由于人多、无菌室小，无法一次容纳所有实验者，所以在一般实验室内进行时要特别注意无菌操作。也可多组分批进行。

c. 几种接种技术

(a) 斜面接种技术　这是将长在斜面培养基（或平板培养基）上的微生物接到另一支斜面培养基上的方法（图 3-8）。

- 接种前将桌面擦净，将所需的物品整齐有序地放在桌上。
- 将试管贴上标签，注明菌名、接种日期、接种人、组别、姓名等。
- 点燃煤气灯（或酒精灯）。
- 将一支斜面菌种和一支待接的斜面培养基放在左手上，拇指压住两支试管，中指位于两支试管之间，斜面向上，管口齐平。
- 右手先将棉塞拧松动，以便接种时拔出。右手拿接种环，在火焰上将环烧红以达到灭菌（环以上凡是可能进入试管的部分都应灼烧）。
- 在火焰旁，用右手小指和无名指夹住棉塞将它拔出。试管口在火焰上微烧一周，将管口上可能沾染的少量菌或带菌尘埃烧掉。将烧过的接种环伸入菌种管内，先触及没长菌的培养基使环冷却，然后轻轻挑取少许菌种，将接种环抽出管外迅速伸入另一试管底部，在斜面上由底部向上画曲线。抽出接种环，将试管塞上棉塞并插在试管架上，最后再次烧红接种环，则接种完毕。

(b) 液体培养基中的菌种被接入液体培养基　接种用具是无菌移液管和无菌滴管。移液管和滴管是玻璃制的，不能在火焰上烧，以免碰到水时玻璃破裂，需预先灭菌。用无菌移液管

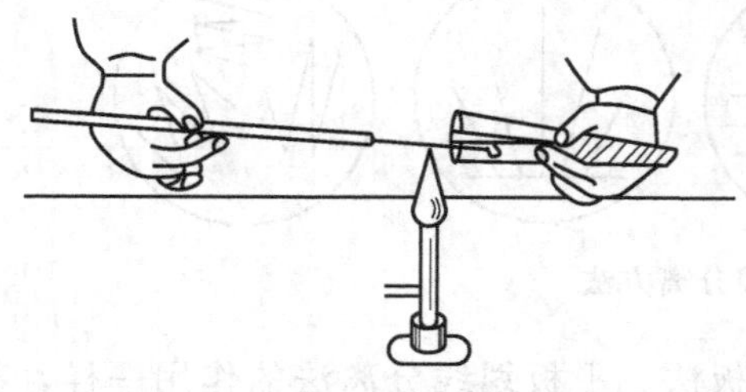
图 3-8　斜面接种示意图

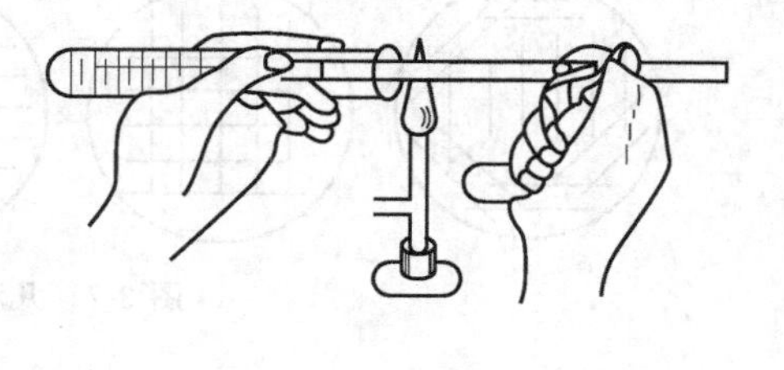
图 3-9　穿刺接种示意图

自菌种管中吸取定量的菌液接到另一管液体培养基中，将试管塞好棉塞即可。

(c) 液体接种　这是由斜面培养基接种到液体培养基中的方法。用接种环挑取斜面培养基上的菌种一环送入液体培养基中，使环在液体表面与管壁接触轻轻研磨，将环上的菌种全部洗入液体培养基中，取出接种环塞上棉塞。将试管轻轻撞击手掌使菌体在液体培养基中均匀分布。最后将接种环烧红灭菌。

(d) 穿刺接种　这是将斜面菌种接种到半固体深层培养基的方法。

- 如前斜面接种操作，用接种针（必须很挺直）挑取少量菌种。
- 将带菌种的接种针刺入固体或半固体深层培养基中直到接近管底，然后沿穿刺线缓慢地抽出（图 3-9），塞上棉塞，烧红接种针，则接种完毕。

(5) 思考题

① 分离活性污泥为什么要稀释？

② 用一根无菌移液管接种几种浓度的水样时，应从哪个浓度开始？为什么？

3.1.8 细菌的染色和油镜的使用

(1) 实验目的

① 了解细菌的涂片及染色在微生物学实验中的重要性。

② 学会和掌握细菌简单染色和革兰染色的基本方法和步骤。

(2) 实验原理　用于生物染色的染料主要有碱性染料、酸性染料和中性染料三大类。碱性染料的离子带正电荷，能和带负电荷的物质结合。因细菌蛋白质等电点较低，当它生长于中性、碱性或弱酸性的溶液中时常带负电荷，所以通常采用碱性染料（如美蓝、结晶紫、碱性复红或孔雀绿等）使其着色。酸性染料的离子带负电荷，能与带正电荷的物质结合。当细菌分解糖类产酸使培养基 pH 值下降时，细菌所带正电荷增加，因此易被伊红、酸性复红或刚果红等酸性染料着色。中性染料是前两者的结合物，又称复合染料，如伊红美蓝、伊红天青等。

简单染色法是只用一种染料使细菌着色以显示其形态，简单染色不能辨别细菌细胞的构造。

革兰染色法是 1884 年由丹麦病理学家 C. Gram 所创立的。革兰染色法可将所有的细菌区分为革兰阳性菌（G^+）和革兰阴性菌（G^-）两大类，是细菌学上最常用的鉴别染色法。

该染色法之所以能将细菌分为 G^+ 菌和 G^- 菌，是由这两类菌的细胞壁结构和成分的不同所决定的。G^- 菌的细胞壁中含有较多易被乙醇溶解的类脂质，而且肽聚糖层较薄、交联度低，故用乙醇或丙酮脱色时溶解了类脂质，增加了细胞壁的通透性，使初染的结晶紫和碘的复合物易于渗出，结果细菌就被脱色，再经番红复染后就成红色。G^+ 菌细胞壁中肽聚糖层厚且交联度高，类脂质含量少，经脱色剂处理后反而使肽聚糖层的孔径缩小，通透性降低，因此细菌仍保留初染时的颜色。

油浸物镜的工作距离（指物镜前透镜的表面到被检物体之间的距离）很短，一般在 0.2mm 以内，再加上一般光学显微镜的油浸物镜没有“弹簧装置”，因此使用油浸物镜时要特别细心，避免由于“调焦”不慎而压碎标本片并使物镜受损。

(3) 实验仪器

① 显微镜。

② 废液缸、洗瓶、载玻片、接种杯、酒精灯、擦镜纸。

(4) 实验试剂

① 菌种　培养 12～16h 的苏云金杆菌（*Bacillus thuringiensis*）或者枯草杆菌（*Bacillus subtilis*），培养 24h 的大肠杆菌（*Escherichia coli*）或环境中分离到的未知菌。

② 染色液和试剂　结晶紫、卢哥氏碘液、95%乙醇、番红、复红、二甲苯、香柏油。

（5）方法与步骤

① 简单染色　涂片（图 3-10）→固定→染色→水洗→干燥→镜检。

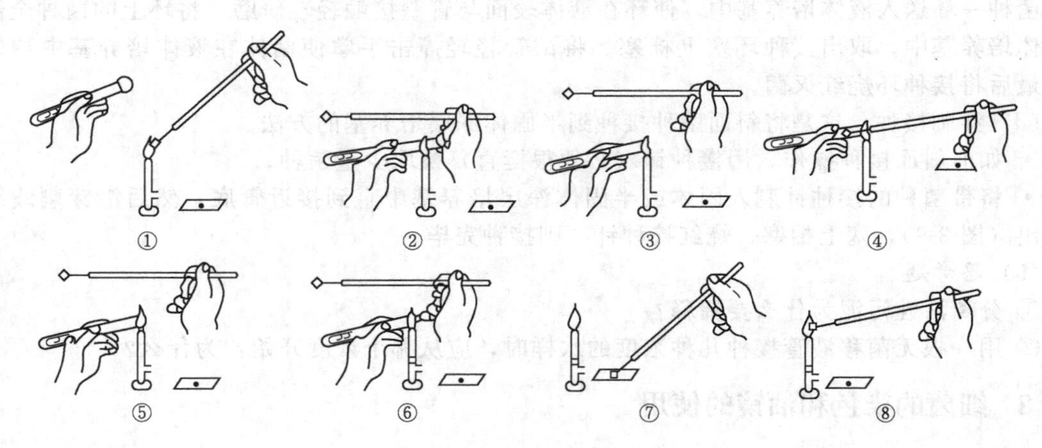

图 3-10　简单染色步骤图

a. 涂片　取干净载玻片一块，在载玻片的左、右各加 1 滴蒸馏水，按无菌操作法取菌涂片，左边涂苏云金杆菌，右边涂大肠杆菌，做成浓菌液。再取干净载玻片一块，将刚制成的苏云金杆菌的浓菌液挑 2～3 环涂在左边制成薄的涂面，将大肠杆菌的浓菌液取 2～3 环涂在右边制成薄涂面。也可直接在载玻片上制薄的涂面，注意取菌不要太多。

b. 晾干　让涂片自然晾干或者在酒精灯火焰上方文火烘干。

c. 固定　手执载玻片一端，让菌膜朝上，通过火焰 2～3 次固定（以不烫手为宜）。

d. 染色　将固定过的涂片放在废液缸上的搁架上，加复红染色 1～2min。

e. 水洗　用水洗去涂片上的染色液。

f. 干燥　将洗过的涂片放在空气中晾干或用吸水纸吸干。

g. 镜检　先低倍镜观察，再高倍镜观察，并且找出适当的视野后，将高倍镜转出，在涂片上加香柏油 1 滴，将油镜头浸入油滴中仔细调焦观察细菌的形态。

② 革兰染色　各种细菌经革兰染色法染色后，能区分成两大类：一类最终染成紫色，称为革兰阳性细菌（*Gram positive bacteria*，G^+）；另一类被染成红色，称为革兰阴性细菌（*Gram negative bacteria*，G^-）。其过程如下：涂片→固定→染色（结晶紫）→水洗→碘液→水洗→乙醇脱色→番红复染→水洗→干燥→镜检。

革兰染色过程如下：涂片→固定→染色（结晶紫，1min）→水洗→碘液（1～2min）→水洗→乙醇脱色（45s）→水洗→番红复染（2～3min）→水洗→干燥→镜检。

具体操作过程如下。

a. 涂片　与简单染色涂片相同。

b. 晾干　与简单染色法相同。

c. 固定　与简单染色法相同。

d. 结晶紫染色　将载玻片置于废液缸载玻片搁架上，加适量（以盖满细菌涂面）的结晶紫染色液染色 1min。

e. 水洗　倾去染色液，用水小心地冲洗。

f. 媒染　滴加卢哥氏碘液，媒染 1min。

g. 水洗　用水洗去碘液。

h. 脱色　将载玻片倾斜，连续滴加 95％乙醇脱色 20～25s 至流出液无色，立即水洗。

i. 复染　滴加番红复染 2～3min。

j. 水洗 用水洗去涂片上的番红染色液。

k. 晾干 将染好的涂片放在空气中晾干或者用吸水纸吸干。

l. 镜检 镜检时先用低倍镜，再用高倍镜，最后用油镜观察，并且判断菌体的革兰染色反应性。

③ 油镜的使用

a. 先用粗调节旋钮将镜筒提升（或将载物台下降）约2cm，并且将高倍镜转出。

b. 在载玻片标本的镜检部位滴上1滴香柏油。

c. 从侧面注视，用粗调节旋钮将载物台缓缓地上升（或镜筒下降），使油浸物镜浸入香柏油中，使镜头几乎与标本接触。

d. 从接目镜内观察，放大视场光阑及聚光镜上的彩虹光圈（带视场光阑油镜开大视场光阑），上调聚光器，使光线充分照明。用粗调节旋钮将载物台徐徐下降（或镜筒上升），当出现物像一闪后改用细调节旋钮调至最清晰为止。如油镜已离开油面而仍未见到物像，必须再从侧面观察，重复上述操作。

e. 观察完毕，下降载物台，将油镜头转出，先用擦镜纸擦去镜头上的油，再用擦镜纸蘸少许乙醚-乙醇混合液（乙醚2份，纯乙醇3份）或二甲苯，擦去镜头上残留油迹，最后再用擦镜纸擦拭2～3下即可（注意向一个方向擦拭）。

f. 将各部分还原，转动物镜转换器，使物镜头不与载物台通光孔相对，而是成八字形位置，再将镜筒下降至最低，降下聚光器，反光镜与聚光器垂直，用一个干净手帕将接目镜罩好，以免目镜头沾污灰尘。最后用柔软纱布清洁载物台等机械部分，然后将显微镜放回柜内或镜箱中。

（6）注意事项

① 革兰染色成败的关键是乙醇脱色。如脱色过度，革兰阳性菌也可被脱色而染成阴性菌；如脱色时间过短，革兰阴性菌也会被染成革兰阳性菌。脱色时间的长短还受涂片厚薄及乙醇用量多少等因素的影响，难以严格规定，需要多加练习。

② 选用幼龄的细菌。G^{+}菌培养12～16h，*E.coli* 培养24h。若菌龄太老，由于菌体死亡或自溶常使革兰阳性菌转呈阴性反应。

③ 油浸物镜的工作距离很短，一般在0.2mm以内，再加上一般光学显微镜的油浸物镜没有“弹簧装置”，因此使用油浸物镜时要特别细心，避免由于“调焦”不慎而压碎标本片并使物镜受损。

（7）实验结果与整理

① 绘制简单染色的细菌个体形态图。

② 绘制 *Bacillus thuringiensis* 和 *Escherichia coli* 的形态图，并且注明两菌的革兰染色的反应性。

（8）染色结果

（9）思考题

① 当对未知菌进行革兰染色时，怎样保证操作正确及结果可靠？

② 根据操作体会，说明油镜使用时的注意事项。

3.1.9 细菌生长曲线的测定（比浊法）

（1）实验目的

① 了解细菌生长曲线的特点及测定的原理。

② 学习用比浊法测定大肠杆菌的生长曲线。

（2）实验原理 少量的细菌，接种到一定体积的、合适的新鲜液体培养基中，在适宜的条

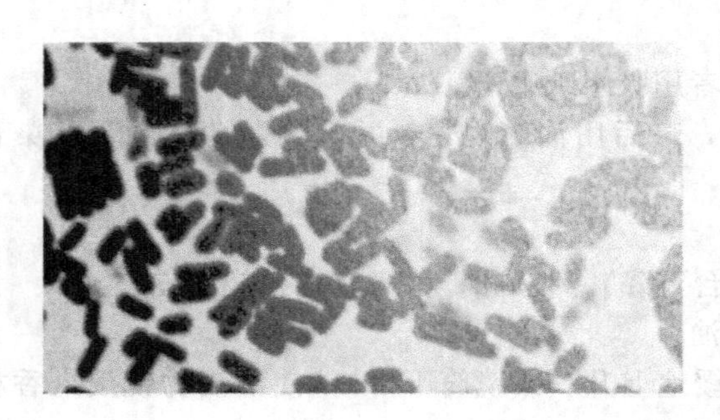

革兰阳性细菌

革兰阴性细菌

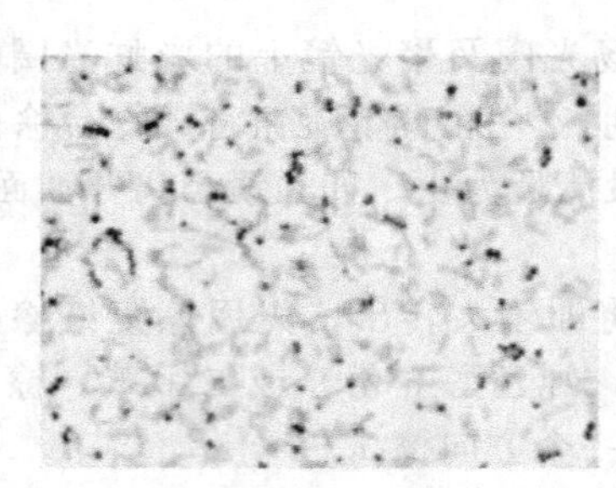

革兰阴性细菌与革兰阳性细菌

件下进行培养，定时测定培养液中的菌量，以菌量的对数作纵坐标、生长时间作横坐标，绘制的曲线为生长曲线。一般生长曲线可分为延迟期、对数期、稳定期和衰亡期，生长曲线是微生物在一定环境条件下于液体培养时所表现出的群体生长规律。不同的微生物其生长曲线不同，即使是同一种微生物，在不同的培养条件下其生长曲线也不同，测定在一定条件下培养的微生物的生长曲线。在科学研究及生产上是非常有意义的。

大肠杆菌是微生物学教学和科研常用菌种，也是某些生物制品的生产菌种，常需要了解在一定条件下其生长曲线的特征。测定微生物的数量有多种不同的方法，可根据要求和实验室条件选用。本实验采用比浊法测定，由于菌悬液的浓度与光密度（OD 值）成正比，因此可利用分光光度计测定菌悬液的光密度来推知菌液的浓度，并且将所测的 OD 值与其对应的培养时间作图，即可绘出该菌在一定条件下的生长曲线，此法快捷、简便。

（3） 实验仪器

① 721 分光光度计。

② 比色杯、恒温摇床、无菌吸管、试管、三角瓶。

（4） 实验试剂

① 菌种 大肠杆菌。

② 培养基 肉膏蛋白胨培养基。

（5） 实验方法与步骤

① 种子液制备 取大肠杆菌斜面菌种 1 支，以无菌操作挑取 1 环菌苔，接入肉膏蛋白胨培养液中，静止培养 18h 作为种子培养液。

② 标记编号 取盛有 50mL 无菌肉膏蛋白胨培养液的 250mL 三角瓶 11 个，分别编号为 0、1h、5h、3h、4h、6h、8h、10h、12h、14h、16h、20h。

③ 接种培养 用 2mL 无菌吸管分别准确吸取 2mL 种子液加入已编号的 11 个三角瓶中，于 37℃下振荡培养。然后分别按对应时间将三角瓶取出，立即放冰箱中贮存，待培养结束时一同测定 OD 值。

④ 生长量测定 将未接种的肉膏蛋白胨培养基倾倒入比色杯中，选用 600nm 波长分光光度计上调节零点，作为空白对照，并且对不同时间培养液从 0 起依次进行测定，对浓度大的菌

悬液用未接种的牛肉膏蛋白胨液体培养基适当稀释后测定，使其OD值在0.10～0.65以内，经稀释后测得的OD值要乘以稀释倍数，才是培养液实际的OD值。

(6) 实验数据与整理

① 将测定的OD值填入表3-1。

表3-1 实验结果

培养时间/h	0	0.5	1.0	1.5	2.0	2.5	3.0	3.5	4.0	4.5	5.0	5.5	6.0
光密度值 OD_{600}													

② 以上述表格中的时间为横坐标，OD_{600}值为纵坐标，绘制大肠杆菌的生长曲线。

(7) 思考题

① 实验过程中哪些操作步骤容易造成较大的误差？

② 用本实验制作生长曲线，有什么特点？

3.1.10 环境因素对微生物生长的影响

(1) 实验目的

① 了解温度、紫外线及常用化学消毒剂对微生物的作用。

② 学习无菌操作技术。

(2) 实验原理　影响微生物生长的外界因素很多，其一是营养物质，其二是许多物理、化学因素。当环境条件改变，在一定限度内，可引起微生物形态、生理、生长、繁殖等特征的改变；当环境条件的变化超过一定极限时，则导致微生物的死亡。研究环境条件与微生物之间的相互关系，有助于了解微生物在自然界的分布与作用，也可指导人们在食品加工中有效地控制微生物的生命活动，保证食品的安全性，延长食品的货架期。

温度是影响微生物生长繁殖最重要的因素之一。在一定温度范围内，机体的代谢活动与生长繁殖随着温度的上升而增加，当温度上升到一定程度，开始对机体产生不利的影响，如再继续升高，则细胞功能急剧下降以致死亡。

电磁辐射包括可见光、红外线、紫外线、X射线和γ射线等均具有杀菌作用。在辐射能中无线电波最长，对生物效应最弱；红外辐射的波长为800～1000nm，可被光合细菌作为能源；可见光部分的波长为380～760nm，是蓝细菌等藻类进行光合作用的主要能源；紫外辐射的波长为136～400nm，有杀菌作用。可见光、红外辐射和紫外辐射的最强来源是太阳，由于大气层的吸收，紫外辐射与红外辐射不能全部到达地面；而波长更短的X射线、γ射线、β射线和α射线（由放射性物质产生），往往引起水与其他物质的电离，对微生物起有害作用，故被作为一种灭菌措施。

紫外线波长以265～266nm的杀菌力最强，其杀菌机理是复杂的，细胞原生质中的核酸及其碱基对紫外线吸收能力强，吸收峰为260nm，而蛋白质的吸收峰为280nm，当这些辐射能作用于核酸时，便能引起核酸的变化，破坏分子结构，主要是对DNA的作用，最明显的是形成胸腺嘧啶二聚体，妨碍蛋白质和酶的合成，引起细胞死亡。

紫外线的杀菌效果，因菌种及生理状态而异，照射时间、距离和剂量的大小也有影响，由于紫外线的穿透能力差，不易透过不透明的物质，即使一薄层玻璃也会被滤掉大部分，在食品工业中适于厂房内空气及物体表面消毒，也有用于饮用水消毒的。

适量的紫外线照射，可引起微生物的核酸物质DNA结构发生变化，培育新性状的菌种。因此，紫外线照射常常作为一种诱变方法用于育种工作中。

常用的化学消毒剂主要有重金属及其盐类、有机溶剂（酚、醇、醛等）。重金属盐类对微生物都有毒害作用，其机理是金属离子容易和微生物的蛋白质结合而发生变性或沉淀。汞、银、砷的离子对微生物的亲和力较大，能与微生物酶蛋白的—SH 基结合，影响其正常代谢。汞化合物是常用的杀菌剂，杀菌效果好，用于医药业中。重金属盐类虽然杀菌效果好，但对人有毒害作用，所以严禁用于食品工业中防腐或消毒。

对微生物有杀菌作用的有机化合物种类很多，其中酚、醇、醛等能使蛋白质变性，是常用的杀菌剂。

① 酚及其衍生物　酚又称石炭酸，杀菌作用是使微生物蛋白质变性，还具有表面活性剂作用，破坏细胞膜的通透性，使细胞内含物外溢致死。酚浓度低时有抑菌作用，浓度高时有杀菌作用，2%～5%的酚溶液能在短时间内杀死细菌的繁殖体，杀死芽孢则需要数小时或更长的时间。许多病毒和真菌孢子对酚有抵抗力，适用于医院的环境消毒，不适于食品加工用具以及食品生产场所的消毒。

② 醇类　醇类是脱水剂、蛋白质变性剂，也是脂溶剂，可使蛋白质脱水、变性，损害细胞膜而具有杀菌能力。70%的乙醇杀菌效果最好，浓度超过 70%的乙醇杀菌效果较差，其原因是高浓度的乙醇与菌体接触后迅速脱水，表面蛋白质凝固，形成了保护膜，阻止了乙醇分子进一步渗入。

乙醇常常用于皮肤表面消毒，实验室用于玻璃棒、玻璃片等用具的消毒。醇类物质的杀菌力是随着分子量的增大而增强，但分子量大的醇类水溶性比乙醇差，因此，醇类中常常用乙醇作为消毒剂。

③ 甲醛　甲醛是一种常用的杀细菌与杀真菌剂，杀菌机理是与蛋白质的氨基结合而使蛋白质变性致死。市售的福尔马林溶液就是 37%～40%的甲醛水溶液。0.1%～0.2%的甲醛溶液可杀死细菌的繁殖体，5%的浓度可杀死细菌的芽孢。甲醛溶液可作为熏蒸消毒剂，对空气和物体表面有消毒效果，但不适宜于食品生产场所的消毒。

(3) 实验仪器

① 培养箱、无菌工作台。

② 无菌培养皿、无菌滤纸片、试管、吸管、三角涂棒等。

(4) 实验试剂

① 菌种　大肠杆菌（*Escherichia coli*）、金黄色葡萄球菌（*Staphylococcus albus*）、酵母菌。

② 培养基　牛肉膏蛋白胨琼脂培养基、马铃薯琼脂培养基。

(5) 实验方法与步骤

① 温度实验　分别在牛肉膏蛋白胨琼脂斜面和马铃薯琼脂斜面培养基上接种大肠杆菌和酵母菌 4 支，放在 0℃、25℃、37℃和 50℃条件下培养，24h 后观察菌苔生长情况。

② 紫外线杀菌实验

a. 将已经灭菌并冷却到 50℃左右的牛肉膏蛋白胨琼脂培养基倒入无菌培养皿中，水平放置待凝固。

b. 用无菌吸管吸取 0.1mL 培养 18h 的金黄色葡萄球菌菌液加入上述平板中，用无菌三角涂棒涂布均匀。

c. 在超净工作台中，以无菌操作的方法将黑色纸片放入培养皿中，紫外线照射 15min，取出，用纸包好，在 37℃温室中培养 24h 后观察。

③ 化学消毒剂实验

a. 将已经灭菌并冷却到 50℃左右的牛肉膏蛋白胨琼脂培养基倒入无菌培养皿中，水平放置待凝固。

b. 用无菌吸管分别吸取 0.1mL 培养 18h 的金黄色葡萄球菌菌液（1 皿）和大肠杆菌菌液（1 皿）加入上述平板中，用无菌三角涂棒涂布均匀。

c. 将已经涂布好的平板底皿划分为 4 等份，每一等份内标明一种消毒剂的名称。

d. 用无菌镊子将已灭菌的小圆滤纸片分别浸入装有各种消毒剂的试管中浸湿。

e. 将上述贴好滤纸片的含菌平板倒置放于37℃条件下，培养24h后观察抑菌圈的大小。

(6) 实验结果与整理

① 大肠杆菌和酵母菌的最适生长温度是多少？

② 绘图说明紫外线的杀菌作用及原理。

③ 列表比较化学消毒剂对两种细菌的杀（抑）菌作用。

(7) 思考题

① 在紫外线实验中为什么要进行暗培养？

② 根据自身体会，谈谈无菌操作在微生物实验中的重要作用。

3.2 环境污染微生物实验

3.2.1 叶绿素a和叶绿素b含量的测定（分光光度法）

(1) 实验目的　学会叶绿素a和叶绿素b含量的测定方法，了解叶片中叶绿素a和叶绿素b的含量。

(2) 实验仪器

① 721分光光度计、天平。

② 研钵、剪刀、容量瓶（25mL）、漏斗、滤纸。

(3) 实验试剂

① 菠菜叶片。

② 乙醇（95%）。

(4) 实验原理　叶绿素a和叶绿素b在波长方面的最大吸收峰位于665nm和649nm，同时在该波长时的叶绿素a和叶绿素b比吸收系数K为已知，即可以根据朗伯-比尔定律，列出浓度C与光密度D之间的关系式：

$$D_{665}=83.31C_a+18.60C_b \quad (1)$$

$$D_{649}=24.54C_a+44.24C_b \quad (2)$$

式(1)和式(2)中的D_{665}和D_{649}为叶绿素溶液在波长665nm和649nm时的光密度。

C_a、C_b为叶绿素a、叶绿素b的浓度，单位为g/L。

82.04.9.27为叶绿素a、叶绿素b在波长665nm时的比吸收系数。

16.75.45.6为叶绿素a、叶绿素b在波长649nm时的比吸收系数。

解方程式(1)和式(2)，则得：

$$C_a=13.7D_{665}-5.76D_{649} \quad (3)$$

$$C_b=25.8D_{649}—7.6D_{665} \quad (4)$$

$$G=C_a+C_b=6.10D_{665}+20.04D_{649} \quad (5)$$

此时，G为总叶绿素浓度，C_a、C_b为叶绿素a、叶绿素b浓度，单位为mg/L，利用上面式(3)、式(4)、式(5)，即可以计算叶绿素a、叶绿素b及总叶绿素的总含量。

(5) 实验方法与步骤

① 称取0.1g新鲜叶片，剪碎，放在研钵中，加入乙醇10mL共同研磨成匀浆，再加5mL乙醇，过滤，最后将滤液用乙醇定容到25mL。

② 取一光径为1cm的比色杯，注入上述的叶绿素乙醇溶液，另加乙醇注入另一同样规格的比色杯中，作为对照，在721分光光度计下分别以665nm和649nm波长测出该色素液的光密度。

(6) 计算

$$叶绿素\ a\ 含量(mg/g\ 鲜重)=C_a\times\frac{25}{1000}\times\frac{1}{0.2}$$

$$叶绿素\ b\ 含量(mg/g\ 鲜重)=C_b\times\frac{25}{1000}\times\frac{1}{0.2}$$

$$叶绿素总量(mg/g\ 鲜重)=G\times\frac{25}{1000}\times\frac{1}{0.2}$$

(7) 实验结果与整理 计算所测植物材料的叶绿素含量。

(8) 思考题 测定叶绿素 a、叶绿素 b 含量为什么要选用红光的波长?

3.2.2 水中细菌总数的测定

(1) 实验目的

① 学习并掌握水样的采取方法,水体中细菌总数的检验方法、检验原理、检验依据、数据处理和报告方法。

② 了解水源水样的平板菌落计数的原则。

③ 强化水体细菌总数检验的卫生学知识。

(2) 实验原理 本实验应用平板计数技术测定水中细菌总数。由于水中细菌种类繁多,它们对营养和其他生长条件的要求差别很大,不可能找到一种培养基在一种条件下,使水中所有的细菌均能生长繁殖,因此,以一定的培养基平板上生长出来的菌落,计算出来的水中细菌总数仅是一种近似值。目前一般是采用普通牛肉膏蛋白胨琼脂培养基。

(3) 实验仪器

① 恒温培养箱、天平、电炉、恒温水浴锅。

② 酒精灯、试管架、酒精棉球、500mL 灭菌三角烧瓶、灭菌的带玻璃塞瓶(采样用),灭菌培养皿、灭菌吸管、灭菌试管、灭菌水等。

(4) 实验试剂 牛肉膏蛋白胨琼脂培养基:牛肉膏 3g,蛋白胨 10g,NaCl 5g,琼脂 15~20g,水 1000mL,调节 pH 值至 7.0~7.2。

(5) 实验方法与步骤

① 水样的采取

a. 自来水 先将自来水龙头用火焰烧灼 3min 灭菌,再开放水龙头使水流 5min 后,以灭菌三角烧瓶接取水样,以待分析。

b. 池水、河水或湖水 应取距水面 10~15cm 的深层水样,先将灭菌的带玻璃塞瓶,瓶口向下浸入水中,然后翻转过来,除去玻璃塞,水即流入瓶中,盛满后,将瓶塞盖好,再从水中取出,最好立即检查,否则需放入冰箱中保存。

② 细菌总数测定

a. 自来水

(a) 用灭菌吸管吸取 1mL 水样,注入灭菌培养皿中。共做两个平皿,根据水质标准要求或对检样污染情况的估计,可选择是否稀释和稀释倍数。

(b) 分别倾注约 15mL 已溶化并冷却到 45℃左右的牛肉膏蛋白胨琼脂培养基,并且立即在桌上作平面旋摇,使水样与培养基充分混匀。

(c) 另取一空的灭菌培养皿,倾注牛肉膏蛋白胨琼脂培养基 15mL,作空白对照。

(d) 培养基凝固后,倒置于 37℃恒温培养箱中,培养 24h,进行菌落计数。

两个平板的平均菌落数即为 1mL 水样的细菌总数。

b. 池水、河水或湖水等

(a) 稀释水样 取 3 个装有 9mL 灭菌水的试管。取 1mL 水样注入第 1 支装有 9mL 灭菌水的试管内，摇匀，再自第 1 支试管取 1mL 至第 2 支装有 9mL 灭菌水的试管内，如此稀释到第 3 管，稀释度分别为 10^{-1}、10^{-2} 与 10^{-3}。稀释倍数视水样污浊程度而定，以培养后平板的菌落数在 30～300 之间的稀释度最为合适，若三个稀释度的菌数均多到无法计数或少到无法计数，则需继续稀释或减小稀释倍数。一般中等污秽水样，取 10^{-1}、10^{-2}、10^{-3} 三个连续稀释度，污秽严重的取 10^{-2}、10^{-3}、10^{-4} 三个连续稀释度。

(b) 根据水质标准要求或对检样污染情况的估计，选择 2～3 个适宜稀释度，分别用吸管吸取 1mL 稀释水样加入空的无菌培养皿中，每个稀释度作两个平皿。

(c) 各倾注 15mL 已溶化并冷却至 45℃左右的牛肉膏蛋白胨琼脂培养基，立即放在桌上摇匀。

(d) 凝固后倒置于 37℃恒温培养箱中培养 24h，进行菌落计数。

③ 菌落计数方法

a. 平板菌落数的选择　选取菌落数在 30～300 之间的平板作为菌落总数的测定标准。一个稀释度有两个平板，应采用两个平板的平均菌落数。若其中一个培养皿有较大片状菌苔生长时，则不宜采用，而应以无片状菌苔生长的培养皿作为该稀释度的平均菌落数。若片状菌苔的大小不到培养皿的一半，而其余的一半中菌落分布又很均匀时，则可将此一半的菌落数乘以 2 以代表全培养皿的菌落数，然后再计算该稀释度的平均菌落数。

b. 稀释度的选择

(a) 首先选择平均菌落数在 30～300 之间的，当只有一个稀释度的平均菌落数符合此范围时，则以该平均菌落数乘以稀释倍数即为该水样的细菌总数（表 3-2，例 1）。

(b) 若有两个稀释度，其生长的平均菌落数均在 30～300 之间，则按两者菌落总数之比值来决定。若其比值小于 2，应采取两者的平均数报告之；若大于 2，则取其中较小的菌落总数（表 3-2，例 2 和例 3）。

(c) 若所有稀释度的平均菌落数均大于 300，则应按稀释度最高的平均菌落数乘以稀释倍数报告之（表 3-2，例 4）。

(d) 若所有稀释度的平均菌落数均小于 30，则应按稀释度最低的平均菌落数乘以稀释倍数报告之（表 3-2，例 5）。

(e) 若所有稀释度的平均菌落数均不在 30～300 之间，其中一部分大于 300 或小于 30 时，则以最接近 300 或 30 的平均菌落数乘以稀释倍数报告之（表 3-2，例 6 和例 7）。

c. 菌落数的报告　菌落数在 100 以内时，按实际数据报告；大于 100 时，采用两位有效数字，在两位有效数字后面的数值，以四舍五入方法计算。为了缩短数字后面的零数，也可用 10 的指数来表示（表 3-2“报告方式”栏）。

表 3-2　稀释度选择及菌落数报告方式

例次	稀释液及菌落数			两稀释液之比	菌落总数/(个/mL)	报告方式/(个/mL)
	10^{-1}	10^{-2}	10^{-3}			
1	多不可计	164	20	—	16400	1600 或 1.6×10^4
2	多不可计	295	46	1.6	37750	3800 或 3.8×10^4
3	多不可计	271	60	2.2	27100	27000 或 2.7×10^4
4	多不可计	多不可计	313	—	313000	310000 或 3.1×10^5
5	27	11	5	—	270	270 或 2.7×10^2
6	0	0	0	—	$<1\times10$	<10
7	多不可计	305	12	—	30500	31000 或 3.1×10^4

(6) 实验数据与整理

① 自来水　结果填入表 3-3 中。

表 3-3 自来水实验结果

平板	菌落数	1mL 自来水中细菌总数
1		
2		
3		
4		
5		

② 池水、河水或湖水等 池水、河水或湖水实验结果见表 3-4。

表 3-4 池水、河水或湖水实验结果

稀释度	10^{-1}		10^{-2}		10^{-3}	
平板	1	2	1	2	1	2
菌落数						
平均菌落数						
计算方法						
细菌总数/mL						

(7) 思考题

① 从自来水的细菌总数结果来看，是否符合饮用水的标准？

② 所测的水源水的污秽程度如何？

3.2.3 水中总大肠菌群的测定——多管发酵法

(1) 实验目的 学习并掌握测定水中大肠菌群数量的多管发酵法以及检验的原理、检验的依据、数据处理和报告的方法；了解水体大肠菌群检验的意义。

(2) 实验原理 大肠菌群是指一群在37℃、24h能发酵乳糖产酸、产气，需氧或兼性厌氧的革兰阴性无芽孢杆菌。大肠菌群来自人或温血动物粪便，水中检出大肠菌群则说明水源受到了人或动物粪便的污染，大肠菌群数量越多则表明粪便污染越严重，由此推测该水源存在肠道致病菌污染的可能性，潜伏着水中毒和流行病的威胁。故以此作为粪便污染指标来评价水源的卫生质量，具有广泛的卫生学意义。根据大肠菌群的生理、生化特点，设计并创造适合大肠菌群生长繁殖的营养及环境条件，并且利用其生理及表征特性等进行检验和验证实验，以求得水样中的大肠菌群数。

大肠菌群的测定方法分为常规法和快速法。常规法主要指实验中经常用到的多管发酵法；目前已筛选出来与常规法符合率较高的快速法有三种，即 TTC 显色法、DC 试管法和滤膜法。在此仅介绍多管发酵法，多管发酵法是以每 100mL 检样中大肠菌群的最大可能数（简称 MPN）来表示实验结果的。

(3) 实验仪器

① 高压蒸汽灭菌锅、恒温培养箱、显微镜。

② 采样瓶、烧杯（200mL、500mL、2000mL）、锥形瓶（500mL、1000mL）、杜氏小导管、载玻片、酒精灯、培养皿、试管、吸管、镍铬丝、接种棒。

(4) 实验试剂

① 乳糖胆盐发酵培养基 蛋白胨 20g；猪胆盐（或牛、羊胆盐）5g；乳糖 10g；0.04%溴甲酚紫水溶液 25mL；蒸馏水 1000mL。将蛋白胨、胆盐及乳糖溶解于蒸馏水中，调 pH 值至 7.4，加入 0.04%溴甲酚紫水溶液，分装（每管 10mL），并且放入一个小导管，于 115℃压力蒸汽灭菌 15min。

② 伊红美兰琼脂培养基（简称 EMB）或品红亚硫酸钠培养基

a. 伊红美兰琼脂培养基

蛋白胨	10g	0.65%美蓝溶液	1mL
乳糖	10g	琼脂	17g
磷酸二氢钾	2g	蒸馏水	1000mL
2%伊红溶液	2mL		

将蛋白胨、磷酸盐和琼脂溶解于蒸馏水中，调 pH 值至 7.1，分装于 121℃压力蒸汽灭菌 20min。临用时，以无菌操作加入乳糖并加热溶化琼脂，冷却至 50℃时，加入伊红和美蓝溶液摇匀，倒平皿置 4℃冰箱备用。

b. 品红亚硫酸钠培养基

蛋白胨	10g	磷酸氢二钾	3.5g
酵母浸膏	5g	无水亚硫酸钠	5g
牛肉膏	5g	5%碱性品红乙醇溶液	20mL
乳糖	10g	蒸馏水	1000mg
琼脂	15～20g		

以上各成分蒸馏水溶解，调 pH 值至 7.2～7.4，装瓶，经 121℃压力蒸汽灭菌后使用。

③ 革兰染色液 略。

(5) 实验方法与步骤

① 水样的采取及处理

a. 自来水 先将自来水龙头用火焰灼烧 3min 灭菌，再开放水龙头使水流 5min 后，以灭菌三角烧瓶接取水样，以待分析。

b. 池水、河水或湖水 应取距水面 10～15cm 的深层水样，先将灭菌的带玻璃塞瓶，瓶口向下浸入水中，然后翻转过来，除去玻璃塞，水即流入瓶中，盛满后，将瓶塞盖好，再从水中取出，最好立即检查，否则需放入冰箱中保存。

c. 对于自来水 池水、河水或湖水可根据水质标准要求或对检样污染情况的估计，选择三个适宜的稀释度，每个稀释度接种 3 管。稀释的方法是：取 1mL 水样注入第 1 管装有 9mL 灭菌水的试管内，摇匀，再自第 1 管取 1mL 至第 2 管装有 9mL 灭菌水的试管内，以此类推，依次作 10 倍递增稀释，每递增一次应换 1 支 1mL 灭菌吸管，这样就得到 10^{-1}、10^{-2} 与 10^{-3}…的稀释度，可根据实际需要选择稀释倍数。

② 水样中大肠菌群的测定

a. 初发酵试验 取 9 支试管并将杜氏小导管放入这 9 支试管中，在乳糖胆盐发酵管培养基配制好后，分装入 9 支装有杜氏小导管的试管中，尽量避免小导管中有气泡产生，然后灭菌。将待检水样接种于灭过菌的乳糖胆盐发酵管内（内有杜氏小导管），接种量在 1mL 以上者，用双料乳糖胆盐发酵管（双料乳糖胆盐发酵管成分除蒸馏水外，其他成分是单料乳糖胆盐的 2 倍）；接种量在 1mL 及 1mL 以下者，用单料乳糖胆盐发酵管。每一稀释度接种 3 管，混匀后置于 (36±1)℃恒温培养箱内培养 (24±2)h，24h 未产气的，继续培养至 48h，如所有乳糖胆盐发酵管都不产气，则报告为大肠菌群阴性，如有产气者则按下列程序进行。

b. 分离培养 上述各发酵管经培养 24h 后，将产酸、产气及只产酸的发酵管分别接种于伊红美蓝培养基或品红亚硫酸钠培养基上，置于 (36±1)℃的恒温培养箱内培养 18～24h，观察菌落形态，并且做革兰染色和证实试验。

c. 证实试验 挑选符合下列特征的菌落进行革兰染色。

(a) 伊红美蓝培养基上 深紫黑色，具有金属光泽的菌落；紫黑色，不带或略带金属光泽的菌落；淡紫红色，中心色较深的菌落。

(b) 品红亚硫酸钠培养基上 紫红色，具有金属光泽的菌落；深红色，不带或略带金属光泽的菌落；淡红色，中心色较深的菌落。

上述涂片镜检的菌落如为革兰阴性无芽孢的杆菌，则挑选该菌落的另一部分接种于乳糖发酵管中（内有杜氏小导管）进行复发酵试验，每管可接种来自同一初发酵管（瓶）同类型的最典型菌落1～3个，然后置于37℃恒温箱中培养24h，有产酸、产气者（不论导管内气体多少都作为产气论），即证实有大肠菌群存在。

d. 报告 根据证实有大肠菌群存在的阳性管（瓶）数，查MPN表（大肠菌群检数表），报告每100mL(0.1L) 水样中的大肠菌群的最可能数。我国目前是以1L为报告单位，故MPN值再乘以10，即为1L水样中的总大肠菌群数。

MPN表的使用方法举例如下。例如，某水样接种自原水样1mL的3管均为阳性；接种自原水样0.1mL的3管中有2管为阳性；接种自原水样0.01mL的3管均为阴性。从最可能数（MPN）检索表中查检验结果3-2-0，得知100mL水样中的总大肠菌群数为930个，故1L水样中的总大肠菌群数为930×10＝9300个。

对污染严重的地表水和废水，初发酵试验的接种水样应作1∶10、1∶100、1∶1000或更高倍数的稀释，检验步骤同上述的检验方法。

（6）实验数据与整理 先将各步实验结果填入表3-5。

表3-5 实验结果

管号	接种量/mL	乳糖胆盐发酵管发酵情况	EMB平板上生长情况	革兰染色及镜检情况	复发酵管发酵情况	结论

然后根据上述结果查MPN检索表，得出被检水样每100mL中大肠菌群最近似数是多少。

（7）思考题

① 大肠菌群的定义是什么？

② 为什么要选择大肠菌群作为水源被肠道病原菌污染的指示菌？

③ 经检测，所测水样是否符合饮用水标准？

附表 大肠菌群最可能数（MPN）检索表

（接种3份1mL水样、3份0.1mL水样、3份0.01mL水样时，不同阳性及阴性情况下100mL水样中大肠菌群数的最可能数）

阳性管数			MPN 100mL	95%可信限	
1mL×3	0.1mL×3	0.01mL×3		下限	上限
0	0	0	<30		
0	0	1	30	<5	90
0	0	2	60		
0	0	3	90		
0	1	0	30	<5	130
0	1	1	60		
0	1	2	90		
0	1	3	120		
0	2	0	60		
0	2	1	90		
0	2	2	120		
0	2	3	160		

续表

阳性管数			MPN 100mL	95％可信限	
1mL×3	0.1mL×3	0.01mL×3		下限	上限
0	3	0	90		
0	3	1	130		
0	3	2	160		
0	3	3	190		
1	0	0	40	<5	200
1	0	1	70	10	210
1	0	2	110		
1	0	3	150		
1	1	0	70	10	230
1	1	1	110	30	360
1	1	2	150		
1	1	3	190		
1	2	0	110	30	360
1	2	1	150		
1	2	2	200		
1	2	3	240		
1	3	0	160		
1	3	1	200		
1	3	2	240		
1	3	3	290		
2	0	0	90	10	360
2	0	1	140	30	370
2	0	2	200		
2	0	3	260		
2	1	0	150	30	440
2	1	1	200	70	890
2	1	2	270		
2	1	3	340		
2	2	0	210	40	470
2	2	1	280	100	1500
2	2	2	350		
2	2	3	420		
2	3	0	290		
2	3	1	360		
2	3	2	440		
2	3	3	530		
3	0	0	230	40	1200
3	0	1	390	70	1300
3	0	2	640	150	3800
3	0	3	950		
3	1	0	430	70	2100
3	1	1	750	140	2300
3	1	2	1200	300	3800
3	1	3	1600		
3	2	0	930	150	3800
3	2	1	1500	300	4400
3	2	2	2100	350	4700
3	2	3	2900		

续表

阳性管数			MPN 100mL	95%可信限	
1mL×3	0.1mL×3	0.01mL×3		下限	上限
3	3	0	2400	360	13000
3	3	1	4600	710	24000
3	3	2	11000	1500	48000
3	3	3	≥24000		

注：如果接种的水样量不是1mL、0.1mL和0.01mL，而是改为10mL、1mL和0.1mL时，MPN表内数字应相应降低为原来的1/10倍，如改为0.1mL、0.01mL和0.001mL时，则表内数字应相应增加10倍。其余可类推。较低或较高的三个浓度的水样量，也可查表求得MPN指数，再经下面公式换算成每100mL的MPN值。

3.2.4 土壤中放线菌的分离、纯化、计数与形态观察

土壤是微生物生活的大本营，在这里生活的微生物无论数量和种类都是极其多样的，因此，土壤是人类开发利用微生物资源的重要基地，可以从其中分离、纯化到许多有用的菌株。

(1) 实验目的

① 学习并掌握倒平板的方法。

② 掌握平板分离法分离和纯化微生物的基本操作技术。

(2) 实验原理　平板分离法操作简便，普遍用于微生物的分离和纯化，基本原理包括以下两个方面。

① 选择适合于待分离微生物的生长条件，如营养、酸碱度、温度和氧等要求或加入某种抑制剂造成只利于该微生物生长，而抑制其他微生物生长的环境，从而淘汰一些不需要的微生物，再用稀释涂布平板法或稀释混合平板法或平板划线分离法等分离、纯化至得到纯菌株。

② 微生物在固体培养基上生长形成的单个菌落可以是由一个细胞繁殖而成的集合体，因此，可以通过挑取单个菌落而获得一种纯培养。获取单个菌落的方法可通过稀释涂布平板或平板划线等技术完成。

从微生物群体中经分离生长在平板上的单个菌落并不一定保证是纯培养，因此，纯培养的确定除观察菌落特征之外，还要结合显微镜检测个体形态特征后才能确定，有些微生物的纯培养要经过一系列的分离、纯化过程和多种特征鉴定才能得到。

(3) 实验仪器

① 显微镜。

② 无菌玻璃涂棒、无菌细管、接种环、无菌培养皿、链霉素、血细胞计数板等。

(4) 实验试剂

① 样品　土壤样品。

② 培养基　高氏Ⅰ号培养基。

③ 溶液或试剂　10%酚、盛9mL无菌水的试管、盛90mL无菌水并带有玻璃珠的三角瓶。

(5) 实验方法及步骤

① 稀释涂布平板法

a. 倒平板　将高氏Ⅰ号培养基加热溶化，待冷却至55～60℃时，加入10%酚数滴，混合均匀后倒平板。

b. 制备土壤稀释液　准确称取土样10g，加入装有90mL无菌水并带有玻璃珠的三角瓶中，振荡约20min，使土样与水充分混匀，将细胞分散。用1支无菌吸管从中吸取1mL土壤悬液加入装有9mL无菌水的试管中，吹吸3次，让菌液混合均匀，即成10^{-2}稀释液；再换1支无菌吸管吸取10^{-2}稀释液1mL，移入装有9mL无菌水的试管中，也吹吸3次，即成10^{-3}稀释液；以此类推，连续稀释，制10^{-1}、10^{-2}、10^{-3}、10^{-4}、10^{-5}、10^{-6}等一系列稀释菌液。

c. 涂布 将无菌平板编上10^{-4}、10^{-5}、10^{-6}号码，每一号码设置3个重复，用无菌吸管按无菌操作要求吸取10^{-6}稀释液各1mL放入编号10^{-6}的3个平板中，同法吸取10^{-5}稀释液各1mL放入编号10^{-5}的3个平板中，再吸取10^{-4}稀释液各1mL放入编号10^{-4}的3个平板中（由低浓度向高浓度时，吸管可不必更换）。再用无菌玻璃涂棒将菌液在平板上涂抹均匀，每个稀释度用一个无菌玻璃涂棒，更换稀释度时需将玻璃涂棒灼烧灭菌。在由低浓度向高浓度涂抹时，也可以不更换涂棒。

d. 培养 在28℃条件下倒置培养3～5d。

e. 挑菌落 将培养后生长出的单个菌落分别挑取少量细胞接种到高氏Ⅰ号培养基斜面上。在28℃条件下培养3～5d后，待菌苔长出之后，检查其特征是否一致，同时将细胞涂片染色后用显微镜检查是否为单一的微生物，如果发现有杂菌，需要进一步分离、纯化，直到获得纯培养。

② 菌落计数法

a. 先计算相同稀释度的平均菌落数，如果其中一个平板有较大片状菌苔生长时，则不应采取，而应以无片状菌苔生长的平板作为该稀释度的平均菌落数。如果片状菌苔的大小不到平板的一半，而其余的一半菌落分布又很均匀时，则可以将此一半的菌落数乘以2以代表全平板的菌落数，然后再计算该稀释度的平均菌落数。

b. 选择平均菌落数在30～300之间的，当只有一个稀释度在此范围时，则以该平均菌落数乘以稀释倍数即为该土样的总菌数。

c. 若有两个稀释度的平均菌落数在30～300之间，则按两者总菌落之比来决定。若其比值小于2则取二者的平均数，若大于2则取其中较小的菌落总数。

d. 若所有稀释度的平均菌落都大于300，则取总菌落数最多者。

e. 若所有稀释度的平均菌落都小于30，则取总菌落数最少者。

f. 若所有稀释度的平均菌落都不在30～300之间，则以最近300或30的平均菌落数乘以稀释倍数。

③ 放线菌形态观察

a. 用接种铲将平板上的菌苔连同培养基切下一小方块（宽2～3mm），菌面朝上放在载玻片上，另取一洁净载玻片置于火焰上微热后，盖在菌苔上，轻轻按压，使培养物（气生菌丝、孢子丝和孢子）黏附（“印”）在载玻片的中央。

b. 将有印记的一面朝上通过火焰固定，然后染色（1min），水洗、干燥后油镜观察。

（6）实验结果与整理

① 将培养后菌落计数情况填入表3-6。

表3-6 菌落计数

稀释度	10^{-4}				10^{-5}				10^{-6}			
	1	2	3	平均	1	2	3	平均	1	2	3	平均
每个平板上的cfu数												
每毫升中的cfu数												

② 计算每克土壤中放线菌的含菌数。

③ 绘制放线菌形态观察图。

④ 选取3～5个典型的放线菌菌落，描述它们的菌落特征。

（7）思考题

① 在分离放线菌的过程中为什么要加入10%的酚？

② 根据自身体会，谈谈平板菌落计数的原理。

第4章 金属分析测试实验

有些金属是人体健康必需的常量元素和微量元素，有些是有害于人体健康的（超过一定量时），如汞、镉、铬、铅、铜、锌、镍、砷等。受“三废”污染的地面水和工业污水，以及土壤、垃圾等固体废弃物中的金属化合物的含量较大，危害很强。有害金属侵入人体后，将会使某些酶失去活性而出现不同程度的中毒症状，毒性大小与金属种类、理化性质、浓度及存在的价态和形态有关。因此掌握一些重金属的测试对于环境工程专业学习是很有必要的。需要指出的是，不同的金属存在于不同的环境中，其存在形态也不同，因此测试时需根据具体情况，进行分析，排除干扰。因此本章介绍了含各类金属的固体废弃物常规分析测试实验，其中汞的测定实验见3.3.4节。

4.1 镍的分析实验

金属镍的分析常用的有重量法、络合滴定法和吸光光度法等。当镍的含量较高时，吸光光度法容易引起较大的误差，所以采用重量法或络合滴定法较为稳妥。

4.1.1 丁二酮肟沉淀重量法

(1) 实验目的　了解有色金属镍的丁二酮肟镍沉淀重量法测定原理及意义，掌握测定方法。

(2) 实验原理　在氨性或乙酸盐缓冲的微酸性溶液中，Ni^{2+}定量地被丁二酮肟沉淀。此沉淀为鲜红色螯合物。由于此螯合物为絮状大体积沉淀，沉淀时镍的绝对量应控制在0.1g以下。在沉淀镍的条件下，很多易于水解的金属离子将生成氢氧化物或碱式盐沉淀，加入酒石酸或柠檬酸可掩蔽Fe^{3+}、Al^{3+}、Cr^{3+}、Ti(Ⅳ)、W(Ⅵ)、Nb(Ⅴ)、Ta(Ⅴ)、Zr(Ⅳ)、Sn(Ⅳ)、Sb(Ⅴ)等元素。Co^{2+}、Mn^{2+}、Cu^{2+}单独存在时与丁二酮肟试剂不生成沉淀，但要消耗丁二酮肟试剂，而当有较大量的钴、锰、铜与镍共存时，丁二酮肟镍的沉淀中将部分地吸附这些离子而使镍的沉淀不纯，必须采取相应的措施避免干扰。

在分析较复杂的含镍样品时，如果采取各种措施，所得到的丁二酮肟镍沉淀仍然不纯净而呈暗红色，这时宜将沉淀用盐酸溶解后再沉淀一次。丁二酮肟镍的沉淀能溶于乙醇、乙醚、四氯化碳、三氯甲烷等有机溶剂中。因此在沉淀时要注意勿使乙醇的比例超过20%。沉淀过滤后也不宜用乙醇洗涤。所得丁二酮肟镍沉淀可在150℃烘干后称重。

(3) 实验仪器

① 烘箱、电炉。

② 250mL烧杯、50mL量筒、250mL容量瓶、10mL移液管、滤纸、漏斗、坩埚等若干。

(4) 实验试剂

① 酒石酸溶液(20%)。

② 乙酸铵溶液(2%)。

③ 盐酸羟胺溶液(10%)。

④ 丁二酮肟乙醇溶液(1%)。

(5) 实验方法与步骤 称取一定量含镍样品,置于250mL烧杯中,加入王水10mL,加入高氯酸10mL,蒸发至冒浓烟,冷却。加水50mL溶解盐类。加入酒石酸溶液30mL,滴加氨水至明显的氨性,再滴加盐酸至酸性。将溶液滤入250mL容量瓶中,用热水洗涤滤纸及沉淀。加水至刻度,摇匀。分取溶液50mL,置于600mL烧杯中,滴加氨水(1+1)至刚果红恰呈红色,加入盐酸羟胺溶液10mL,乙酸铵溶液20mL,加水至约400mL,此时溶液的酸度应在pH=6~7。加热至60~70℃,加入丁二酮肟溶液50mL,充分搅拌,置于冷水中放置约1h。如丁二酮肟镍的沉淀呈暗红色,表示沉淀吸附有杂质。可用快速滤纸过滤沉淀,用冷水洗涤滤纸和沉淀。用热盐酸(1+2)溶解沉淀,溶液接收于原烧杯中,以热水洗涤滤纸。按上述方法将镍再沉淀。在冷水中放置1h后滤入已事先恒重的玻璃过滤坩埚中,在150℃烘干至恒重并计算试样的镍含量。

(6) 计算

$$w_{Ni}(\%)=\frac{m\times 0.2032}{m_s}\times 100\%$$

式中 m——丁二酮肟镍沉淀质量,g;

0.2032——换算系数;

m_s——称取样品质量,g。

(7) 实验结果与整理

① 绘制标准曲线。

② 计算所测样品中镍的含量(mg/kg)。

③ 根据实验情况,分析影响测定结果准确度的因素。

4.1.2 丁二酮肟分光光度法

(1) 实验目的 了解有色金属镍的丁二酮肟分光光度法测定原理及意义,掌握测定方法。

(2) 实验原理 在柠檬酸铵-氨水介质中,当有氧化剂碘的存在下,镍与丁二酮肟作用,形成组成比为1∶4的酒红色络合物,可于波长530nm处进行分光光度的测定。

(3) 实验仪器

① 722光栅分光光度计、分析天平。

② 1000mL烧杯、100mL容量瓶、500mL容量瓶、1000mL容量瓶、500mL棕色具塞瓶。

(4) 实验试剂 所用试剂均为分析纯。

① 丁二酮肟氨水溶液(0.1%):称取0.5g丁二酮肟溶于250mL浓氨水中,用水稀释至500mL。

② 柠檬酸铵溶液(500g/L):称取50g柠檬酸铵溶于水中,稀释至100mL。

③ 碘溶液(0.05mol/L):称取65g I_2 和35g KI溶于100mL水中,稀释至1000mL,摇匀,保存于棕色具塞瓶中。

④ 镍标准溶液(0.01mg/mL):在烧杯中加100mL水溶解4.7834g硫酸镍后,再加入浓硫酸2mL,移入1L容量瓶中,加水至标线,摇匀后,移取5mL于500mL容量瓶中,加水至刻度。

(5) 标准曲线 移取镍标准溶液1.00mL、2.00mL、3.00mL、5.00mL、7.00mL、9.00mL,分别置于100mL容量瓶中,加入500g/L柠檬酸铵溶液5mL,0.05mol/L碘溶液

5mL，水 20mL，摇匀，加 0.1%丁二酮肟氨水溶液 25mL，加水至标线。放置 20min，置于分光光度计中，波长 445nm 处，试剂空白为参比，1cm 比色皿中测定吸光值 A。以所测各吸光值 A 为纵坐标，相对应的镍含量为横坐标，绘制出工作曲线。

(6) 实验方法与步骤　试样用水溶解，用硝酸调至中性后，加入柠檬酸铵-碘混合液，然后加入镍试剂显色，20min 后，拿到分光光度计中，于波长 450nm 处，试剂空白为参比，1cm 比色皿中测定吸光值。柠檬酸铵消除了大量铁的干扰。一定量的 Cu^{2+}、Zn^{2+}、Cr^{3+} 对测定无干扰。由标准曲线查得或由标准曲线斜率算出镍的微克数，计算样品的镍含量。

(7) 计算

$$镍的含量(mg/kg)=\frac{M\times V}{m}\times 1000$$

式中 M——从标准曲线上得的相应浓度，mg/mL；

V——定容体积，mL；

m——试样质量，g。

(8) 实验数据与整理

① 绘制标准曲线。

② 计算所测样品中镍的含量（mg/kg）。

③ 根据实验情况，分析影响测定结果准确度的因素。

4.1.3 EDTA 滴定法

(1) 实验目的　了解有色金属镍的 EDTA 滴定法测定原理及意义，掌握测定方法。

(2) 实验原理　Ni^{2+} 与 EDTA 形成中等强度的螯合物（$\lg K=18.62$）。可以在 pH＝3～12 的酸度范围内与 EDTA 定量反应。由于 Ni 与 EDTA 的螯合反应速率较慢，通常要在加热条件下滴定，或采用先加入过量 EDTA 然后用金属离子的标准溶液返滴定的方法。

考虑到在分析复杂的含镍体系中大量共存元素对 Ni^{2+} 的络合滴定的干扰，下述方法中先将镍用丁二酮肟沉淀分离然后加入过量 EDTA 使与 Ni^{2+} 螯合，在 pH≈5.5 的酸度条件下，以二甲酚橙为指示剂，用锌标准溶液返滴定。

(3) 实验仪器

① 分析天平。

② 250mL 烧杯、50mL 量筒、10mL 移液管、1000mL 烧杯、100mL 容量瓶、500mL 容量瓶、1000mL 容量瓶、滤纸、漏斗等若干。

(4) 实验试剂

① EDTA 标准溶液（0.05000mol/L）：称取 18.6130g 固体 EDTA（二钠盐基准试剂），置于 250mL 烧杯中，加水溶解，移入 1000mL 容量瓶中，用水稀释至刻度，混匀。

② 六亚甲基四胺溶液：30%。

③ 锌标准溶液：0.02000mol/L。称取基准氧化锌 1.6280g，置于烧杯中，加入盐酸（1＋1）7mL，溶解后用六亚甲基四胺溶液调节至 pH＝5，将溶液移入 1000mL 容量瓶中，加水稀释至刻度，摇匀。

④ 甲酚橙指示剂：0.2%。

⑤ 试纸。

其他试剂见上法。

(5) 实验方法与步骤　试样的溶解及丁二酮肟沉淀的操作与上法所述相同。将所得丁二酮肟镍的成品用快速滤纸过滤，用水充分洗涤沉淀（约洗 10～15 次）。弃去滤液。用热盐酸(1＋2) 溶解沉淀并接收溶液于原烧杯中。用热水充分洗涤滤纸。洗液与主液合并。将溶液稀释至约 100mL，加热，按试样中镍的估计含量定量加入 EDTA 溶液并有适当过量

(0.05000mol/L EDTA溶液每毫升可螯合2.9345mg的镍)，用氨水(1+1)调节酸度至刚果红试纸呈蓝紫色($pH \approx 3$)，冷却，加入六亚甲基四胺溶液15mL及二甲酚橙指示剂数滴，以锌标准溶液返滴定至溶液呈紫红色为终点。

(6) 计算　按下式计算试样的镍含量。

$$w_{Ni}(\%)=\frac{[(V_{EDTA}\times c_{EDTA})-(V_{Zn}\times c_{Zn})]\times 0.05871}{m_s}\times 100\%$$

式中　V_{EDTA}——加入的EDTA标准溶液的体积，mL；

c_{EDTA}——EDTA标准溶液的物质的量浓度，mol/L；

V_{Zn}——返滴定所消耗的锌标准溶液的体积，mL；

c_{Zn}——锌标准溶液的物质的量浓度，mol/L；

0.05871——镍的毫摩尔质量，g/mmol；

m_s——称取试样的质量，g。

(7) 实验数据与整理

① 绘制标准曲线。

② 计算所测样品中镍的含量(mg/kg)。

③ 根据实验情况，分析影响测定结果准确度的因素。

4.2 铜的分析实验

铜(Cu)是人体必需的微量元素，成人每日的需要量估计为20mg。铜对水生生物毒性最大，有人认为铜对鱼类的起始毒性浓度为0.002mg/L，但一般认为水体含铜0.01mg/L对鱼类是安全的。铜对水生生物的毒性与其在水体中的形态有关，游离铜离子的毒性比络合态铜要大得多。铜的主要污染源有电镀、冶炼、五金、石油化工和化学工业等企业排放的废水。

4.2.1 铜试剂法

(1) 实验目的　了解有色金属铜试剂法测定原理及意义，掌握铜测定方法。

(2) 实验原理　试样用酸分解后，在微酸性或氨性溶液($pH=9\sim10$)中，铜(Ⅱ)与铜试剂(二乙基二硫代氨基甲酸钠)生成黄棕色络合物，用四氯化碳(或三氯甲烷)萃取后测定其吸光度。在435nm的吸收波长条件下测定其吸光度。

(3) 实验试剂

① 1g/L甲酚红指示剂：称取0.1g甲酚红溶于30mL乙醇中，用水稀释至100mL。

② 柠檬酸铵-EDTA混合溶液：称取100g柠檬酸铵和25g EDTA(己二胺四乙酸二钠)于500mL水中，加热溶解。加2滴1g/L铜试剂溶液，用三氯甲烷连续萃取至有机相无色为止(残存的有机溶剂可煮沸除去)。

③ 1+1氨水。

④ 铜试剂。

(4) 实验方法与步骤

① 样品测定　吸取适量试样(含铜的质量不超过50μg)置于125mL分液漏斗中，加水至40mL。加入10mL柠檬酸铵-EDTA混合溶液，加2滴1g/L甲酚红指示液，滴加1+1氨水调至溶液恰好变红色($pH \approx 8.5$)，加入5mL铜试剂，避光，摇匀。准确加入10mL四氯化碳(或三氯甲烷)，用力振荡不少于1min，静置待分层。有机相放入50mm干燥的比色管中，再加入5mL四氯化碳(或三氯甲烷)萃取一次，有机相合并，加0.5～1.0g无水硫酸钠于比色管中，摇匀。用1cm吸收皿，于435nm波长处测定其吸光度。与分析试样同时进行空白试验。

② 标准曲线的绘制　分别移取0mL、1.00mL、2.00mL、3.00mL、4.00mL、5.00mL铜标准使用溶液（10μg/mL），分别置于一组125mL分液漏斗中，加水稀释至体积为40mL，然后按上述操作步骤进行显色和测量，将测得的吸光度做空白校正后，再与相对应的铜含量绘制标准曲线。

（5）计算

$$铜的含量(mg/kg)=\frac{M\times V}{m}\times 1000$$

式中　M——从标准曲线上得的相应浓度，mg/mL；

V——定容体积，mL；

m——试样质量，g。

（6）实验数据与整理

① 绘制标准曲线。

② 计算所测样品中铜的含量（mg/kg）。

③ 根据实验情况，分析影响测定结果准确度的因素。

4.2.2 碘量法

（1）实验目的

① 掌握 $Na_2S_2O_3$ 溶液的配制和标定。

② 掌握 $Na_2S_2O_3$ 溶液的配制和标定要点。

③ 熟悉碘量法测定的特点，了解酸度对反应和测定结果的影响。

（2）实验原理　在溶液中二价铜与碘化物发生下列反应：

$$2Cu^{2+} + 4I^- \longrightarrow 2CuI\downarrow + I_2$$

$$I_2 + I^- \longrightarrow I_3^-$$

析出的 I_2 用 $Na_2S_2O_3$ 标准溶液滴定：

$$I_2 + 2S_2O_3^{2-} \longrightarrow 2I^- + S_4O_6^{2-}$$

由此可以计算出铜的含量。Cu^{2+} 与 I^- 的反应是可逆的，为了促使反应实际上能趋于完全，必须加入过量的KI。但是由于CuI沉淀强烈地吸附 I^- 离子，会使测定结果偏低。如果加入KSCN，使CuI（$K_{sp}=1.1\times10^{-12}$）转化为溶解度更小的CuSCN（$K_{sp}=4.8\times10^{-15}$）：

$$CuI + SCN^- \longrightarrow CuSCN\downarrow + I^-$$

这样不但可以释放出被吸附的 I^- 离子，而且反应时再生出来的 I^- 离子可与未反应的 Cu^{2+} 离子发生作用。在这种情况下，可以使用较少的KI而能使反应进行得更完全。但是KSCN只能在接近终点时加入，否则因为 I_2 的量较多，会明显地为KSCN所还原而使结果偏低：

$$SCN^- + 4I_2 + 4H_2O \longrightarrow SO_4^{2-} + 7I^- + ICN + 8H^+$$

为了防止铜盐水解，反应必须在酸性溶液中进行。酸度过低，Cu^{2+} 离子氧化 I^- 离子的反应进行不完全，结果偏低，而且反应速率慢，终点拖长；酸度过高，则 I^- 离子被氧化为 I_2 的反应为 Cu^{2+} 离子催化，使结果偏高。

大量 Cl^- 离子能与 Cu^{2+} 离子络合，I^- 离子不易从Cu(Ⅱ)的氯络合物中将Cu(Ⅱ)定量地还原，因此最好用硫酸而不用盐酸（少量盐酸不干扰）。

合金中的铜也可以用碘量法测定。分析时必须设法防止其他能氧化 I^- 离子的物质（如 NO_3^-、Fe^{3+} 离子等）的干扰。防止的方法是加入掩蔽剂以掩蔽干扰离子（例如使 Fe^{3+} 离子生成 FeF_6^{3-} 络离子而掩蔽），或在测定前将它们分离除去。若有As(Ⅴ)、Sb(Ⅴ)存在，应将pH值调至4，以免它们氧化 I^- 离子。

（3）实验仪器　电子天平、碱式滴定管、锥形瓶、容量瓶、移液管、表面皿等。

（4）实验试剂

① $Na_2S_2O_3$ 标准溶液［$c(Na_2S_2O_3)=0.1mol/L$］。

② KI 溶液：10%(用前配或用固体)。

③ KSCN 溶液：10%。

④ H_2SO_4：1mol/L。

⑤ 淀粉指示剂：0.5%。称取 5g 可溶性淀粉与蒸馏水调成糊状，倾入 80mL 沸水中，煮沸至淀粉全部溶解。冷却后稀释至 100mL，混匀（用前配，加少许硼酸或几滴 6mol/L NaOH 溶液，可保存 1 周左右）。

(5) 实验方法与步骤　准确称取一定量试样，置于 250mL 锥形瓶中，加 10mL(1+1) HCl，滴加约 2mL 30% H_2O_2，加热使试样溶解完全后，再加热使 H_2O_2 分解赶尽。再煮沸 1～2min。但不要使溶液蒸干。冷却后，加约 60mL 水，滴加 1+1 氨水直到溶液中刚刚有稳定的沉淀产生，然后加入 8mL HAc，10mL 20% NH_4HF_2 缓冲溶液。加入 10% KI 溶液 10mL，立即用硫代硫酸钠标准溶液滴定至呈浅黄色。然后加入淀粉指示剂 2mL，继续滴定到呈浅蓝色。再加入 10mL 10% KSCN 溶液，摇匀后溶液蓝色转深，再继续滴定到蓝色恰好消失，此时溶液为米色或浅肉红色 CuSCN 悬浮液。

(6) 计算　由实验结果计算试样中铜的含量。

$$w_{\mathrm{Cu}}(\%)=\frac{cV\times 0.06455}{m_s}\times 100\%$$

式中　V——化学计量点时试样所消耗的硫代硫酸钠标准滴定溶液的体积，mL；

c——硫代硫酸钠标准滴定溶液的浓度，mol/L；

m_s——试样的质量，g；

0.06455——铜的毫摩尔质量，g/mmol。

(7) 实验数据与整理

① 绘制标准曲线。

② 计算所测样品中铜的含量 (mg/kg)。

③ 根据实验情况，分析影响测定结果准确度的因素。

(8) 注意事项

① 在弱酸性溶液中（pH=3.0～4.0）测定。酸度过低，Cu^{2+} 易水解，使反应不完全，结果偏低，而且反应速率慢，终点拖长；酸度过高，则 I^- 被空气中的 O_2 氧化（Cu^{2+} 催化此反应）生成碘，使结果偏高。

② 碘化钾在酸性溶液中，易被空气氧化成碘，碘易挥发，放置时间长了造成误差，所以碘化钾应在滴定前加入。

③ 加 SCN^- 的时间，应在接近终点时加入，不要太早。否则 SCN^- 会还原大量存在的 I_2，致使测定结果偏低。

4.3 锌的分析实验

4.3.1 碘量法

(1) 实验目的　了解有色金属锌的碘量法测定原理及意义，掌握锌测定方法。

(2) 实验原理　有锌存在时，铁氰化钾与锌离子生成亚铁氰化钾沉淀，同时将碘化钾氧化析出定量的碘，再用硫代硫酸钠标准溶液滴定碘，以计算锌的含量。其反应式如下：

$$2Fe(CN)_6^{3-}+3Zn^{2+}+2K^{+}+2I^{-}\longrightarrow K_2Zn_3[Fe(CN)_6]_2\downarrow+I_2$$

$$I_2+2S_2O_3^{2-}\longrightarrow S_4O_6^{2-}+2I^{-}$$

镍、镉、钴的存在使本法锌的结果偏高，大量铜影响终点观察。

(3) 实验试剂

① 硫酸（0.2mol/L）：取约12mL浓硫酸缓慢倒入1000mL水中，摇匀。

② 饱和溴水：加浓溴水约30mL于盛有1000mL水的玻璃塞瓶中，小心摇动使溴溶解（最好放置过夜使饱和）。

③ 氨水-氯化铵洗液：将氯化铵50g溶解于1L水中，加氨水50mL。

④ 碘化钾溶液（50%）：新配，如发现黄色可用硫代硫酸钠滴至无色，贮于棕色瓶中。

⑤ 铁氰化钾溶液（10%）：过滤贮于棕色瓶中。

⑥ 淀粉溶液（0.5%）：将淀粉1g用水调成糊状，注入沸水100mL，加热至澄清，放冷使用。

⑦ 铜标准溶液：称取金属铜3.000g用硝酸溶解后，加1+1硫酸10mL蒸发至冒白烟，冷后，移入1L容量瓶中，用水稀释至刻度，摇匀，此溶液每毫升含铜3mg。

⑧ 锌标准溶液：称取金属锌3.000g用1+1盐酸40mL溶解后，移入1L容量瓶中，用水稀释至刻度，摇匀，此溶液每毫升含锌3mg。

⑨ 硫代硫酸钠标准溶液（0.1mol/L）。

配制：称取26g硫代硫酸钠（$Na_2S_2O_3 \cdot 5H_2O$）（或16g无水硫代硫酸钠），溶于1000mL水中，缓缓煮沸10min，冷却。放置2周后过滤备用。

标定：吸取铜标准溶液10mL于250mL锥形瓶中，滴加1+1氨水至有氢氧化铜沉淀析出，小心用0.2mol/L硫酸滴至沉淀完全溶解再过量5mL，用水30mL稀释，加50%碘化钾溶液5mL，用硫代硫酸钠溶液滴至黄色，加淀粉溶液3mL，继续用硫代硫酸钠溶液滴至蓝色消失即达终点，计算硫代硫酸钠溶液每毫升对铜的滴定度（g/mL）。

吸取锌标准溶液25mL于250mL锥形瓶中，滴加1+1氨水至有氢氧化锌沉淀析出，小心用0.2mol/L硫酸滴至沉淀完全溶解再过量5mL，用水100mL，加50%碘化钾溶液5mL、淀粉溶液3mL及10%铁氰化钾溶液2mL，放置暗处5min后，用硫代硫酸钠溶液滴至蓝色消失溶液呈亮黄色即达终点，计算硫代硫酸钠溶液每毫升对锌的滴定度（g/mL）。

(4) 实验方法与步骤　称取一定量样品于150mL烧杯中，加硝酸3～4mL，盖上表面皿，继续加热至样品完全分解，移去表面皿，将溶液蒸发至近干（湿盐状态），放冷，加氯化铵5g，搅拌均匀，加浓氨水10mL及溴水20mL，微沸1min，冷后补加氨水5mL，过滤，用氨水-氯化铵洗液洗涤烧杯及漏斗共约10次。残渣弃去，滤液用250mL锥形瓶盛接，将溶液蒸发至有氯化铵晶体出现，冷后，加水至氯化铵晶体刚能完全溶解，加0.2mol/L硫酸5mL及50%碘化钾溶液5mL，用硫代硫酸钠标准溶液滴至黄色，加淀粉溶液3mL，继续用硫代硫酸钠溶液滴至蓝色消失即达终点（如样品中铜含量较低，加入碘化钾后只呈淡黄色，即可加入淀粉溶液，用硫代硫酸钠溶液滴至终点），根据硫代硫酸钠溶液消耗量计算铜的含量。

(5) 计算

$$w_{Cu}(\%)=\frac{T_1 \times V_1}{m_s}\times 100$$

式中　T_1——硫代硫酸钠标准溶液对铜的滴定度，g/mL；

V_1——滴定铜所消耗硫代硫酸钠标准溶液的体积，mL；

m_s——称取试样的质量，g。

将滴定铜后的溶液用水稀释为150mL(如室温高可加入约10℃的水)，10%铁氰化钾溶液2～5mL，在暗处放置5min，用硫代硫酸钠溶液滴至蓝色消失溶液呈亮黄色即达终点，从硫代硫酸钠溶液消耗量计算锌的含量。

$$w_{Zn}(\%)=\frac{T_2 \times V_2}{m_s}\times 100$$

式中　T_2——硫代硫酸钠标准溶液对锌的滴定度，g/mL；

V_2——滴定锌所消耗硫代硫酸钠标准溶液的体积，mL；

m_s——称取试样的质量，g。

(6) 实验数据与整理

① 绘制标准曲线。

② 计算所测样品中锌的含量（mg/kg）。

③ 根据实验情况，分析影响测定结果准确度的因素。

(7) 注意事项

① 如样品只要求测定锌，仍按操作程序进行，但滴定铜所消耗的硫代硫酸钠标准溶液体积可不记。

② 如样品不含锰，在分离铁时可不加溴水，如锰含量很低，也可加 30%过氧化氢 2～3mL，代替溴水煮沸将锰沉淀，如锰含量较高，可酌情多加溴水，微沸后放置过夜。锰含量很高可用氯酸钾去锰，大量二氧化锰沉淀吸附锌，过滤后须将沉淀用盐酸溶解（可在沉淀上滴加 30%过氧化氢数滴助溶），重复沉淀一次，将两次滤液合并。

③ 样品中含铜较高，滴定锌的终点将因有铁氰化亚铜存在而呈现棕红色，对于终点的决定比较困难，可在滴定铜后加入 10%硫氰酸钾 1～2mL，使铜生成硫氰酸亚铜沉淀，过滤后再滴定锌，可以保持正常的亮黄色终点。

④ 铁氰化钾溶液用量视锌的含量而定，若不足，滴至蓝色消失溶液为白色，用量过多，会将 I^- 氧化为 I_2 而使锌的分析结果偏高。

4.3.2 EDTA 容量法

(1) 实验原理　样品经酸分解后，用氨水和氯化铵、硫酸铵、高硫酸铵使锌与其他元素分离，在 pH＝5.8～6.0 的条件下，用硫代硫酸钠掩蔽铜，以氟化物掩蔽铝，以二甲酚橙作指示剂用 EDTA 进行锌的络合滴定。

(2) 实验试剂

① 三氯化铁溶液：称取无水三氯化铁 120g 溶解于 1000mL 10%的盐酸中，此溶液每毫升含三氯化铁约 50mg。

② 混合铵盐：硫酸铵：高硫酸铵按 4：1 的比例混合均匀。

③ 氨水-硫酸铵洗液：将硫酸铵 20g 溶解于 1000mL 水中，加氨水 20mL，摇匀。

④ 乙酸-乙酸钠缓冲溶液（pH＝5.8）：溶解乙酸钠（$NaAc \cdot 3H_2O$）200g 于水中，加冰乙酸 10mL，用水稀释为 1000mL，精密 pH 试纸检验其 pH 值。

⑤ 二甲酚橙指示剂（0.2%）：现配。

⑥ 锌标准溶液：同 5.4.1。

⑦ EDTA 标准溶液（0.025mol/L）：称取乙二胺四乙酸二钠盐 9.5g，加热溶于 1000mL 水中，冷却，摇匀。

用锌标准溶液标定其对锌的滴定度：吸取锌标准溶液 20mL 于 250mL 锥形瓶中，加氯化铵 2g，搅拌溶解后，加水 80mL，加甲基橙指示剂 1 滴，然后滴加氨水至溶液刚变黄色。加乙酸-乙酸钠缓冲溶液 15mL，二甲酚橙指示剂 3～5 滴，用 EDTA 溶液滴至呈亮黄色即达终点，计算其对锌的滴定度（g/mL）。

(3) 实验方法与步骤　称取一定量样品于 150mL 烧杯中，加硝酸 3～4mL，盖上表面皿，继续加热至样品完全分解，洗净并移去表面皿，加三氯化铁溶液 2mL，继续蒸发至湿盐状态，稍冷，加混合铵盐 5g，搅拌成砂粒状，加浓氨水 15mL，搅拌，盖上表面皿煮沸 3min，冷至室温，补加氨水 5mL，用水稀释至 70mL 左右，搅拌过滤，用氨水-硫酸铵洗液洗涤烧杯及沉淀各约 6 次，滤液用 250mL 锥形瓶盛接，沉淀弃去。

于滤液中加甲基橙指示剂 1 滴，用 1＋1 盐酸中和至橙色，加乙酸-乙酸钠缓冲溶液 15mL，硫代硫酸钠、氟化铵各0.2g，搅拌使其溶解，加二甲酚橙指示剂3～5滴，用EDTA溶液滴至呈亮黄色即达终点，计算试样中锌的含量。

(4) 计算

$$w_{Zn}(\%)=\frac{T\times V}{m_s}\times 100\%$$

式中 T——EDTA标准溶液对锌的滴定度，g/mL；

V——滴定锌所消耗EDTA标准溶液的体积，mL；

m_s——称取试样的质量，g。

(5) 实验数据与整理

① 绘制标准曲线。

② 计算所测样品中锌的含量（mg/kg）。

③ 根据实验情况，分析影响测定结果准确度的因素。

4.4 铬的分析实验

4.4.1 二苯碳酰二肼分光光度法

(1) 实验原理 在酸性溶液中，六价铬离子与二苯碳酰二肼反应，生成紫红色化合物，其最大吸收波长为540nm，吸光度与浓度的关系符合比尔定律。

(2) 实验仪器

① 分光光度计、比色皿（1cm、3cm）。

② 50mL具塞比色管、移液管、容量瓶等。

(3) 实验试剂

① 丙酮。

② 1+1硫酸。

③ 1+1磷酸。

④ 0.2%(质量浓度) 氢氧化钠溶液。

⑤ 氢氧化锌共沉淀剂：称取硫酸锌（$ZnSO_4\cdot 7H_2O$)8g，溶于100mL水中；称取氢氧化钠2.4g，溶于120mL水中。将以上两溶液混合。

⑥ 4%(质量浓度) 高锰酸钾溶液。

⑦ 铬标准贮备液：称取于120℃干燥2h的重铬酸钾（优级纯）0.2829g，用水溶解，移入1000mL容量瓶中，用水稀释至标线，摇匀。每毫升贮备液含0.100mg六价铬。

⑧ 铬标准使用液：吸取5.00mL铬标准贮备液于500mL容量瓶中，用水稀释至标线，摇匀。每毫升标准使用液含1.00μg六价铬。使用当天配制。

⑨ 20%(质量浓度) 尿素溶液。

⑩ 2%(质量浓度) 亚硝酸钠溶液。

⑪ 二苯碳酰二肼溶液：称取二苯碳酰二肼（简称DPC，$C_{13}H_{14}N_4O$)0.2g，溶于50mL丙酮中，加水稀释至100mL，摇匀，贮于棕色瓶中，置于冰箱中保存。颜色变深后不能再用。

(4) 实验方法与步骤

① 水样预处理

a. 对不含悬浮物、低色度的清洁地面水，可直接进行测定。

b. 如果水样有色但不深，可进行色度校正。即另取一份试样，加入除显色剂以外的各种试剂，以2mL丙酮代替显色剂，用此溶液为测定试样溶液吸光度的参比溶液。

c. 对浑浊、色度较深的水样，应加入氢氧化锌共沉淀剂并进行过滤处理。

d. 水样中存在次氯酸盐等氧化性物质时，干扰测定，可加入尿素和亚硝酸钠消除。

e. 水样中存在低价铁、亚硫酸盐、硫化物等还原性物质时，可将Cr^{6+}还原为Cr^{3+}，此时，调节水样pH值至8，加入显色剂溶液，放置5min后再酸化显色，以同法作标准曲线。

② 标准曲线的绘制　取9支50mL比色管，依次加入0mL、0.20mL、0.50mL、1.00mL、2.00mL、4.00mL、6.00mL、8.00mL和10.00mL铬标准使用液，用水稀释至标线，加入1+1硫酸0.5mL和1+1磷酸0.5mL，摇匀。加入2mL显色剂溶液，摇匀。5~10min后，于540nm波长处，用1cm或3cm比色皿，以水为参比，测定吸光度并做空白校正。以吸光度为纵坐标，相应六价铬含量为横坐标，绘出标准曲线。

③ 水样的测定　取适量（含Cr^{6+}少于50μg）无色透明或经预处理的水样于50mL比色管中，用水稀释至标线，测定方法同标准溶液。进行空白校正后根据所测吸光度从标准曲线上查得Cr^{6+}的含量。

(5) 计算

$$Cr^{6+}(mg/L)=\frac{m}{V}$$

式中　m——从标准曲线上查得的Cr^{6+}量，μg；

V——水样的体积，mL。

(6) 实验数据与整理

① 绘制标准曲线。

② 计算所测样品中铬的含量（mg/kg）。

③ 根据实验情况，分析影响测定结果准确度的因素。

(7) 注意事项

① 用于测定铬的玻璃器皿不应用重铬酸钾洗液洗涤。

② Cr^{6+}与显色剂的显色反应一般控制酸度在0.05~0.3mol/L（$1/2H_2SO_4$）范围内，以0.2mol/L时显色最好。显色前，水样应调至中性。显色温度和放置时间对显色有影响，在15℃时，5~15min颜色即可稳定。

4.4.2 离子交换实验法

(1) 实验原理　在微酸性溶液中，六价铬与二苯碳酰二肼作用生成紫红色化合物，颜色的深浅与含量成正比，可用比色法进行测定。对于三价铬，则可在碱性条件下用高锰酸钾将其氧化成六价铬后进行比色测定，测得的即为总铬。

(2) 实验装置与设备

① 分光光度计。

② 阳离子交换柱。

③ 100mL烧杯；100mL容量瓶；100mL锥形瓶；50mL比色管；漏斗；移液管：1mL 3支，2mL 2支，5mL 2支，10mL 1支，25mL 2支；滤纸；pH试纸；洗耳球。

(3) 实验试剂

① 3%H_2O_2溶液。

② 2mol/L HCl溶液。

③ 1%NaOH-9%NaCl混合液。

④ 3%$KMnO_4$溶液。

⑤ 1mol/L NaOH溶液。

⑥ 1mol/L H_2SO_4溶液。

⑦ $AgNO_3$溶液。

⑧ 1+1 H_2SO_4溶液。

⑨ 1+1 H_3PO_4 溶液。

⑩ 0.08%二苯碳酰二肼乙醇溶液。

⑪ Cr^{6+} 使用液。

⑫ Cr^{3+} 使用液。

⑬ MgO 粉末。

(4) 实验方法与步骤

① 标准曲线的绘制 于 6 个 50mL 比色管中依次加入 0mL、2mL、4mL、6mL、8mL、10mL Cr^{6+} 标准液，用去离子水稀释到 40mL 左右。加入 1+1 H_2SO_4 0.5mL，1+1 H_3PO_4 0.5mL，摇匀。再加入 2.5mL 0.08%二苯碳酰二肼乙醇溶液，稀释至刻度，摇匀。10min 后用 1cm 比色皿在分光光度计上于 540nm 处，以 1 号标准溶液作空白进行比色测定，读取光密度值。以 Cr^{6+} 含量为横坐标，光密度值为纵坐标，作标准曲线，或对数据作一元线性回归，得到 Cr^{6+} 含量与光密度关系的线性方程。

② 阴离子交换

a. 阴离子交换树脂用 4 倍体积的 1%NaOH-9%NaCl 混合液淋洗，用去离子水洗至无氯离子（用 $AgNO_3$ 溶液检测）。

b. 在 100mL 烧杯中加入各 25mL 的 Cr^{6+} 使用液和 Cr^{3+} 使用液，组成 50mL 的混合液。用 1mol/L H_2SO_4 溶液调其 pH 值在 2 左右（注意不能加过头），加入 2g 阴离子交换树脂（注意称量要控干水分），连续搅拌 10min。

c. 小心移取 10mL 交换液于 50mL 比色管中，加入 1+1 H_2SO_4 0.5mL，1+1 H_3PO_4 0.5mL，摇匀。再加入 2.5mL 0.08%二苯碳酰二肼乙醇溶液，用去离子水稀释至刻度，摇匀。10min 后以标准溶液作空白进行比色测定，读取光密度值。由标准曲线上查出对应 Cr^{6+} 含量值，此值乘以 5 即为阴离子交换液中 Cr^{6+} 的含量。

d. 再分别移取 2mL 交换液于 2 个 100mL 锥形瓶中，加 40mL 去离子水，用 1mol/L NaOH 将其调至碱性。加入 3 滴 3%$KMnO_4$ 溶液，煮沸到水样剩 25mL 左右，迅速加入 2mL 乙醇，继续加热煮沸至溶液为棕色，立即加入少许 MgO 粉末，摇匀。冷却后用 1mol/L H_2SO_4 调为中性，过滤到 50mL 比色管中，用去离子水洗涤滤渣至容积在 40mL 左右（注意不能加水过多，否则后面无定容）。然后加入 1+1 H_2SO_4 0.5mL，1+1 H_3PO_4 0.5mL，摇匀。再加入 2.5mL 0.08%二苯碳酰二肼乙醇溶液，用去离子水稀释至刻度，摇匀。10min 后以 1 号标准溶液作空白进行比色测定，读取光密度值。由标准曲线上查出对应 Cr^{6+} 含量值，此值乘以 25 即为阴离子交换液中总铬的含量。混合液中 Cr^{3+} 的含量等于该总铬的含量减去 Cr^{6+} 的含量。

③ 阳离子交换

a. 在阳离子交换柱中装入 15～16cm 的阳离子交换树脂，先用 2 倍树脂体积的 3%H_2O_2 溶液淋洗，后用 2 倍体积去离子水淋洗，再用 3 倍体积的 2mol/L HCl 淋洗，最后用去离子水洗至无氯离子。

b. 在 100mL 烧杯中加入各 25mL 的 Cr^{6+} 使用液和 Cr^{3+} 使用液，组成 50mL 的混合液。用 1mol/L H_2SO_4 溶液调其 pH 值在 5～6 左右，以 3mL/min 流速从上向下经过阳离子交换柱，柱下用 100mL 的容量瓶接取交换液，混合液流完后，再用去离子水将各容器内残留的铬洗入交换柱中，至容量瓶中交换液达到刻度线为止。

c. 取交换液 10mL，操作同上述步骤②中的 c.，测出光密度值后查出对应的 Cr^{6+} 的含量，此值乘以 10 即为阳离子交换液中 Cr^{6+} 的含量。

d. 分别取 4mL 交换液，加入至两个 100mL 锥形瓶中，操作同上述步骤②中的 d.，测出光密度值后查出对应的 Cr^{6+} 的含量，此值乘以 25 即为阳离子交换液中总铬的含量。阳离子交换液中的 Cr^{3+} 含量等于该总铬的含量值减去 Cr^{6+} 的含量。

(5) 计算

$$铬的含量(mg/kg)=\frac{M\times V}{m}\times 1000$$

式中 M——从标准曲线上得的相应浓度，mg/mL；

V——定容体积，mL；

m——试样质量，g。

(6) 实验数据与整理

① 绘制标准曲线。

② 计算所测样品中铬的含量（mg/kg）。

③ 根据实验情况，分析影响测定结果准确度的因素。

4.5 镉的分析实验

4.5.1 EDTA络合滴定法

(1) 实验原理 Cd^{2+}与EDTA形成中等稳定的络合物（$\lg K=16.46$）。在pH>4的溶液中能与EDTA定量反应。在各种文献上介绍的镉的络合滴定方法有数十种之多，但应用比较广泛的有两种：一种是在pH=5～6的微酸性溶液中进行滴定，用二甲酚橙作指示剂；另一种是在氨性溶液中（pH=10）进行滴定，用铬黑T作指示剂。在微酸性溶液中进行滴定，选择性较差。特别是镍的干扰难以消除，没有较好的掩蔽剂。因此测定废电池中的镉用氨性条件较好。大量的铜虽可用氰化物掩蔽，但在滴定过程中常出现因少量铜的氰化物络离子解蔽而使指示剂“封闭”的现象。因此本方法中用硫氰酸亚铜沉淀分离大量铜后再进行镉的测定，这样滴定终点比较明显。在滴定镉时通常加入一定量的镁，使滴定终点更为灵敏。

(2) 实验仪器 略。

(3) 实验试剂

① 浓盐酸。

② 过氧化氢（30%）。

③ 酒石酸溶液（25%）。

④ 盐酸羟胺溶液（10%）。

⑤ 硫氰酸铵溶液（25%）。

⑥ 浓氨水。

⑦ 氨性缓冲溶液（pH=10）：称取氯化铵54g溶于水中，加氨水350mL，加水1L，混匀。

⑧ 氰化钠溶液（10%）。

⑨ 镁溶液（0.01mol/L）：溶解硫酸镁2.5g于100mL水中，以水稀释至1L。

⑩ 铬黑T指示剂：称取铬黑T 0.1g，与氯化钠20g置于研钵中研磨混匀后贮于密闭的干燥棕色瓶中。

⑪ 甲醛溶液（1+3）。

⑫ EDTA标准溶液（0.01000mol/L）：称取EDTA基准试剂3.7226g，溶于水中，移入1L容量瓶中，以水稀释至刻度，摇匀，如无基准试剂，可用分析纯试剂配制成0.01mol/L溶液，然后用锌或铅标准溶液标定。

(4) 实验方法与步骤 称取一定量试样，置于100mL两用瓶中，加盐酸5mL及过氧化氢3～5mL，溶解完毕后加热煮沸，使过剩的过氧化氢分解。加酒石酸溶液（25%）5mL，加水稀释约70mL，加热盐酸羟胺溶液（10%）10mL，煮沸，加硫氰酸铵溶液（25%）10mL，冷却。

加水至刻度，摇匀，过滤。吸取滤液 50mL，置于 300mL 锥形瓶中，用氨水中和并过量 5mL，加入 pH=10 缓冲溶液 15mL，氯化钠溶液（10%）5mL，摇匀。加入镁溶液（0.01mol/L）5mL，加入适量的铬黑 T 指示剂，用 EDTA 标准溶液滴定至溶液由紫红色变为蓝色为止（滴定所消耗 EDTA 标准溶液毫升数不计）。加入甲醛溶液（1+8）10mL，充分摇动至溶液再呈紫红色，再用 EDTA 标准溶液滴定至将近蓝色终点，再加甲醛溶液 10mL，摇匀，继续滴至蓝色终点。按下式计算试样的镉含量。

（5）计算

$$w_{\mathrm{Cd}}(\%)=\frac{V\times c\times 0.1124}{m_{\mathrm{s}}}\times 100\%$$

式中 V——滴定时所消耗 EDTA 标准溶液的毫升数，mL；

c——EDTA 标准溶液的物质的量浓度，mol/L；

0.1124——换算系数；

m_{s}——称取试样的质量，g。

（6）实验数据与整理

① 绘制标准曲线。

② 计算所测样品中镉的含量（mg/kg）。

③ 根据实验情况，分析影响测定结果准确度的因素。

（7）注意事项

① 试样中镉含量较低时可取较多的试样进行滴定。

② 锌在所述条件下也定量地参加反应，所以当试样中含有锌时，测定的结果是锌和镉的总量。如果锌含量较高，则须按下述分离后再进行测定：将试样溶液用氨水中和后，加盐酸 5mL 及硫氰酸铵 5g，将溶液移入分液漏斗中，加水至约 100mL，加入戊醇-乙醚混合试剂（1+4）20mL，振摇 1min，静置分层，将水相放入于 400mL 烧杯中，在有机相中加盐酸洗液 10mL，振摇 0.5min，静置分层，将水相合并于 400mL 烧杯中，按上述方法进行镉的测定。

4.5.2 双硫腙分光光度法

（1）实验原理　方法基于在强碱性介质中，镉离子与双硫腙生成红色螯合物，用三氯甲烷萃取分离后，于 518nm 处测其吸光度，与标准溶液比较定量。反应式如下：

```
                H  C6H5                  H  C6H5    C6H5
                |   |                    |   |       |
                N---N--H                 N---N       N==N
Cd2+ + 2S==C<            ----> S==C<          >Cd<        >C==S + 2H+
                N==N                     N==N        N---N
                    |                        |       |   |
                   C6H5                     C6H5  C6H5   H
```

水样中含铅 20mg/L、锌 30mg/L、铜 40mg/L、锰和铁 4mg/L，不干扰测定，镁离子浓度达 20mg/L 时，需多加酒石酸钾钠掩蔽。

Cd^{2+} 与二苯硫腙试剂在微酸性至碱性介质中反应生成单取代络合物，能用氯仿或四氯化碳萃取。络合物在有机溶剂中呈紫红色，在 505～520nm 波长处有吸收峰，摩尔吸光系数为 $\varepsilon_{510}=8.4\times10^{4}$，$Cd^{2+}$ 与二苯硫腙的络合分子比为 1∶2。

与 Pb、Zn 等离子不同，Cd^{2+} 形成 $HCdO_2^{-}$ 及 CdO_2^{2-} 的倾向极小，以致在较高的碱度（1～2mol/L）条件下也不影响上述络合物的形成和萃取。这一性质表明在适量的铅、锌存在下可以萃取镉，其他一些非两性金属离子如 Ag^{+}、Cu^{2+}、Hg^{2+}、Co^{2+} 等干扰镉的测定，但可先在微酸性溶液中（pH=2～3）用二苯硫腙萃取分离。然后再调至碱性介质萃取 Cd^{2+}。大量的铜存在时应考虑除去（如电解法），当溶液中残留的少量铜以及共存的微量银、汞等用二苯硫腙从微酸性溶液中预先萃取分离。大量的 Ni^{2+} 将有部分参与反应而干扰镉的测定，但一般含量极微不影响测定。

(2) 实验试剂

① 二苯硫腙四氯化碳溶液(0.005%及0.025%)。

② 酒石酸钠溶液(10%):用0.005%二苯硫腙四氯化碳溶液萃取净化。

③ 氢氧化钠溶液(10%及2%)。

④ 镉标准溶液:称取纯镉0.1000g,溶于5mL盐酸中,移入1000mL容量瓶中,以水稀释至刻度,摇匀。吸取此溶液5mL,置于500mL容量瓶中,用0.1mol/L盐酸稀释至刻度,摇匀。此溶液每毫升含镉1μg。

(3) 实验方法与步骤 标准曲线的绘制:在5支分液漏斗中依次加入镉标准溶液0.0mL、1.0mL、2.0mL、3.0mL、4.0mL(Cd^{2+} 1μg/mL)加水至10mL,加入酒石酸钠溶液2mL及氢氧化钠溶液(10%)12mL,按上述方法萃取镉,测定吸光度,绘制标准曲线。每毫升镉标准溶液相当于含镉0.0005%~0.0025%。

取一定量的水样及试剂空白溶液,置于分液漏斗中,加酒石酸钠溶液2mL,滴加氨水至刚果红试纸呈紫红色(pH=2~3),分次用二苯硫腙溶液(0.025%)萃取(每次2~3mL),直至最后一次萃取的有机相不呈红色。加四氯化碳5mL,振摇0.5min,分层后弃去有机相。加入与水等体积的氢氧化钠溶液(10%),摇匀,加入二苯硫腙溶液(0.005%)3mL,振摇1min,分层后将有机相置于另一分液漏斗中,先后再用二苯硫腙溶液(0.005%)3mL及2mL各萃取一次,合并有机相并加入氢氧化钠溶液(2%)2mL洗涤一次以除去可能存在的锌。将有机相放入10mL容量瓶中,加四氯化碳至刻度,摇匀。用2cm比色皿,于520nm波长处,以试剂空白为参比,测定其吸光度。从工作曲线上查得水样的镉含量。

(4) 计算

$$镉的含量(mg/kg)=\frac{M\times V}{m}\times 1000$$

式中 M——从标准曲线上得的相应浓度,mg/mL;

V——定容体积,mL;

m——试样质量,g。

(5) 实验数据与整理

① 绘制标准曲线。

② 计算所测样品中镉的含量(mg/kg)。

③ 根据实验情况,分析影响测定结果准确度的因素。

4.6 铅的分析实验

铅的重量分析方法主要有硫酸铅法、铬酸铅法和电解法。

硫酸铅法是将试样中的铅转化为硫酸铅沉淀,再滤入古氏坩埚中,在500~550℃灼烧后以$PbSO_4$状态称重的方法。此法若控制合适的条件,以降低$PbSO_4$的溶解度并消除干扰可以获得较好的分析结果。铬酸铅法与硫酸铅法相比较,其优点在于铬酸铅的溶解度比硫酸铅小得多,同时铬酸铅可以在稀硝酸中沉淀,因此,可以使铅与铜、银、镍、锰、镉、铝及铁等元素分离。当含有铅的硝酸溶液进行电解时,铅即以二氧化铅的形式在阳极上沉积,该法对于含铅较高的试样可以得到较为满意的结果,应用较为广泛。

铅的容量法主要有沉淀滴定法、间接氧化还原滴定法和络合滴定法。沉淀滴定法是在Pb^{2+}离子溶液中滴入与Pb^{2+}形成沉淀的试剂(如钼酸镁、重铬酸钾、亚铁氰化钾等),根据所消耗的沉淀剂的体积来计算试样的铅含量,准确度较差。间接氧化还原法主要是利用铅的沉淀反应进行铅含量的测定。例如,在乙酸-乙酸钠溶液中定量地加入重铬酸钾标准溶液,在硝酸锶的存在下使Pb^{2+}以$PbCrO_4$沉淀析出,然后调高酸度,用硫酸亚铁铵标准溶液滴定溶液中过量的重铬酸钾，可以间接地测定铅含量。该法选择性较高，准确度也较好。络合滴定法在铅的测定方面具有操作简单、快速的特点。Pb^{2+}与EDTA在pH值为4～12的溶液中能形成稳定的络合物（$\lg K_{PbY}=18.04$），因此可用EDTA滴定铅。常用的滴定体系有微酸性溶液（pH≈5.5）体系和氨性溶液（pH≈10）体系。不论在微酸性溶液或在氨性溶液中滴定，往往有较多干扰元素，需采取掩蔽方法消除干扰，提高测定结果的准确度。

铅含量测定的光度法适宜于样品中微量铅的测定。目前可用的铅显色反应不多。常用的显色剂有二苯硫腙、二乙基氨磺酸钠等。其中二苯硫腙为铅的较好的显色试剂。

4.6.1 铬酸铅沉淀-亚铁滴定法

（1）实验原理　用定量的硝酸溶解试样，加入过量的重铬酸钾标准溶液，在pH＝3～4乙酸缓冲介质中，使铅定量地生成铬酸铅沉淀。在不分离铬酸铅沉淀并提高溶液的酸度后，可用亚铁标准溶液滴定过量的重铬酸钾，指示剂为苯代邻氨基苯甲酸。

用亚铁标准溶液滴定过量的重铬酸钾，必须在较高的酸度（1mol/L以上）条件下进行。但在低酸度条件下生成的铬酸铅沉淀，在高酸度的溶液中会逐渐溶解。因此过去的方法都要求将铬酸铅沉淀分离后，再进行滴定。本方法采用加入硝酸锶作为凝聚剂，使铬酸铅在高酸度时也不溶解，这样就简化了程序，缩短了分析时间。同时，那些在低酸度溶液中能与重铬酸钾形成沉淀的金属离子，如Ag^+、Hg^{2+}、Bi^{3+}，当提高酸度又复溶解，提高了方法的选择性。阴离子中氯离子有干扰，它妨碍铬酸铅的定量沉淀。若有锡，硝酸溶解后的试样中的锡以偏锡酸沉淀析出，但不干扰铅的测定。

（2）实验试剂

① 重铬酸钾标准溶液［$c(1/6K_2Cr_2O_7)=0.05000$mol/L］：称取重铬酸钾基准试剂2.4518g，置于100mL烧杯中，加水溶解后转移入1000mL容量瓶中，稀释至刻度，摇匀。

② 乙酸铵溶液（15%）。

③ 硝酸锶溶液（10%）。

④ *N*-苯代邻氨基苯甲酸指示剂（0.2%）：称取0.2g *N*-苯代邻氨基苯甲酸溶于100mL碳酸钠溶液（0.2%）中，溶液贮存于棕色瓶中。

⑤ 硫磷混合酸：于600mL水中加入硫酸150mL及磷酸150mL，冷却，加水至1000mL。

⑥ 硫酸亚铁铵标准溶液（$c=0.02$mol/L）：称取硫酸亚铁铵［$Fe(NH_4)_2(SO_4)_2\cdot 6H_2O$］7.9g，溶于1000mL硫酸（5＋95）中，为了保持此溶液中二价铁浓度稳定，可在配好的溶液中投入几小粒纯铝。重铬酸钾标准溶液与硫酸亚铁铵标准溶液的比值K按下法求得。

吸取10.00mL重铬酸钾标准溶液［$c(1/6K_2Cr_2O_7)=0.05000$mol/L］置于250mL锥形瓶中，加水80mL，硫磷混合酸20mL，指示剂2滴，用硫酸亚铁铵标准溶液滴定至亮绿色为终点。比值K按下式计算：

$$K=\frac{10.00}{V_1}$$

式中　V_1——滴定所消耗硫酸亚铁铵标准溶液的体积，mL。

（3）实验方法与步骤　称取一定量试样，置于300mL锥形瓶中，加入硝酸16mL，温热溶解试样。如试样溶解较慢，为了防止酸的过分蒸发，要随时补充适量的水分。试样溶解完毕后趁热加入硝酸锶溶液（10%）4mL，乙酸铵溶液25mL及重铬酸钾标准溶液［$c(1/6K_2Cr_2O_7)=0.05000$mol/L］10.00mL，煮沸1min，冷却，加水50mL及硫磷混合酸20mL，立即用0.02mol/L的硫酸亚铁铵标准溶液滴定至淡黄绿色，加*N*-苯代邻氨基苯甲酸指示剂2滴，继续滴定至溶液由紫红色转变为亮绿色为终点。

（4）计算　按下式计算试样的铅含量。

$$w_{Pb}(\%)=\frac{(10.00-K\times V)\times 0.05000\times \frac{207.21}{1000}}{m_s}\times 100\%$$

式中　K——比值；

V——滴定试样时所消耗硫酸亚铁铵标准溶液的体积，mL；

207.21——铅的摩尔质量，g/mol；

m_s——称取试样质量，g。

本方法适用于含铅 0.5%以上的试样的测定。需要注意的是，沉淀铬酸铅时溶液的酸度应在 pH=3～4 范围内，所以溶解酸必须严格控制。

（5）实验数据与整理

① 绘制标准曲线。

② 计算所测样品中铅的含量（mg/kg）。

③ 根据实验情况，分析影响测定结果准确度的因素。

4.6.2 EDTA 容量法

（1）实验原理　试样经稀硝酸分解，用六亚甲基四胺调节至溶液 pH 值为 5.5～6.0，以二甲酚橙为指示剂，用 EDTA 标准溶液滴定，测定铅含量。

在被滴定溶液中，砷、锑、锡等不干扰测定。铁的干扰加乙酰丙酮消除，铜、锌、镉、锰、钴、镍、银加邻二氮菲消除干扰。铋的干扰在 pH=1～2 预先滴定。其他元素含量不高时，可不考虑干扰。

（2）实验试剂

① 乙酰丙酮。

② 硝酸（1+4）。

③ 邻二氮杂菲溶液：称取 1g 试剂溶于 100mL 硝酸（2+98）中。

④ 乙酸钠溶液（20%）。

⑤ 六亚甲基四胺溶液（20%）。

⑥ 二甲酚橙溶液（1%）。

⑦ 乙二胺四乙酸二钠（EDTA）标准溶液（约 0.01mol/L）：称取 4g EDTA 置于 250mL 烧杯中，加水溶解，移入 1000mL 容量瓶中，用水稀释至刻度，混匀。称取 10.00g 纯铅，按测定方法测定此标准溶液对铅的滴定度。EDTA 标准溶液对铅的滴定度计算式如下：

$$T=\frac{m_1}{V_1}$$

式中　T——EDTA 标准溶液对铅的滴定度，g/mL；

m_1——分取纯铅量，g；

V_1——滴定时所消耗 EDTA 标准溶液的体积，mL。

稀 EDTA 溶液：将上述 EDTA 标准溶液稀释 5 倍。

（3）实验方法与步骤　试样中加入 150mL 硝酸，盖上表面皿，加热至试样完全溶解，驱赶氮的氧化物，取下冷却，用水冲洗烧杯壁及表面皿，将溶液移入 1000mL 容量瓶中，以水稀释至刻度，混匀。移取 25.00mL 试样溶液，同时移取 25.00mL 纯铅溶液 3 份，分别置于 500mL 锥形瓶中。

用乙酸钠溶液（20%）调节溶液为 pH=1～2(最好 pH=1.5～1.9)，加 1 滴二甲酚橙溶液，用稀 EDTA 溶液滴定至黄色。向溶液中加入 2mL 乙酰丙酮、8mL 邻二氮杂菲溶液，稀释体积至 100～200mL，加入 20mL 六亚甲基四胺溶液（20%），用 EDTA 标准溶液滴定至溶液红色变浅，再用六亚甲基四胺调至 pH=5.5～6.0，继续滴定至亮黄色为终点。

（4）计算　按下式计算试样中铅的百分含量：

$$w_{Pb}(\%)=\frac{T\times V\times 1000}{m_s\times 25}\times 100$$

式中 T——EDTA 标准溶液对铅的滴定度，g/mL；

V——滴定时所消耗 EDTA 标准溶液的体积，mL；

m_s——试样量，g。

(5) 实验数据与整理

① 绘制标准曲线。

② 计算所测样品中铅的含量（mg/kg）。

③ 根据实验情况，分析影响测定结果准确度的因素。

4.7 铁的二氮杂菲分光光度法分析实验

铁在深层地下水中呈低价态，当接触空气并在 pH 值大于 5 时，便被氧化成高铁并形成氧化铁水合物（$Fe_2O_3\cdot 3H_2O$）的黄棕色沉淀，暴露于空气的水中，铁往往也以不溶性氧化铁水合物的形式存在。当 pH 值小于 5 时，高铁化合物可被溶解。因而铁可能以溶解态、胶体态、悬浮颗粒等形式存在于水体中，水样中高铁和低铁有时同时并存。

(1) 实验目的 了解水样中铁测定原理和意义，掌握铁的测试方法。

(2) 实验原理 在 pH＝3～9 的条件下，低铁离子能与二氮杂菲生成稳定的橙红色络合物，在波长 510nm 处有最大光吸收。二氮杂菲过量时，控制溶液 pH＝2.9～3.5，可使显色加快。

水样先经加酸煮沸溶解铁的难溶化合物，同时消除氰化物、亚硝酸盐、多磷酸盐的干扰。加入盐酸羟胺将高铁还原为低铁，还可消除氧化剂的干扰。水样不加盐酸煮沸，也不加盐酸羟胺，则测定结果为低铁的含量。

(3) 实验仪器 100mL 三角瓶、50mL 具塞比色管、分光光度计。

(4) 试剂

① 铁标准贮备溶液：称取 0.7022g 硫酸亚铁铵［$Fe(NH_4)_2(SO_4)_2\cdot 6H_2O$］，溶于 70mL (20＋50) 硫酸溶液中，滴加 0.02mol/L 的高锰酸钾溶液至出现微红色不变，用纯水定容至 1000mL。此贮备溶液 1.00mL 含 0.100mg 铁。

② 铁标准溶液（使用时现配）：吸取 10.00mL 铁标准贮备溶液，移入容量瓶中，用纯水定容至 100mL。此铁标准溶液 1.00mL 含 10.0μg 铁。

③ 0.1%二氮杂菲溶液：称取 0.1g 氮杂菲（$C_{12}H_8N_2\cdot H_2O$），溶解于加有 2 滴浓盐酸的纯水中，并且稀释至 100mL。此溶液 1mL 可测定 100μg 以下的低铁。

注：二氮杂菲又名邻二氮菲、邻菲咯啉，有水合物（$C_{12}H_8N_2\cdot H_2O$）及盐酸盐（$C_{12}H_8N_2\cdot HCl$）两种，都可用。

④ 10%盐酸羟胺溶液：称取 10g 盐酸羟胺（$NH_2OH\cdot HCl$），溶于纯水中，并且稀释至 100mL。

⑤ 乙酸铵缓冲溶液（pH＝4.2）：称取 250g 乙酸铵（$NH_4C_2H_3O_2$），溶于 150mL 纯水中，再加入 700mL 冰乙酸混匀，用纯水稀释至 1000mL。

⑥ 1＋1 盐酸。

(5) 实验方法与步骤

① 量取 50.0mL 振摇混匀的水样（铁含量超过 50μg 时，可取适量水样加纯水稀释至 50.0mL）于 100mL 三角瓶中。

注：总铁包括水体中悬浮性铁和微生物体中的铁，取样时应剧烈振摇成均匀的样品，并且立即量取。取样方法不同，可能会引起很大的操作误差。

② 另取 100mL 三角瓶 8 个，分别加入铁标准溶液 0mL、0.25mL、0.50mL、1.00mL、2.00mL、3.00mL、4.00mL、5.00mL，各加纯水至 50mL。

③ 向水样及标准系列三角瓶中各加 4mL 1+1 盐酸和 1mL 盐酸羟胺溶液，小火煮沸至约剩 30mL(有些难溶亚铁盐，要在 pH 值为 2 左右才能溶解，如果发现尚有未溶的铁可继续煮沸浓缩至约剩 15mL)，冷却至室温后移入 50mL 比色管中。

④ 向水样及标准系列比色管中各加 2mL 二氮杂菲溶液，混匀后再加 10.0mL 乙酸铵缓冲溶液，各加纯水至 50mL 刻度，混匀，放置 10～15min。

注：a. 乙酸铵试剂可能含有微量铁，故缓冲溶液的加入时要准确一致。

b. 若水样较清洁，含难溶亚铁盐少时，可将所加试剂 1+1 盐酸、二氮杂菲溶液及乙酸铵缓冲溶液用量减半。但标准系列与样品操作必须一致。

⑤ 于 510nm 波长下，用 2cm 比色皿，以纯水为参比，测定样品和标准系列溶液的吸光度。

⑥ 绘制校准曲线，从曲线上查出样品管中铁的含量。

(6) 计算

$$c=\frac{M}{V}$$

式中　c——水样中总铁（Fe）的浓度，mg/L；

M——从校准曲线上查得的样品管中铁的含量，μg；

V——水样体积，mL。

(7) 实验数据与整理

① 绘制标准曲线。

② 计算所测样品中铁的含量（mg/kg）。

③ 根据实验情况，分析影响测定结果准确度的因素。

4.8 原子吸收分光光度法

原子吸收分光光度法也称原子吸收光谱法（AAS），简称原子吸收法。该方法具有测定快速、干扰少、应用范围广、可在同一试样中分别测定多种元素等特点。测定镉、铜、铅、锌等元素时，可采用直接吸入火焰原子吸收分光光度法（适用于废水和受污染的水）；用萃取或离子交换法富集后吸入火焰原子吸收分光光度法（适用于清洁水）；石墨炉原子吸收分光光度法（适用于清洁水，其测定灵敏度高于前两种方法，但基体干扰较火焰原子化法严重）。

原子吸收分析的原理如下。

火焰原子吸收分析法的测定过程是将含待测元素的溶液通过原子化系统喷成细雾，随载气进入火焰并在火焰中解离成基态原子。当空心阴极灯辐射出待测元素的特征波长光通过火焰时，因被火焰中待测元素的基态原子吸收而减弱。在一定实验条件下，特征波长光强的变化与火焰中待测元素基态原子的浓度有定量关系，从而与试样中待测元素的浓度（c）有定量关系，即：

$$A=k'c$$

式中　k'——常数；

A——待测元素的吸光度。

这说明吸光度与浓度的关系服从比尔定律。因此，测定吸光度就可以求出待测元素的浓度，这是原子吸收分析的定量依据。

用于原子吸收分析的仪器称为原子吸收分光光度计或原子吸收光谱仪。它主要由光源、原子化系统、分光系统及检测系统四个主要部分组成。

空心阴极灯是一种低压辉光放电管，包括一个空心圆筒形阴极和一个阳极，阴极由待测元素材料制成。当两极间加上一定电压时，则因阴极表面溅射出来的待测金属原子被激发，便发射出特征光。这种特征光谱线宽度窄，干扰少，故称空心阴极灯为锐线光源。

原子化系统是将待测元素转变成原子蒸气的装置，可分为火焰原子化系统和无火焰原子化系统。火焰原子化系统包括喷雾器、雾化室、燃烧器和火焰及气体供给部分。火焰是将试样雾滴蒸发、干燥并经过热解离或还原作用产生大量基态原子的能源，常用的火焰是空气-乙炔火焰。对用空气-乙炔火焰难以解离的元素，如 Al、Be、V、Ti 等，可用氧化亚氮-乙炔火焰（最高温度可达 3300K）。常用的无火焰原子化系统是电热高温石墨管原子化器，其原子化效率比火焰原子化器高得多，因此可大大提高测定灵敏度。此外，还有氢化物原子化器等。无火焰原子化法的测定精密度比火焰原子化法差。

分光系统又称单色器，主要由色散元件、凹面镜、狭缝等组成。在原子吸收分光光度计中，单色器放在原子化系统之后，将待测元素的特征谱线与邻近谱线分开。

检测系统由光电倍增管、放大器、对数转换器、指示器（表头、数显器、记录仪及打印机等）和自动调节、自动校准等部分组成，是将光信号转变成电信号并进行测量的装置。

双光束型与单光束型仪器的主要区别为双光束型仪器的光被旋转分光器分成参比光束和测量光束，前者不通过火焰，光强不变；后者通过火焰，光强减弱。用反射镜将两束光交替通过分光系统并送入检测系统测量，测定结果是两信号的比值，可大大减小光源强度变化的影响，克服了单光束型仪器因光源强度变化导致的基线漂移现象。但是，这种仪器结构复杂，外光路能量损失大，限制了广泛应用。

4.8.1 镉的分析实验

(1) 实验目的　了解原子吸收分光光度法分析测试金属的原理，掌握土壤中镉的原子吸收分光光度法。

(2) 实验原理　同上。

(3) 实验仪器　原子吸收分光光度计、空气-乙炔火焰原子化器、镉空心阴极灯。

仪器工作条件：测定波长 228.8nm；通带宽度 1.3nm；灯电流 7.5mA；火焰类型：空气-乙炔，氧化型，蓝色火焰。

(4) 实验试剂

① 盐酸、硝酸：特级纯。

② 高氯酸：优级纯。

③ 镉标准贮备液：称取 0.5000g 金属镉粉（光谱纯），溶于 25mL 1+5 HNO_3（微热溶解）。冷却，移入 500mL 容量瓶中，用蒸馏去离子水稀释并定容。此溶液每毫升含 1.0mg 镉。

④ 镉标准使用液：吸取 10.0mL 镉标准贮备液于 100mL 容量瓶中，用水稀释至标线，摇匀备用。吸取 5.0mL 稀释后的标准液于另一 100mL 容量瓶中，用水稀释至标线即得每毫升含 5μg 镉的标准使用液。

(5) 实验方法与步骤　样品用 HNO_3-HF-$HClO_4$ 或 HCl-HNO_3-HF-$HClO_4$ 混酸体系消化后，将消化液直接喷入空气-乙炔火焰。在火焰中形成的 Cd 基态原子蒸气对光源发射的特征电磁辐射产生吸收。测得试液吸光度扣除全程序空白吸光度，从标准曲线查得镉含量。计算试样中镉含量。

该方法检出限范围为 0.05～2mg Cd/kg。

取适量水样于 25mL 聚四氟乙烯坩埚中，加入 10mL HCl，在电热板上加热（<450℃）消解 2h，然后加入 15mL HNO_3，继续加热至溶解物剩余约 5mL 时，加入 5mL $HClO_4$ 加热至消解物呈淡黄色时，打开盖，蒸至近干。取下冷却，加入 1+5 HNO_3 1mL 微热溶解残渣，移入 50mL 容量瓶中，定容。同时进行全程序试剂空白试验。

① 标准曲线的绘制　吸取镉标准使用液 0mL、0.50mL、1.00mL、2.00mL、3.00mL、4.00mL 分别于 6 个 50mL 容量瓶中，用 0.2% HNO_3 溶液定容，摇匀。此标准系列分别含镉 0μg/mL、0.05μg/mL、0.10μg/mL、0.20μg/mL、0.30μg/mL、0.40μg/mL。测其吸光度，绘制标准曲线。

② 样品测定

a. 标准曲线法　按绘制标准曲线条件测定试样溶液的吸光度，扣除全程序空白吸光度，从标准曲线上查得镉含量。

b. 标准加入法　取试样溶液 5.0mL 分别于 4 个 10mL 容量瓶中，依次分别加入镉标准使用液（5.0μg/mL）0mL、0.50mL、1.00mL、1.50mL，用 0.2% HNO_3 溶液定容，设试样溶液镉浓度为 c_x，加标后试样浓度分别为 c_x+0、c_x+c_s、c_x+2c_s、c_x+3c_s，测得之吸光度分别为 A_x、A_1、A_2、A_3。绘制 A-c 图。所得曲线不通过原点，其截距所对应的吸光度正是试液中待测镉离子浓度的响应。外延曲线与横坐标相交，原点与交点的距离，即为待测镉离子的浓度。

（6）计算

$$镉的含量(mg/kg)=\frac{M\times V}{m}\times 1000$$

式中　M——从标准曲线上得的相应浓度，mg/mL；

V——定容体积，mL；

m——试样质量，g。

（7）实验数据与整理

① 绘制标准曲线。

② 计算所测样品中镉的含量（mg/kg）。

③ 根据实验情况，分析影响测定结果准确度的因素。

（8）注意事项

① 镉的测定波长为 228.8nm，该分析线处于紫外区，易受光散射和分子吸收的干扰，特别是在 220.0～270.0nm 之间，NaCl 有强烈的分子吸收，覆盖了 228.8nm 线。此外，Ca、Mg 的分子吸收和光散射也很强。这些因素都可造成镉的表观吸光度增大。为消除基体干扰，可在测量体系中加入适量基体改进剂，如在标准系列溶液和试样中分别加入 0.5g $La(NO_3)_3\cdot 6H_2O$（六水合硝酸镧）。此法适用于测定镉含量较高和受镉污染样品中的镉含量。

② 高氯酸的纯度对空白值的影响很大，直接关系到测定结果的准确度，因此必须注意全过程空白值的扣除，并且尽量减少加入量以降低空白值。

4.8.2 铅的石墨炉原子吸收分光光度法

（1）实验目的　了解石墨炉原子吸收分光光度法分析测试铅的原理，掌握铅的原子吸收分光光度法。

（2）实验原理　食品中会含有少量铅。以食品为试样，首先经灰化或酸消解后，注入原子吸收分光光度计石墨炉中，电热原子化后吸收 283.3nm 共振线，在一定浓度范围，其吸收值与铅含量成正比，与标准系列比较定量。

（3）实验仪器　所用玻璃仪器均需以硝酸（1+5）浸泡过夜，用水反复冲洗，最后用去离子水冲洗干净。

① 马弗炉。

② 干燥恒温箱。

③ 瓷坩埚。

④ 压力消解罐。

⑤ 可调式电热板、可调式电炉。

⑥ 原子吸收计：附石墨炉及铅空心阴极灯。

仪器条件：根据各自仪器性能调至最佳状态。参考条件为波长 283.3nm，狭缝 0.2～1.0nm，灯电流 5～7mA，干燥温度 120℃，20s；灰化温度 450℃，持续 15～20s，原子化温度 1700～2300℃，持续 4～5s，背景校正为氘灯或塞曼效应。

(4) 实验试剂　除非另有规定，本方法所使用试剂均为分析纯，水为 GB/T 6682 规定的一级水。

① 硝酸：优级纯。

② 过硫酸铵。

③ 过氧化氢（30%）。

④ 高氯酸：优级纯。

⑤ 硝酸（1+1）：取 50mL 硝酸慢慢加入 50mL 水中。

⑥ 硝酸（0.5mol/L）：取 3.2mL 硝酸加入 50mL 水中，稀释至 100mL。

⑦ 硝酸（1mol/L）：取 6.4mL 硝酸加入 50mL 水中，稀释至 100mL。

⑧ 磷酸二氢铵溶液（20g/L）：称取 2.0g 磷酸二氢铵，以水溶解稀释至 100mL。

⑨ 混合酸：硝酸+高氯酸（9+1）。取 9 份硝酸与 1 份高氯酸混合。

⑩ 铅标准贮备液：准确称取 1.000g 金属铅（99.99%），分次加少量硝酸（1+1），加热溶解，总量不超过 37mL，移入 1000mL 容量瓶，加水至刻度，混匀。此溶液每毫升含 1.0mg 铅。

⑪ 铅标准使用液：每次吸取铅标准贮备液 1.0mL 于 100mL 容量瓶中，加硝酸（0.5mol/L）至刻度。如此经多次稀释成每毫升含 10.0ng、20.0ng、40.0ng、60.0ng、80.0ng 铅的标准使用液。

(5) 实验方法与步骤

① 试样预处理

a. 在采样和制备过程中，应注意不使试样污染。

b. 粮食、豆类去杂物后，磨碎，过 20 目筛，贮于塑料瓶中，保存备用。

c. 蔬菜、水果、鱼类、肉类及蛋类等水分含量高的鲜样，用食品加工机或匀浆机打成匀浆，贮于塑料瓶中，保存备用。

② 试样消解（可根据实验室条件选用以下任何一种方法消解）

a. 压力消解罐消解法　称取 1～2g 试样（精确到 0.001g，干样、含脂肪高的试样<1g，鲜样<2g 或按压力消解罐使用说明书称取试样）于聚四氟乙烯内罐，加硝酸 2～4mL 浸泡过夜。再加过氧化氢 2～3mL（总量不能超过罐容积的 1/3）。盖好内盖，旋紧不锈钢外套，放入恒温干燥箱，120～140℃保持 3～4h，在箱内自然冷却至室温，用滴管将消化液洗入或过滤入（视消化后试样的盐分而定）10～25mL 容量瓶中，用水少量多次洗涤罐，洗液合并于容量瓶中并定容至刻度，混匀备用；同时作试剂空白。

b. 干法灰化　称取 1～5g 试样（精确到 0.001g，根据铅含量而定）于瓷坩埚中，先小火在可调式电热板上炭化至无烟，移入马弗炉（500±25）℃灰化 6～8h，冷却。若个别试样灰化不彻底，则加 1mL 混合酸在可调式电炉上小火加热，反复多次直到消化完全，放冷，用硝酸（0.5mol/L）将灰分溶解，用滴管将试样消化液洗入或过滤入（视消化后试样的盐分而定）10～25mL 容量瓶中，用水少量多次洗涤瓷坩埚，洗液合并于容量瓶中并定容至刻度，混匀备用；同时作试剂空白。

c. 过硫酸铵灰化法　称取 1～5g 试样（精确到 0.001g）于瓷坩埚中，加 2～4mL 硝酸浸泡 1h 以上，先小火炭化，冷却后加 200～3.00g 过硫酸铵盖于上面，继续炭化至不冒烟，转入马弗炉，(500±25)℃恒温 2h，再升至 800℃，保持 20min，冷却，加 2～3mL 硝酸（1mol/L），用滴管将试样消化液洗入或过滤入（视消化后试样的盐分而定）10～25mL容量瓶中，用水少量多次洗涤瓷坩埚，洗液合并于容量瓶中并定容至刻度，混匀备用；同时作试剂空白。

d. 湿式消解法　称取试样1～5g(精确到0.001g) 于锥形瓶或高脚烧杯中，放数粒玻璃珠，加10mL混合酸，加盖浸泡过夜，加一小漏斗于电炉上消解，若变棕黑色，再加混合酸，直至冒白烟，消化液呈无色透明或略带黄色，放冷，用滴管将试样消化液洗入或过滤入（视消化后试样的盐分而定）10～25mL容量瓶中，用水少量多次洗涤锥形瓶或高脚烧杯，洗液合并于容量瓶中并定容至刻度，混匀备用；同时作试剂空白。

③ 测定

a. 标准曲线绘制　吸取上面配制的铅标准使用液10.0ng/mL(或μg/L)、20.0ng/mL(或μg/L)、40.0ng/mL(或μg/L)、60.0ng/mL(或μg/L)、80.0ng/mL(或μg/L) 各10μL，注入石墨炉，测得其吸光值并求得吸光值与浓度关系的一元线性回归方程。

b. 试样测定　分别吸取样液和试剂空白液各10μL，注入石墨炉，测得其吸光值，代入标准系列的一元线性回归方程中求得样液中铅含量。

c. 基体改进剂的使用　对有干扰试样，则注入适量的基体改进剂磷酸二氢铵溶液（一般为5μL或与试样同量）消除干扰。绘制铅标准曲线时也要加入与试样测定时等量的基体改进剂磷酸二氢铵溶液。

(6) 计算　试样中铅含量按下式进行计算。

$$X=\frac{(c_1-c_0)\times V\times 1000}{m\times 1000\times 1000}$$

式中　X——试样中铅含量，mg/kg或mg/L；

c_1——测定样液中铅含量，ng/mL；

c_0——空白液中铅含量，ng/mL；

V——试样消化液定量总体积，mL；

m——试样质量或体积，g或mL。

以重复性条件下获得的两次独立测定结果的算术平均值表示，结果保留两位有效数字。

(7) 实验数据与整理

① 绘制标准曲线。

② 计算所测样品中铅的含量（mg/kg)。

③ 根据实验情况，分析影响测定结果准确度的因素。

4.8.3 铜、镉、铅、锌等金属元素的测定

直接吸入火焰原子吸收分光光度法快速、干扰少，适合分析废水和受污染的水。本小节介绍水中铜、镉、铅、锌等金属的原子吸收分光光度法的测定。

(1) 实验目的　了解原子吸收分光光度法分析测试铜、镉、铅、锌等金属的原理，掌握水样中铜、镉、铅、锌等金属的原子吸收分光光度法。

(2) 实验原理　将水样或消解处理好的水样直接吸入火焰，火焰中形成的原子蒸气对光源发射的特征电磁辐射产生吸收，将测得的样品吸光度和标准溶液的吸光度进行比较，确定样品中被测元素的含量。本法适用于测定地下水、地表水和废水中的铜、镉、铅、锌，适用浓度范围与仪器的特性有关。

(3) 实验仪器

① 原子吸收分光光度计（图4-1)。

② 所测元素的元素灯。

(4) 实验试剂

① 硝酸：优级纯。

图 4-1 火焰、石墨炉原子吸收分光光度计 TAS-990

② 高氯酸：优级纯。

③ 去离子水：1 级。

④ 燃气：乙炔，纯度不低于 0.6%。

⑤ 助燃气：空气，由空气压缩机供给，经过必要的过滤和净化。

⑥ 金属元素标准贮备液：准确称取经稀硝酸清洗并干燥后的 0.5000g 光谱纯金属，用 50mL（1+1）硝酸溶解，必要时加热直至溶解完全。用水稀释定容至 500mL，此溶液每毫升含 1.00mg 金属，或购买国家标准的金属元素贮备液。

⑦ 混合标准溶液：用 0.2%硝酸稀释金属元素标准贮备液配制而成，使配成的混合标准使用液每毫升含铜、镉、铅、锌分别为 50.0μg、10.0μg、100.0μg、10.0μg。

（5）实验方法与步骤

① 样品的预处理　取 100mL 水样放入 20.0mL 烧杯中，加入硝酸 5mL，在电热板上加热消解（不要沸腾）。蒸至 10mL 左右，加入 5mL 硝酸和 2mL 高氯酸，继续消解，蒸至 1mL 左右。如果消解不完全，再加入 5mL 硝酸和 2mL 高氯酸，再次蒸至 1mL 左右，取下冷却，加水溶解残渣，用水定容至 100mL。另取 0.2%硝酸 100mL，按上述相同的程序操作，以此为空白样。

② 样品的测定　仪器参数按仪器说明书有关规定选择最佳条件。仪器用 0.2%硝酸调零，吸入空白样和试样，测量其吸光度。扣除空白样吸光度后，从标准曲线上查出试样中的元素浓度，如可能也可从仪器上直接读出试样中的元素浓度。

③ 标准曲线　吸取混合标准溶液 0.050mL、1.00mL、3.00mL、5.00mL 和 10.00mL，分别放入 6 个 100mL 容量瓶中，用 0.2%硝酸定容稀释至标线，此混合标准系列各金属元素的浓度见表 4-1，接着按样品测定步骤测量吸光度，用经空白校正的各标准的吸光度对相应的浓度作图，绘制标准曲线。

表 4-1 标准系列的配制及浓度

混合标准使用溶液体积/mL		0	0.5	1.00	3.00	5.00	10.00
标准系列各元素浓度/(mg/L)	铜	0	0.25	0.50	1.50	2.50	5.00
	镉	0	0.05	0.10	0.30	0.50	1.00
	铅	0	0.50	1.00	3.00	5.00	10.00
	锌	0	0.05	0.10	0.30	0.50	1.00

（6）计算

$$c_{被测元素}(\mathrm{mg/L})=\frac{m}{V}$$

式中　m——从标准曲线上查出或仪器直接读出的被测元素含量；

V——供分析用的水样体积，mL。

(7) 实验数据与整理

① 绘制标准曲线。

② 计算所测样品中铜、镉、铅、锌的含量（mg/kg）。

③ 根据实验情况，分析影响测定结果准确度的因素。

(8) 注意事项

① 地下水和地表水中共存离子和化合物，在常见浓度下不干扰测定。

② 当钙的浓度高于 1000mg/L 时，抑制镉的吸收，浓度为 2000mg/L 时，信号抑制达 19%。

③ 在弱酸性条件下，样品中六价铬含量超过 20mg/L 时，由于生成铬酸铅沉淀使铅的测定结果偏低，在这种情况下需要加入 1%抗坏血酸将六价铬还原为三价铬。

④ 样品中溶解性硅的含量超过 20mg/L 时干扰锌的测定，使测定结果偏低，加入 200mg/L 钙可消除这一干扰。

⑤ 铁的含量超过 100mg/L 时，抑制锌的吸收。

⑥ 当样品中含盐量很高，分析波长又低于 350nm 时，可能出现非特征吸收。如高浓度钙，因产生非特征吸收，即背景吸收，使铅的测定结果偏高。

⑦ 基于上述原因，分析样品前需要检验是否存在基体干扰或背景吸收，一般通过测定样品加标回收率，判断集体干扰的程度。消除基体干扰或背景吸收。

(9) 思考题　试比较原子吸收分光光度法和 ICP-AES 法的原理，仪器主要组成部分和不同之处。

第5章 环境污染治理基础实验

5.1 水污染控制工程实验

5.1.1 沉淀与澄清

5.1.1.1 自由沉淀实验

(1) 实验目的

① 初步掌握颗粒自由沉淀的实验方法。

② 进一步了解和掌握自由沉淀规律，根据实验结果绘制沉淀时间-沉淀率（t-E）、沉淀速度-沉淀率（u-E）和 c_t/c_0-u 的关系曲线。

(2) 实验原理　沉淀是指从液体中借重力作用去除固体颗粒的一种过程。根据液体中固体物质的浓度和性质，可将沉淀过程分为自由沉淀、絮凝沉淀、成层沉淀和压缩沉淀四类。本试验是研究探讨污水中非絮凝性固体颗粒自由沉淀的规律。试验用沉淀管进行，如图 5-1 所示。设水深为 h，在 t 时间能沉到 h 深度的颗粒的沉速 $u=h/t$。根据某给定的时间 t_0，计算出颗粒的沉速 u_0。凡是沉淀速度等于或大于 u_0 的颗粒，在 t_0 时都可以全部去除。

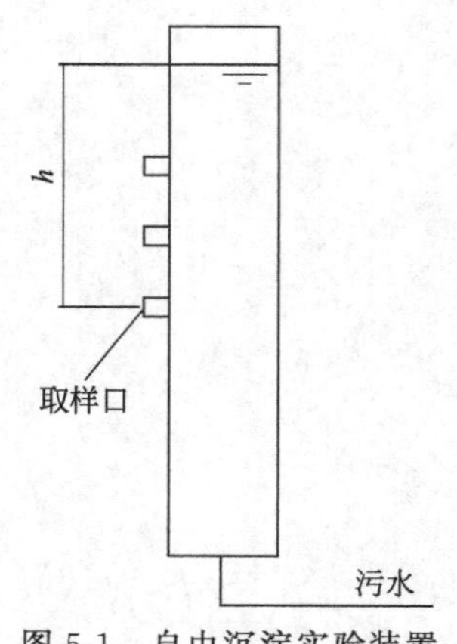

图 5-1　自由沉淀实验装置

设原水中悬浮物浓度为 c_0(mg/L)，则沉淀率 E 为：

$$E=\frac{c_0-c_t}{c_0}\times 100\%$$

在时间 t 时能沉到 h 深度的颗粒的沉淀速度 u 为：

$$u=\frac{h\times 10}{t\times 60}(\text{mm/s})$$

式中　c_0——原水中悬浮物浓度，mg/L；

c_t——经 t 时间后，污水中残存的悬浮物浓度，mg/L；

h——取样口高度，cm；

t——取样时间，min。

沉淀时间-沉淀率、沉淀速度-沉淀率的曲线如图 5-2 和图 5-3 所示。

(3) 实验设备与试剂

① 沉淀管、贮水箱、水泵和搅拌装置。

② 秒表、皮尺。

③ 测定悬浮物的设备：分析天平、称量瓶、烘箱、滤纸、漏斗、漏斗架、量筒、烧杯等。

④ 污水水样，采用高岭土（泥土）配制。

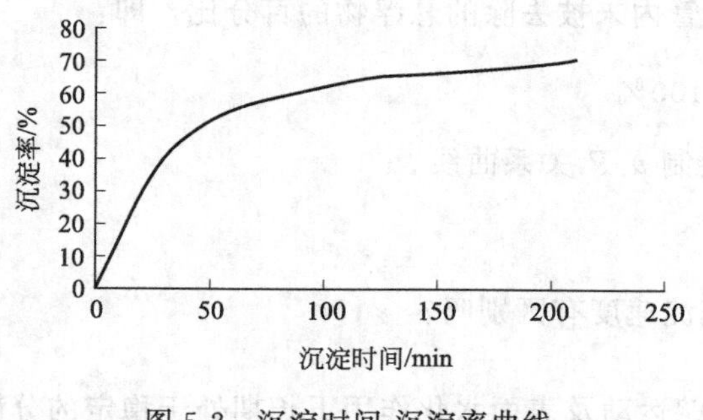

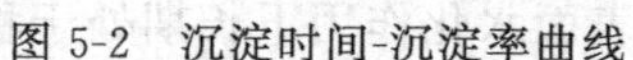

图 5-2　沉淀时间-沉淀率曲线

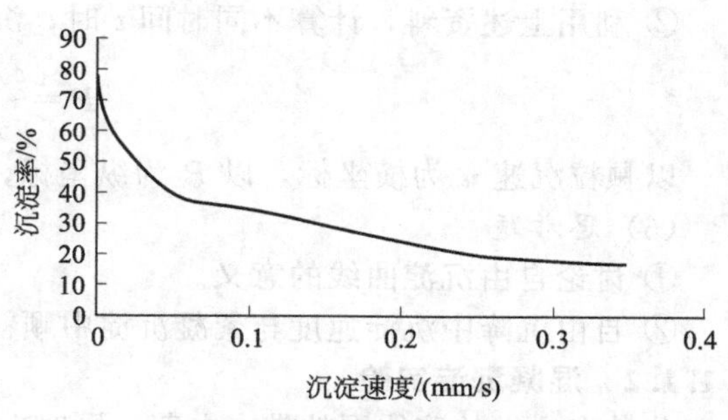

图 5-3　沉淀速度-沉淀率曲线

(4) 实验方法与步骤

① 将一定量的高岭土（泥土）投入配水箱中，充分搅拌。

② 取水样 200mL(测定悬浮浓度为 c_0)，并且确定取样管内取样口位置。

③ 启动水泵将混合液打入沉淀管到一定高度，停泵，停止搅拌机，并且记录高度值。开动秒表，开始记录沉淀时间。

④ 当时间为 5min、10min、15min、20min、40min、60min 时，在取样口分别取水 200mL，测定悬浮物浓度（c_t）。

⑤ 每次取样应先排出取样口中的积水，减少误差，在取样前和取样后都需测量沉淀管中液面至取样口的高度，计算时取二者的平均值。

⑥ 测定每一沉淀时间的水样的悬浮物浓度固体量。首先调烘箱至（105±1)℃，叠好滤纸放入称量瓶中，打开盖子，将称量瓶放入 105℃烘箱中至恒重，称取质量，然后将恒重好的滤纸取出放在玻璃漏斗中，过滤水样，并且用蒸馏水冲净，使滤纸上得到全部悬浮性固体。最后将带有滤渣的滤纸移入称量瓶中，称其悬浮物的质量（还要重复烘干至恒重的过程)

⑦ 悬浮固体计算：

$$C=\frac{(w_2-w_1)\times1000\times1000}{V}(\text{mg/L})$$

式中　w_1——称量瓶+滤纸质量，g；

w_2——称量瓶+滤纸+悬浮物质量，g；

V——水样体积，100mL。

(5) 实验结果整理

① 将实验数据记录在表 5-1 中。根据不同沉淀时间的取样口距液面平均深度 h 和沉淀时间 t，计算出各种颗粒的沉淀速度 u_t 和沉淀率 E，并且绘制沉淀时间-沉淀率和沉淀速度-沉淀率的曲线。

表 5-1　数据记录表

实验日期________年________月________日

沉淀管直径 d=__________mm　原水样悬浮性固体 c_0=________mg/L

取样序号	沉淀时间/s	沉淀高度/cm	取样体积/mL	悬浮性固体含量/(mg/L)

② 利用上述资料，计算不同时间 t 时，沉淀管内未被去除的悬浮物的百分比，即：

$$P=\frac{c_t}{c_0}\times 100\%$$

以颗粒沉速 u 为横坐标，以 P 为纵坐标，绘制 u-P 关系曲线。

(6) 思考题

① 讨论自由沉淀曲线的意义。

② 自由沉降中沉淀速度与絮凝沉淀中颗粒沉淀速度有区别吗？

5.1.1.2 混凝沉淀实验

分散在水中的胶体颗粒带有电荷，同时在布朗运动及表面水化作用下长期处于稳定的分散悬浮状态，不能靠其自身的重力而发生自然沉淀，因而不能用自然沉淀的方法加以去除。如向这种水中投加混凝剂，可以使水中的分散胶体颗粒相互结合聚集增大，从而使它们从水中沉淀分离出来。采用这种方法去除水或废水胶体颗粒及细小悬浮颗粒的方法称为水和废水的混凝处理，这是一种极为常用的处理方法。

由于各种原水水质有很大的差异，混凝处理也有不同处理效果，因而混凝处理的效果不仅与混凝剂的投加量有关，同时还与被处理水的 pH 值、水温及处理过程中的水力条件等因素有密切的关系。为获得良好的混凝处理效果，必须根据不同水和废水的水质特点，选取合适的混凝剂种类，创造良好的混凝水力条件。

(1) 实验目的

① 掌握水和废水混凝处理中最佳混凝条件（投加量、pH 值及水力条件）的确定方法。

② 结合反应机理深入理解不同混凝剂混凝效果的差别及 pH 值对其的影响。

③ 加深对混凝机理的理解。

④ 了解混凝过程中凝聚和絮凝的作用及其表观特征。

(2) 实验原理 胶体颗粒（胶粒）带有一定的电荷，它们之间的静电斥力是胶体颗粒长期处于稳定的分散悬浮状态的主要原因。胶体所持的电荷即电动电位称为 ξ 电位（电动电位）。ξ 电位的高低决定了胶体之间斥力的大小及胶体颗粒的稳定性程度。胶体的 ξ 电位越高，则胶体颗粒的稳定性越高，反之亦然。混凝沉淀的目的就是通过投加混凝剂使胶体颗粒的 ξ 电位降低而使胶体颗粒脱稳凝聚而沉淀。

胶体颗粒的 ξ 电位通过在一定外加电压下带电颗粒的电泳迁移率来计算：

$$\xi=K\pi\eta\bar{u}/DE$$

式中 ξ——电动电位，绝对静电单位（1 绝对静电单位＝300V）；

K——微粒形状系数（对于圆球体，取 4～6）；

η——水的绝对黏度，0.1Pa·s；

$\bar{u}$——胶体的移动速度，cm/s；

D——液体的介电常数（$D_{水}=81$）；

E——电极间单位距离的外加电位差，绝对静电单位/cm。

投加混凝剂的多少，直接影响混凝的效果。投加量不足或投加量过多，均不能获得良好的混凝效果。此外，由于水质是千变万化的，不同水质所对应的最优混凝剂投加量也各不相同，必须通过实验的方法加以确定。

水力条件对混凝效果有重大的影响。水中投加混凝剂后，胶体颗粒发生凝聚而脱稳，之后相互聚集，逐渐变成大的絮凝体，最后长大至能发生自然沉淀的程度。在此过程中，必须严格控制水流的混合条件。在凝聚阶段，要求在投加混凝剂的同时使水流具有强烈的混合作用，以使所投加的混凝剂能在很短的时间内扩散到整个被处理水体中起压缩及双电层的作用。降低胶体颗粒的 ξ 电位，而使其脱稳。此阶段所需延续的时间仅为几十秒钟，最长不超过 2min；凝聚（混合）阶段结束后，脱稳的胶体颗粒即开始相互接触、聚合。此阶段要求水流具有由强至弱的混合强度，一方面保证脱稳颗粒间相互接触的概率，另一方面防止已长大的絮体被水力剪切作用而打破。一般工艺设计中，水流的线速度由快速混合结束后的0.5m/s逐渐向0.2m/s过渡。这其中水流速度梯度G值的大小起到主要的作用，GT值则可较好地反映混合的效果。通常，GT值在10^4～10^5之间。

(3) 实验设备

① 六联搅拌仪：搅拌仪上装有电动机的调速设备，电源采用稳压电源，如图5-4所示。

② 光电式浊度仪。

③ 1000mL、200mL、50mL烧杯，1000mL量筒，温度计，秒表，吸管(1mL、2mL、5mL、10mL)，10L水桶，1000mL试剂瓶，500mL注射器。

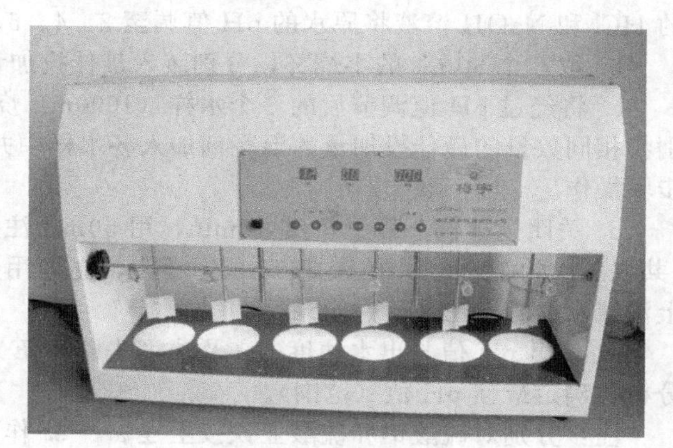

图5-4 混凝搅拌仪

(4) 实验试剂

① 硫酸铝、硫酸亚铁混凝剂(10g/L)；NaOH、HCl溶液。

② 精密pH试纸、普通滤纸。

(5) 实验方法及步骤

① 实验准备

a. 硫酸铝、硫酸亚铁溶液的配制(浓度为10g/L)。

b. 原水样的配制。

c. 浊度仪的预热及校正。

d. NaOH(化学纯)和HCl(化学纯)溶液的配制(浓度10%)。

e. 混凝搅拌仪的调试。

② 最佳混凝剂投加量实验

A. 最小投加量的确定

a. 测定原水特征(水温、pH值、浊度)。

b. 取1000mL烧杯，将其置于搅拌仪上。向烧杯中注入500mL原水。启动搅拌使搅拌仪处于慢速搅拌的状态，逐次向烧杯中投加1mL配制的混凝剂，直至烧杯中出现矾花为止。此时的混凝剂投加量即为形成矾花的最小投加量。按此方法分别确定硫酸铝和硫酸亚铁混凝剂的最小投加量。

B. 最佳投加量的确定

a. 取6个1000mL的烧杯并依次分别编号(1～6号)，并且将它们按顺序安放至搅拌仪上。

b. 根据A所确定的各混凝剂的最小投加量，取最小投加量的1/4为1号烧杯的投加量，取最小投加量的4倍为6号烧杯的投加量，2～5号烧杯的投加量分别为最小投加量的是1/2倍、1倍、1.5倍、2.0倍。

c. 各组取50mL烧杯6个(编号1～6)，用吸管一一对应地将上述混凝剂量移入其中，备用。

d. 开启搅拌仪，使液体处于快速而剧烈的混合状态(注意使水样不溅出烧杯为宜)，同时将c.所准备的混凝剂一一对应地加入1000mL烧杯中并同时开始计时，进行快速混合(转速约300r/min)30s。快速混合结束后，调节搅拌仪转速至中速搅拌(转速约100r/min)10min，最后慢速搅拌(转速40～50r/min)10min。

e. 关闭搅拌仪，静置沉淀10min，用50mL注射器(针筒)分别从各烧杯中取出上清液(共取三次约1000mL)放入200mL烧杯内，立即用光电式浊度仪分别测定其出水浊度(每杯上清液水样测定三次）并记录。

f. 作出混凝剂投加量 D 与出水浊度 C（及浊度去除率 E）间的关系（D-C 及 D-E）曲线，进行分析，确定混凝剂的最佳投加量。

注：分别对硫酸铝和硫酸亚铁按上述 a. ～b. 作两次实验操作，以进行比较。

③ 最佳 pH 值的实验

a. 取 6 个 1000mL 烧杯（编号，1～6 号），分别装入 100mL 原水水样。然后分别用 10% 的 HCl 和 NaOH 溶液将原水的 pH 值调至 2、4、6、7、8、9、11。

b. 取 6 个 50mL 的小烧杯，分别装入最佳投加量混凝剂，备用。

c. 将经过 pH 值调节后的 6 个水样（1000mL 烧杯）置于搅拌仪上。开启搅拌仪，同时分别将相同数量的最佳投加量的混凝剂加入各水样中并开始计时。按上述最佳投加量实验的操作步骤操作。

d. 关闭搅拌仪，静置沉淀 10min，用 50mL 注射器（针筒）分别从各烧杯中取出上清液（共取三次约 100mL）放入 200mL 烧杯内，立即用光电式浊度仪分别测定其出水浊度（每杯上清液水样测定三次）并记录。

e. 作出 pH 值与出水浊度 C（及浊度去除率 E）间的关系（pH-C 及 pH-E）曲线，进行分析，确定最佳 pH 值（范围）。

注：分别对硫酸铝和硫酸亚铁按上述 a. ～e. 作两次实验操作，以进行比较。

(6) 实验结果记录　水温、原水浊度和原水 pH 值。

(7) 思考题

① 在本实验过程中，为什么要将混合强度分快、中、慢三个档次？在实际工程中是如何实现混凝对水力条件的要求的？

② 试根据实验结果说明混凝剂投加量对混凝效果的影响。

③ 根据实验结果，你认为硫酸铝和硫酸亚铁的混凝效果哪种更好些？为什么？

④ 试根据实验结果说明硫酸铝和硫酸亚铁两种混凝剂对 pH 值的适应性。哪种适应性更好些？为什么？

⑤ 试根据你对实验过程的观察，说明混凝过程中脱稳胶体颗粒的絮凝及其聚集长大的过程、沉淀特征（同时对硫酸铝和硫酸亚铁两种混凝剂进行比较）。

(8) 注意事项

① 配制原水水样时，应注意用黏土配制，避免水样中含有过多的快速可沉颗粒。原水水样应是经过沉淀后的上层浑浊液，以使实验结果具有良好的代表性。

② 投加混凝剂时，应严格保证同时向 6 个烧杯投加，并且使各烧杯的水力条件一致。

5.1.1.3 沉淀模型实验（双向流斜板沉淀池实验）

(1) 实验目的

① 通过进行双向流斜板沉淀的模拟实验，进一步加深对其构造和工作原理的认识。

② 进一步了解斜板沉淀池运行的影响因素。

③ 熟悉双向流斜板沉淀池的运行操作方法。

(2) 实验原理　根据浅层理论，在沉淀池有效容积一定的条件下，增加沉淀面积，可以提高沉淀效率。斜板沉淀池实际上是把多层沉淀池底板做成一定倾斜率，以利于排泥。斜板与水平成 60°角，放置沉淀池中，水在斜板的流动过程中，水中颗粒则沉于斜板上，当颗粒积累到一定程度时，便自动滑下。双向流斜板沉淀池中具有上向流和下向流两种流态。中间为下向流（同向流）沉淀区，其水流方向与污泥滑动方向相同；两侧为上向流（异向流）沉淀区，其水流方向与污泥滑动方向相反。

(3) 实验设备　双向流斜板沉淀池中，原水从中间的下向流沉淀区顶部的穿孔管配水，经斜板沉淀区后至底部，又从底部向上进入两侧的上向流沉淀区，经出水顶部的溢流堰排出，污泥沉入斜板后滑下进入污泥斗，定期排放污泥。

① 光电式浊度仪。

② pH 计、温度计。

③ 投药设备与反应器 1 套。

④ 200mL 烧杯 5 个。

如果用本实验设备做自由沉淀实验等，可省去投药设备与反应器。斜板沉淀池如图 5-5 所示。

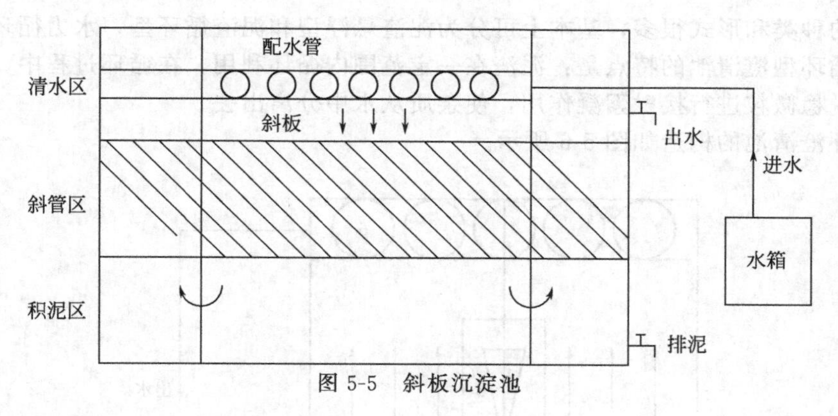

图 5-5　斜板沉淀池

(4) 实验方法与步骤

① 用清水注满沉淀池，检查是否漏水，水泵与闸阀等是否正常完好。

② 一切正常后，将经过投药混凝反应后的原水用泵打入沉淀池，先将其流量控制在 400L/h 左右。如果进行自由沉淀实验，可以直接进水。

③ 根据 400L/h 流量的实验情况，分别加大和减少进水流量，测定不同负荷下的进水浊度，并且计算其去除率。

④ 定期从污泥斗排泥。

⑤ 也可以用不同的原水或混凝剂，以及混凝剂的不同投加量来进行实验测定其去除率。

(5) 实验数据与整理　将实验数据填入表 5-2 中。

表 5-2　数据记录表

序号	原水		加药		浊度		
	水温/℃	流量/(L/h)	名称	投加量/(mg/L)	进水	出水	去除率/%
1							
2							
3							
4							
5							
6							
7							
8							
9							

5.1.1.4 水力循环澄清池实验

(1) 实验目的

① 通过水力循环澄清池模型的模拟实验，进一步了解其构造和工作原理。

② 通过观察矾花和悬浮层的形成，进一步明确悬浮层的作用和特点。

③ 加深对水力循环澄清池运行的影响因素以及与其他类型澄清池区别的认识。

④ 熟悉水力循环澄清池运行的操作方法。

(2) 实验原理 澄清池是将絮凝和沉淀这两个单元过程综合于一个构筑物中完成，主要依靠活性泥渣层达到澄清目的。当脱稳杂质随水流与泥渣层接触时，便被泥渣层阻留下来，使水得到澄清。泥渣层的形成方法是在澄清池开始运行时，在原水中加入较多的混凝剂并适当降低负荷逐步形成。

澄清池的种类和形式很多，基本上可分为泥渣悬浮型和泥渣循环型，水力循环澄清池属于后者。泥渣循环型澄清池的特点是：泥渣在一定范围内循环利用，在循环过程中，活性泥渣不断与原水中脱稳微粒进行接触絮凝作用，使杂质从水中分离出去。

水力循环澄清池的构造如图 5-6 所示。

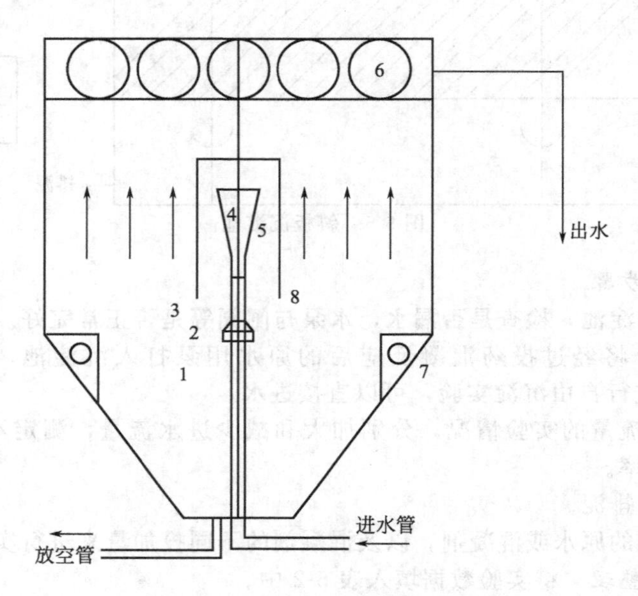

图 5-6 水力循环澄清池

1—喷嘴；2—喇叭口；3—喉管；4—第一絮凝池；5—第二絮凝池；6—集水器；7—排泥管；8—分离室

原水从池底进入，先经喷嘴高速喷入喉管，在喉管下部喇叭口附近造成真空而吸入回流泥渣，原水与回流泥渣在喉管中剧烈混合后，被送入第一絮凝池（反应室）、第二絮凝池（反应室）。从第二絮凝池流出的泥水混合液，在分离室中进行泥水分离。清水向上，泥渣则一部分进入泥渣浓缩室，一部分被吸入喉管重新循环，如此周而复始。原水流量与泥渣回流量之比，一般为(1∶2)～(1∶4)。喉管和喇叭口的高低可用池顶的升降阀调节。

(3) 实验设备

① 澄清池模型。

② 浊度仪。

③ pH 计。

④ 投药设备。

⑤ 玻璃仪器。

⑥ 化学试剂等。

⑦ 混凝剂。

(4) 实验方法与步骤 首先熟悉水力循环澄清池的构造与工作原理，检查其各部件是否漏水。水泵与闸阀等是否完好。

① 在原水中加入较多的混凝剂，若原水浊度较低时，为加速泥渣层的形成，也可加入一些黏土。

② 待泥渣层形成后，参考混凝实验的最佳投加量结果，向原水中投加混凝剂，搅拌均匀后再重新启泵开始运行。

③ 开始进水流量控制在800L/h左右。

④ 根据800L/h流量的运行情况，分别加大或减小进水流量，测出不同负荷下运行时的进出水浊度并计算其去除率。

⑤ 当悬浮泥渣层升高影响正常工作时，从泥渣浓缩室排泥。

⑥ 也可改变混凝剂的投加量，或调节池顶的升降阀来改变原水流量与泥渣回流量的比值，来寻求最优运行工况并记录下来，供今后实验参考。

(5) 实验数据与整理 将实验数据填入表5-3中。

表5-3 数据记录表

序号	原水			投药		浊度			悬浮矾花层的变化情况
	pH值	水温	流量/(L/h)	名称	投加量/(mg/L)	进水	出水	去除率/%	
1									
2									
3									
4									
5									

注：在流量选定时，以清水区上升流速不超过1.1mm/s为宜；如上升流速过大，效果不好。

(6) 思考题

① 矾花悬浮层的作用是什么？应受哪些条件的影响？

② 澄清池与沉淀池有哪些不同之处？它们的主要优缺点有哪些？

5.1.2 过滤实验

5.1.2.1 过滤和反冲洗实验

过滤是具有空隙的滤料层截留水中杂质从而使水得到澄清的工艺过程。砂滤是一种最主要应用于生产实际的水处理工艺，它不仅可以去除水中细小的悬浮颗粒杂质，而且能有效地去除水中的细菌、病菌及有机污染物质，降低水的出水浊度。本实验采用石英砂作为滤料，进行清水、原混水及经混凝后的混水过滤实验及反冲洗实验。

(1) 实验目的

① 掌握清洁滤料时水头损失的变化规律及其计算方法。

② 了解不同原水（清洁水、原混水及经混凝后的混水）过滤时，滤料层中水头损失变化规律的区别及其原因。

③ 深化理解滤速对处理出水水质的影响。

④ 进一步深化理解过滤的基本机理。

⑤ 深入理解反冲洗强度与滤料层膨胀高度之间的关系。

(2) 实验原理

① 过滤 本实验采用单层均匀石英砂滤料进行过滤实验。在过滤过程中，过滤的原水从过滤的上部流入，依次流经滤料层、承托层、配水区及集水区，从滤柱的底部流出。在清水过

滤过程中，主要考察清洁滤料层随过滤速度的变化，其各滤料层的水头损失变化情况。在过滤过程中，滤料层内始终保持清洁状态，因而在同一过滤速度下，各滤料层内的水头损失不随过滤时间的变化而变化；在原混水的过滤过程中，滤料层通过对混水中杂质的机械截留作用而使水中的杂质得到去除，滤料层中的水头损失将随过滤时间的延长而逐渐增加；在经混凝后的混水过滤过程中，水中的杂质主要通过接触絮凝的途径而从水中得以去除，其滤料层中水头损失的变化规律类似于原混水过滤，但其随过滤时间的延长而增加的速度要比原混水过滤时快，而且其出水水质要比前者好。

在过滤过程中，随滤料层截污量的增加，滤层的孔隙度 m 减小，水流穿过砂层缝隙的流速增大，导致滤料层水头损失的增加。均匀滤料层的水头损失（H）可用下式计算：

$$H=\frac{K}{g}\mu\ \frac{(1-m)^2}{m^3}\left(\frac{6}{\psi d_0}\right)2L_0v+\frac{1.75}{g}\times\frac{1-m}{m^3}\left(\frac{1}{\psi d_0}\right)L_0v^2$$

式中 K——无因次数，通常取 4～5；

d_0——滤料粒径，cm；

v——过滤速度，cm/s；

L_0——滤料层厚度，cm；

μ——水的运动黏滞系数，cm^2/s；

ψ——滤料颗粒球形度系数（在 0.8 左右）；

m——滤料层的孔隙度（$m=1-G/V\rho$，其中 G 为滤料重量，V 为滤料层体积，ρ 为滤料的密度）。

上式中第一项为黏滞项，第二项为动力项，根据过滤速度的大小的不同，各项所占的比例也不同。

② 反冲洗 为了保证过滤后的出水水质及过滤速度，过滤一段时间后，需要对滤料层进行反冲洗，以使料层在短时间内恢复其工作能力。反冲洗的方式有多种多样，其原理是一样的。反冲洗开始时，承托层、滤料层未完全膨胀，相当于滤池处于反向过滤状态。当反冲洗强度增加后，可使滤料层处于完全膨胀、流化的状态。为使滤料层中截留的杂质在短时间内彻底清洗干净，必须使滤料层处于完全的膨胀状态。但滤料层的膨胀高度大小与反冲洗所需时间、反冲洗强度及反冲洗的用水量等都有密切的联系。因而，为在短时间、少水量的前提下获得最佳的反冲洗效果，需研究反冲洗强度与滤料层膨胀率之间的关系。根据滤料层膨胀前后的厚度，可用下式计算出滤料层的膨胀率 e：

$$e=\frac{L-L_0}{L_0}\times 100\%$$

式中 L——滤料层膨胀后的厚度，cm；

e——滤料层膨胀率，%。

其余符号同前。

(3) 实验装置与设备

① 实验装置 本实验采用如图 5-7 所示的实验装置。过滤和反冲洗水由水泵提供。

② 实验设备

a. 过滤柱。

b. 转子流量计：LZB-25 型。

c. 测压板：长×宽 3500mm×500m。

d. 测压管：玻璃管 ϕ10mm×1000mm。

e. 量筒：1000mL、100mL。

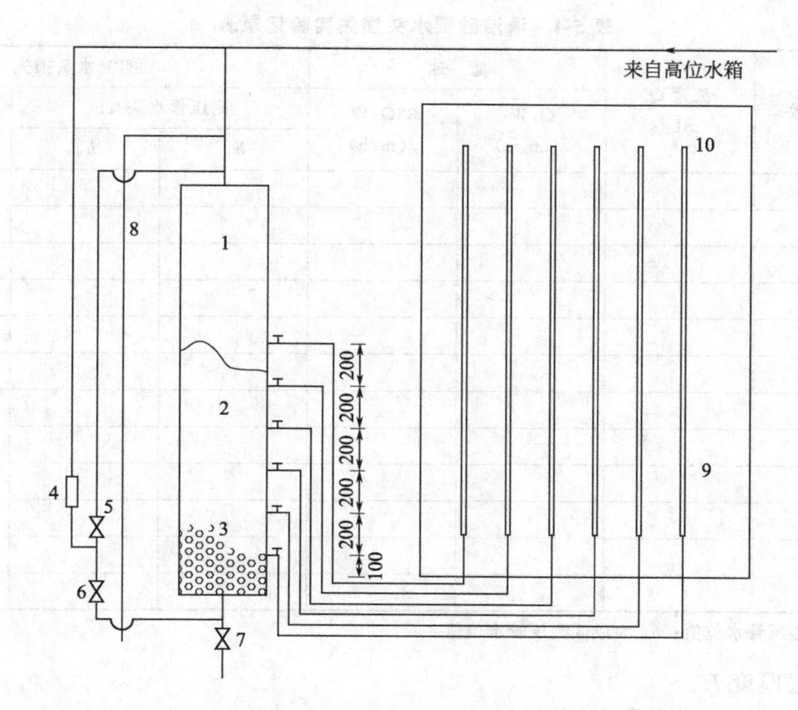

图 5-7　过滤实验装置示意图

1—过滤柱；2—滤料层；3—承托层；4—转子流量计；5—过滤进水阀门；6—反冲洗进水阀门；7—过滤出水阀门；8—反冲洗出水管；9—测压板；10—测压管

f. 容量瓶、比重瓶、干燥器、钢尺、温度计等。

g. 烧杯：250mL、500mL。

h. 温度计（0～50℃）。

i. 卷尺。

j. 秒表。

k. 浊度仪。

(4) 实验方法与步骤

① 实验准备

a. 进出水管的连接检查。

b. 混凝剂（10%）的配制。

c. 浊度仪的校正、调试。

d. 原混水的配制。

e. 测定原混水的浊度。

② 清水过滤实验

a. 开启反冲洗进水阀门 6 冲洗滤层 1min。

b. 关闭反冲洗进水阀门 6，开启过滤进水阀门 5 和过滤出水阀门 7 快滤 5min 使砂面保持稳定。

c. 调节转子流量计，使出水流量约 50L/h，待测压管中水位稳定后，记下滤柱最高和最低两根测压管中水位值。

d. 增大过滤水量，使过滤流量依次为 100L/h、150L/h、200L/h、250L/h、300L/h，分别测出滤柱最高和最低两根测压管中水位值，记入表 5-4 中。

表 5-4 清洁砂层水头损失实验记录表

序号	测定次数	流量 Q /(mL/s)	滤速		实测水头损失		
			Q/W /(cm/s)	$36Q/W$ /(m/h)	测压管水头/cm		$h=h_b-h_a$/cm
					h_b	h_a	
1	1						
	2						
	3						
	平均						
2	1						
	2						
	3						
	平均						
3	1						
	2						
	3						
	平均						

注：h_b 为最高测压管水位值；h_a 为最低测压管水位值。

e. 量出滤层厚度 L。

f. 按步骤 a.～e.，再重复做两次。

③ 滤层反冲洗实验

a. 量出滤层厚度 L_0，慢慢开启反冲洗进水阀门 6，调整反冲洗转子流量计为 250L/h，使滤料刚刚膨胀起来，待滤层表面稳定后，记录反冲洗流量和滤层膨胀后的厚度 L。

b. 开大反冲洗转子流量计，变化反冲洗流量依次为 500L/h、750L/h、1000L/h、1250L/h、1500L/h。按步骤①测出反冲洗流量和滤层膨胀后的厚度 L。

c. 改变反冲洗流量直至砂层膨胀率达 100%为止。测出反冲洗流量和滤层膨胀后的厚度 L，记入表 5-5 中。

d. 按步骤 a.～e.，再重复做两次。

④ 反冲洗时，为了准确地量出砂层厚度，一定要在砂面稳定后再测量。

(5) 实验数据与整理

① 清洁砂层过滤水头损失实验结果整理

a. 将过滤时所测流量、测压水头填入表 5-4 中。

b. 以流量 Q 为横坐标，水头损失为纵坐标，绘制实验曲线。

② 滤层反冲洗实验结果整理

a. 按照反冲洗流量变化情况、膨胀后砂层厚度填入表 5-5。

表 5-5 滤层反冲洗实验记录表

反冲洗前滤层厚度 L_0＝　　　　(cm)

序号	测定次数	反冲洗流量 Q/(mL/s)	反冲洗强度 /(cm/s)	膨胀后砂层厚度 L/cm	砂层膨胀率 $e=\frac{L-L_0}{L_0}$/%
1	1				
	2				
	3				
	平均				

续表

序号	测定次数	反冲洗流量 $Q/(mL/s)$	反冲洗强度 $/(cm/s)$	膨胀后砂层厚度 L/cm	砂层膨胀率 $e=\frac{L-L_0}{L_0}/\%$
2	1				
	2				
	3				
	平均				
3	1				
	2				
	3				
	平均				

b. 以反冲洗强度为横坐标，砂层膨胀度为纵坐标，绘制实验曲线。

(6) 思考题

① 本实验中，滤柱测压管口的间距是相等的。请结合实验结果分析说明在清水过滤过程中，各测压管间的水头损失是相等的，而在原混水的经混凝的原水的过滤过程中各测压管间滤料层的水头损失不同的原因。

② 结合过滤的基本原理，请分析原混水过滤和经混凝的原水过滤过程中，滤料层对水中杂质的去除机理及两者的区别。

③ 试分析在恒水位原混水过滤过程中，为什么当某一进水流量确定之后，随过滤的进行，进水流量计的读数会慢慢下降？

④ 在同一进水流量过滤时，原混水和经混凝后的原水所产生的滤料层的水头损失是否相等？为什么？

⑤ 你认为本实验是否存在什么问题？可做怎么样的改进？

(7) 注意事项

① 反冲洗滤柱中的滤料时，不要使进水阀门开启过大，应缓慢打开以防滤料冲出柱外。

② 在过滤实验前，滤层中应保持一定水位，不要把水放空以免过滤实验时测压管中积存空气。

5.1.2.2 过滤模型实验（重力式无阀滤池实验）

(1) 实验目的

① 通过有机玻璃模型观察实验，加深对无阀滤池工作原理及性能的理解。

② 掌握无阀滤池的运转操作及使用方法。

③ 熟悉各部件的作用、名称及几个主要几何尺寸的设计原理。

(2) 实验原理　一般滤池都有复杂的管道系统，并且有各种控制阀门，操作步骤相当复杂。无阀滤池是利用水力学原理，通过进出水的压差自动控制虹吸产生和破坏，实现自动运行的滤池。

无阀滤池如图5-8所示。原水由泵经过进水管送至高位水箱，经过气水分离器进入滤层自上而下地过滤，滤后水从连通渠进入清（冲洗）水箱。水箱充满后，水从出水箱溢入清水池，滤池运行中，滤层不断截留悬浮物，滤层阻力逐渐增加，因而促使虹吸上升管内的水位不断升高，当虹吸达到虹吸辅助管管口时，水自该管中落下，并且通过抽气管不断将虹吸下降管中的空气带走，使虹吸管内形成真空，发生虹吸作用。则水箱中的水自下而上通过滤层，对滤层进行反冲洗。此时滤池仍在进水，反冲洗开始后，进水和冲洗废水同时经虹吸上升管、下降管排至排水井排出，当冲洗水箱水位下降到虹吸破坏器管口时，空气进入虹吸管，虹吸被破坏，滤池反冲洗结束，

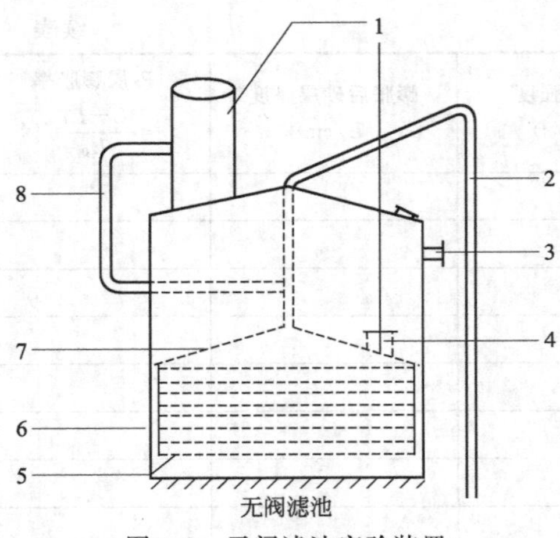

图 5-8 无阀滤池实验装置

1—高位水箱；2—虹吸管；3—出水管；4—破坏器；5—过滤板；6—返冲管；7—锥形罩；8—进水管

此后滤池进水，开始下一周期。

(3) 实验装置与设备 无阀滤池模型如图 5-8 所示。

(4) 实验方法与步骤

① 对照模型及图样熟悉各部件的作用。

② 启动水泵，检查各部分是否漏水、漏气。

③ 按照滤速 8～12m/h 进行过滤实验，启动泵调节转子流量计和阀门使 Q 等于计算值。

④ 运行时观察虹吸上升管的水位情况，连续运行 30min 即可停止。

⑤ 利用人工强制冲洗进行反冲洗实验。

⑥ 列表计算冲洗强度与膨胀率，每组最好做两组平行数据。

(5) 实验数据与整理

将实验数据填入表 5-6 中。

表 5-6 实验数据记录

滤池过滤面积 /m²	滤层高度 /m	作用水头		冲洗总水量 /m³	冲洗时间 /min	膨胀率 e/%
		开始 H	终点 h			

(6) 思考题

① 总结无阀滤池过滤及反冲洗操作方法及注意事项。

② 进水管上气水分离器，为什么不采用 U 形管，它们的主要优缺点是什么？

5.1.3 城市污泥（活性污泥）实验

5.1.3.1 活性污泥性质的测定

活性污泥就是栖息着具有生命活力的微生物群体（细菌、霉菌、原生动物和后生动物）的絮状泥粒。一般为黄色或褐色，相对密度一般为 1.002～1.003(曝气池内)。活性污泥法就是用活性污泥为主体的废水处理方法。它的性质直接影响废水处理的效果，主要包括颗粒松散程度，凝聚、沉降性等，这些都可通过污泥沉降比、污泥浓度和污泥体积指数来表征。

(1) 实验目的 掌握活性污泥性质测定的方法。

(2) 实验原理 略。

(3) 实验设备

① 烘箱或水分快速测定仪。

② 抽滤泵。

③ 布氏漏斗。

④ 分析天平。

⑤ 定性滤纸（无灰）。

⑥ 马弗炉。

⑦ 电炉。

(4) 实验方法与步骤

① 污泥沉降比（SV%） 在曝气池中取混合均匀的混合液 100mL 置于 100mL 量筒中，静

置 30min，观察沉降的污泥所占整个混合液的比例，记下结果。

② 污泥浓度（MLSS）　即单位体积的曝气池混合液中所含污泥的干重，单位为 g/L。

a. 将滤纸在 105℃烘箱或水分快速测定仪中干燥至恒重，称重并记录 m_0。

b. 将该滤纸剪好平铺在布氏漏斗上（注意剪掉的滤纸不要丢掉）。

c. 将测定过沉降比的 100mL 量筒内污泥全部倒入漏斗，过滤（用水冲净量筒，并且将洗涤水也倒入漏斗）。

d. 将载有污泥的滤纸移入烘箱（105℃）或水分快速测定仪中烘干至恒重，称重并记录 m_1。

e. 计算

$$污泥浓度(g/L)=(m_1-m_0)\times 10$$

③ 污泥指数（SVI）　污泥指数全称污泥容积指数，指曝气池混合液经 30min 静沉后，1g 干污泥所占的容积，单位 mL/g。计算式如下：

$$SVI=SV(\%)\times 10/MLSS(g/L)$$

对于一般城市污水，在正常情况下，污泥指数以在 50～150 之间为宜。

④ 污泥灰分和挥发性污泥浓度（MLVSS）　挥发性污泥就是挥发性悬浮固体，它包括微生物和有机物，干污泥经灼烧（600℃）后，剩下的灰分称为污泥灰分。

先将已知恒重的瓷坩埚称重并记录 m_3，再将测定过污泥干重的滤纸和干污泥一并放入瓷坩埚中。在普通电炉上加热炭化，然后在马弗炉内（600℃）烧 40min。取出，放入干燥器内冷却、称重 m_4。

计算式如下：

$$污泥灰分=\frac{m_4-m_3-m_0}{m_1-m_0}$$

$$MLVSS(g/L)=(m_1-m_0)-(m_4-m_3-m_0)$$

在一般情况下，MLVSS（g/L）的比值较固定，对于生活污水处理池的活性污泥混合液，其比值常在 0.75 左右。

采用不同的污泥，重复上述步骤，记下结果，进行比较。

(5) 实验数据与整理　将实验数据整理后填写到表 5-7 中。

表 5-7　实验数据记录

序号	m_0/g	m_1/g	m_3/g	m_4/g	SV	SVI	MLSS	MLVSS
1								
2								
3								

(6) 思考题

① SVI 和 SV 有什么区别与联系？SVI 高说明了什么（从污泥沉降性及组成成分来说明）？

② 对本方法有什么修改建议？

5.1.3.2　活性污泥法动力学系数的测定

活性污泥法是应用最广泛的一种生物处理方法。过去都是根据经验数据来进行设计和运行的，近年来，国内外对活性污泥法动力学方面做了不少研究，这些模式主要是根据生化反应过程中底物降解和微生物增长之间的相互关系建立的。这些模式的建立，为废水生物处理工程设计、运行提供了很多建设性意见。而模式的建立，需要通过动力学实验去确定很多参数。

(1) 实验目的

① 加深对活性污泥法动力学基本概念的理解。

② 了解用间歇进料方式测定活性污泥法动力学系数 a、b 和 K 的方法。

(2) 实验原理　活性污泥法去除有机污染物的动力学模型有多种。在此仅以两个较常见的关系式来讨论如何通过实验确定动力学系数。

①
$$\frac{S_0-S_e}{X_v t}=KS_e$$

式中 S_0——进水有机污染物浓度，以 COD 或 BOD 表示，mg/L；

S_e——出水中有机污染物浓度，mg/L；

X_v——曝气池内挥发性悬浮固体浓度（MLVSS），g/L；

t——水力停留时间，h；

K——有机污染物降解系数，d^{-1}。

②
$$\frac{1}{\theta_c}=\frac{a(S_0-S_e)}{X_v t-b}$$

或
$$\Delta X_v=aQ(S_0-S_e)-bVX_v$$

式中 θ_c——泥龄，d；

a——污泥增长系数，kg/kg；

b——内源呼吸系数（也称衰减系数），d^{-1}。

其余符号同前。

活性污泥法动力学系数的测定，可以在连续进料生物反应器系统或间歇进料生物反应器系统中进行。由于时间关系，本实验只讨论在间歇进料反应器系统中活性污泥法动力学系数的测定。其方法如下。

将污水依次投加到含有活性污泥的反应器内，然后进行曝气，曝气 7h 后排去增殖的污泥，沉淀 0.5～1h 后排去上层清液。重新加入污水并曝气，如此周而复始运行约 2～4 周，便可得到稳定的实验系统。间歇进料的实验系统可以较好地模拟推流型活性污泥法，若用于模拟完全混合型活性污泥法测定动力学系数，所得的结果有一定误差，不如连续进料的实验系统好。

(3) 实验装置与设备

① 实验装置　实验装置由 5 个生物反应器和一台空气压缩机组成，如图 5-9 所示。

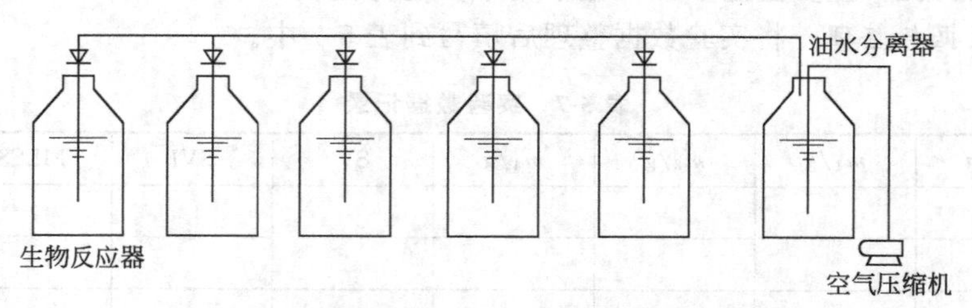

图 5-9　间歇进料生物反应器系统实验装置

② 实验设备

a. 测定 COD 或 BOD 仪器。

b. 空气压缩机、烘箱、分析天平、马弗炉、台秤。

c. 生物反应器（2500mL 小口瓶）、古氏坩埚、漏斗、漏斗架、100mL 量筒、250mL 烧杯等。

(4) 实验试剂　测定 COD 或 BOD 的相关试剂。

(5) 实验方法与步骤

① 从城市污水处理厂取回性能良好的活性污泥。

② 弃去下层含砂的污泥，并且取 200mL 污泥测定 MLSS(每个样品 100mL，做两个平行样品)。

③ 按反应器内混合液体积为 2L 投加活性污泥，使各反应器内的 MLSS 为 1.5～2g/L。

④ 加入自来水至刻度 2L 处。

⑤ 每个反应器内加入 1g 谷氨酸钠。

⑥ 按表 5-8 投加无机盐。

表 5-8 1L 混合液中无机盐含量

成 分	含量/(mg/L)	成 分	含量/(mg/L)
KH_2PO_4	50	$CaCl_2$	15
$NaHCO_3$	1000	$MnSO_4$	5
$MgSO_4$	50	$FeSO_4 \cdot 6H_2O$	3

⑦ 启动空气压缩机进行曝气。

⑧ 曝气 20～22h 后，按泥龄为 10d、5d、3d、2d、1.25d 排去混合液，即分别排去混合液 200mL、400mL、667mL、1000mL、1600mL。

⑨ 静置 0.5～1h，用虹吸去除上层清液。

⑩ 按实验方法与步骤④～⑨进行重复操作，2～4 周实验系统可达到稳定。

⑪ 系统稳定后，测定进水 S_0、反应器内混合液的 MLSS 和 MLVSS、出水 SS 和 S_e，要求每天测定一次，连续测定 1～2 周。

(6) 实验数据与整理

① S_0 与 S_e 的数据整理 将实验中 S_0 与 S_e 的数据填入表 5-9 中。

表 5-9 S_0 与 S_e 的测定结果记录

日期	反应器序号	θ_c/d	空白				S_0				S_e				C/(mol/L)	S_0/(mg/L)	S_e/(mg/L)
			后读数	初读数	差值	水样体积/mL	后读数	初读数	差值	水样体积/mL	后读数	初读数	差值	水样体积/mL			

② 填表 将实验中求的 MLSS 和 MLVSS 相关数据填入表 5-10 中。

表 5-10 MLSS 与 MLVSS 的测定数据记录

滤纸灰分：

日期	反应器序号	θ_c/d	坩埚编号	坩埚重/g	坩埚+滤纸重/g	坩埚+滤纸+污泥重/g	灼烧后坩埚+滤纸+污泥重/g	MLSS/(g/L)	MLVSS/(g/L)

③ 作曲线，求参数 a、b、K 将各项数据填入表 5-11。以 $\frac{S_0-S_e}{X_v t}$ 为横坐标，$\frac{1}{\theta_c}$ 为纵坐标，作图求 a 和 b，以 $\frac{S_0-S_e}{X_v t}$ 为纵坐标，S_e 为横坐标，作图求 K。曲线如图 5-10 和图 5-11 所示。

表 5-11 实验结果汇总表

反应器序号	θ_c	$1/\theta_c$	S_0	S_e	t	X_v	$(S_0-S_e)/X_v t$

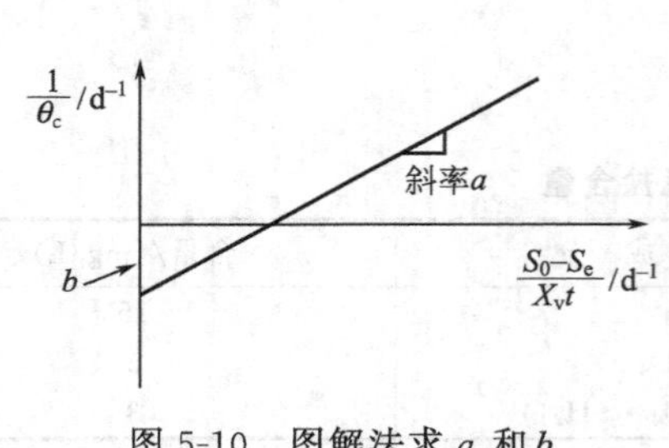

图 5-10 图解法求 a 和 b

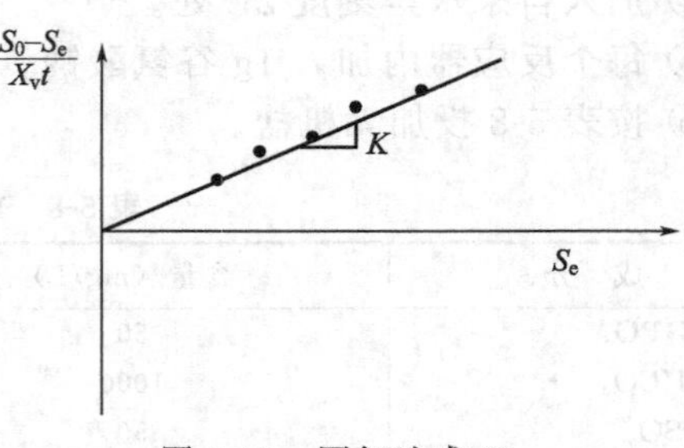

图 5-11 图解法求 K

(7) 思考题

① 如果采用连续进料生物反应器系统，其原理和方法有什么改变？

② 可否用葡萄糖代替谷氨酸钠，其用量有什么改变？

③ 如果污水中存在不可生物降解的物质，实验曲线会发生什么变化？

5.1.3.3 污泥过滤脱水——污泥比阻的测定实验

(1) 实验目的

① 通过实验掌握污泥比阻的测定方法。

② 掌握用布氏漏斗实验选择混凝剂。

③ 掌握确定污泥的最佳混凝剂投加量。

(2) 实验原理 污泥比阻是表示污泥过滤特性的综合性指标，它的物理意义是，单位质量的污泥在一定压力下过滤时在单位过滤面积上的阻力。求此值的作用是比较不同的污泥（或同一种污泥加入不同量的混凝剂后）的过滤性能。污泥比阻越大，过滤性能越差。过滤时滤液体积 V(mL) 与推动力 P(过滤时的压力降，gf/cm^2)、过滤面积 F(cm^2)、过滤时间 t(s) 成正比；而与过滤阻力 R(cm·s^2/mL)、滤液黏度 μ[g/(cm·s)] 成反比。

$$V=\frac{PFt}{\mu R}(\text{mL})$$

过滤阻力包括滤渣阻力 R 和过滤隔层阻力 R_g。而阻力 R 随滤渣层的厚度增加而增大，过滤速度则减少。因此将上式改写成微分形式。

$$\frac{\mathrm{d}V}{\mathrm{d}t}=\frac{pF}{\mu(R_z+R_g)}$$

由于 R_g 比 R_z 相对来说较小，为简化计算，姑且忽略不计。

$$\frac{\mathrm{d}V}{\mathrm{d}t}=\frac{pF}{\mu\alpha'\delta}=\frac{pF}{\mu\alpha C'V/F}$$

式中 α'——单位体积污泥的比阻；

δ——滤渣厚度；

C'——获得单位体积滤液所得的滤渣体积。

如以滤渣干重代替滤渣体积，单位质量污泥的比阻代替单位体积污泥的比阻，则下式可以改写为：

$$\frac{\mathrm{d}V}{\mathrm{d}t}=\frac{pF^2}{\alpha\mu CV}$$

式中，α 为污泥比阻，在 CGS 制中，其量纲为 s^2/g，在工程单位制中，其量纲为 cm/g。在定压下，在积分界线由 0 到 t 及 0 到 V 内对上式积分，可得：

$$\frac{t}{V}=\frac{\mu\alpha C}{2pF^2}V$$

上式说明在定压过滤下，t/V 和 V 成直线关系，其斜率为：

$$b=\frac{b/V}{V}=\frac{\mu\alpha C}{2pF^2}$$

$$a=\frac{2pF^2}{\mu}\times\frac{b}{C}=K\times\frac{b}{C}$$

因此，为求得污泥比阻，需要在实验条件下求出 b 及 C。

b 的求法，可在定压下（真空度保持不变）通过测定一系列的 t-V 数据，用图解法求得斜率。图解法求 b 如图 5-12 所示。

C 的求法，根据所设定义，通过测定一系列的 t-V 数据，用图解法求得。

$C=(Q_0-Q_y)C_d/Q_y$(g 滤饼干重/mL 滤液)

式中　Q_0——污泥量，mL；

Q_y——滤液量，mL；

C_d——滤饼固体浓度，g/mL。

根据液体平衡　$Q_0=Q_y+Q_d$

根据固体平衡　$Q_0C_0=Q_yC_y+Q_d$

式中　C_0——污泥固体浓度，g/mL；

C_y——污泥滤液固体浓度，g/mL；

Q_d——污泥固体滤饼量，mL。

可得　$Q_y=Q_0(C_0-C_d)/(C_y-C_d)$

代入，化简得

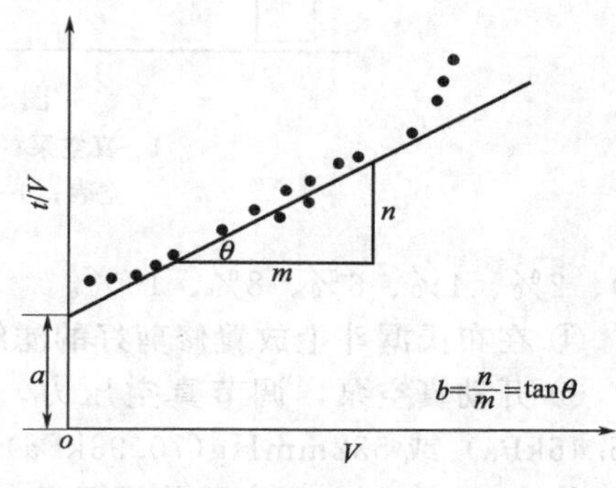

图 5-12　图解法求 b

$$C=C_dC_0/(C_d-C_0)(g/mL)$$

上述求 C 值的方法，必须测量滤饼的厚度方可求得，但在实验过程中测量滤饼厚度是很困难的且不准确，故改用测滤饼含水比的方法，求 C 值。

$$C=\frac{1}{\frac{100-C_i}{C_i}-\frac{100-C_f}{C_f}}(\text{g 滤饼干重/mL 滤液})$$

式中　C_i——100g 污泥中的干污泥量，g；

C_f——100g 滤饼中的干污泥量，g。

例如污泥含水比 97.7%，滤饼含水率 80%。

$$C=\frac{1}{\frac{100-2.3}{2.3}-\frac{100-20}{20}}=0.0260(g/mL)$$

一般认为，比阻在 $10^9\sim10^{10}\,s^2/g$ 的污泥算作难过滤的污泥，比阻在 $(0.5\sim0.9)\times10^9\,s^2/g$ 的污泥算作中等，比阻小于 $0.4\times10^9\,s^2/g$ 的污泥容易过滤。

投加混凝剂可以改善污泥的脱水性能，使污泥的比阻减小。对于无机混凝剂如 $FeCl_3$、$Al_2(SO_4)_3$ 等投加量，一般为污泥干质量的 5%～10%。高分子混凝剂如聚丙烯酰胺，碱式氯化铝等，投加量一般为污泥干质量的 1%。

(3) 实验设备与试剂

① 实验装置　污泥比阻实验装置如图 5-13 所示。

② 烘箱。

③ 秒表、滤纸、布氏漏斗。

④ $FeCl_3$、$Al_2(SO_4)_3$。

(4) 实验方法与步骤

① 测定污泥的含水率，求出其固体浓度 C_0。

② 配制 $FeCl_3$、$Al_2(SO_4)_3$ 混凝剂。

③ 用 $FeCl_3$ 混凝剂调节污泥（每组加一种混凝剂），加量分别为干污泥质量的 0(不加混凝

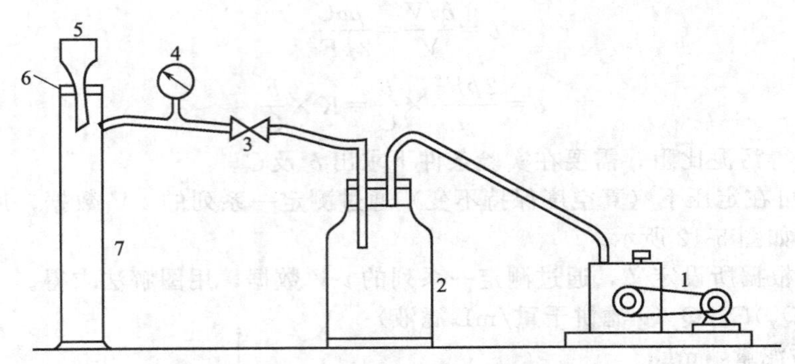

图 5-13 污泥比阻实验装置

1—真空泵；2—吸滤瓶；3—真空调节阀；4—真空表；5—布氏漏斗；6—吸滤垫；7—量筒

剂)、2%、4%、6%、8%、10%。

④ 在布氏漏斗上放置修剪好的滤纸，用水润湿，贴紧底部。

⑤ 开动真空泵，调节真空压力，约比实验压力小 1/3[实验时真空压力采用 266mmHg(35.46kPa) 或 532mmHg(70.93kPa)] 关掉真空泵。

⑥ 加入 100mL 需实验的污泥于布氏漏斗中。开动真空泵，调节真空压力至实验压力；达到压力后，开始启动秒表并记下开动时计量管内的滤液 V_0。

⑦ 每隔一定时间（开始过滤时可每隔 5s 或 10s，滤速减慢后可隔 30s 或 60s）记下计量管内相应的滤液量。

⑧ 一直过滤至真空破坏，如真空长时间不破坏，则过滤 20min 后即可停止。

⑨ 关闭阀门取下滤饼放入称量瓶内称量。

⑩ 称量后的滤饼于 105℃的烘箱内烘干称量。

⑪ 计算出滤饼的含水比，求出单位体积滤液的固体量 C。

⑫ 量取加 $Al_2(SO_4)_3$ 混凝剂的污泥（每组的加量与 $FeCl_3$ 相同）及不加混凝剂的污泥，重复上述步骤进行实验。

(5) 实验数据与整理

① 测定并记录实验参数。

实验日期：

原污泥的含水率及固体浓度 C_0：

实验真空度：

不加混凝剂的滤饼含水率：

加混凝剂的滤饼含水率：

② 将布氏漏斗实验所得数据按表 5-12 记录并计算。

③ 以 t/V 为纵坐标，V 为横坐标，作图求 b。

④ 根据原污泥的含水率及滤饼的含水率求出 C。

⑤ 列表 5-13 计算比阻值 α。

⑥ 以比阻为纵坐标，混凝剂投加量为横坐标，作图求出最佳投加量。

(6) 思考题

① 判断生污泥、消化污泥脱水性能好坏，分析其原因。

② 测定污泥比阻在工程上有什么实际意义？

(7) 注意事项

① 检查计量管与布氏漏斗之间是否漏气。

表 5-12 布氏漏斗实验数据

时间/s	计量管内滤液量 V'/mL	滤液量 $V=V'-V_0$/mL	t/V/(s/mL)	备 注
0	V_0			

② 滤纸称量烘干，放到布氏漏斗内，要先用蒸馏水湿润，而后再用真空泵抽吸一下，滤纸要贴紧不能漏气。

③ 污泥倒入布氏漏斗内时，有部分滤液流入计量筒，所以正常开始实验后记录量筒内滤液体积。

④ 污泥中加混凝剂后应充分混合。

⑤ 在整个过滤过程中，真空度确定后始终保持一致。

表 5-13 比阻值计算表

污泥含水比/%	污泥固体浓度/(g/cm³)	混凝剂用量/mL	lg2=n/m=b/(s/cm⁶)	$K=2PF^2/\mu$						蒸发皿+滤纸重/g	蒸发皿+滤纸滤饼湿重/g	蒸发皿+滤纸滤饼干重/g	滤饼含水比/%	单位体积滤液的固体重 C	比阻值 α/(s²/g)
				布氏漏斗 d/cm	过滤面积 F/cm²	面积平方 F^2/cm⁴	滤液黏度 μ/[g/(cm·s)]	真空压力 p/(gf/cm²)	K 值/s·cm³						

5.1.3.4 活性污泥脱氢酶活性的测定

(1) 实验目的

① 了解什么是脱氢酶。

② 了解为何脱氢酶能反映活性污泥活性。

③ 掌握脱氢酶的测试方法。

(2) 实验原理 有机物在生物处理构筑物中的分解，是在酶的参与下实现的，在这些酶中脱氢酶占有重要的地位，因为有机物在生物体内的氧化往往是通过脱氢来进行的。活性污泥中脱氢酶的活性与水中营养物浓度成正比，在处理污水过程中，活性污泥脱氢酶活性的降低，直接说明了污水中可利用物质营养浓度的降低。此外，由于酶是一类蛋白质，对毒物的作用非常敏感，当污水中有毒物存在时，会使酶失活，造成污泥活性下降。在生产实践中，常常在设置对照组，消除营养物浓度变化影响因素的条件下，通过测定活性污泥在不同工业废水中脱氢酶活性的变化情况来评价工业废水成分的毒性，评价对不同工业废水的生物可降解性。

脱氢酶是一类氧化还原酶，它的作用是催化氢从被氧化的物体（基质 AH）中转移到另一个物体（受氢体 B）上：

$$AH + B \rightleftharpoons A + BH$$

为了定量地测定脱氢酶的活性，常通过指示剂的还原变色速度，来确定脱氢过程的强度。常用的指示剂有 2,3,5-三苯基四氮唑氯化物（TTC）或亚甲基蓝，它们在从氧化状态接受脱氢酶活化的氢而被还原时具有稳定的颜色，即可通过比色的方法，测量反应后颜色深度，来推测脱氢酶的活性。例如：

$$C_6H_5-C{\overset{\displaystyle N-N-C_6H_5}{\underset{\displaystyle N=\underset{\displaystyle Cl}{N}-C_6H_5}{}}} \xrightarrow[+2H^+]{+2e} C_6H_5-C{\overset{\displaystyle N-\overset{\displaystyle H}{N}-C_6H_5}{\underset{\displaystyle N=N-C_6H_5}{}}} + HCl$$

TTC(无色) TF(红色)

(3) 实验设备

① 752 型分光光度计、超级恒温器、离心机（4000r/min）；

② 15mL 离心管、移液管、黑布罩。

(4) 实验试剂

① Tris-HCl 缓冲液（0.05mol/L） 称取三羟甲基氨基甲烷 6.037g，加 1.0mol/L HCl 20mL，溶于 1L 蒸馏水中，pH 值为 8.4。

② 氯化三苯基四氮唑（TTC）(0.2%～0.4%) 称取 0.2g 或 0.4g TTC 溶于 100mL 蒸馏水中，即成 0.2%～0.4%的 TTC 溶液（每周新配）。

③ 亚硫酸钠（0.36%） 称 0.3657g 亚硫酸钠溶于 100mL 蒸馏水中。

④ 丙酮（或正丁醇及甲醇）(分析纯)。

⑤ 连二亚硫酸钠、浓硫酸。

⑥ 生理盐水（0.85%） 称取 0.85g NaCl，溶于 100mL 蒸馏水。

(5) 实验方法与步骤

① 标准曲线的制备

a. 配制 1mg/mL TTC 溶液称取 50.0mg TTC，置于 50mL 容量瓶中，以蒸馏水定容至刻度。

b. 配制不同浓度 TTC 液从 1mg/mL TTC 液中分别吸取 1mL、2mL、3mL、4mL、5mL、6mL、7mL 放入每个容积为 50mL 的一组容量瓶中，以蒸馏水定容至 50mL，各瓶中 TTC 浓度分别为 20μg/mL、40μg/mL、60μg/mL、80μg/mL、100μg/mL、120μg/mL、140μg/mL。

c. 每支带塞离心管内加入 Tris-HCl 缓冲液 2mL＋2mL 蒸馏水＋1mL TTC 液（从低到高浓度依次加入）；对照管加入 2mL Tris-HCl 缓冲液＋3mL 蒸馏水，不加入 TTC，所得每支离心管 TTC 含量分别为 20μg、40μg、60μg、80μg、100μg、120μg、140μg。

d. 每管各加入连二亚硫酸钠 10g，混合，使 TTC 全部还原，生成红色的 TF。

e. 在各管加入5mL丙酮（或正丁醇和甲醇），抽提TF。

f. 在721型分光光度计上，于485nm波长下测光密度。

g. 测绘标准曲线。

② 活性污泥脱氢酶活性的测定

a. 活性污泥悬浮液的制备取活性污泥混合液50mL，离心后弃去上清液，再用0.85%的生理盐水（或磷酸盐缓冲液）补足，充分搅拌洗涤后，再次离心弃去上清液；如此反复洗涤三次后再以生理盐水稀释至原来体积备用。以上步骤有条件时可在低温（4℃）下进行，生理盐水宜预先冷至4℃。

b. 在三组（每组三支）带有塞的离心管内分别加入以下材料与试剂（表5-14）。

c. 样品试管摇匀后置于黑布罩内，立即放入37℃恒温水浴锅内并轻轻摇动，记下时间。反应时间依显色情况而定（一般采用10min）。

d. 对照组试管，在加完试剂后立即加入1滴浓硫酸。另两组试管在反应结束后各加1滴浓硫酸终止反应。

e. 在对照管与样品管中各加入丙酮（或正丁醇和甲醇）5mL，充分摇匀，放入90℃恒温水浴锅中抽提6～10min。

f. 在4000r/min下，离心10min。

g. 取上清液在485nm波长下比色，光密度OD读数应在0.8以下，如色度过浓应以丙酮稀释后再比色。

h. 标准曲线上查TF的产生值，并算得脱氢酶的活性。

在测定中各组试剂加入量见表5-14。

表5-14 脱氢酶活性测定中各组试剂加入量

组别	活性污泥悬浮液/mL	Tris-HCl缓冲液/mL	Na_2SO_3液/mL	基质(或污水)/mL	TTC液/mL	蒸馏水/mL
1	2	1.5	0.5	0.5	0.5	—
2	2	1.5	0.5	—	0.5	0.5
3	2	1.5	0.5	—	—	1.0

(6) 实验数据与整理

① 标准曲线的制备

a. 将标准曲线测定时的数值填入表5-15中。

表5-15 标准曲线OD实测值

TTC/μg	OD值			
	1	2	3	4
20				
40				
60				
80				
100				
120				
140				

b. 根据上表数据以TTC为横坐标，OD值为纵坐标，绘制标准曲线。

② 活性污泥脱氢酶活性的测定

a. 将样品组的 OD 值（平均值）减去对照组 OD 值后，在标准曲线上查 TF 的产生值。

b. 算得样品组（加基质与不加基质）的脱氢酶活性 X［以产生 μg/(mL 活性污泥·h) 表示］：

$$X[\mu g/(mL\ 活性污泥 \cdot h)]=ABC$$

式中 X——脱氢酶活性；

A——标准曲线上读数；

B——反应时间校正值（为 60min/实际反应时间）；

C——比色时稀释倍数。

5.1.3.5 城市污泥的含水率（总悬浮固体浓度 TSS）测定

（1）实验目的

① 了解污泥性质的基本测试指标。

② 掌握城市污泥的含水率（含固率）测定方法。

（2）实验原理 污泥中含有的水分有空隙水、毛细水、吸附水和内部水，其中空隙水最多，占总水分的 70%，污泥的吸附水和内部水占的水分最少，也最难去除，约占 10%。在 103～105℃温度下烘干，可以去除空隙水，保留部分吸附水和内部水。同时，重碳酸盐将转为碳酸盐，而有机物挥发逸出很少。污泥含水率是指在 1atm[1]、103～105℃或在减压情况下于一定温度下干燥至恒重后污泥的失重。

（3）实验仪器 蒸发皿、恒温水浴、分析天平、干燥器。

（4）实验方法与步骤

① 将蒸发皿每次在 103～105℃烘箱中烘 30min，冷却后称重，质量差不超过 0.0005g。

② 准确称取适量的污泥样品于已恒重的蒸发皿中，在恒温水浴上挥发干后移至 103～105℃的烘箱中，继续干燥 2～3h，取出并放入干燥器中冷却，0.5h 后称重。重复以上操作，直到前后两次质量差不超过 0.0028g，即为恒重。

（5）计算

$$污泥含水率(\%)=\frac{W_2-W_1}{W}\times 100\%$$

$$污泥含固率(\%)=1-污泥含水率$$

$$总悬浮固体浓度(mg/L)=\frac{(W_2-W_1)\times 1000\times 1000}{V}$$

式中 W——污泥样品质量，g；

W_1——蒸发皿质量，g；

W_2——烘干后污泥样品和蒸发皿质量，g；

V——污泥体积，mL。

（6）实验数据与整理 将不同的污泥泥样的含水率（含固率）和总悬浮固体浓度数据进行分析，分析不同的污泥来源和不同的污泥性质，导致含水率（含固率）和总悬浮固体浓度的不同。

（7）思考题 城市污水处理厂所产生的初沉池污泥、混合污泥（初沉池污泥和二沉池污泥）和活性污泥的含水率和总悬浮固体浓度有何不同？

5.1.3.6 城市污泥的挥发性有机悬浮固体 VSS（灰分）测定

（1）实验目的

① 了解污泥中的挥发性有机悬浮固体（灰分）的概念。

② 掌握泥中的挥发性有机悬浮固体（灰分）的测试方法。

---

[1] 1atm＝101325Pa。

(2) 实验原理 污泥的挥发性固体为干污泥经过高温灼烧后减少的部分，其主要成分为有机物，而残留的无机部分称为灰分。

(3) 实验仪器 分析天平、蒸发皿、干燥器。

(4) 实验方法与步骤 准确称取在(105±2)℃下恒重的干燥污泥，将其放在600℃电炉上灼烧（烧到不冒烟），再放冷或将温度降到100℃左右。取出放入 (105±2)℃烘箱内烘0.5h，取出后放入干燥器内冷却恒重0.5h，称重得剩余质量。

(5) 计算

$$挥发性有机悬浮固体(\%)=\frac{S_1-S_2}{S_1}\times 100\%$$

$$污泥中灰分含量(\%)=\frac{S_2}{S_1}\times 100\%$$

式中 S_1——干燥污泥质量，g；

S_2——灼烧后灰分的质量，g。

(6) 实验数据与整理 将不同的污泥泥样的挥发性有机悬浮固体和灰分数据进行分析，分析不同的污泥来源和不同的污泥性质，导致含水率（含固率）和总悬浮固体浓度的不同。

(7) 思考题 城市污水处理厂所产生的初沉池污泥、混合污泥（初沉池污泥和二沉池污泥）和活性污泥的挥发性有机悬浮固体和灰分有何不同？是什么原因导致不同？

5.1.4 加压溶气气浮实验

在水污染控制工程中，固液分离是一种十分重要的水处理方法。气浮法即是一种常用于分离水和废水中相对密度小于或接近于1且难以通过自然重力沉淀法去除的细小悬浮颗粒及胶体颗粒的固液分离方法。例如，天然水中藻类及胶体颗粒的去除，工业废水和城市污水中短纤维及石油微粒的去除等。有时还用于去除水和废水中溶解性的污染物质，如表面活性物质和放射性物质等。

由于悬浮颗粒的性质和浓度、微气泡的数量和尺寸等多种因素对气浮效果都有不同程度的影响，因而气浮处理工艺系统的设计运行参数常需通过实验来确定。

(1) 实验目的

① 掌握气浮方法的原理及其工艺流程。

② 深化对加压溶气气浮工艺系统及其各部分的组成、运行过程及其操作和调控要点、溶气水释放的表观特征及浮渣的形成的理解。

(2) 实验原理 近年来，在生产上常用的气浮设备有加压溶气气浮、射流气浮和叶轮气浮。加压溶气气浮法按工艺流程可分为全溶气流程、部分溶气流程和回流溶气流程。其工艺流程如图5-14所示。目前以部分回流加压溶气气浮工艺应用最为广泛。

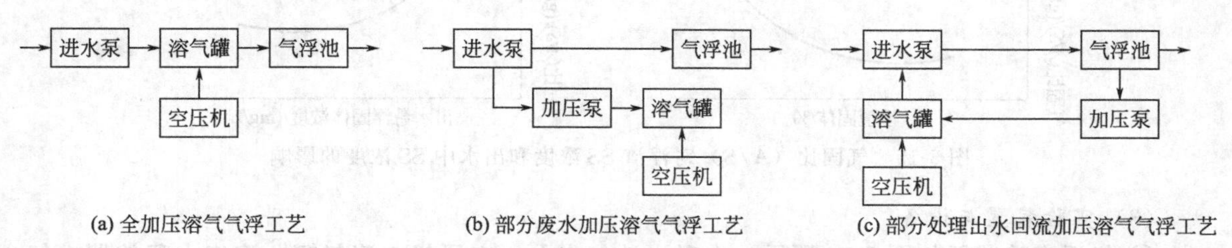

图5-14 加压溶气气浮法三种形式工艺流程

进行气浮时，用水泵将污水抽送至压力为2～4atm的溶气罐中；同时注入加压空气。空气在罐内溶解于加压的清水或经处理后的回流水中，然后使经过溶气的水（溶气水）通过减压阀（或释放器）进入气浮池，此时由于压力突然降低，溶解于加压的清水或经处理后的回流水中的空气便以微细气泡的形式从水中释放出来。微细气泡在上升的过程中附着于经投药混凝后形成的悬浮（絮体）颗粒上，使颗粒的密度减小，上浮到气浮池的表面与水分离，而使杂质从水中得以去除。

由斯托克斯（Stokes）公式 $V=(\rho_{水}-\rho_{颗粒})d^2/18\mu$ 可知，黏附于悬浮颗粒上的气泡越多，颗粒与水的密度之差（$\rho_{水}-\rho_{颗粒}$）就越大，颗粒的上升速度就越快，从而固液分离的效果也越好。水中悬浮颗粒的浓度越高，气浮时所需要的微细气泡量越多，通常以气固比（A/S）表示单位质量悬浮颗粒所需要的空气量。气固比（A/S）与操作压力、悬浮固体的浓度及其性质等有关。对活性污泥进行气浮处理时，气固比（A/S）通常在 0.005～0.6 之间，变化范围较大。气固比可按下式进行计算：

$$A/S=\frac{1.3S_a(fP-1)Q_r}{QS_i}$$

式中 A/S——气固比，g 释放的空气/g 悬浮固体；

S_i——进水悬浮固体浓度，mg/L；

Q_r——回流加压水量，d^{-1}；

Q——处理污水量，d^{-1}；

S_a——某一温度时的空气溶解度（查表 5-16）；

P——绝对压力，Pa，$P=[(p+101.32)/101.32]$；

p——表压，kPa；

f——压力为 P 时空气在水中的溶解系数，通常采用 0.5～0.75；

1.3——1mL 空气的质量，mg。

表 5-16 不同温度下空气溶解度

温度/℃	0	10	20	30
S_a/(mL/L)	29.2	22.8	18.7	15.7

处理出水中的 SS 浓度和浮渣中的 SS 浓度与气固比（A/S）的关系如图 5-15 所示。由图可知，在一定范围内，气浮效果是随气固比（A/S）的增大而提高的，气固比（A/S）越大，出水中的 SS 浓度越低，而浮渣中的 SS 浓度越高。

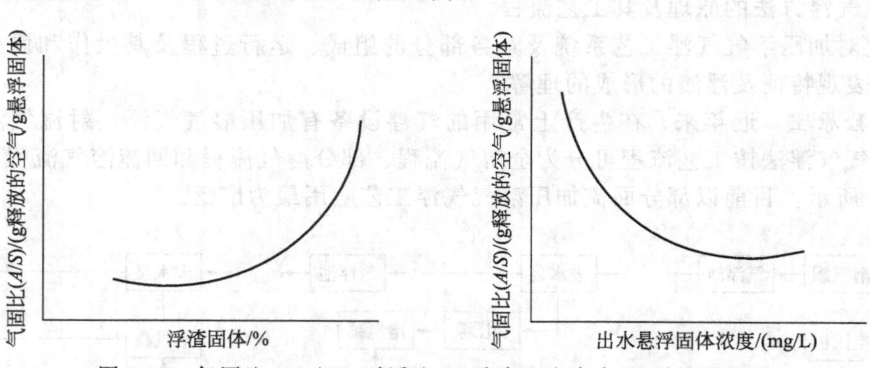

图 5-15 气固比（A/S）对浮渣 SS 浓度和出水中 SS 浓度的影响

（3）实验装置与设备

① 气浮实验装置如图 5-16 所示，由吸水池、水泵、空压机、溶气罐、溶气水释放器、气浮池及混凝投药系统组成。

② 光电式浊度仪。

③ 精密 pH 试纸、100mL 和 1000mL 量筒、500mL 和 1000mL 烧杯、20mL 和 50mL 移液管、温度计。

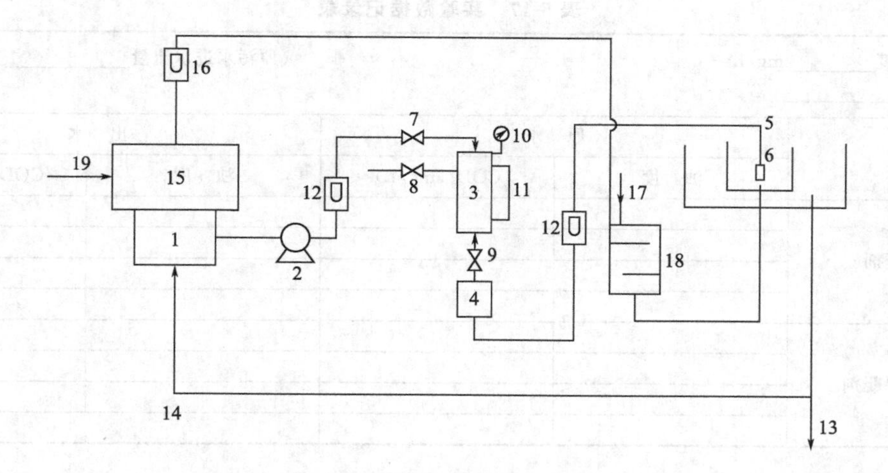

图5-16 部分回流加压溶气气浮实验装置

1—回流加压水吸水池；2—加压水泵；3—溶气罐；4—空压机；5—气浮池；6—释放器；7—进水阀；8—调压阀；9—进气阀；10—压力表；11—水位计；12—流量计；13—出水；14—回流溶气水；15—原水池；16—流量计；17—投加混凝剂；18—混合池；19—原水进水

(4) 实验试剂 10%浓度的硫酸铝混凝剂（化学纯）。

(5) 实验方法与步骤

① 实验准备

a. 仪器设备的调试。

b. 水样的配制。

c. 混凝剂的配制。

② 投加混凝剂的实验演示

a. 测定原污水浊度、COD、温度及pH值。

b. 启动空压机。

c. 启动加压溶气水泵将清洁回流水打入溶气罐。

d. 开启溶气罐进气阀门，并且通过调节调压阀和进水阀门使溶气罐内的压力与液位基本稳定（溶气罐的操作压力宜控制在$3kgf/cm^2$左右）。

e. 开启原水进水泵将原水贮存池中污水打入混合池，同时投加混凝剂。使经快速混合后的水进入气浮池。

f. 打开溶气水出水阀，使溶气水通过释放器向来自混合池的原水中释放出微细气泡并与原水中的SS接触黏附，同时观察气浮过程。

g. 取一定体积出水，测定其浊度和COD。

h. 改变原水水质和溶气水量，重复上述①～⑦步，观察不同的操作条件下的处理效果。

i. 记录实验操作过程，记录测定结果，进行分析。

(6) 实验数据与整理 实验数据填入表5-17中。

(7) 思考题

① 试述气浮处理过程中溶气罐的工作压力对气浮效果的影响。

② 投加混凝剂和不投加混凝剂（其他条件相同）的气浮处理效果有什么差别（定量及定性说明）？为什么？

③ 试根据实验演示操作过程说明释气量、气固比的概念并分析它们对处理效果的影响。

④ 压力溶气气浮主要设备有哪些？完成压力溶气过程的关键是什么？

表 5-17 实验数据记录表

原污水浊度________ mg/L　　　　原污水进水流量__________ m^3/h

水温______________℃

实验方式	原水		出水	
	浊 度	COD/(mg/L)	浊 度	COD/(mg/L)
投加混凝剂				
不投加混凝剂				

5.1.5 曝气设备清水充氧性能测定实验

曝气是活性污泥系统的一个重要环节，它的作用是向池内充氧，保证微生物生化作用所需之氧，同时保持池内微生物、有机物、溶解氧，即泥、水、气三者的充分混合，为微生物的降解创造有利条件。

(1) 实验目的

① 加深理解曝气充氧的机理及影响因素。

② 了解掌握曝气设备清水充氧性能测定的方法。

③ 测定几种不同形式的曝气设备氧的总转移系数 K_{Las}、充氧能力 Q_c 等，并且进行比较。

(2) 实验原理　评价曝气设备充氧能力的方法有两种。

① 不稳定状态下的曝气实验　实验过程中，水样中溶解氧的浓度是变化的，由零到饱和浓度随时间而增加，并且在达到饱和浓度时水中的 DO 保持恒定。

② 稳定状态下的实验　实验过程中，由于水中存在耗氧物质而水中的 DO 浓度保持不变。本实验可用清水或典型的污水在实验室内进行实验，也可在生产运行条件下进行。其原理如下。

用清水（经实验表明，一般实验室自来水存在还原性物质，因而注意使用蒸馏水进行清水试验）和污水进行实验室的曝气实验时，先用无水亚硫酸钠（Na_2SO_3 或氮气）进行消氧（脱氧），使水中的溶解氢降至零，然后进行曝气，直至水中的溶解氧浓度升高到接近饱和的水平。假定在曝气过程中，液体是完全混合的，氧向水中的转移速率符合一级反应动力学，则水中溶解氧 DO 浓度（C）随时间 t 的变化规律可用下式表示：

$$\frac{dC}{dt}=K_{La}(C_s-C)$$

式中 $\frac{dC}{dt}$——氧转移速率，mg/(L·h)；

K_{La}——氧总转移系数，h^{-1}；K_{La}可以认为是一综合系数，其倒数表示使水中的溶解氧由 C 到 C_s 所需的时间，是气液界面阻力和界面面积的函数；

C_s——实验条件下自来水（或污水）的溶解氧饱和浓度，mg/L；

C——某时刻 t 时水中的实际溶解氧浓度，mg/L。

将上式积分得：

$$\ln(C_s-C)=-K_{La}t+常数$$

上式表明，通过实验测得 C_s 和相应于每一时刻 t 时水中的溶解氧 C 值后，绘制 C_s-C 与 t 的关系曲线，其斜率即为 K_{La}，如图 5-17 所示。另一种方法是先作 C-t 关系曲线（图 5-18），再作相

应于不同 C 值的切线得到相应的$\frac{dC}{dt}$值，最后作$\frac{dC}{dt}$与 C 的关系曲线（图 5-19），也可求得 K_{La}值。

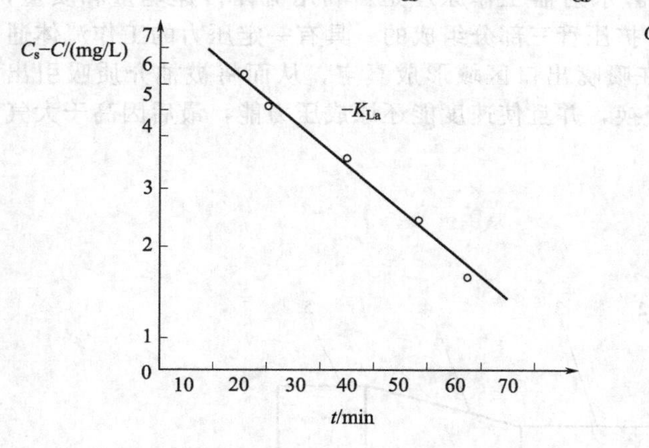

图 5-17　(C_s-C)-t 关系曲线（半对数坐标）

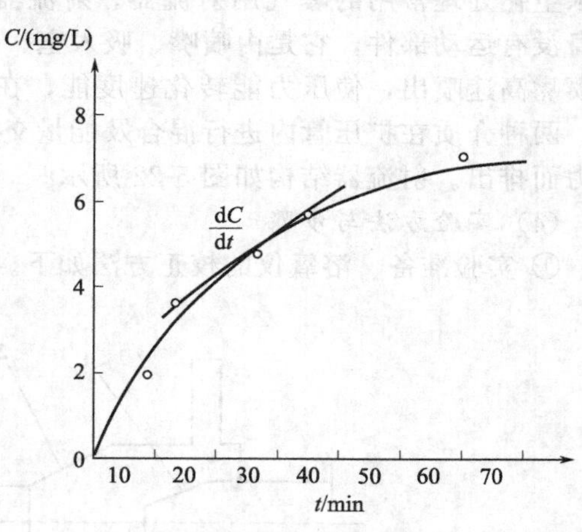

图 5-18　C-t 关系曲线

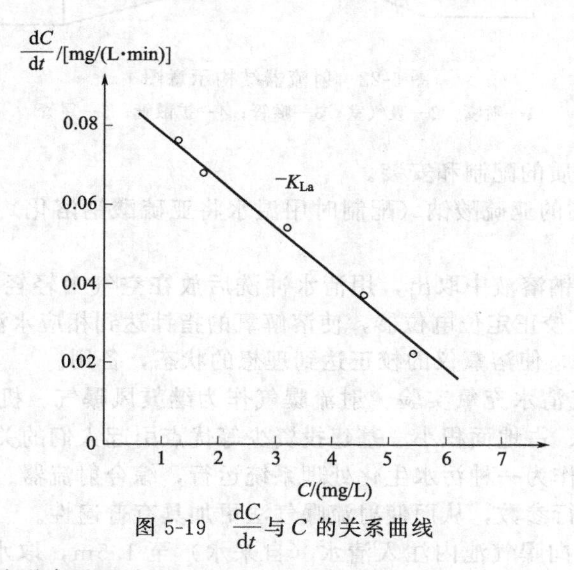

图 5-19　$\frac{dC}{dt}$与 C 的关系曲线

(3) 实验设备　实验设备流程如图 5-20、图 5-21 所示。

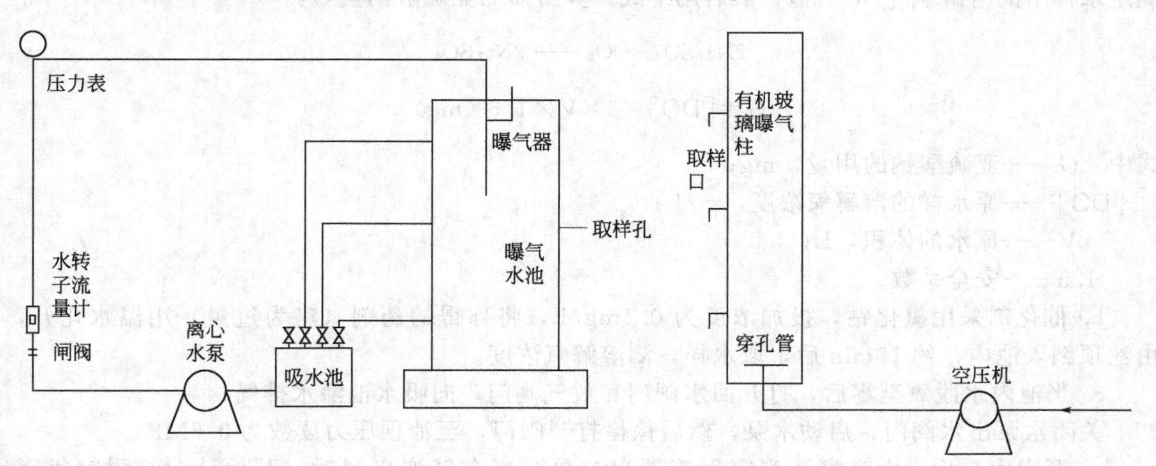

图 5-20　自吸式射流曝气清水充氧实验设备流程　　图 5-21　穿孔管鼓风曝气清水充氧实验设备流程

射流曝气器一般由喷嘴、吸入室、混入室三部分组成，这是一个典型的单喷嘴构造，也是污水生化处理常用的曝气用射流器。射流器/水射器工作原理是：利用流体传递能量和质量，本身没有运动部件，它是由喷嘴、吸入室、扩压管三部分组成的。具有一定压力的工作流体通过喷嘴高速喷出，使压力能转化速度能，在喷嘴出口区域形成真空，从而将被抽介质吸引出来，两种介质在扩压管内进行混合及能量交换，并且使速度能还原成压力能，最后因高于大气压力而排出。射流器结构如图 5-22 所示。

(4) 实验方法与步骤

① 实验准备　溶氧仪的校正方法如下。

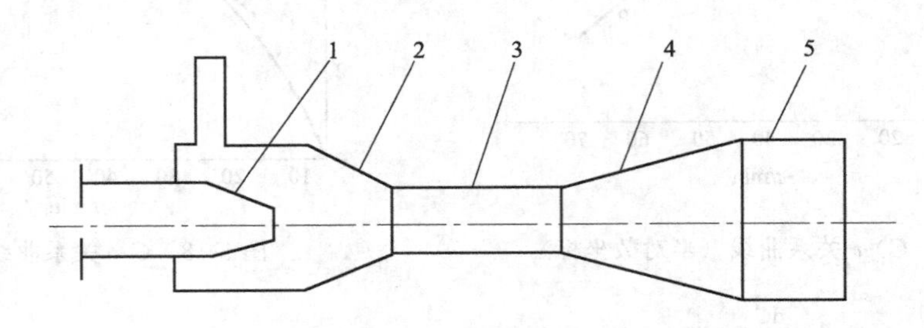

图 5-22　射流器结构示意图

1—喷嘴；2—吸气室；3—喉管；4—扩散管；5—尾管

a. 溶氧仪探头电解质的配制和安装。

b. 将电极浸入 10%的亚硫酸钠（配制时用温水将亚硫酸钠溶化）溶液中，10min 后校正零点。

c. 将电极从亚硫酸钠溶液中取出，用清水冲洗后放在空气中轻轻晃动电极或浸在被空气饱和的饱和水中 5min，校正定位电位器，使溶解氧的指针达到相应水温下的饱和值。

d. 重复②、③两步，使溶氧仪的校正达到理想的状态，备用。

② 自吸式射流曝气清水充氧实验　射流曝气作为继鼓风曝气、机械曝气之后的第三种曝气方式，以其结构简单、占地面积小、基建投资少等优点引起人们的关注。把射流曝气作为一种曝气方法使用，并且作为一种污水生化处理系统运行，综合射流器、池型、工艺配置提出较为合理的设计参数及运行参数，从而使射流曝气法更加具有普遍性。

a. 关闭所有阀门，向曝气池内注入清水（自来水）至 1.5m，取水样测定水中溶解氧值，测定水样中的溶解氧 [DO] 值，然后用下式计算所需的亚硫酸钠量 G：

$$2Na_2SO_3 + O_2 \longrightarrow 2Na_2SO_4$$

$$G = [DO] \times 8 \times V \times 1.5\ (mg)$$

式中 G——亚硫酸钠的用量，mg；

[DO]——原水样的溶解氧浓度，m/L；

V——原水的体积，L；

1.5——安全系数。

b. 催化剂采用氯化钴，投加浓度为 0.1mg/L，将称得的药剂（略为过量）用温水化开，由池顶倒入池内，约 10min 后，取水样，测溶解氧浓度。

c. 当池内水脱氧至零后，打开回水阀门和放气阀门，向吸水池灌水排气。

关闭水泵出水阀门，启动水泵，然后徐徐打开阀门，至池顶压力读数为 0.5MPa。

d. 开启水泵后，由观察孔观察射流器出口处，当有气泡出现时，开始计时，同时每隔 1min(前 3 个间隔)，而后拉长间隔，直至水中溶解氧不再增长，观察曝气时间管内现象和池内现象。

e. 关闭水泵出水阀门，停泵。

③ 穿孔管鼓风曝气清水充氧实验方法与步骤

a. 向柱内注入清水至1.5m，测定溶解氧，计算池内溶解氧。

b. 计算投药量。

c. 投加催化剂。

d. 当池内水脱氧至零后，打开空压机，同时每隔1min（前几个间隔）；而后拉长间隔，直至水中溶解氧不再增长，关闭进气阀门。

e. 观察曝气现象。

f. 关闭空压机。

（5）实验数据与整理

① 实验结果记录　见表5-18和表5-19。

表5-18　水中溶解氧测定记录表

水温______	水样体积______	Na_2SO_3 投加量______
水样初始DO浓度 C_0______	水样饱和DO浓度 C_s______	

表5-19　数据记录

时间	1.0min				2.0min			
	55s	60s	65s	平均DO/(mg/L)	前5s	2.0min	后5s	平均DO/(mg/L)
时间	3.0min				5.0min			
				平均DO/(mg/L)	前5s	5.0min	后5s	平均DO/(mg/L)
时间	7.0min				10.0min			
	前5s	7.0min	后5s	平均DO/(mg/L)	前5s	10.0min	后5s	平均DO/(mg/L)
时间	15.0min				20.0min			
	前5s	15.0min	后5s	平均DO/(mg/L)	前5s	20.0min	后5s	平均DO/(mg/L)
时间	25.0min				35.0min			
	前5s	25.0min	后5s	平均DO/(mg/L)	前5s	35.0min	后5s	平均DO/(mg/L)
时间	40.0min				60.0min			
	前5s	40.0min	后5s	平均DO/(mg/L)	前5s	60.0min	后5s	平均DO/(mg/L)

② 实验数据与整理

a. 氧总转移系数 K_{La}　氧总转移系数 K_{La} 是指在单位传质推动力下，在单位时间、向单位曝气液体中所充入的氧量。它的倒数 $1/K_{La}$ 单位是时间，表示将满池水从溶解氧为零充氧到饱和时所用时间，因此 K_{La} 是反映氧传递速率的一个重要指标。

K_{La} 的计算首先根据实验记录表5-20，按照下式计算：

$$K_{La}=\frac{2.303}{t-t_0}\lg\frac{C_s-C_0}{C_s-C_t}$$

式中 K_{La}——氧总转移系数，min^{-1}或h^{-1}；

t,t_0——曝气时间，min；

C_0——曝气开始时池内溶解氧值，$t_0=0$ 时，$C_0=0$，mg/L；

C_s——曝气池液体饱和溶解氧值，mg/L；

C_t——曝气某一时刻 t 时，池内液体溶解氧浓度，mg/L。

表 5-20 氧总转移系数 K_{La}计算表

$t-t_0$/min	C_t/(mg/L)	C_s-C_t/(mg/L)	$C_s/(C_s-C_t)$	$\lg\frac{C_s}{C_s-C_t}$	$\frac{2.303}{t-t_0}$	K_{La}/min^{-1}

或者是在半对数坐标纸上，以 C_s-C_t 为纵坐标，以时间 t 为横坐标的关系曲线，其斜率即为 K_{La}。

b. 温度修正 清水充氧给出的是标准状态下（1atm，20℃）的氧总转移系数，而实验过程中，实验条件并非 1atm，20℃，故引入修正系数 k。修正后氧总转移系数 K_{Las}为：

$$K_{Las}=k\times K_{La}=1.024^{20-T}\times K_{La}$$

此为经验式，它考虑了水温对水的黏滞性和饱和溶解氧的影响，国内外大多采用此式。

c. 充氧能力 Q_c

$$Q_c=K_{Las}C_s[kg(O_2)/(h\cdot m^3)]$$

式中 C_s——1atm，20℃氧饱和值，$C_s=9.17$mg/L。

（6）思考题

① 论述曝气在生物处理中的作用。

② 曝气充氧原理及影响因素是什么？

③ 氧总转移系数的意义是什么？怎样计算？

（7）注意事项

① 每个实验所用设备、仪器较多，事先必须熟悉设备、仪器的使用办法及注意事项。

② 加药时，将脱氧剂与催化剂用温水化开后，从池顶均匀加入。

③ 无溶解氧测定设备时，在曝气初期，取样时间间隔宜短。

④ 测定饱和溶解氧时，一定要在溶解氧值稳定后进行。

5.1.6 氧化沟实验

（1）实验目的

① 通过实验认识卡鲁塞尔氧化沟法计算机自动控制系统的构造及运行过程。

② 加深对卡鲁塞尔氧化沟法的工艺特征的认识。

（2）实验原理 氧化沟是在传统活性污泥法的基础上发展起来的连续循环完全混合工艺，是用延时曝气法处理废水的一种环形渠道，平面多为椭圆形，总长可达几十米，甚至几百米以上。在沟渠内安装与渠宽等长的机械式表面曝气装置，常用的有转刷和叶轮等。曝气装置一方面对沟渠中的污水进行充氧，另一方面推动污水作旋转流动。氧化沟多用于处理中、小流量的生活污水和工业废水，可以间歇运转，也可以连续运转。

氧化沟工艺的特点如下。

① 氧化沟的沟渠长度较大，污水在氧化沟内停留的时间长，污水的混合效果好。可以不设初沉池，有机悬浮物在氧化沟内能达到好氧稳定的程度。

② 氧化沟的曝气装置具有两个功能：供氧并推动水流以一定的流速循环流动。污泥的 BOD 负荷低，同延时曝气法。对水质和水量的变动有较强的适应性。

③ 污泥龄长，有利于硝化菌的繁殖，在氧化沟内可产生硝化反应；污泥产率低，而且多已达到稳定的程度，不需要再进行硝化处理，可直接进行浓缩脱水。

④ 如采用一体式氧化沟，可不单独设二次沉淀池，使氧化沟与二次沉淀池合建。中间的沟渠连续作为曝气池，两侧的沟渠交替作为曝气池和二次沉淀池，污泥自动回流，节省了二次沉淀池与污泥回流系统的费用。

卡鲁塞尔氧化沟介绍如下。

① 传统的卡鲁塞尔氧化沟工艺　卡鲁塞尔（Carrousel）氧化沟是1967年由荷兰的DHV公司开发研制的。它的研制目的是为满足在较深的氧化沟沟渠中使混合液充分混合，并且能维持较高的传质效率，以克服小型氧化沟沟深较小、混合效果差等缺陷。至今世界上已有850多座Carrousel氧化沟系统正在运行，实践证明该工艺具有投资省、处理效率高、可靠性好、管理方便和运行维护费用低等优点。卡鲁塞尔氧化沟使用立式表面曝气机，曝气机安装在沟的一端，因此形成了靠近曝气机下游的富氧区和上游的缺氧区，有利于生物絮凝，使活性污泥易于沉降，设计有效水深4.0～4.5m，沟中的流速0.3m/s。BOD_5的去除率可达95%～99%，脱氮效率约为90%，除磷效率约为50%，如投加铁盐，除磷效率可达95%。

② 单级卡鲁塞尔氧化沟脱氮除磷工艺　单级卡鲁塞尔氧化沟有两种形式：一种是有缺氧段的卡鲁塞尔氧化沟，可在单一池内实现部分反硝化作用，适用于有部分反硝化要求，但要求不高的场合；另一种是卡鲁塞尔A/C工艺，即在氧化沟上游加设厌氧池，可提高活性污泥的沉降性能，有效控制活性污泥膨胀，出水磷的含量通常在2.0mg/L以下。以上两种工艺一般用于现有氧化沟的改造，与标准的卡鲁塞尔氧化沟工艺相比变动不大，相当于传统活性污泥工艺的A/O和A^2/O工艺。

③ 合建式卡鲁塞尔氧化沟　缺氧区与好氧区合建式氧化沟是美国EIMCO公司专为卡鲁塞尔系统设计的一种先进的生物脱氮除磷工艺（卡鲁塞尔2000型）。它在构造上的主要改进是在氧化沟内设置了一个独立的缺氧区。缺氧区回流渠的端口处装有一个可调节的活门。根据出水含氮量的要求，调节活门张开程度，可控制进入缺氧区的流量。缺氧区和好氧区合建式氧化沟的关键在于对曝气设备充氧量的控制，必须保证进入回流渠处的混合液处于缺氧状态，为反硝化创造良好环境。缺氧区内有潜水搅拌器，具有混合和维持污泥悬浮的作用。在卡鲁塞尔2000型基础上增加前置厌氧区，可以达到脱氮除磷的目的，被称为A^2/O卡鲁塞尔氧化沟。

四阶段卡鲁塞尔Bardenpho系统在卡鲁塞尔2000型系统下游增加了第二缺氧池及再曝气池，实现更高程度的脱氮。五阶段卡鲁塞尔Bardenpho系统在A^2/O卡鲁塞尔系统的下游增加了第二缺氧池和再曝气池，实现更高程度的脱氮和除磷。

综上所述，厌氧、缺氧与好氧合建的氧化沟系统可以分为三阶段A^2/O系统以及四、五阶段Bardenpho系统，这几个系统均是A/O系统的强化和反复，因此这种工艺的脱氮和除磷效果很好，脱氮率达90%～95%。

（3）实验装置与设备

① 计算机控制卡鲁塞尔氧化沟系统。

② 水泵。

③ 水箱。

（4）实验方法与步骤

① 接种　在氧化沟中投加好氧污泥（新鲜好氧脱水污泥也可），并且用COD_{Cr}浓度为1000mg/L的废水将氧化池注满，开动曝气系统，在不进水的情况下连续曝气2天（另外，用粪水连续驯化接种7～10天也可）。

② 连续运行　连续运行可配合厌氧负荷提升进行，直接承接厌氧出水，开动曝气系统连续曝气，同时开动污泥井、污泥泵向氧化池回流污泥，待MLSS达到一定数值后，即可减少污泥回流乃至不进行污泥回流。连续运行阶段每天监测二次沉淀池出水COD_{Cr}、SS及曝气池

中DO浓度、悬浮污泥浓度（MLSS）及污泥沉降比SV_{30}等。控制曝气量，保证氧化池中的溶解氧为2～3mg/L。

（5）实验数据与整理 实验数据记录于表5-21中。

表5-21 氧化沟实验记录表

日期	进水		出水		COD去除率/%	pH	SV_{30}	MLSS
	pH	COD/(mg/L)	pH	COD/(mg/L)				

（6）思考题

① 简述卡鲁塞尔氧化沟和奥贝尔氧化沟的区别。

② 如果对脱氮和除磷有要求，应怎样运行氧化沟？

5.1.7 离子交换实验

近年来，随着离子交换树脂的生产和应用技术的发展，离子交换处理技术在回收和处理工业废水上也日益广泛地得到了应用。它可以去除或交换水中溶解的无机盐、降低水的硬度、碱度和制取无离子水。本实验主要进行Cr^{3+}和Cr^{6+}离子的阴阳离子交换实验。

（1）实验目的

① 加深对离子交换法除盐基本理论的理解。

② 了解并掌握离子交换法实验的运行和操作方法。

③ 学会标准曲线的绘制方法。

④ 熟悉并掌握Cr^{3+}和Cr^{6+}离子的测定方法和过程。

（2）实验原理 污水中的六价铬主要以$Cr_2O_7^{2-}$和CrO_4^{2-}形式存在。三价铬主要以Cr^{3+}形式存在。这些离子和离子交换树脂的反应为：

$$2R—OH + CrO_4^{2-} \rightleftharpoons R_2CrO_4 + 2OH^-$$

$$2R—OH + Cr_2O_7^{2-} \rightleftharpoons R_2Cr_2O_7 + 2OH^-$$

$$3R—H + Cr^{3+} \rightleftharpoons R_3Cr + 3H^+$$

当含六价铬和三价铬的污水与阴离子交换树脂接触时，六价铬被交换，溶液中剩下三价铬。污水与阳离子树脂接触时，三价铬被交换，溶液中剩下六价铬。

在微酸性溶液中，六价铬与二苯碳酰二肼作用生成紫红色化合物，颜色的深浅与含量成正比，可用比色法进行测定。对于三价铬，则可在碱性条件下用高锰酸钾将其氧化成六价铬后进行比色测定。

（3）实验设备

① 分光光度计、阳离子交换柱。

② 100mL烧杯、100mL容量瓶、100mL锥形瓶、50mL比色管、漏斗、移液管、吸球、滤纸、pH试纸。

（4）实验试剂 3%H_2O_2溶液、2mol/L HCl溶液、1%NaOH-9%NaCl混合液、3%$KMnO_4$溶液、1mol/L NaOH溶液、1mol/L H_2SO_4溶液、$AgNO_3$、1+1 H_2SO_4溶液、1+1 H_3PO_4溶液、0.08%二苯碳酰二肼乙醇溶液、Cr^{6+}使用液、Cr^{3+}使用液、MgO粉末。

（5）实验方法与步骤

① 标准曲线的绘制 于6个50mL比色管中依次加入0mL、2mL、4mL、6mL、8mL、10mL Cr^{6+}标准液，用去离子水稀释到40mL左右。加入1+1 H_2SO_4 0.5mL，1+1 H_3PO_4

0.5mL，摇匀。再加入2.5mL 0.08%二苯碳酰二肼乙醇溶液，稀释至刻度，摇匀。10min后用1cm比色皿在分光光度计上于540nm处，以1号标准溶液作空白进行比色测定，读取光密度值。以Cr^{6+}含量为横坐标，光密度值为纵坐标，作标准曲线，或对数据作一元线性回归，得到Cr^{6+}含量-光密度关系的线性方程。

② 阴离子交换

a. 阴离子交换树脂用4倍体积的1%NaOH-9%NaCl混合液淋洗，用去离子水洗至无氯离子（用$AgNO_3$溶液检测）。

b. 在100mL烧杯中加入各25mL的Cr^{6+}使用液和Cr^{3+}使用液，组成50mL的混合液。用1mol/L H_2SO_4溶液调其pH值在2左右（注意不能加过头），加入2g阴离子交换树脂（注意称量要控干水分），连续搅拌30min。

c. 小心移取10mL交换液于50mL比色管中，加入1＋1 H_2SO_4 0.5mL，1＋1 H_3PO_4 0.5mL，摇匀。再加入2.5mL 0.08%二苯碳酰二肼乙醇溶液，用去离子水稀释至刻度，摇匀。10min后以标准溶液作空白进行比色测定，读取光密度值。由标准曲线上查出对应Cr^{6+}含量值，此值乘以5即为阴离子交换液中Cr^{6+}的含量。

d. 再分别移取2mL交换液于2个100mL锥形瓶中，加40mL去离子水，用1mol/L NaOH将其调至碱性。加入3滴3%$KMnO_4$溶液，煮沸到水样剩25mL左右，迅速加入2mL乙醇，继续加热煮沸至溶液为棕色，立即加入少许MgO粉末，摇匀。冷却后用1mol/L H_2SO_4调为中性，过滤到50mL比色管中，用去离子水洗涤滤渣至容积在40mL左右（注意不能加水过多，否则后面无定容）。然后加入1＋1H_2SO_4 0.5mL、1＋1H_3PO_4 0.5mL，摇匀。再加入2.5mL 0.08%二苯碳酰二肼乙醇溶液，用去离子水稀释至刻度，摇匀。10min后以1号标准溶液作空白进行比色测定，读取光密度值。由标准曲线上查出对应Cr^{6+}含量值，此值乘以25即为阴离子交换液中总铬的含量。混合液中Cr^{3+}的含量等于该总铬的含量减去Cr^{6+}的含量。

③ 阳离子交换

a. 在阳离子交换柱中装入15～16cm的阳离子交换树脂，先用2倍树脂体积的3%H_2O_2溶液淋洗，后用2倍体积去离子水淋洗，再用3倍体积的2mol/L HCl淋洗，最后用去离子水洗至无氯离子。

b. 在100mL烧杯中加入各25mL的Cr^{6+}使用液和Cr^{3+}使用液，组成50mL的混合液。用1mol/L H_2SO_4溶液调其pH值为5～6，以3mL/min流速从上向下经过阳离子交换柱，柱下用100mL的容量瓶接取交换液，混合液流完后，再用去离子水将各容器内残留的铬洗入交换柱中，至容量瓶中交换液达到刻度线为止。

c. 取交换液10mL，操作同步骤（2）中的③，测出光密度值后查出对应的Cr^{6+}的含量，此值乘以10即为阳离子交换液中Cr^{6+}的含量。

d. 分别取4mL交换液，加入两个100mL锥形瓶中，操作同步骤（2）中的④，测出光密度值后查出对应的Cr^{6+}的含量，此值乘以25即为阳离子交换液中总铬的含量。阳离子交换液中的Cr^{3+}含量等于该总铬的含量值减去Cr^{6+}的含量。

（6）**实验数据与整理** 实验数据填入表5-22和表5-23中。

表5-22 实验数据记录

实验类别	Cr^{6+}		总铬		Cr^{3+}/(mg/L)
	光密度	含量/(mg/L)	光密度	含量/(mg/L)	
阴离子交换后测得量					
阳离子交换后测得量					

表 5-23 实验数据记录

类别	使用液浓度/(mg/L)	交换后剩余浓度/(mg/L)	处理效率/%
Cr^{6+}			
Cr^{3+}			

(7) 思考题

① 根据本课题所学内容，试举例简要说明目前离子交换法在工业用水和工业废水中的应用。

② 阳离子交换过程中，使用液的流速对交换反应有什么影响？

③ 从实验结果可以推知 pH 值对离子交换法处理废水有什么影响？

④ 阳离子交换过程中，使用液的流速对交换反应有什么影响？

5.1.8 活性炭吸附实验

活性炭吸附处理就是利用活性炭固体表面对水中一种或多种物质的吸附作用，去除异味、某些离子以及难以进行生物降解的有机污染物，从而达到净化水质的目的。根据吸附作用力的不同，可分为物理吸附和化学吸附，一般是两种吸附综合作用的结果。被吸附质的浓度、pH 值、温度以及被吸附质的分散程度等对吸附速度都有一定的影响。

(1) 实验目的

① 掌握间歇和连续吸附操作的基本过程，进一步加深对吸附原理的理解。

② 掌握吸附等温线的绘制方法及对实践操作的指导意义。

(2) 实验原理 吸附是一种物质附着在另一种物质表面的过程，当采用活性炭处理废水时，由于活性炭具有巨大的比表面积，水中的溶解性杂质在活性炭表面聚集而被吸附，同时也有一些被吸附的物质由于分子的运动而离开活性炭表面，重新进入水中，即发生解吸现象，当吸附速度与解吸速度相等，被吸附物质在溶液中的浓度与在活性炭表面的浓度均不发生变化时，吸附达到平衡。平衡时，吸附质在溶液中的浓度称为平衡浓度。单位重量的活性炭吸附溶质的数量（吸附容量）可用下式计算：

$$Q_m=\frac{X}{M},\ X=V(C_0-C)$$

式中 Q_m——吸附容量，mg/g；

C——吸附平衡浓度，mg/L；

C_0——吸附质初始浓度，mg/L；

V——水样体积，L；

M——活性炭投加量，g。

在温度一定的条件下，活性炭的吸附容量随被吸附质平衡浓度的提高而提高。两者之间的变化曲线称为吸附等温线。目前常用 Fruendlich 和 Langmuir 经验式加以表达，本实验采用 Fruendlich 吸附等温式来比较不同条件下活性炭的吸附容量，即：

$$Q_m=KC^{1/n}$$

式中 K——与吸附比表面积、温度有关的系数；

n——与温度有关的常数。

用图解的方法求出 K、n。为了方便易解，将此式变换成对数的形式：

$$\lg Q_m=\lg\frac{C_0-C}{VM}=\lg K+\frac{1}{n}\lg C$$

连续流活性炭的吸附过程同间歇性吸附有所不同，这主要是因为前者被吸附的杂质来不及达到平衡浓度 C，不能直接应用上述公式。这时应对吸附柱进行被吸附杂质泄漏和活性炭耗竭过程实验，也可简单地采用Bohart-Adams关系式：

$$t=\frac{N_0}{C_0V}\left[D-\frac{V}{KN_0}\ln\left(\frac{C_0}{C_B}-1\right)\right]$$

式中 t——工作时间，h；

V——流速，m/h；

D——活性炭层的深度，m；

K——流率常数，$m^3/(kg\cdot h)$；

N_0——吸附容量，kg/m^3；

C_0——入流溶质浓度，kg/m^3；

C_B——出流容许浓度，kg/m^3。

根据入流、出流溶质浓度，可用下式估算活性炭柱吸附层的临界厚度，即保持出流溶质浓度不超过 C_B 的炭层理论厚度。

$$D_0=\frac{V}{KN_0}\ln\left(\frac{C_0}{C_B}-1\right)$$

式中 D_0——临界厚度，其余符号同上面。

(3) 实验装置与设备

① 间歇式吸附仪器与装置 采用三角烧瓶内装有一定数量的活性炭和水进行振荡的方法进行实验操作。主要设备如下。

a. 振荡器（或电动搅拌器）、分光光度计、离心分离机（用于粉末活性炭）。

b. 250mL 和 500mL 三角烧瓶、温度计（0～100℃）、500mL 量筒、5mL 和 10mL 移液管。

c. 活性炭、亚甲基蓝试剂、pH 计（或精密 pH 试纸）、容量瓶（1000mL）。

② 连续流活性炭吸附实验仪器与装置 装置如图5-23所示，仪器及仪表有活性炭柱（有机玻璃管）、水样调配箱、恒位箱、水泵、COD测定仪等。

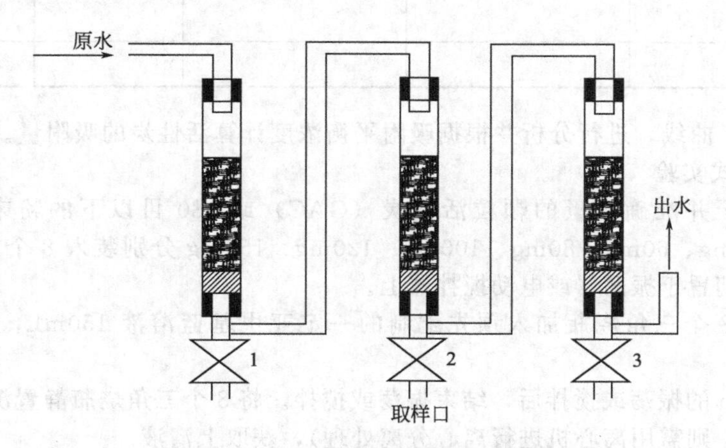

图5-23 连续流活性炭吸附实验装置

(4) 实验方法与步骤

① 间歇式吸附实验方法与步骤

a. 实验准备

(a) 仪器设备的调试

(b) 水样的配制 在分析天平上准确（准确至小数点后四位）称量一定量的亚甲基蓝试剂，用蒸馏水配成较高浓度的亚甲基蓝溶液。将此溶液用容量瓶按一定的比例进行稀释，配成浓度不同的系列溶液。将此系列溶液在分光光度计上进行适合浓度的调试，得出适宜的原水样标准液的浓度值。然后，利用分光光度计对原水样作出标准曲线（浓度-重量）。将此标准浓度的水样贮存备用。

(c) 颗粒或粉末活性炭称量　在分析天平上准确称量经过烘干（烘箱，105℃）的颗粒活性炭或180目以下的粉末活性炭20mg、40mg、60mg、80mg、100mg、120mg、150mg各N份及400mg 8N份（其中N为分组批数），用硫酸纸包装并贮存于干燥器内备用。

b. 吸附动力学实验

(a) 分别将250mL预先配制的一定浓度的亚甲基蓝溶液置于8个500mL的三角烧瓶内。

(b) 将上述8个三角烧瓶置于振荡器上，用紧固器将它们牢牢固定。

(c) 同时向上述8个三角烧瓶加入经烘干并准确称量的颗粒状活性炭400mg。活性炭加入后，将三角烧瓶密封并立即开启振荡器进行剧烈振荡并同时开始计时。

(d) 在5min、10min、15min、20min、25min、40min、60min、90min时各从振荡器上取下一个三角烧瓶。所取下的三角烧瓶立即进行静置沉淀（如采用粉末活性炭，则需要使用离心机进行离心分离处理），取上清液并利用分光光度计测定其出水浓度并加以记录（表5-24）。重复上述过程，直至90min结束时测定所有三角瓶的出水浓度。

表5-24　动力学实验结果记录

杯号	水样体积V/mL	活性炭用量M/mg	振荡时间t/min	吸光λ_m	出水浓度C/(mg/L)
1					
2					
3					
4					
5					
6					
7					
8					

(e) 绘制C-t曲线，进行分析并根据吸附平衡浓度计算活性炭的吸附量。

c. 吸附等温式实验

(a) 将经烘干并准确称量的颗粒活性炭（GAC）或180目以下的粉末活性炭（PAC）0mg、20mg、40mg、60mg、80mg、100mg、120mg、150mg分别装入8个250mL的三角烧瓶中，并且将它们置于振荡器或电动搅拌器上。

(b) 分别向8个三角烧瓶加入预先配制的一定亚甲基蓝溶液150mL，开始振荡并同时计时。

(c) 经90min的振荡或搅拌后，结束振荡或搅拌。将8个三角烧瓶静置沉淀一定时间（若使用粉末活性炭，则需用离心机进行离心分离处理），获取上清液。

(d) 用移液管分别从8个三角烧瓶中移取足量的上清液。分别测定经吸附处理后出水上清液的亚甲基蓝浓度并加以记录（表5-25）。

表5-25　吸附等温式实验结果记录

杯号	水样体积V/mL	活性炭用量M/mg	振荡时间t/min	吸光度λ_m	出水浓度C/(mg/L)
1					
2					
3					

续表

杯号	水样体积 V/mL	活性炭用量 M/mg	振荡时间 t/min	吸光度 λ_m	出水浓度 C/(mg/L)
4					
5					
6					
7					
8					

(e) 绘制吸附等温线，进行计算以确定适用的吸附等温线模式、计算有关常数，并且将实验结果加以分析。

② 连续式吸附实验方法与步骤

a. 了解废水的量和特性，测定废水的 COD、pH、SS、水温等各项指标。

b. 在有机玻璃中装入 500～750mm 高的活性炭。

c. 以每分钟 40～200mL 的流量按降流的方式运行（运行时炭层中不能有气泡）。在所要求的流率范围内，至少要有三种不同的流率。

d. 在每一流速运行稳定后，每隔 10～30min 由各炭柱取样，测定出水 COD，至出水中 COD 浓度达到进水的 0.9～0.95 为止，并且将结果记于表 5-26。

表 5-26　连续流炭柱吸附实验记录

原水浓度			允许出水浓度		
水温		pH		SS	
进水流率		滤速			
炭柱厚	D_1	D_2		D_3	
工作时间 t/h	出水水质				
	1#		2#		3#

(5) 实验数据与整理

① 将实验数据记入表 5-26 中，根据 t-C 关系确定当出水溶质浓度等于 C_B 时各柱的工作时间 t_1、t_2、t_3。

② 根据公式，以时间 t_i 为纵坐标，以炭层 D_i 为横坐标，点绘 T、D 值，直线截距为$[1/(KC_0)]\ln\left(\dfrac{C_0}{C_B}-1\right)$，斜率为 $(N_0/C_0)V$。

③ 将已知 C_0、C_B、V 等值代入，求出已知浓度的废水每一流率的吸附容量 N_0 和流率常数 K。

④ 应用方程确定活性炭柱的临界深度 D_0。

⑤ 按表 5-27 进一步找出不同流率与 K、D_0 和 N_0 之间的关系，并且绘制在一个图中(图5-24)，以供活性炭吸附设备设计时参考。

表 5-27　连续流活性炭吸附实验结果

流速 V/(m/h)	N_0/(mg/L)	K/[L/(mg·h)]	D_0/m

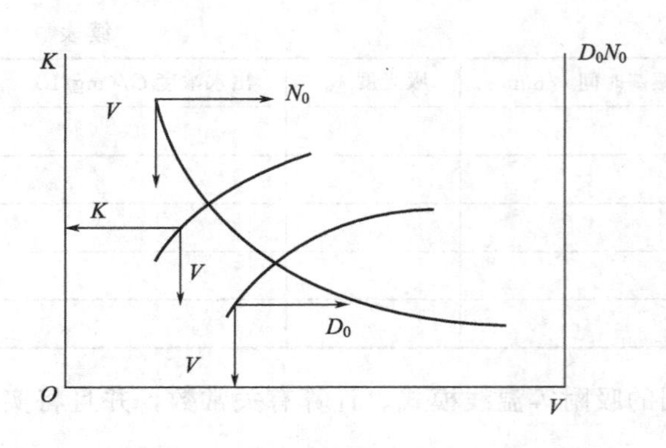

图 5-24 V-N_0、D_0、K 关系曲线

(6) 实验思考题

① 吸附等温式中有关常数值的大小与活性炭的吸附性能有什么关系？

② 间歇吸附与连续吸附相比，吸附容量 Q_m 和 N_0 是否相等？

③ 通过本实验，你对活性炭吸附有何结论性意见？你认为本实验是否可以加以进一步改进？

5.1.9 纳滤与反渗透实验

(1) 实验目的

① 熟悉纳滤、反渗透的基本原理及基本流程。

② 了解纳滤、反渗透过程中的影响因素，如温度、压力、流量及物料分子量等因素对纳滤通量的影响。

③ 了解膜器污染的原因及其对策。

④ 掌握膜分离的实验操作技术，熟悉膜分离技术在环境保护和资源回收方面应用的意义。

(2) 实验原理 膜分离是近数十年发展起来的一种新型分离技术。常规的膜分离是采用天然或人工合成的选择性透过膜作为分离介质，在浓度差、压力差或电位差等推动力的作用下，使原料中的溶质或溶剂选择性地透过膜而进行分离、分级、提纯或富集。通常原料一侧称为膜上游，透过一侧称为膜下游。膜分离法可以用于液-固（液体中的超细微粒）分离、液-液分离、气-气分离以及膜反应分离耦合和集成分离技术等方面。其中液-液分离包括水溶液体系、非水溶液体系、水溶胶体系以及含有微粒的液相体系的分离。不同的膜分离过程所使用的膜不同，而相应的推动力也不同。目前已经工业化的膜分离过程包括微滤（MF）、反渗透（RO）、纳滤（NF）、超滤（UF）、渗析（D）、电渗析（ED）、气体分离（GS）和渗透汽化（PV）等，而膜蒸馏（MD）、膜基萃取、膜基吸收、液膜、膜反应器和无机膜的应用等则是目前膜分离技术研究的热点。膜分离技术具有操作方便、设备紧凑、工作环境安全、节约能量和化学试剂等优点，因此在 20 世纪 60 年代，膜分离方法自出现后不久就很快在海水淡化工程中得到大规模的商业应用。目前除海水、苦咸水的大规模淡化以及纯水、超纯水的生产外，膜分离技术还在食品工业、医药工业、生物工程、石油、化学工业、环保工程等领域得到推广应用。

纳滤是膜分离技术的主要分支。纳滤膜分离和反渗透、纳滤和微滤等膜分离方法一样，是以压力差为推动力的分离过程。图 5-25 是各种渗透膜对不同物质的截留示意图。纳滤膜分离机理的形象说法是“筛分”理论。该理论认为，膜表面具有无数微孔，这些不同孔径的孔眼像筛子一样，截留住直径大于孔径的溶质或颗粒，从而达到分离溶质或颗粒的目的。纳滤膜分离具有无相变、设备简单、效率高、占地面积小、操作方便、能耗少和适应性强等优点。纳滤是介于纳滤与反渗透之间的一种膜分离技术，其截留分子量在 200～1000 范围内，孔径为几纳米，因此称为纳滤。基于纳滤分离技术的优越特性，其在制药、生物化工、食品工业等诸多领域显示出广阔的应用前景。

用反渗透技术可生产出纯净水，但反渗透技术耗能高，产水量低，而且去掉了几乎所有对人体有效力的微量元素。而纳滤技术则只脱除掉形成水硬度的 Ca、Mg 离子，而保留了部分盐类和微量元素。

此外，纳滤还可以脱除掉绝大部分农药、化肥、清洗剂等化工产品残留物，避免其对人体的危害。美国、日本等国已有效地采用纳滤技术脱除了水中 87%～98%的 THM 的前驱物。

最简单纳滤器的工作原理如图 5-26 所示。在一定的压力作用下，当含有高分子溶质（A）

和低分子溶质（B）的混合溶液流过被支撑起来的纳滤膜表面时，溶剂（如水）和低分子溶质（如无机盐类）将透过纳滤膜，作为透过物被收集起来；高分子溶质（如有机胶体）则被滤膜截留而浓缩回收。值得指出的是，若纳滤完全用“筛分”的概念来解释，则非常含糊。在有些情况下，膜孔径大小似乎是物料分离的唯一支配因素。但有时有些膜的孔径既比溶剂分子大，又比溶质分子大，本不应具有截留能力，然而令人意外的是，它却仍具有明显截留溶质的效果。这种截留原理与“筛分”的原理不同，说明纳滤膜材料表面的化学特性起到了决定性的截留作用，因此，比较全面的解释应当是：在纳滤膜分离过程中，膜的孔径大小和膜表面的化学性质等对溶质的截留分别起到各自不同的作用。

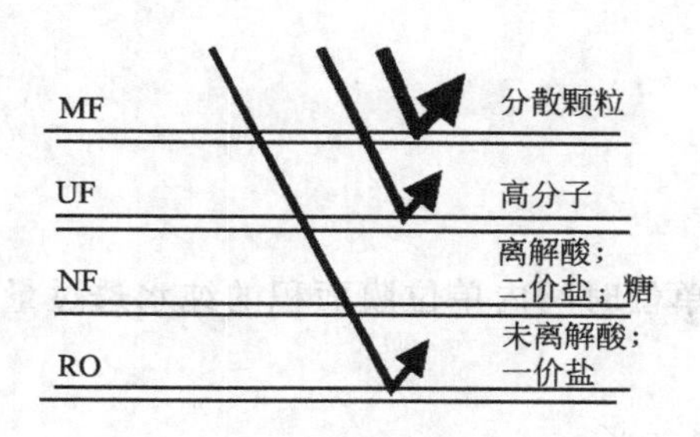

图 5-25　各种渗透膜对不同物质的截留示意图

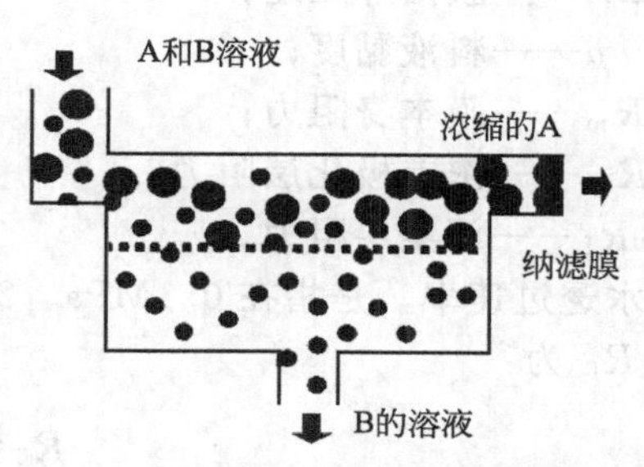

图 5-26　纳滤器工作原理示意图

反渗透是20世纪60年代发展起来的一项新的薄膜分离技术，是依靠反渗透膜在压力下使溶液中的溶剂与溶质进行分离的过程。要了解反渗透法除盐原理，先要了解“渗透”的概念。渗透是一种物理现象，当两种含有不同浓度盐类的水，如用一张半渗透性的薄膜分开就会发现，含盐量少的一边的水分会透过膜渗到含盐量高的水中，而所含的盐分并不渗透，这样，逐渐把两边的含盐浓度融合到均等为止。然而要完成这一过程需要很长时间，这个过程也称为自然渗透。但如果在含盐量高的水侧，试加一个压力，其结果也可以使上述渗透停止，这时的压力称为渗透压力。如果压力再加大，可以使水向相反方向渗透，而盐分剩下。由此，反渗透原理，就是在有杂质的水中（如原水），施以比自然渗透压力更大的压力，使渗透向相反方向进行，把原水中的水分子压到膜的另一边，变成洁净的水，从而达到除去水中杂质的目的，这就是反渗透原理。

(3) **实验装置**　实验装置及流程如图5-27所示。膜面积为$0.5m^2$，适宜流量为20～150L/h。预过滤器为200目不锈钢网过滤器，作用是拦截料液中的不溶性杂质，以保护膜不受阻塞。

本实验将原料料液经泵4输送，经预过滤器7过滤后从下部进入中空纤维纳滤膜组件中，经过膜分离将表面活性剂料液分为两股：一股是透过液——透过膜的稀溶液由流量计计量后回到表面活性剂料液贮罐1；另一股是浓缩液——未透过膜的溶液（浓度高于料液）经转子流量计计量后也回到料液贮罐1。水泵在机器中是至关重要的，它的主要作用是增大原

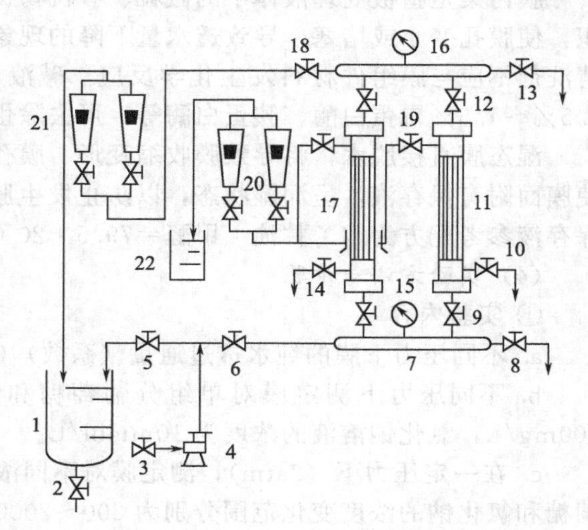

图 5-27　实验流程

1—贮罐；2,3,5,6,8～10,12～14,18,19—阀门；4—输液泵；7—预过滤器；11,17—膜组件；15,16—压强表；20,21—转子流量计；22—接收器

水压力，使水压达到RO膜的正常工作压力即5kgf[1]。

膜组件包括平板式、管式、卷式、中空纤维式等。纳滤膜基本都是不对称膜结构，由致密的皮层和多孔的支撑层构成。在纳滤过程中，被截留物质在膜高压侧的表面上积累，形成由膜表面到溶液主体之间的浓度梯度，导致被截留物质从膜表面向溶液主体扩散，称为浓差极化。纳滤分离高分子等溶液时，如果膜表面溶质浓度超过某一临界值，还将形成凝胶层，使渗透速率显著降低。膜分离透过性能，包括纯水透过速率、截留分子量、截留率等。纳滤膜透过速率 J 可表示为：

$$J=\frac{\Delta P}{\mu(R_{\mathrm{m}}+R_{\mathrm{cp}}+R_{\mathrm{f}})}$$

式中 ΔP——膜内外压差；

μ——料液黏度；

R_{m}——膜本身阻力；

R_{cp}——浓差极化层阻力；

R_{f}——污染层阻力。

纯水透过速率，是指在0.1MPa、25℃条件下，单位时间内单位膜面积的纯水透过量。膜截留率 R_0 为：

$$R_0=\left(1-\frac{C_{\mathrm{P}}}{C_{\mathrm{F}}}\right)\times 100\%$$

式中 C_{P}——透过液浓度；

C_{F}——原液浓度。

在膜制备过程中，纳滤膜表面形成的微孔大小不一，存在一定孔径分布，需要采用不同分子量的蛋白质或聚合物溶液测定截留分子量曲线。

随操作压力增加，透水速率提高。但当压力过高时，由于膜被压密使透水阻力增大，透水速率增加变缓。料液流速过大时，将增大组件压力降，使组件出口部分的膜工作压力过低。膜组件的浓缩水量和透过水量之和等于供给水量。回收比是指透过水量与供给水量之比。通常，中空纤维纳滤组件的回收比为50%～90%，卷式组件为10%～30%。

膜污染是指被处理液体中的微粒、有机物、微生物等大分子溶质在膜表面或膜孔内吸附沉积，使膜孔变小或堵塞，导致透水量下降的现象。膜的清洗方法，包括物理法和化学法。化学清洗剂不应与膜组件材料发生化学反应。碱液可以去除有机污染物和油脂。加酶洗涤剂，如0.5%～1.5%胃蛋白酶、胰蛋白酶等，可去除蛋白质、多糖、油脂等污染物。

湿态膜直接脱水，将导致膜收缩变形、膜孔大幅度缩小和膜结构破坏。保存湿态膜时，应使膜面附有保存液，呈润湿状态，以防止发生膜水解、微生物侵蚀、冻结、收缩变形等现象。保存液参考配方为水：甘油：甲醛＝79.5：20：0.5。纳滤膜长期不使用时，应置于保存液中。

(4) 实验方法与步骤

① 实验内容

a. 不同压力下膜的纯水透过通量（系数）（最大压力1.5MPa）。

b. 不同压力下测定膜对单组分葡萄糖和氯化钠的截留率，实验中葡萄糖的浓度均为200mg/L，氯化钠溶液的浓度为10mmol/L。

c. 在一定压力下（8atm），测定膜对不同浓度下单组分葡萄糖和氯化钠溶液的截留率，葡萄糖和氯化钠的浓度变化范围分别为200～20000mg/L和10～400mmol/L。

d. 在一定压力下测定葡萄糖-氯化钠混合溶液中膜对糖和盐的截留率。

② 实验方法

a. 检查实验系统阀门开关状态，使系统各部位的阀门处于正常运转状态。

---

[1] 1kgf＝9.80665N。

b. 将原料料液加入原料贮罐。

c. 打开阀门，然后开启电源，使泵正常运转。

d. 调节控制阀门，使流速至所需的流速。

e. 待电导率显示稳定后，记录流速、进水压力、出水压力、进水电导率、出水电导率。然后改变流量，重复进行实验，共测定5个流量。实验完毕后即可停泵。

③ 清洗方法：

步骤1：冲洗纳滤膜组件

a. 将原料桶加满纯水，打开阀，启动清洗泵，缓缓开始至全开进行循环清洗，清洗后将系统中的洗水排放尽（参照“浓缩分离”部分的相关操作程序）。一般每次清洗10min。

b. 重复以上步骤至系统较为干净为止。

步骤2：重复上述步骤，用pH<11的碱液清洗，用纯水冲洗。

步骤3：重复上述步骤，用pH>2的酸液清洗后，用纯水冲洗，然后将膜进行封闭保存。

(5) 注意事项

① 开机前，要认真检查管路阀门的启闭状态，保证管路畅通。

② 膜的工作压力不能大于16atm。

③ 在浓缩分离或停泵过程中，膜组件清水侧阀门严禁关闭，以免造成低压系统的压力憋高和产生背压对膜组件形成永久性损伤。

④ 在浓缩过程中，应根据料液温度情况，适时开启冷却水给料液降温，以控制料液温度在40℃以内。

⑤ 离心泵的启动，应严格按泵的启停规程操作，详细内容见说明书中泵的启停及操作规程。

(6) 实验数据与整理

① 反渗透实验结果记录于表5-28中。

表5-28　实验数据记录　　水温：

序号	进水			出水			流出率/%
	流速/(L/h)	压力/MPa	电导率	流速/(L/h)	压力/MPa	电导率	
1							
2							
3							
4							
5							
…							

② 作流出率与出水口压力的关系曲线图，找出流出率与出水口压力的关系。

③ 纳滤实验结果记录于表5-29中。

表5-29　实验数据记录　　水温：

序号	进水			出水			流出率/%
	流速/(L/h)	压力/MPa	电导率	流速/(L/h)	压力/MPa	电导率	
1							
2							
3							
4							
5							
…							

④ 作流出率与出水口压力的关系曲线图，找出流出率与出水口压力的关系。

(7) 思考题

① 比较纳滤、反渗透在分离对象及原理方面有什么不同？

② 超滤组件长期不用时，为什么要加保护液？

③ 在实验中，如果操作压力过高会有什么后果？

④ 提高料液的温度对膜通量有什么影响？

5.1.10 恒压膜过滤实验

(1) 实验目的

① 考察恒压过滤过程中通量的变化。

② 求通量衰减指数。

③ 测定恒压过滤过程中阻力分布。

(2) 实验原理 膜污染是用膜过滤过程中污染阻力来表征的。

根据达西 (Darcy's law) 方程：

$$J=\frac{\Delta P}{\mu R} \quad 及 \quad J=\frac{\Delta V}{A\Delta t}$$

式中 J——膜通量，$L/(m^2 \cdot h)$；

ΔP——膜两侧的压力差，Pa；

μ——透过液黏度，Pa·s；

R——过滤总阻力，m^{-1}；

ΔV——滤液的体积，L；

A——膜表面积，m^2；

Δt——时间，h。

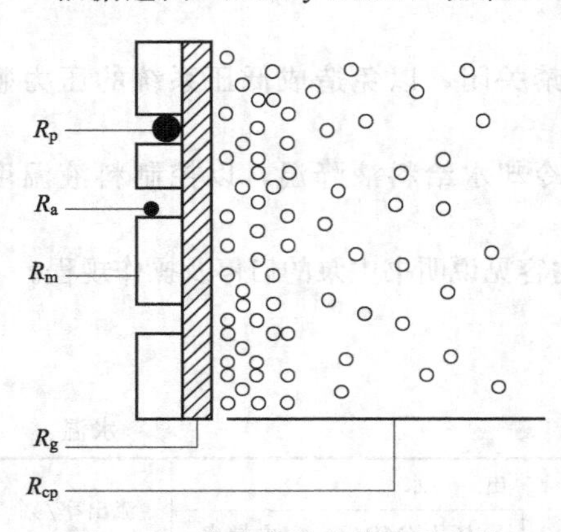

图 5-28 膜过滤阻力分布示意图

R_p 为孔堵塞阻力；R_a 为吸附阻力；R_m 为膜的阻力；R_g 为凝胶层阻力；R_{cp} 为浓差极化阻力

其中，污染阻力是总阻力的一部分。从理论上讲，过滤总阻力 R 包括清洁膜的固有阻力 R_m、过滤过程中的浓差极化阻力 R_{cp}、凝胶层阻力 R_g、堵塞阻力 R_p 和吸附阻力 R_a，如图 5-28 所示。

然而在实际研究中，由于所选用的膜和所过滤的料液特征不同，以及为了建立相应的模型，不同的研究者对除了膜固有阻力以外的其余各项有不同的理解和划分，并且由此产生了对膜污染阻力的不同理解，总结如下。

① 对于膜不完全截留

$$R=R_m+R_p+R_f=R_m+R_p+R_{ef}+R_{if}=R_m+R_c+R_{if}$$

② 对于膜完全截留

$$R=R_m+R_p+R_{ef}=R_m+R_c$$

③ 根据水力清洗

$$R=R_m+R_f=R_m+R_{rf}+R_{irf}$$

式中 R——膜过滤过程中的总阻力；

R_m——清洁膜固有的阻力；

R_p——凝胶极化阻力 (polarization layer resistance)；

R_f——污染阻力 (fouling resistance) ($R_f=R_{ef}+R_{if}$)；

R_{ef}——外部 (external) 污染阻力；

R_{if}——内部 (internal) 污染阻力；

R_c——沉积阻力 (cake resistance) ($R_c=R_p+R_{ef}$)；

R_{rf}——可逆（reversible）污染阻力（包括极化层阻力），代表能够通过水力清洗去除的阻力；

R_{irf}——不可逆（irreversible）污染阻力（不能通过水力清洗消除）。

从以上可以看出，对膜污染阻力的划分还无定论，其中的内部污染是指小于膜孔的物质在膜孔中的堵塞和吸附；外部污染是指固体物质通过物化作用与膜紧密结合所形成的沉积层；凝胶极化阻力只有在膜过滤过程进行时才得以体现。由于凝胶极化阻力与外部污染阻力在实验中难以准确区分，因此很多情况下将其合并考虑为沉积层阻力。

R_c 可进一步表达为：

$$R_c=\alpha M=r_c\delta_c$$

式中　α, r_c——以 m/kg 和 m^{-2} 为单位表示的污泥比阻；

M——沉积层密度，kg/m^3；

δ_c——沉积层厚度，m。

根据 Carman-Kozeny 公式：

$$\alpha=\frac{180(1-\varepsilon)}{\rho_p d_p^2\varepsilon^3}=\frac{1}{P_h\rho_p}=\frac{r_c}{\rho_p}$$

式中　ε——沉积层孔隙率；

ρ_p——沉积层颗粒密度，kg/m^3；

d_p——沉积颗粒平均粒径，m；

P_h——通过沉积层的水力透过性，m^2。

$$\delta_c=\frac{沉积层体积}{膜面积}=\frac{m_p}{\rho_p(1-\varepsilon)A_m}=\frac{M}{\rho_p}$$

式中　m_p——沉积层总干重，kg；

A_m——膜面积，m^2。

所以，有：

$$R_c=r_c\delta_c=\frac{180(1-\varepsilon)^2}{d_p^2\varepsilon^3}\times\frac{m_p}{\rho_p(1-\varepsilon)A_m}=\frac{180(1-\varepsilon)^2}{\rho_p d_p^2\varepsilon^3}\times\frac{m_p}{(1-\varepsilon)A_m}=\alpha M$$

膜污染过程的数学表达介绍如下。

由上一节可知，对于膜的不完全截留，膜污染包括膜孔的堵塞和膜面沉积层的形成；而对于膜的完全截留，则只有膜面沉积层的形成。对于 MBR 而言，由于所过滤的活性污泥混合液是由不同颗粒范围的物质组成，因此在污染过程中必然同时存在膜孔的堵塞和沉积层的形成，一般的过程为：在过滤初期较短的时间内（几分钟），以膜孔的堵塞为主，之后，沉积层控制膜过滤。虽然达西方程可用于描述膜过滤过程，但不能揭示膜污染的规律。本节采用用于非牛顿流体的标准堵塞过滤定律（standard blocking filtration law）和沉积过滤定律（cake filtration law）来表达恒压条件下的终端过滤膜污染过程。

① 标准堵塞过滤定律　利用下式可以判断过滤过程是否受堵塞控制：

$$\frac{K_s t}{2}=\frac{t}{V}-\frac{1}{Q_0}$$

② 沉积过滤定律　由下式可以判断过滤过程是否受沉积层的控制：

$$\frac{K_c V}{2}=\frac{t}{V}-\frac{1}{Q_0}$$

(3) 实验装置与设备

① 实验装置　实验装置如图 5-29 所示。

图 5-29 中过滤反应器是一个容积为 350mL 的有机玻璃杯式滤器，内设磁力搅拌桨，在本实验中用于提供对膜的水力清洗；外加压力通过高压氮气提供；料液从顶部带旋钮的孔中加入；滤

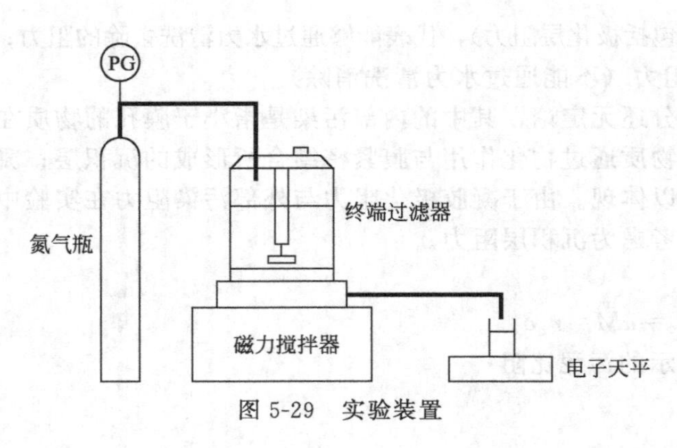

图 5-29 实验装置

液流入电子天平上的容器中，通过检测重力的变化，再折算为体积。试验用膜为PVDF平板膜，其直径为6.5cm，膜面积为0.00332m^2，孔径为0.1～0.2μm。

② 实验设备

a. 终端过滤器、磁力搅拌器、氮气瓶、减压阀、进水蠕动泵、膜抽吸蠕动泵、中空纤维膜组件、控制计算机。

b. 生物反应器（250mm×250mm×400mm）、电子天平。

c. 实验用膜（PVDF）、漏斗、烧杯。

（4）实验方法与步骤

① 膜过滤实验方法　膜过滤实验一方面考察膜通量和总阻力的变化情况，另一方面根据公式分别作过滤定律的公式和沉积过滤定律公式分别作 t-t/V 和 V-t/V 关系图，以此来判断堵塞和沉积作用在膜污染过程的控制情况。实验过程中先用清洁的膜对蒸馏水进行过滤，以测得初始通量（膜通量用 J 表示），然后再对一定体积的污泥混合液进行过滤，从产生滤液开始，每10s记取一次滤液质量 M，过滤时间在40min左右，将滤液质量 M 除以过滤时间可以计算出膜通量。

实验中为了便于比较膜通量，不仅需要避免不同膜片所带来的差异，而且需要考虑（不同阶段实验中）料液温度不同所带来的影响，为此需采用相对通量值，并且将不同温度下测得的过滤通量折算到25℃下的通量值。

相对通量值定义为：J_t/J_0，其中 J_t 为 t 时刻的膜通量，J_0 为清洁膜的纯水通量，该比值扣除了不同膜片之间的差异，因此具有可比性。

J_t/J_0 随过滤时间的衰减趋势可通过公式表示为：

$$J_t/J_0 = At^m$$

式中　A——系数；

m——通量衰减指数，为负值。对通量变化中不同压力下的过滤曲线按上式进行回归，可得到 m 值。

② 阻力系列试验方法　本研究根据公式对膜过滤活性污泥中的各项污染阻力都进行了测定，过程如下。

a. 在一定的压力下，先用清洁膜对蒸馏水进行过滤，通过达西方程计算出膜固有阻力 R_m；

b. 在相同压力下用该膜对活性污泥进行过滤（过滤过程中不搅拌），取最初过滤时（第15s）所得瞬时阻力为总阻力 R；

c. 将活性污泥从过滤器中取出，并且加入等量蒸馏水，在不加压的情况下通过磁力搅拌将膜清洗5min，然后弃掉清洗液，再加入等量的蒸馏水，在相同压力下进行过滤实验，所测得的阻力值从总阻力中扣除，即被认为是凝胶极化阻力 R_p；

d. 之后再将料液倒掉，将膜取出并用脱脂棉擦去膜面沉积物，再将膜重新装好，加入等量蒸馏水，在相同压力下测过滤阻力，该阻力扣除膜固有的阻力即为内部污染阻力 R_i，而将该值从上次所测阻力中扣除即得外部污染阻力 R_e。该测试过程可以通过图5-30来反映。

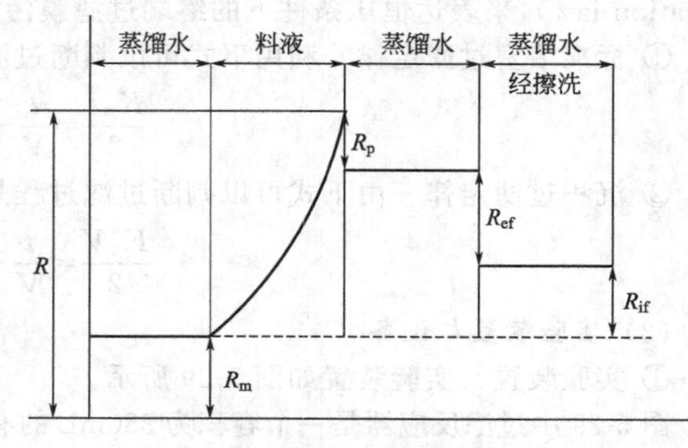

图 5-30 阻力计算示意图

(5) 实验数据与整理

① 测定并记录实验基本参数。

实验日期______年________月________日

压力____________kPa

清水通量________$L/(m^2 \cdot h)$，膜面积=________m^2。

② 膜通量变化测得数据按表5-30和表5-31记录并计算。

表5-30 相同压力、不同时间下滤液质量 M 测定数据记录

T/s	0	15	30	45	60	75	90	105	120	135	150
M/g											
T/s	165	180	195	210	225	240	255	270	285	300	315
M/g											
T/s	330	345	360	375	390	405	420	435	450	465	480
M/g											
T/s	495	510	525	540	555	570	585	600	615	630	645
M/g											

表5-31 压力0.06MPa、0.08MPa、0.1MPa下不同时间的 M 值（滤液质量）

0.06MPa	T_0/s	0	10	20	30	40	50	60
	M/g							
	T_1/s	0	10	20	30	40	50	60
	M/g							
0.08MPa	T_0/s	0	10	20	30	40	50	60
	M/g							
	T_1/s	0	10	20	30	40	50	60
	M/g							
0.1MPa	T_0/s	0	10	20	30	40	50	60
	M/g							
	T_1/s	0	10	20	30	40	50	60
	M/g							

③ 求通量衰减指数 m。将不同压力下求得的通量衰减指数填入表5-32中。

表5-32 压力0.06MPa、0.08MPa、0.1MPa下不同时间的 m 值和相关系数

压力/MPa	0.06	0.08	0.1
m			
R^2			

(6) 思考题

① 通量变化和时间的关系是怎样的?

② 阻力分布和时间的关系是怎样的?

③ 衰减指数和压力的关系是怎样的?

5.2 大气污染控制工程实验

5.2.1 除尘性能测定实验

5.2.1.1 旋风除尘器性能测定

(1) 实验目的　通过实验掌握旋风除尘器性能测定的主要内容和方法，并且对影响旋风除尘器性能的主要因素有较全面的了解，同时掌握旋风除尘器入口风速与阻力、全效率、分级效率之间的关系以及入口浓度对除尘器除尘效率的影响。通过对分组效率的测定和计算，进一步了解粉尘粒径大小等因素对旋风除尘器效率的影响和熟悉除尘器的应用条件。

(2) 实验内容

① 测定或调定除尘器的处理风量。

② 测定除尘器阻力与负荷的关系（即不同入口风速时阻力变化规律或情况）。

③ 测定除尘器效率与负荷的关系（即不同入口风速时除尘效率的变化规律或情况）。

(3) 实验原理

① 空气状态参数测定　旋风除尘器的性能通常是以标准状态（$P=1.013\times10^5$Pa；$T=273$K）来表示的。空气状态参数决定了空气所处的状态，因此可以通过测定空气状态参数，将实际运行的状态的空气换算成标准状态的空气，以便于相互比较。

空气状态参数包括空气的温度、密度、相对湿度和大气压力。

空气的温度和相对湿度可用干湿球温度计直接测得；大气压力由大气压力计测得；干空气密度由下式计算：

$$\rho_g=\frac{P}{RT}=\frac{P}{287\times T}$$

式中　ρ_g——空气密度，kg/m^3；

P——大气压力，kPa；

T——空气温度，K。$T=273+t$，t为空气温度，℃。

实验过程中，要求空气相对湿度不大于75%。

② 除尘器处理风量的测定和计算　由于含尘浓度较高和气流不太稳定的管道内，用毕托管测定风量有一定困难。为了克服管内动压不稳定带来的测量误差，故本实验采用双扭线集流器流量计测定气体流量。该流量计利用空气动压能够转化成静压的原理，将流量计入口气体动压转换成管内气体动压，从而确定管内气体流速和处理气体流量。另外，气体静压比较稳定且有自平均作用，因而测定结果比较稳定、可靠。流量计的流量系数（α）由实验方法测得，通常接近于1。

$$\alpha=\frac{P_d}{|P_s|}$$

式中　P_d——毕托管法测得的管道截面平均动压，Pa；

$|P_s|$——双扭线集流器的静压值，Pa。

管内气体流速（m/s）：

$$v_1=\sqrt{2\times\alpha\frac{P_s}{P_d}}$$

除尘器处理风量（m^3/s）：

$$Q=F_1\times v_1=F_1\times\sqrt{2\times\frac{\alpha P_s}{P_d}}$$

式中　F_1——风管横截面面积，m^2。

除尘器入口气体流速（m/s）按下式计算：

$$v_2=\frac{Q}{F_2}$$

式中 F_2——除尘器入口横截面面积，m^2。

③ 除尘器阻力的测定和计算 由于实验装置中除尘器进出口管径相同，故除尘器阻力可用两点静压差（扣除管道沿程阻力和局部阻力）求得。

$$\Delta P=\Delta H-\sum\Delta h=\Delta H-(R_L\times L+\Delta P_m)$$

式中 ΔP——除尘器阻力，Pa；

ΔH——前后测量断面上的静压差，Pa；

$\sum\Delta h$——测点断面之间的系统阻力，Pa；

R_L——比摩阻，Pa/m；

L——管道长度，m；

ΔP_m——异形接头的局部阻力，Pa。

将 ΔP 换算成标准状态下的阻力 ΔP_N。$\Delta P_N=\Delta P\times\frac{T}{T_N}\times\frac{P_N}{P}$

式中 T，T_N——实验和标准状态下的空气温度，K；

P，P_N——实验和标准状态下的空气压力，Pa。

除尘器阻力系数按下式计算：

$$\xi=\frac{\Delta P_N}{P_{di}}$$

式中 ξ——除尘器阻力系数，无因次；

ΔP_N——除尘器阻力，Pa；

P_{di}——除尘器内入口截面处动压，Pa。

④ 除尘器进、出口浓度计算

$$C_j=\frac{G_j}{Q_j\tau}$$

$$C_z=\frac{G_j-G_z}{Q_z\tau}$$

式中 C_j，C_z——除尘器进、出口气体的含尘浓度，g/m^3；

G_j，G_z——发尘量、除尘量，g；

Q_j，Q_z——除尘器进、出口空气量，m^3/s；

τ——发尘时间，s。

⑤ 除尘器效率计算

$$\eta=\frac{G_z}{G_j}\times100\%$$

式中 η——除尘效率，%。

⑥ 分级效率计算

$$\eta_i=\frac{\eta G_{zi}}{G_{ji}}\times100\%$$

式中 η_i——粉尘某一粒径范围的分级效率，%；

G_{zi}——除尘某一粒径范围的质量分数，%；

G_{ji}——发尘某一粒径范围的质量分数，%。

(4) 实验装置 实验装置主要由测试系统、实验除尘器、发尘装置三部分组成，如图5-31所示。流量用孔板测定，在除尘器及管路密封良好的情况下，也可以在出口管道用毕托管测定。为

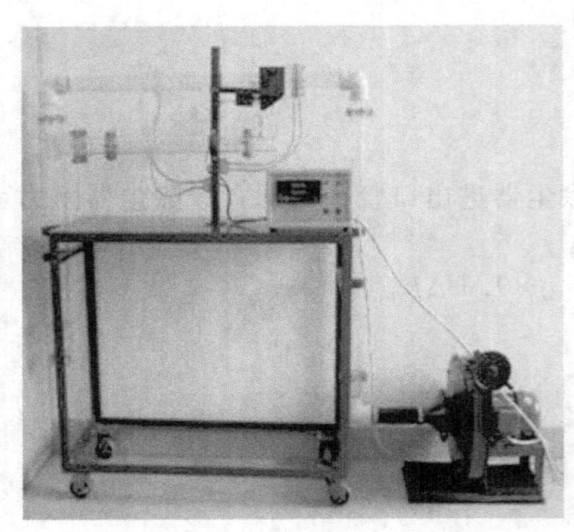
图 5-31 实验台测试系统示意图

保证除尘器前、后两测压断面取压的准确性，除尘器前、后测点与除尘器进、出口之间均分别有一定长度的直管段。前测点距除尘器进口不少于管径的 6 倍，后测点距除尘器的出口不少于管径的 10 倍。

(5) 实验方法及步骤

① 风量的测定和调定

a. 测定室内空气干、湿球温度和相对湿度及空气压力，按公式计算管内的气体密度。

b. 启动风机。

测定除尘器风量时，首先用微压计测定孔板流量及所处的负压值，然后利用公式即可求得，并且可计算出断面的平均动压值。

本实验在测定除尘器的阻力、除尘效率与负荷的关系时，建议采用的除尘器进行风速（v_i）分别为 12m/s、15m/s、18m/s、21m/s。根据除尘器的流量测试方法和相应尺寸可以计算在上述进口风速下的实验风量。反求出相应的 P_d 值以及微压计的控制读值。调节风机入口阀门的开度，使入口流量管处的微压计读值达到该控制值。此时，实验风量和进口风速即已调定为要求值。

② 除尘器阻力的测定

a. 用 U 形压差计测量断面间的静压差（ΔH）。

b. 量出测量断面间的直管长度（L）和异形接头的尺寸，求出测量断面间的沿程阻力和局部阻力。

c. 按对应公式计算除尘器的阻力。

③ 除尘器效率的测定

a. 用天平测出发尘量（G_j）。

b. 通过发尘装置均匀地加入发尘量（G_j），记下发尘时间（τ），计算出除尘器入口气体的含尘浓度（C_j）。

c. 称出收尘量（G_z），计算出除尘器出口气体的含尘浓度（C_z）。

d. 计算出除尘器的全效率（η）。

e. 根据发尘和收尘的质量分数，计算除尘器的分级效率（η_i）。

(6) 实验数据与整理

① 除尘器处理风量的测定　数据记录见表 5-33。

实验时间______年______月______日；空气干球温度______℃；空气湿球温度______℃；空气相对湿度______%；空气压力______Pa；空气密度______kg/m³。

表 5-33 数据记录

测定次数	微压计读数			微压计 K 值	静压 $P_s=K\Delta Lg$ /Pa	流量系数 α	管内流速 v_1 /(m/s)	风管横截面面积 F_1/m²	风量 Q /(m³/h)	除尘器进口面积 F_2/m²	除尘器进口气速 v_2/(m/s)
	初读 L_1 /mm	终读 L_2 /mm	实际 $\Delta L=L_1-L_2$ /mm								
1											
2											
3											
4											
5											
6											

② 除尘器阻力的测定 数据记录见表5-34。

表5-34 数据记录

测定次数	微压计读数			微压计K值	测量断面间的静压差 ΔH/Pa	比摩阻 R_L	直管长度 L/m	管内平均动压 P_d/Pa	管间总阻力系数 $\sum\xi$	局部阻力 ΔP /MPa	除尘器阻力 ΔP	除尘器标况下的阻力 ΔP_N	进口截面处动压 P_{DI}	除尘器阻力系数 ξ
	初读 L_1 /mm	终读 L_2 /mm	实际 $\Delta L=L_1-L_2$ /mm											
1														
2														
3														
4														
5														
6														

③ 除尘器效率测定 数据记录见表5-35。

表5-35 数据记录

测定次数	发尘量 G_j	发尘时间 τ	进口气体含尘浓度 C_j	收尘量 G_z	出口气体含尘浓度 C_z	除尘器全效率 η/%
1						
2						
3						
4						
5						
6						

以 v_2 为横坐标，η 为纵坐标；以 v_2 为横坐标，ΔP_N 为纵坐标，将上述实验结果绘制成曲线。

(7) 实验结果讨论

① 为什么采用双扭线集流器流量计测定气体流量，而不采用毕托管？

② 通过实验，对旋风除尘器全效率 η 和阻力 ΔP_N 随入口气速变化规律得出什么结论？它对除尘器的选择和运行使用有什么意义？

5.2.1.2 袋式除尘性能测定

(1) 实验目的 通过本实验，进一步提高对袋式除尘器结构形式和除尘机理的认识；掌握袋式除尘器主要性能的实验方法；了解过滤速度对袋式除尘器压力损失及除尘效率的影响。

(2) 实验原理 袋式除尘器性能与其结构形式、滤料种类、清灰方式、粉尘特性及其运行参数等因子有关。本实验是在其结构形式、滤料种类、清灰方式和粉尘特性已定的前提下，测定袋式除尘器主要性能指针，并且在此基础上，测定运行参数 Q、v_F 对袋式除尘器压力损失（ΔP）和除尘效率（η）的影响。

① 处理气体流量和过滤速度的测定和计算

a. 动压法测定 测定袋式除尘器处理气体流量（Q），应同时测出除尘器进出口连接管道中的气体流量，取其平均值作为除尘器的处理气体量（m^3/s）：

$$Q=\frac{1}{2}(Q_1+Q_2)$$

式中 Q_1，Q_2——袋式除尘器进、出口连接管道中的气体流量，m^3/s。

除尘器漏风率δ(%) 按下式计算:

$$\delta=\frac{Q_1-Q_2}{Q_1}\times 100$$

一般要求除尘器的漏风率小于±5%。

b. 过滤速度的计算 若袋式除尘器总过滤面积为F,则其过滤速度v_F按下式计算:

$$v_F=\frac{60Q_1}{F}$$

② 压力损失的测定和计算 袋式除尘器压力损失(ΔP)为除尘器进、出口管中气流的平均全压之差。当袋式除尘器进、出口管的断面面积相等时,则可采用其进、出口管中气体的平均静压之差(Pa)计算,即:

$$\Delta P=P_{S1}-P_{S2}$$

式中 P_{S1}——袋式除尘器进口管道中气体的平均静压,P;

P_{S2}——袋式除尘器出口管道中气体的平均静压,Pa。

袋式除尘器的压力损失与其清灰方式和清灰制度有关。本实验装置采用手动清灰方式,实验应在固定清灰周期(1~3min)和清灰时间(0.1~0.2s)的条件下进行。当采用新滤料时,应预先发尘运行一段时间,使新滤料在反复过滤和清灰过程中,残余粉尘基本达到稳定后再开始实验。

考虑到袋式除尘器在运行过程中,其压力损失随运行时间产生一定变化。因此,在测定压力损失时,应每隔一定时间,连续测定(一般可考虑五次),并且取其平均值作为除尘器的压力损失(ΔP)。

③ 除尘效率的测定和计算 除尘效率(%)采用质量浓度法测定,即采用等速采样法同时测出除尘器进、出口管道中气流平均含尘浓度C_1和C_2,按下式计算:

$$\eta=\left(1-\frac{C_2Q_2}{C_1Q_1}\right)\times 100$$

由于袋式除尘器除尘效率高,除尘器进、出口气体含尘浓度相差较大,为保证测定精度,可在除尘器出口采样中,适当加大采样流量。

④ 压力损失、除尘效率与过滤速度关系的分析测定 为了求得除尘器的v_F-η和v_F-ΔP性能曲线,应在除尘器清灰制度和进口气体含尘浓度(C_1)相同的条件下,测定出除尘器在不同过滤速度(v_F)下的压力损失(ΔP)和除尘效率(η)。

脉冲袋式除尘器的过滤速度一般为2~4m/min,可在此范围内确定5个值进行实验。过滤速度的调整,可通过改变风机入口阀门开度,利用动压法测定。

考虑到实验时间的限制,可要求每组学生各完成一种过滤速度的实验测定,并且在实验数据整理中将各组数据汇总,得到不同过滤速度下的ΔP和η,进而绘制出实验性能曲线v_F-η和v_F-ΔP。当然,应要求在各组实验中,保持除尘器清灰制度固定,除尘器进口气体含尘浓度(C_1)基本不变。

为保持实验过程中C_1基本不变,可根据发尘量(S)、发尘时间(τ)和进口气体流量(Q_1),按下式估算除尘器入口含尘浓度C_1(g/m³):

$$C_1=\frac{S}{\tau Q_1}$$

(3) 实验装置与仪器

① 实验装置 袋式除尘器性能实验装置如图5-32所示。

本实验选用自行加工的袋式除尘器。该除尘器共5条滤带,总过滤面积为1.3m²。实验滤料可选用208工业涤纶绒布。除尘器采用机械振打清灰方式。

除尘系统入口的喇叭形均流管处的静压测孔用于测定除尘器入口气体流量,也可用于在实验过程中连续测定和检测除尘系统的气体流量。

通风机入口前设有阀门，用来调节除尘器处理气体流量和过滤速度。

② 实验仪器

a. 干湿球温度计。

b. 空盒式气压表 DYM3。

c. 钢卷尺。

d. U形管压差计。

e. 倾斜微压计 YYT-200 型。

f. 毕托管。

g. 烟尘采烟管。

h. 烟尘测试仪 SYC-1 型。

i. 秒表。

j. 分析天平，TG-328B 型，分度值 1/1000g。

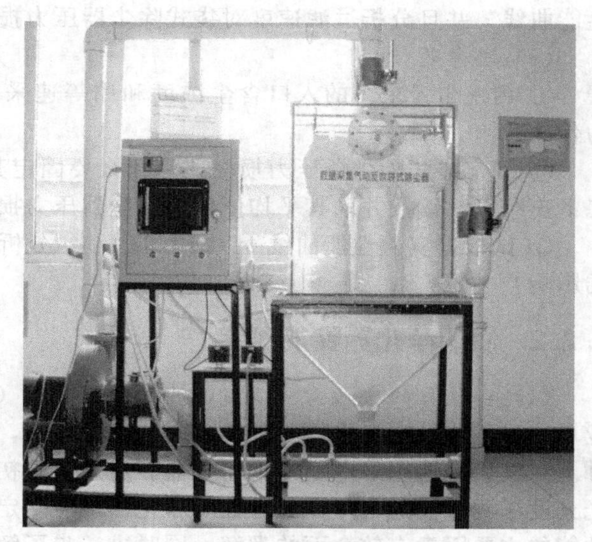

图 5-32 袋式除尘器性能实验装置

k. 托盘天平，分度值为 1g。

l. 干燥器。

m. 鼓风干燥箱，DF-206 型。

n. 超细玻璃纤维无胶滤筒。

(4) 实验方法和步骤 袋式除尘器性能的测定方法和步骤如下。

① 测量记录室内空气的干球温度（即除尘系统中气体的温度）、湿球温度及相对湿度，计算空气中水蒸气体积分数（即除尘器系统中气体的含湿量）。测量记录当地的大气压力。记录袋式除尘器型号规格、滤料种类、总过滤面积。测量记录除尘器进出口测定断面直径和断面面积，确定测定断面分环数和测点数，做好实验准备工作。

② 将除尘器进出口断面的静压测孔与U形管压差计连接。

③ 将发尘工具和滤筒的称重准备好。

④ 将毕托管、倾斜压力计准备好，待测流速、流量用。

⑤ 清灰。

⑥ 启动风机和发尘装置，调整好发尘浓度，使实验系统达到稳定。

⑦ 测量进出口流速和测量进出口的含尘量，进口采样 1min，出口 5min。

⑧ 隔 5min 后重复上面测量，共测量三次。

⑨ 采样完毕，取出滤筒包好，置入鼓风干燥箱烘干后称重。计算出除尘器进、出口管道中气体含尘浓度和除尘效率。

⑩ 实验结束。整理好实验用的仪表、设备。计算、整理实验资料，并且填写实验数据与整理。

(5) 实验数据与整理

① 处理气体流量和过滤速度 记录和整理数据。按公式计算除尘器处理气体量，按公式计算除尘器漏风率，按公式计算除尘器过滤速度。

② 压力损失 记录和整理数据。按公式计算压力损失，并且取五次测定数据的平均值（ΔP）作为除尘器压力损失。

③ 除尘效率 除尘效率测定数据记录和整理。除尘效率按公式计算。

④ 压力损失、除尘效率与过滤速度的关系 本项是继压力损失（ΔP）、除尘效率（η）和过滤速度（v_F）测定完成后，整理五组不同 v_F 下的 ΔP 和 η 资料，绘制 v_F-ΔP 和 v_F-η 实验

性能曲线，并且分析过滤速度对袋式除尘器压力损失和除尘效率的影响。

（6）思考题

① 用发尘量求得的入口含尘浓度和用等速采样法测得的入口含尘浓度，哪个更准确些？为什么？

② 测定袋式除尘器压力损失，为什么要固定其清灰制度？为什么要在除尘器稳定运行状态下连续五次读数并取其平均值作为除尘器压力损失？

③ 试根据实验性能曲线 v_F-ΔP 和 v_F-η，分析过滤速度对袋式除尘器压力损失和除尘效率的影响？

5.2.2 油烟净化器性能测定

（1）实验目的　随着《饮食业油烟排放标准（试行）》的正式颁布实施，越来越多的饮食业单位采用或者将会采用各种类型的油烟净化器，静电型油烟净化器就是其中比较有优势的一种。本实验就选用静电型油烟净化器。通过实验初步了解静电法去除油烟的原理；掌握红外分光光度法测量油的含量；掌握油烟净化器性能测定的主要内容和方法，并且对影响油烟净化器性能的主要因素有较全面的理解，同时进一步了解油烟净化器的流量与油烟净化效率的关系。

（2）实验原理

① 空气状态参数测定　油烟净化器性能通常是以标准状态（$P=1.193\times10^5$Pa，$T=273$K）来表示的，空气状态参数决定了空气所处的状态，因此可以通过测定空气状态参数，将实际运行状态下的油烟换算成标准状态下的油烟，以便于互相比较。

空气状态参数包括油烟的温度、密度、相对湿度和大气压力。

烟气的温度和相对湿度可用干湿球温度计直接测定；大气压力用大气压力计测定；干烟气密度由下式计算：

$$\rho_g=\frac{P}{RT}=\frac{P}{287T}$$

式中　ρ_g——烟气密度，kg/cm^3；

R——大气压力，Pa；

T——烟气温度，K。

② 油烟净化器处理风量测定与计算　测量烟气流量的仪器利用毕托管。毕托管是由两根不锈钢管组成的，测端做成方向相反的两个平行的开口，测定时，一个开口面向气流，测得全压；另一个背向气流，测得静压，两者之间便是动压。有动压和流速的关系，即可得到流速。

烟气净化器平均处理风量计算公式为：

$$Q=F_1V_1$$

式中　Q——平均处理风量，m^3/s；

V_1——烟气进口流速，m/s；

F_1——烟气管道截面面积，m^2。

（3）实验装置与仪器

① 实验装置　实验装置如图 5-33 所示。

② 实验仪器和试剂

a. BN2000 型智能油烟采样仪、数字温度计、红外分光光度计、超声波清洗器。

b. 容量瓶 50mL、比色管 25mL。

c. 优级纯四氯化碳、食用色拉油。

（4）实验方法和步骤

① 调好 BN2000 型智能油烟采样仪　先检查系统的气密性，然后把采样管与干湿球测湿计的干球一侧用 ϕ6mm×10mm 的橡胶管连接起来。湿球一侧接口与除硫干燥器用 ϕ10mm×

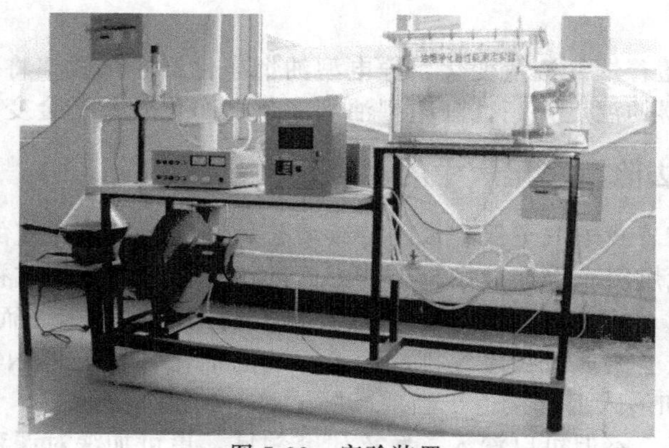

图 5-33　实验装置

16mm 的橡胶管连接起来，将采样管推入烟道中的测量点，然后以 15～20L/min 的流量抽气，即可测含湿量。测出干湿球温度和湿球负压。

② 将烟气净化器处理风量测定　利用 BN2000 型智能油烟采样仪自身配备的毕托管测定烟气管道风速、风量。

③ 采样　根据烟气管道风速、风量，选择相应的采样嘴。准备完毕后进行测样。在每种风量下，进出口各测一次，每次采样时间为 10min。

④ 重复步骤　调节风机，重复以上步骤。

⑤ 将采样滤筒中的油烟转移到比色管中　把采样后的滤筒用优级纯四氯化碳 12mL，浸泡在清洗杯中，盖好清洗杯盖，置于超声波清洗器中，超声波清洗 10min；把清洗液转移到 25mL 比色管中；再在清洗杯中加入 6mL 四氯化碳超声波清洗 5min；把清洗液同样转移到 25mL 比色管中；再用少许四氯化碳清洗滤筒及清洗杯两次，清洗液一并转移到 25mL 比色管中，加入四氯化碳稀释至刻度标线。

⑥ 测定油烟浓度　红外分光光度法测定油烟浓度。

(5) 实验数据与整理　红外分光光度法测定的油烟浓度是油烟在四氯化碳中的浓度，在计算油烟净化器前需要将其转化为实际中的油烟排放浓度。计算公式为：

$$c_0=\frac{c_L\times\frac{V_L}{1000}}{V_0}$$

式中　c_0——油烟排放浓度，mg/m^3；

c_L——滤筒清洗液油烟浓度，mg/L；

V_L——滤筒清洗液稀释定容体积，mL；

V_0——标准状态下干烟气采样体积，m^3。

静电型油烟净化器测试结果记录见表 5-36。

表 5-36　静电型油烟净化器测试结果记录

日期：　　　　　　　　　　　　　　记录人：

相对湿度：　　　　　　　　　　　　大气压：

序号	采样体积/L	干烟气流量/(m^3/h)	进口浓度/(mg/L)	出口浓度/(mg/L)	进口浓度/(mg/m^3)	出口浓度/(mg/m^3)	净化效率/%
1							
2							
3							
4							
5							

注：前面进出口浓度是油烟在四氯化碳中的浓度。后面的进出口浓度是油烟在空气中的浓度。

（6）思考题

① 在本实验中，随着烟气流量变化，静电型油烟净化器净化效率将会发生怎样的变化？

② 如果油烟发生器的温度升高，静电型油烟净化器净化效率是会变大，还是变小？

5.2.3 催化转化法去除汽车尾气中的氮氧化物

（1）实验目的　随着我国汽车保有量的持续增长，国际上排放法规的日趋严格，以及柴油车、稀燃汽油车、替代燃料车等在减排与节能方面的优越性日益受到重视，汽车尾气中的主要污染物氮氧化物（NO_x）在富氧条件下的排放控制变得越来越紧迫，而其中最有效易行的就是发动机外催化转化法——通过在尾气排放管上安装的催化转化器将 NO_x 转化为无害的氮气（N_2）。本实验在内容和形式上都接近于当前国际上这一前沿科研课题。

通过本实验的学习，不但可以深入了解该研究领域，更可加深对课程中催化转化法去除污染物相关章节的理解，并且掌握相关的实验方法与技能。

（2）实验原理　以钢瓶气为气源，以高纯氮气为平衡气，模拟汽车尾气一氧化氮（NO）和氧气（O_2）浓度设定其流量，在多个温度下，通过测量催化剂反应器进出口气流中 NO_x 的浓度，评价催化剂对 NO_x 的去除效率。

$$去除效率(\%)=\frac{入口浓度-出口浓度}{入口浓度}\times 100\%$$

通过改变气体总流量改变反应的空速（GHSV，气体量与催化剂样品量之比，h^{-1}），通过调节 NO 的进气量改变其入口浓度，通过钢瓶气加入二氧化硫（SO_2），评价催化剂在不同空速、不同 NO 入口浓度及毒剂 SO_2 存在条件下的活性。

（3）实验装置与仪器　实验装置如图 5-34 所示。

实验用高压钢瓶气 N_2、NO、O_2、丙烯（C_3H_6）、SO_2，Ag/Al_2O_3 催化剂样品。

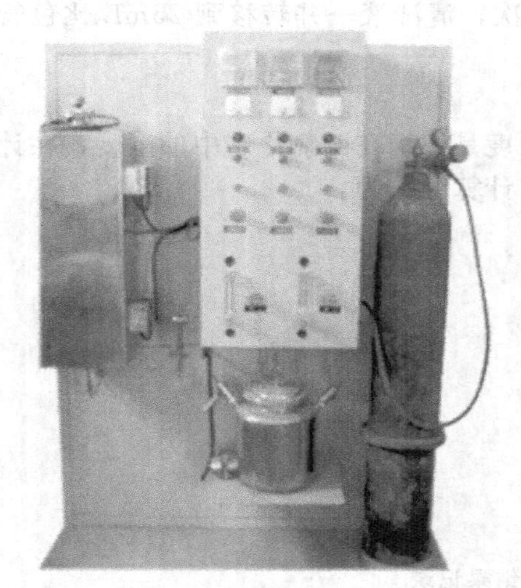

图 5-34　催化转化法去除 NO_x 实验装置

（4）实验方法和步骤

① 活性评价部分

a. 称重催化剂样品约 500mg，装填于反应器中。

b. 连接实验系统气路，检查气密性。

c. 调节质量流量计设置各气体流量，使总流量约为 350mL/min，NO 浓度约为 2000μL/L，O_2 约为 5%，C_3H_6 约为 1000μL/L，设置气路为旁通（气体不经过反应器），测量并记录不经催化转化的 NO_x 浓度，即入口浓度。

d. 切换气路使气体通过反应器，设定反应器温度为 150℃。

e. 待温度稳定后观测 NO_x 浓度，待其稳定后记录下来，为 NO_x 的出口浓度。

f. 将反应器温度升高 50℃，重复步骤 e.，直至 550℃。

g. 关闭气瓶及仪器，关闭系统电源，整理实验室。

② 空速影响部分　在催化剂活性最高的两个温度下，通过改变总气量改变反应空速，测定催化剂的活性。

③ NO 入口浓度影响部分　在催化剂活性最高的两个温度下，通过改变 NO 的流量改变其入口浓度，测定催化剂对 NO_x 的去除效率。

④ SO_2 影响部分　在催化剂活性最高的两个温度下，通入不同浓度的 SO_2，测定催化剂的活性。

（5）实验数据与整理　实验数据记录见表 5-37。

表 5-37　实验数据记录　　　　实验部分（　　）

实验日期：　　　　　　　　　　　　记录人：

催化剂：　　　　　　　　质量：　　mg

气体	N_2	NO	O_2	C_3H_6	SO_2
流量/(mL/min)					
浓度	—				
空速：					
出口浓度/(μL/L)					
转化效率/%					
出口浓度/(μL/L)					
转化效率/%					

① 作效率-温度、效率-空速、效率-NO 入口浓度或效率-SO_2 浓度图。

② 计算最佳条件下催化剂的活性。

③ 对实验中测定条件下的催化剂去除氮氧化物的性能进行评价。

（6）思考题

① 动力学及反应机理的思考（如何设计相应实验、如何分析数据、如何与提出的假设机理相关联等）。

② 谈谈对 NO 选择性催化还原（SCR）的认识（写出反应方程式）。

③ 对实验设置的疑惑，实验中存在的问题及还需改进的地方。

5.3 固体废弃物处理与处置实验

（1）实验目的

① 掌握工业废渣渗沥液的渗沥特性和研究方法。

② 复习第 2.3 节“固体监测”的有关内容。

（2）实验原理　实验采用模拟的手段，在玻璃管内填装经粉碎的固体废渣，以一定的流速滴加蒸馏水，从测定渗沥水中有害物质的流出时间和浓度变化规律，推断固体废物在堆放时的渗沥情况和危害程度。

（3）实验装置

① 色层柱（ϕ25mm、1300mm）1 支。

② 1000mL 带活塞试剂瓶 1 只。

③ 500mL 锥形瓶 1 只。

（4）实验方法与步骤　将去除草木、砖石等异物的含镉工业废渣置于阴凉通风处，使之风干。压碎后，用四分法缩分，然后通过 0.5mm 孔径的筛，制备样品量约 1000g，装入色层柱，约高 200mm。试剂瓶中装蒸馏水，以 4.5mL/min 的速度通过色层柱流入锥形瓶，待滤液收集至 400mL 时，关闭活塞，摇匀滤液，取适量样品按水中镉的分析方法，测定镉的浓度。同时测定废渣中镉含量。本实验也可根据实际情况测定铬、锌等。

（5）思考题　根据测定结果推算，如果这种废渣堆放在河边土地上，可能产生什么后果？这类废渣应如何处置？

5.3.1 固体废物的破碎实验

（1）实验目的　本实验为设计研究型实验。通过学生自主设计固体废物的破碎实验，使学生初步了解破碎技术的原理和特点，掌握固体废物破碎设备和流程的相关知识。

（2）实验原理　固体废物破碎是利用外力克服固体废物质点间的内聚力而使大块固体废物分裂成小块的过程。磨碎是使小块固体废物颗粒分裂成细粉的过程。固体废物经破碎和磨碎后，粒度变得小而均匀，其目的如下。

① 原来不均匀的固体废物经破碎和粉磨之后容易均匀一致，可提高焚烧、热解、熔烧、压缩等作业的稳定性和处理效率。

② 固体废物粉碎后堆积密度减小，体积减小，便于压缩、运输、贮存和高密度填埋和加速复土还原。

③ 固体废物粉碎后，原来连生在一起的矿物或连接在一起的异种材料等单体分离，便于从中分选、拣选回收有价物质和材料。

④ 防止粗大、锋利废物损坏分选、焚烧、热解等设备或炉腔。

⑤ 为固体废物的下一步加工和资源化做准备。

在工程设计中，破碎比常采用废物破碎前的最大粒度（D_{max}）与破碎后的最大粒度（d_{max}）之比来计算。这一破碎比称为极限破碎比。通常，根据最大物料直径来选择破碎机给料口的宽度。

$$i=\frac{\text{废物破碎前最大粒度 } D_{max}}{\text{破碎产物的最大粒度 } d_{max}}$$

在科研理论研究中破碎比常采用废物破碎前的平均粒度（D_{cp}）与破碎后的平均粒度（d_{cp}）之比来计算。

$$i=\frac{\text{废物破碎前平均粒度 } D_{cp}}{\text{破碎产物的平均粒度 } d_{cp}}$$

这一破碎比称为真实破碎比，能较真实地反映废物的破碎程度。

（3）破碎设备与原理　破碎固体废物常用的破碎机类型有颚式破碎机、冲击式破碎机、辊式破碎机、剪切式破碎机、球磨机及其他破碎机等。

颚式破碎机出现在1858年。它虽然是一种古老的破碎设备，但是由于具有构造简单、工作可靠、制造容易、维修方便等优点，所以至今仍获得广泛应用。颚式破碎机通常都是按照可动颚板（动颚）的运动特性来进行分类的，工业中应用最广的主要有以下两种类型。

a. 动颚作简单摆动的双肘板机构（简摆式）的颚式破碎机（图5-35）　近年来，液压技术在破碎设备上得到应用，出现了液压颚式破碎机。

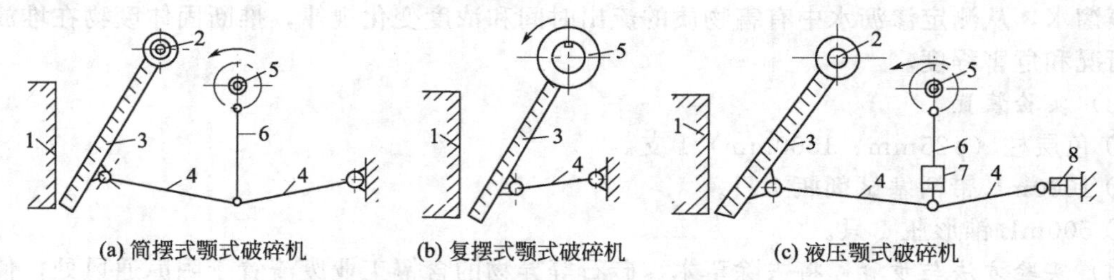

图5-35　颚式破碎机主要类型

1—固定颚板；2—动颚悬挂轴；3—可动颚板；4—前（后）推力板；
5—偏心轴；6—连杆；7—连杆液压油缸；8—调整液压油缸

b. 简单摆动颚式破碎机 图5-36为国产2100mm×1500mm简单摆动颚式破碎机的构造。

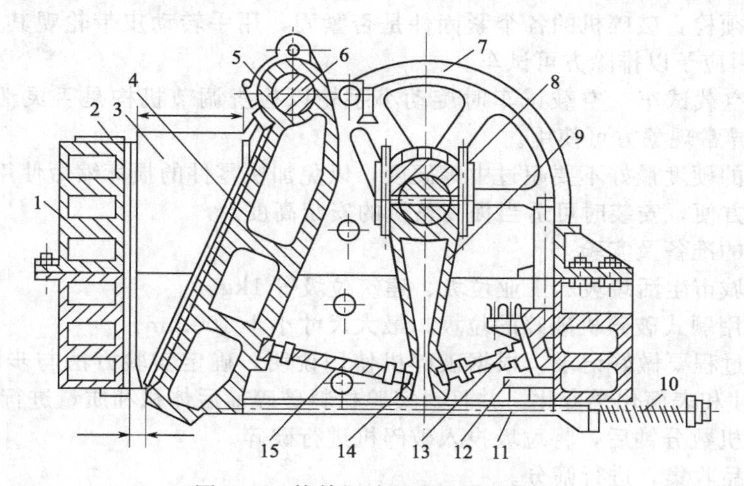

图5-36 简单摆动颚式破碎机构造

1—机架；2—破碎齿板；3—侧面衬板；4—破碎齿板；5—可动颚板；6—心轴；7—飞轮；8—偏心轴；9—边杆；10—弹簧；11—拉杆；12—砌块；13—后推力板；14—肘板支座；15—前推力板

它主要由机架、工作机构、传动机构、保险装置等部分组成。皮带轮带动偏心轴旋转时，偏心顶点牵动连杆上下运动，也就牵动前后推力板作舒张及收缩运动，从而使动颚时而靠近固定颚，时而又离开固定颚。动颚靠近固定颚时就对破碎腔内的物料进行压碎、劈碎及折断。破碎后的物料在动颚后退时靠自重从破碎腔内落下。

c. 复杂摆动颚式破碎机 从构造上看，复杂摆动颚式破碎机与简单摆动颚式破碎机的区别只是少了一根动颚悬挂的心轴。动颚与连杆合为一个部件，没有垂直连杆，肘板也只有一块。可见，复杂摆动颚式破碎机构造简单，但动颚的运动却较简单摆动颚式破碎机复杂，动颚在水平方向有摆动，同时在垂直方向也有运动，是一种复杂运动，故称复杂摆动颚式破碎机。

复杂摆动颚式破碎机的优点是破碎产品较细，破碎比大（一般可达4～8，简摆只能达3～6）。规格相同时，复摆型比简摆型破碎能力高20%～30%。

(4) 实验方法与步骤

① 实验设备 颚式破碎机主要用于破碎各种中等硬度的岩石、矿石和固体废物，是冶金、环境、建材化工等行业及其实验室中的重要设备。

100（150）破碎机主要技术参数如下：

进料口尺寸	100(150)mm
最大进料尺寸	100(150)mm
排料口尺寸	5～25mm
电动机型号	YO-31-4
转速	1400r/min
功率	2.2kW
外形尺寸(长×宽×高)	615mm×380mm×620mm
重量	190kg
生产率	480～1800kg/h

本机器主要由机体、偏心轴、连杆、颚板以及调节机构等主要部分组成，通过三角皮带将动力传给连杆，带动活动颚板进行破碎物料。出料粒度通过手轮、横杆等进行调节。

设备使用时应该注意以下事项。

a. 机体安装基础必须牢靠、平整，以防机体受力不均匀引起破裂。

b. 试车前必须检查破碎机的各个紧固件是否紧固，用手转动皮带轮观其是否灵活，发现不正常，查明原因应予以排除方可试车。

c. 试车必须空载试车，空载试车时旋动小手轮以检查调节机构是否灵活、有无润滑油，空载10min后无异常现象方可使用。

d. 破碎物料的硬度最好不要超过中等硬度，以免加快零件的损坏缩短使用寿命。

e. 为了出料方便，安装时可适当提高整机的安装高度。

② 实验材料的准备及实验

a. 自备典型城市生活垃圾、工业垃圾、建筑垃圾等1kg。

b. 分选可以用颚式破碎机破碎的垃圾，最大尺寸小于100mm。

c. 实验操作过程要做好记录：根据破碎机使用说明，确定实验方法与步骤，观察破碎前后物料的物理尺寸和表面化学变化，并且对实验材料破碎前后体积和质量进行详细的记录。

d. 启动破碎机数分钟后，将垃圾投入破碎机进行破碎。

e. 将破碎样品收集，进行筛分。

f. 根据以上实验记录及数据计算，完成实验结果与整理，并且对实验结果进行讨论，分析误差产生原因，并且提出实验改进意见与建议。

③ 实验结果处理

a. 实验结果计算：根据实验过程的数据记录，对固体废物堆积密度及变化、体积减小百分比及破碎比进行计算。

b. 计算生产率。

(5) 思考题

① 简述各种破碎机的特点。

② 简述固体废物堆积密度及变化、体积减小百分比、破碎比的计算方法。

③ 提出实验改进意见与建议。

5.3.2 固体废物的压实实验

(1) 实验目的　随着社会经济的高速发展，我国城市化进程不断加快，城市生活固体废物的数量和体积急剧增加，固体废物的收运方式也随之发生改变。固体废物经压实处理，增加密度并减小体积后，可以提高收集容器与运输工具的装载效率，在填埋处理时也同时可以提高场地的利用率，从而可以满足城市固体废物产量日益增加的要求；同时也有助于根本解决城市生活固体废物清运与城市快速发展之间的矛盾，摆脱传统的劳力型环卫作业模式。

本节中通过固体废物的压实实验，使学生了解固体废物压实技术的原理和特点，掌握固体废物压实设备以及压实流程的有关原理和操作知识。

(2) 实验原理　压实也称压缩，是利用机械的方法减少固体废物的孔隙率，将其中的空气挤压出来增加固体废物的聚集程度。

以城市固体废物为例，压实前密度通常在0.1～0.6t/m^{3}范围内，经过压实器或一般压实机械压实后密度可提高到1t/m^{3}左右，因此，固体废物填埋前通常需要进行压实处理，尤其对大型废物或中空性废物事先压碎显得更为必要。压实操作的具体压力大小可以根据处理废物的物理性质（如易压缩性、脆性等）而定。一般开始阶段，随压力的增加，物料的密度会较迅速增加，以后这种变化会逐步减弱，而且有一定限度。实践证明未经破碎的原状城市垃圾，压实密度极限值约为1.1t/m^3。比较经济的办法是先破碎再进行压实，这样可以很大程度上提高压实效率，即用比较小的压力取得相同的增加密度效果。目前压实已成为一些国家处理城市垃圾的一种现代化方法。该方法不仅便于运输，而且还具有可减轻环境污染、可快速安全造地和节省填埋或贮存场地等优点。

固体废物压实处理后，体积减小的程度称为压缩比。废物压缩比决定于废物的种类及施加的压力。一般压缩比为 3～5。同时采用破碎与压实技术可使压缩比增加到 5～10。

为判断压实效果，比较压实技术与压实设备的效率，常用下述指标来表示废物的压实程度。

① 孔隙比与孔隙率　固体废物可设想为各种固体物质颗粒及颗粒之间充满空气孔隙共同构成的集合体。由于固体颗粒本身孔隙较大，而且许多固体物料有吸收能力和表面吸附能力，因此废物中水分子主要都存在于固体颗粒中，而不存在于孔隙中，不占据体积。因此固体废物的总体积（V_m）就等于包括水分在内的固体颗粒体积（V_s）与孔隙体积（V_v）之和，即：

$$V_m = V_s + V_v$$

则废物的孔隙比（e）可以定义为：

$$e = \frac{V_v}{V_s}$$

在实际的生产操作中用得最多的参数是孔隙率（ε），可以定义为：

$$\varepsilon = \frac{V_v}{V_m}$$

孔隙比或孔隙率越低，则表明压实程度就越高，相应的密度就越大。在这里顺便指出的一点是，孔隙率的大小对堆肥化工艺供氧、透气性及焚烧过程物料与空气接触效率也是重要的评价参数。

② 湿密度与干密度　忽略空气中的气体质量，固体废物的总质量（W_h）就等于固体物质质量（W_s）与水分质量（W_w）之和，即：

$$W_h = W_s + W_w$$

则固体废物的湿密度（D_w）可以由下式确定：

$$D_w = \frac{W_w}{V_m}$$

固体废物的干密度（D_d）可用下式确定：

$$D_d = \frac{W_s}{V_m}$$

实际上，废物收运及处理过程中测定的物料质量通常都包括了水分，故一般密度均是湿密度。压实前后固体废物密度值及其变化率大小，是度量压实效果的重要参数，也相对容易测定，因此比较实用。

③ 体积减小百分比　体积减小的百分比（R）一般用下式表示：

$$R = \frac{V_i - V_f}{V_i} \times 100\%$$

式中　R——体积减小百分比，%；

V_i——压实前废物的体积，m^3；

V_f——压实后废物的体积，m^3。

④ 压缩比与压缩倍数　压缩比（r）可以定义为：

$$r = \frac{V_i}{V_f} \quad (r \leqslant 1)$$

显然，r 越小，证明压实效果越好。

压实倍数（n）可定义为：

$$n = \frac{V_i}{V_f} \quad (n > 1)$$

由此可知，n 与 r 互为倒数，n 越大证明压实效果越好。在工程上，一般已习惯用 n 来说明压实效果的好坏。

(3) 压实设备与流程 固体废物压缩机有多种类型，根据操作情况分类，可以将压实设备分为固定式和移动式两大类。凡用人工或机械方法（液压方式为主）把废物送入压实机械里进行压实的设备将其称为固定式，而移动式是指在填埋现场使用的轮胎式或履带式压土机、钢轮式压实机以及其他专门设计的压实机械。

① 压实设备 以城市垃圾压实机为例，小型的家用压实机可安装在橱柜下面；大型的可以压缩整辆汽车，每日可压缩成千吨的垃圾。不论哪种用途的压实机，其构造主要由容器单元和压实单元两部分组成。容器单元接受废物；压实单元具有液压或气压操作之分，利用高压使废物致密化。移动式压实机一般安装在收集垃圾的车上，接受废物后即行压缩，随后送往处理处置场地。固定式压实机一般设在处理废物转运站、高层住宅垃圾滑道底部以及需要压实废物的场合。按固体废物种类不同，它可分为金属类废物压实机和城市垃圾压实机两类。

a. 金属类废物压实机 金属类废物压实机主要有三向联合式和回转式两种。

(a) 三向联合式压实机 图 5-37 是适合于压实松散金属废物的三向联合式压实机。它具有三个互相垂直的压头，金属等被置于容器单元内，而后依次启动 1、2、3 三个压头，逐渐使固体废物的空间体积缩小，密度增大，最终达到一定尺寸。压后尺寸一般在 200～1000mm 之间。

(b) 回转式压实机 图 5-38 是回转式压实机示意图。废物装入容器单元后，先按水平式压头 1 的方向压缩，然后按箭头的运动方向驱动旋转压头 2，最后按水平压头 3 的运动方向将废物压至一定尺寸排出。

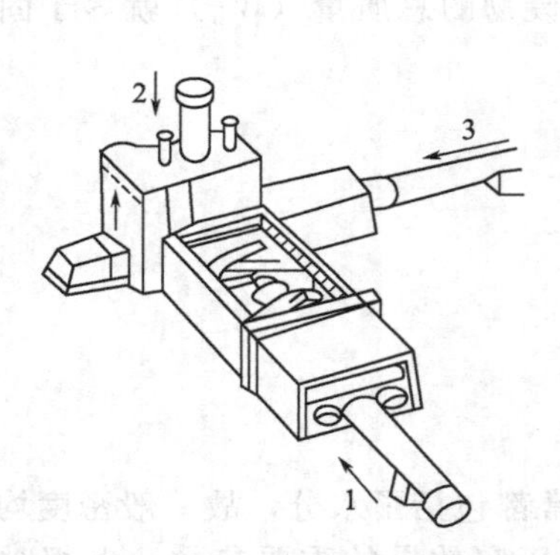

图 5-37 三向联合式压实机示意图
1～3—压头

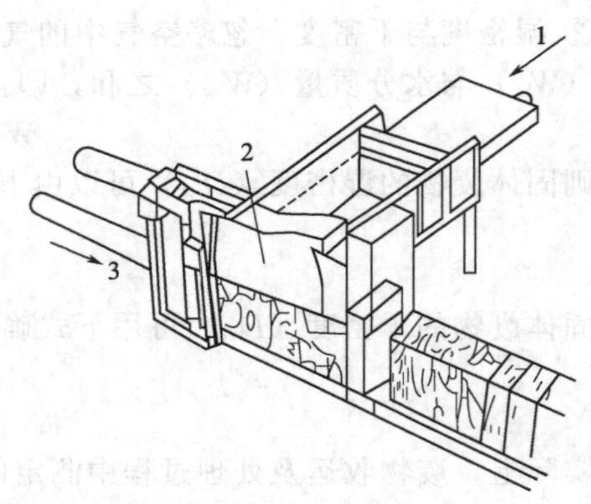

图 5-38 回转式压实机示意图
1～3—压头

b. 城市垃圾压实机

(a) 高层住宅垃圾压实机 图 5-39 是这种压实机工作示意图，图 5-39(a) 为开始压缩，从滑道中落下的垃圾进入料斗。图 5-39(b) 为压臂全部缩回处于起始状态，垃圾充入压缩室内。压臂全部伸展，垃圾被压入容器中，如图 5-39(c) 所示，垃圾不断充入，最后在容器中压实，将压实的垃圾装入袋内。

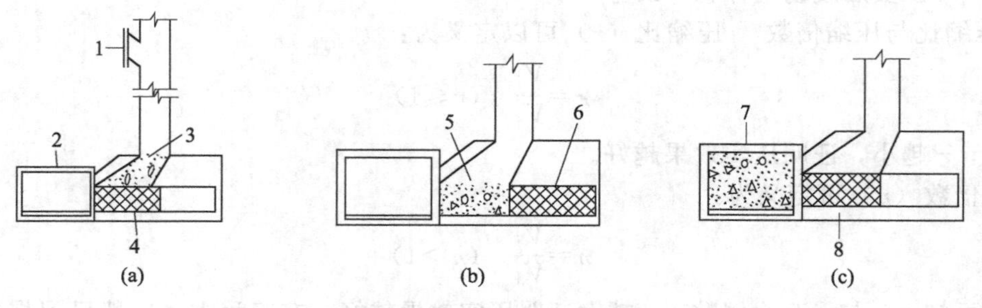

图 5-39 压实机工作示意图
1—垃圾投入口；2—容器；3,5—垃圾；4,8—压臂；6—压臂全部缩回；7—已压实的垃圾

(b) 城市垃圾压实机 城市垃圾压实机常采用与金属类废物压实器构造相似的三向联合式压实器及水平式压实器。其他装在垃圾收集车辆上的压实机、废纸包装机、塑料热压机等结构基本相似，原理相同。

② 工艺流程 工艺流程如图5-40所示。垃圾先装入四周垫有铁丝网的容器中，然后送入压实机压缩，压力为160～200kgf/cm²，压缩为1/5。压块由上向下推动活塞推出压缩腔，送入180～200℃沥青浸渍池10s涂浸沥青防漏，冷却后经运输带装入汽车运往垃圾填埋场。压缩污水经油水分离器入活性污泥处理系统，处理水灭菌后排放。

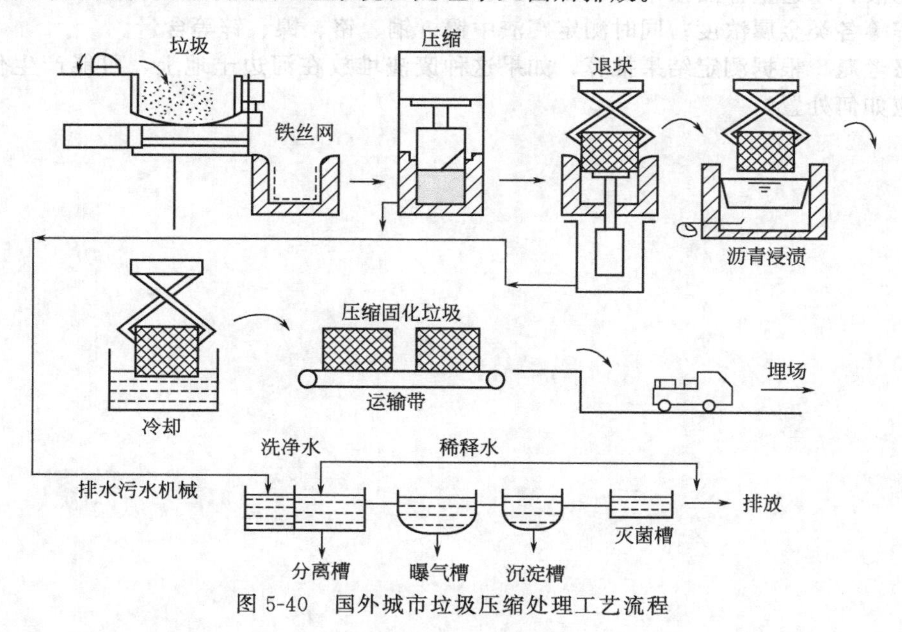

图5-40 国外城市垃圾压缩处理工艺流程

(4) 实验方法与步骤

① 实验材料的准备 典型城市生活垃圾适量、工业垃圾适量、容器2个、实验材料质量、体积测量工具各1组，检查实验仪器的各工作部件运转是否正常。

② 实验过程操作并记录 根据仪器使用说明书，确定实验方法与步骤，并且对实验材料进行压缩前和压缩后的质量、体积和实验产物的质量进行详细的记录。

③ 实验结果计算 根据实验过程的数据记录，对固体废物压缩前后的孔隙率、湿密度、体积减小百分比、压缩比和压实倍数进行计算。

(5) 思考题

① 对实验结果进行讨论，分析误差产生原因。

② 提出实验改进意见与建议。

5.3.3 固体废渣渗沥模型试验

(1) 实验目的

① 掌握固体废渣渗沥液的渗沥特性和研究方法。

② 复习、运用第2.3节“固体监测”及第4章“金属分析测试实验”的有关内容。

(2) 实验原理 实验采用模拟的手段，在玻璃管内填装经粉碎的固体废渣（指含镉、铜、铬、镍、锌等重金属的各类废渣），以一定的流速滴加蒸馏水，从测定渗沥水中有害物质的流出时间和浓度变化规律，推断固体废物在堆放时的渗沥情况和危害程度。

(3) 实验装置

① 色层柱（ϕ25mm，1300mm）一支。

② 1000mL 带活塞试剂瓶一只。

③ 500mL 锥形瓶一只。

(4) 实验方法与步骤

将去除草木、砖石等异物的固体废渣置于阴凉通风处，使之风干。压碎后，用四分法缩分，然后通过 0.5mm 孔径的筛，制备样品量约 1000g，装入色层柱，约高 200mm。试剂瓶中装蒸馏水，以 4.5mL/min 的速度通过色层柱流入锥形瓶；待滤液收集至 400mL 时，关闭活塞，摇匀滤液，取适量样品按第 4 章“金属分析测试实验”中金属的分析方法，测定镉、铜、铬、镍、锌等各类金属浓度；同时测定废渣中镉、铜、铬、镍、锌等含量。

(5) 思考题 根据测定结果推算，如果这种废渣堆放在河边土地上，可能产生什么后果？这类废渣应如何处置？

第二篇

综合性、设计性实验

综合性实验是指实验内容涉及本课程的综合知识或与本课程相关课程知识的实验。是学生在掌握一定的基础理论知识和基本操作技能的基础上，运用某一课程或多门课程知识，对实验技能和实验方法进行综合训练的一种复合性实验。主要目的在于培养学生的综合分析能力、实验动手能力、数据处理能力等。

设计性实验是指给定实验目的要求和实验条件，由学生自行设计实验方案并加以实现的实验，是结合课程教学或独立于课程教学而进行的一种探索性实验，它不但要求学生综合多科知识和多种实验原理来设计实验方案，还要求学生能运用已有知识去发现问题、分析问题、解决问题。着重培养学生独立解决实际问题的能力、创新能力以及组织管理能力。

(1) 综合性、设计性实验目的和要求

① 综合性实验目的是培养学生的综合分析能力、实验动手能力、数据处理能力，设计性实验目的是培养学生独立解决实际问题的能力和创新能力。

② 培养学生团结协作精神，具备组织管理能力。

③ 要求实验以小组形式开展，由学生独立完成实验。

(2) 综合性、设计性实验过程及任务

① 实验方案的确定 根据所做实验，确定具体实验方案，实验方案中包含实验准备、具体实验内容、分析项目、实验方法与步骤、实验内容的分工合作等环节。

② 实验方案的评审和修改 实验方案交指导教师审批，修改，由指导教师认可后确定实验方案。

③ 实验方案的实施 根据已确定的实验方案，从准备实验到分析测定全过程，必须由实验小组分工合作，使各个环节有序协调进行，必须保证实验由实验小组独立完成。

④ 递交实验结果与整理 按照指导教师要求，将实验数据处理后，撰写实验结果与整理。实验结果与整理需包括实验目的、数据结果、分析讨论、结论、不足之处、建议等内容。

以下的第 6 章到第 7 章均为综合性、设计性实验。

第6章

环境监测综合性、设计性实验

6.1 校园河水中的生物检测与评价实验

（1）实验目的

① 学会运用环境微生物学、环境监测和环境评价等课程的相关知识和实验技能，结合环境评价知识对所检测的水样作综合分析和评述。

② 通过对相关知识点的综合学习和应用，进一步加深对基础知识的理解，并且强化基本功的训练。

（2）实验仪器　恒温培养箱、超净台、灭菌锅、天平、电炉、恒温水浴锅。

（3）实验试剂

① 培养基

a. 牛肉膏蛋白胨琼脂培养基。

b. 乳糖蛋白胨培养基（供多管发酵法的复发酵用）：取35g乳糖蛋白胨培养基（3倍浓缩则加量配制）加热溶解至1000mL水中（烧杯），分装后灭菌（115℃，0.072MPa，20min）。

c. 伊红美蓝培养基（供多管发酵法的平板划线用）：取36g伊红美蓝培养基加热溶解至1000mL水中（烧杯），分装后灭菌（灭菌条件同上）。

d. 乳糖蛋白胨（液体）培养基：取35g乳糖蛋白胨（液体）培养基加热溶解至1000mL水中，配50mL（3倍浓缩），应为5.2g，溶解后分装试管，每组1支为3倍浓缩，5支为单倍（原配方），共6支试管。每支试管内放入一个小导管。分装后灭菌（灭菌条件同上）。

② 酒精灯、试管架、酒精棉球、500mL灭菌三角烧瓶、灭菌的带玻璃塞瓶（采样用）、灭菌培养皿、灭菌吸管、灭菌试管、灭菌水等。

（4）实验方法与步骤

① 水样的采集

a. 河水、湖水等水样　用特制的采样瓶或采样器，一般在距水面10～15cm的水层打开瓶塞取样，盖上盖子后再从水中取出，速送实验室检测。

b. 水样的处置　采集的水样，一般较清洁的水可在12h内测定，污水须在6h内测定完毕。若无法在规定时间内完成，应将水样放在4℃冰箱存放，若无低温保藏条件，应在报告中注明水样采集与测定的间隔时间。

本实验水样为河水。

② 水样的镜检　用压滴法制作标本片，在显微镜下识别水体中的微生物类群，记录种群

的变化情况，根据微生物的指示作用作简单描述。

③ 细菌菌落总数的测定 水中细菌菌落总数可作为判定被检水样（或其他样品）被有机物污染程度的标志。细菌数量越多，则水中有机质含量越高。

将灭菌的45℃左右溶化的牛肉膏蛋白胨琼脂培养基倒入平板，待凝固后，用无菌移液管吸取1mL水样（或稀释水样）至平板中（每个水样重复2～3个培养皿，此过程一定要无菌操作），涂布后将平板送37℃培养箱倒置培养24h，待计数。

④ 大肠菌群数的测定 大肠菌群的检测方法主要有多管发酵法和滤膜法。多管发酵法被称为水的标准分析法，即将一定量的样品接种到乳糖发酵管，根据发酵反应的结果，确证大肠菌群的阳性管数后在检索表中查出大肠菌群的近似值。本实验用多管发酵法测定（滤膜法是一种快速的替代方法，能测定大体积的水样，但只局限于饮用水或较洁净的水）。

a. 初发酵试验

（a）水样 原水水样，并且将原水按10^0、10^{-1}、10^{-2}浓度稀释到试管中，编号。

（b）过程 在3支各装9mL（原配方）乳糖蛋白胨溶液的试管中，分别加入1mL(10^{-1}浓度)、1mL(10^{-2}浓度）和1mL（原水水样即10^0 浓度)，在1支装有5mL 3倍浓缩的乳糖蛋白胨溶液的试管中，加入10mL水样（原水水样)。共4支试管混匀后用原包装，送37℃培养箱培养24h，观察其产酸产气情况，若24h未产酸产气，可继续培养至48h，记下实验初发酵结果。

另2管培养基留待复发酵试验时用。

b. 确定性试验用平板分离 将24h或48h培养后产酸产气或仅产酸的试管中的菌液分别划线接种于伊红美蓝琼脂平板上，于37℃培养24h，将出现以下三种特征的菌落进行涂片、革兰染色和镜检。

（a）深紫黑色，具有金属光泽。

（b）紫黑色，不带或略带金属光泽。

（c）淡紫红色，中心颜色较深。

c. 复发酵试验和结果 选择具有上述特征的菌落，经涂片、染色和镜检后，若为革兰阴性无芽孢杆菌，则用接种环挑取此菌落的一部分转接至乳糖蛋白胨培养液的试管中，于37℃培养24h后，观察实验结果，若产酸产气即证实有大肠菌群存在。根据证实有大肠菌群存在的阳性管数查检索表。如果被测水样（或其他样品）中大肠菌群的量比较多，则水样必须稀释以后才能做，其余步骤与测自来水基本相同。可查相应的检索表得出结果。

⑤ 水样的BOD_5的测定 略。

(5) 实验数据与整理 根据测定结果，进行水质评价，提交实验数据与整理。

数据结果包括以下几项。

① 水样的镜检（形态图)。

② 菌落数

a. 计数 用肉眼直接观察，计平板上的细菌菌落数；用放大镜或电子菌落计数器计数。

b. 结果记录 细菌菌落总数计算通常采用同一浓度的两个平板（或3个）的平均值，再乘以稀释倍数（或除以稀释度)，即得1mL（或1g）水样中的细菌菌落总数。

③ 大肠菌群数 根据证实有大肠菌群存在的阳性管数，得出实验结果。

④ 水样的BOD_5结果 综合分析和评述：通过镜检，识别水体中的微生物类群，主要是藻类和原生动物，可根据其不同的种类、活跃程度等，描述微生物的指示作用，初步判断水体水质情况；根据细菌菌落总数（cfu)、大肠菌群数和BOD_5的数据等结果，结合水体生态中对水体自净进行描述，并且查阅有关资料，学会应用环境评价知识对所检测的水样作综合分析和评述。

6.2 校园环境空气质量监测实验

（1）实验目的

① 在已学习并掌握的单项实验基础上，了解区域环境空气质量监测的全过程，包括现场调查、监测计划设计、优化布点、样品采集、运送保存、分析测试、数据处理、综合评价等。

② 对校园环境空气质量进行监测。掌握环境空气中各种指标与污染物的测定方法。

③ 学会应用环境质量标准评价校园环境质量。

（2）实验仪器　略。

（3）实验方法与步骤

① 基础资料的收集

a. 监测区域污染源分布及排放情况

(a) 固定污染源　校园商业中心的饭店、大排档排放的油烟；学生食堂排放的油烟；化学实验室通风系统向外排放的有毒有害气体；体育场的扬尘；教学区空调排放的废气。

排放情况：排放时间一般是在中午吃饭前后。教学区的空调排放的废气主要在学生上课时段。实验室通风系统向外排放的有毒有害气体，排放时间一般在学生上实验课时段。

(b) 流动污染源　紧靠校园周边道路上的汽车尾气排放碳、氮、硫的氧化物，碳氢化合物、铅化物、黑烟和汽车经过道路时扬起的尘粒。

排放情况：排放时间一般在上午 8：00～9：00，中午 11：30～13：30，下午 16：30～17：30。

b. 监测区域地形资料　校园所处位置地势低平，位于中吴大道和湖滨路交汇路口旁，交通繁忙，人群密集。

c. 监测区域气象资料　校园所在区域属于南亚热带、亚热带季风气候。气候温和，雨量充分，光热充足，年平均气温为 14℃。雨量充沛，年平均降雨量为 1699.8mm，日最大降雨量为 284.9mm，集中在梅雨季节（4～6 月）和台风季节（7～9 月），最长连续降水日数为 21 天，最长连续无雨日数为 14 天。

d. 监测区域采样点的布设　采用功能区布点法，将校园按功能划分为实验区、教学区、生活商业区，各区设置一个采样点。

e. 采样时间和频率　拟定监测时间为 2 天，采用瞬时采样，一天采样 2 次，每次采样 1h，相隔 4h 一次。

② 监测项目和方法　根据校园及其周边监测区域大气污染源情况并结合环境空气质量标准，拟选择监测项目二氧化硫、氮氧化物、一氧化碳、总悬浮颗粒 TSP、甲醛五项。

监测项目所用方法：参考第 2 章 2.2 大气监测内容，并且按国家标准《空气与废气监测分析方法》、《环境监测技术规范》的大气部分的规定执行。

③ 采用的评价标准　校园环境为城市规划中确定的居民区、商业交通居民混合区、文化区。本监测方案选用环境空气质量标准（GB 3095—1996）的Ⅱ级标准限值作为评价标准。

（4）实验数据与整理　根据测定结果，进行水质评价，提交实验数据与整理。

结果包括以下几项。

① 监测数据　二氧化硫、氮氧化物、一氧化碳、总悬浮颗粒 TSP、甲醛等监测数据。

② 监测数据与标准比较　二氧化硫、氮氧化物、一氧化碳、总悬浮颗粒 TSP、甲醛等数据与标准比较，判断是否达到环境空气质量标准（GB 3095—1996）的Ⅱ级标准。

③ 监测区域空气质量评价　综合各项指标，确定本案例监测区域生活商业区的空气质量指标是否在Ⅱ级标准以内，是否符合城市规划中确定的居民区、商业交通居民混合区、文化区的环境空气质量。目前的污染源是否对校园的空气质量造成明显影响。

6.3 水果、蔬菜、谷类中有机磷农药的多残留的测定——气相色谱法

(1) 实验目的 了解气相色谱法测试原理，掌握气相色谱法进行有机磷农药测定方法。

(2) 实验原理 农业中常用的有机磷农药有敌敌畏、速灭磷、久效磷、甲拌磷、巴胺磷、二嗪磷、乙嘧硫磷、甲基嘧啶磷、稻瘟净、水胺硫磷、氧化喹硫磷、稻丰散、甲喹硫磷、克线磷、乐果、喹硫磷、对硫磷、杀螟硫磷等。本实验方法参照GB/T 5009.20—2003，采用GC-FPD法对水果、蔬菜和谷类等作物的农药多残留进行分析。

含有机磷的试样在富氢火焰上燃烧，以HPO碎片的形式，放射出波长526nm的特征光。这种光通过滤光片选择后，由光电倍增管接收，转换成电信号，经微电流放大器放大后被记录下来。试样的峰面积或峰高与标准品的峰面积或峰高进行比较定量。

(3) 实验仪器

① 组织捣碎机。

② 旋转蒸发仪。

③ 气相色谱仪：附有火焰光度检测器（FPD）。

色谱柱：a. 玻璃柱 2.6m×3mm(i.d)，填装涂有4.5%DC-200＋2.5%OV-17的Chromosorb WAW DMCS（80～100目）；b. 玻璃柱 2.6m×3mm(i.d)，填装涂有1.5%QF-1的Chromosorb WAW DMCS(60～80目)。

气体速度：氮气50mL/min、氢气100mL/min、空气50mL/min。

温度：柱箱240℃、汽化室260℃、检测器270℃。

(4) 实验试剂

① 丙酮。

② 二氯甲烷。

③ 氯化钠。

④ 无水硫酸钠。

⑤ 助滤剂Celite 545。

⑥ 农药标准溶液的配制：分别准确称取有机磷农药标准品（含量95%～99%），用二氯甲烷为溶剂，分别配制成1.0mg/mL的标准贮备液，贮于冰箱（4℃）中，使用时根据各药品的仪器响应情况，吸取不同量的标准贮备液，用二氯甲烷稀释成混合标准使用液。

(5) 实验方法与步骤

① 试样的准备 取粮食试样经粉碎后过20目筛制成粮食试样；水果、蔬菜试样去掉非可食部分后制成待分析试样。

② 提取

a. 水果、蔬菜 称取50.00g试样，置于300mL烧杯中，加入50mL水和100mL丙酮(提取液总体积为150mL)，用组织捣碎机提取1～2min。匀浆液经铺有两层滤纸和约10g Celite 545的布氏漏斗减压抽滤。取滤液100mL移至500mL分液漏斗中。

b. 谷物 移取25.00g试样，置于300mL烧杯中，步骤同上。

③ 净化 向分液漏斗的滤液中加入10～15g氯化钠使溶液处于饱和状态。猛烈振摇2～3min，静置10min，使丙酮与水相分层，水相用50mL二氯甲烷振摇2min，再静置分层。将丙酮与二氯甲烷提取液合并经装有20～30g无水硫酸钠的玻璃漏斗脱水滤入250mL圆底烧瓶中，再以约40mL二氯甲烷分数次洗涤容器和无水硫酸钠。洗涤液也并入烧瓶中，用旋转蒸发器浓缩至约2mL，浓缩液定量转移至5～25mL容量瓶中，加二氯甲烷定容至刻度。

④ 气相色谱测定 吸取2～5μL混合标准溶液及试样净化液注入色谱仪中，以保留时间定

性，以试样的峰高或峰面积与标准比较定量。

(6) 计算　i 组分有机磷农药的含量按下式进行计算。

$$X_i=\frac{A_iV_1V_3E_{si}}{A_{si}V_2V_4m\times 1000}$$

式中　X_i——i 组分有机磷农药的含量，mg/kg；

A_i——试样中 i 组分的峰面积，积分单位；

A_{si}——混合标准液中 i 组分的峰面积，积分单位；

V_1——试样提取液的总体积，mL；

V_2——净化用提取液的总体积，mL；

V_3——浓缩后的定容体积，mL；

V_4——进样体积，μL；

E_{si}——注入色谱仪中的 i 标准组分的质量，ng；

m——试样的质量，g。

(7) 实验数据与整理

① 将不同的样品经计算，得到有机磷农药含量，记录。

② 总结数据结果，评价样品中有机磷农药的含量的高低，分析有机磷农药的含量的高低与环境中哪些因素有关。

第7章

三废治理综合性、设计性实验

7.1 耗氧速率的测定及废水可生化性与毒性的评价

(1) 实验目的　熟悉耗氧速率（OUR）测试方法，评价污泥微生物代谢活性。

(2) 实验原理　活性污泥的耗氧速率（OUR）是评价污泥微生物代谢活性的一个重要指标，在日常运行中，污泥OUR值的大小及其变化趋势可指示处理系统负荷的变化情况，并且可以此来控制剩余污泥的排放。活性污泥的OUR若大大高于正常值，往往提示污泥负荷过高，这时出水水质较差，残留有机物较多，处理效果也差。污泥OUR值长期低于正常值，这种情况往往在活性污泥负荷低下的延时曝气处理系统中可见，这时出水中残存有机物数量较少，处理完全，但若长期运行，也会使污泥因缺乏营养而解絮。处理系统在遭受毒物冲击，而导致污泥中毒时，污泥OUR的突然下降常是最为灵敏的早期警报。此外，还可通过测定污泥在不同工业废水中的OUR值的高低，来判断该废水的可生化性及污泥承受废水毒性的极限程度。

(3) 实验仪器

① 电极式溶解氧测定仪。

② 电磁搅拌器、充气泵、离心机。

③ 恒温室或恒温水浴。

④ BOD测定瓶、烧杯、滴管。

(4) 实验试剂

① 0.5mol/L，pH=7的磷酸盐缓冲液：称取KH_2PO_4 2.65g，Na_2HPO_4 9.59g溶于1L蒸馏水中即成0.5mol/L，pH=7的磷酸盐缓冲液，备用。

② 0.025mol/L，pH=7的磷酸盐缓冲液：使用前将上述0.5mol/L的缓冲液以蒸馏水稀释20倍，即成0.025mol/L，pH=7的磷酸盐缓冲液。

(5) 实验方法与步骤

① 测定活性污泥的耗氧速率

a. 取曝气池活性污泥混合液迅速置于烧杯中，由于曝气池不同部位的活性污泥浓度和活性有所不同，取样时可取不同部位的混合样。调节温度至20℃并充氧至饱和。

b. 将已充氧至饱和的20℃的污泥混合液倒满内装搅拌棒的BOD测定瓶中，塞上安有溶氧仪电极探头的橡皮塞，注意瓶内不应存有气泡。

c. 在20℃的恒温室（或将BOD测定瓶置于20℃恒温水浴中），开动电磁搅拌器，待稳定后即可读数并记录溶氧值，整个装置如图 7-1 所示，一般每隔 1min 读数一次。

d. 待 DO 降至 1mg/L 时即停止整个实验，注意整个实验过程以控制在 10～30min 为宜，亦即尽量使每升污泥每小时耗氧量在 5～40mg 较宜，若 DO 值下降过快，可将污泥适当稀释后测定。

e. 测定反应瓶内挥发性活性污泥浓度（MLVSS）。

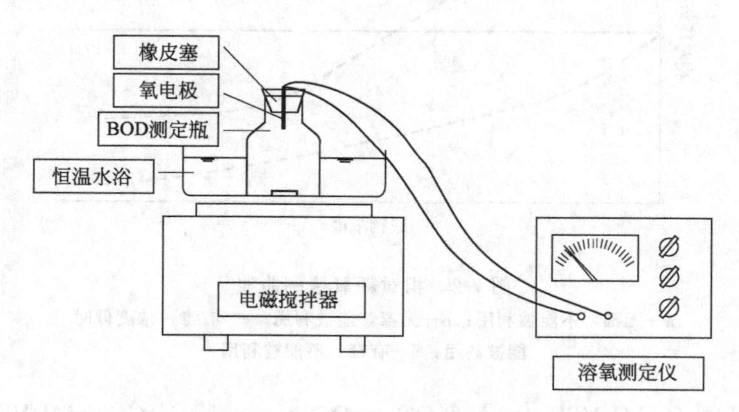

图 7-1　耗氧速率测定装置

② 工业废水可生化性及毒性的测定

a. 对活性污泥进行驯化，方法如下：取城市污水处理厂活性污泥、停止曝气 0.5h 后，弃去少量上清液，再以待测工业废水补足，然后继续曝气，每天以此方法换水 3 次，持续 15～60 天，对难降解废水或有毒工业废水，驯化时间往往取上限，驯化时应注意勿使活性污泥浓度有明显下降，若出现此现象，应减少换水量，必要时可适当增补些 N、P 营养。

b. 取驯化后的活性污泥放入离心管中，置于离心机中以 3000r/min 转速离心 10min，弃去上清液。

c. 在离心管中加入预先冷至 4℃的 0.025mol/L，pH＝7 的磷酸盐缓冲液，用移液管反复搅拌并抽吸污泥，使污泥洗涤后再离心，弃去上清液。

d. 重复“c.”步骤洗涤污泥 2 次。

e. 将洗涤后的污泥移入 BOD 测定瓶中，再以 0.025mol/L，pH＝7，溶氧饱和的磷酸盐缓冲液充满之，按以上耗氧速率测定法测定污泥的耗氧速率，此即为该污泥的内源呼吸耗氧速率。

f. 按步骤“a～d”，将洗涤后污泥以充氧至饱和的待测废水为基质，按步骤“c”，测定污泥对废水的耗氧速率。将污泥对废水的耗氧速率同污泥的内源呼吸耗氧速率相比较，数值越高，该废水的可生化性越好。

g. 对有毒废水（或有毒物质）可稀释成不同浓度，按步骤“a～f”测定污泥在不同废水浓度下的耗氧速率，并且按图 7-2 分析废水的毒性情况及其极限浓度。

图中：

$$\text{相对耗氧速率}=\frac{R_S}{R_0}\times 100\%$$

式中　R_S——污泥对被测废水的耗氧速率；

　　R_0——污泥的内源呼吸耗氧速率。

(6) 实验结果与分析

① 活性污泥耗氧速率的测定　根据污泥的浓度（MLVSS）、反应时间 t 和反应瓶内溶解氧变化率求得污泥的耗氧速率 OUR：

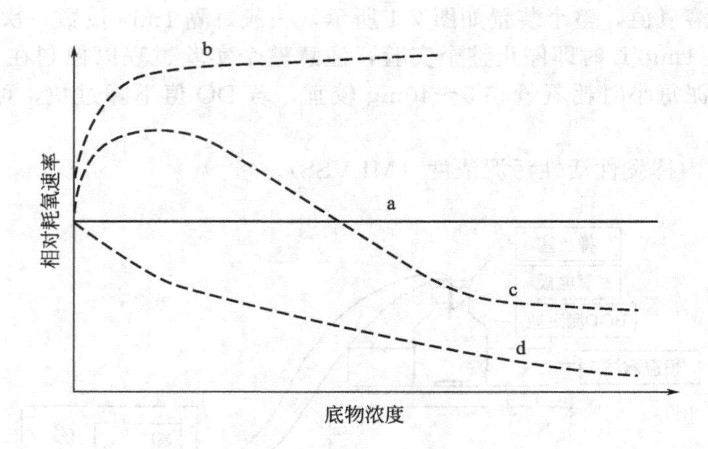

图 7-2 相对耗氧速率曲线

a—无毒，不能被利用；b—无毒，能被利用；c—有毒，浓度低时能被利用；d—有毒，不能被利用

$$OUR[mgO_2/(gMLVSS \cdot h)]=(DO_0-DO_t)(mg/L)\div t(h)\div MLVSS(g/L)$$

式中 DO_0——初始时 DO 值；

DO_t——测定结束时的 DO 值。

② 评价工业废水的可生化性和毒性 根据污泥的内源呼吸耗氧速率以及污泥对工业废水的耗氧速率和对不同浓度有毒废水的耗氧速率算得相对耗氧速率，然后评价该废水的可生化性或毒性，以供制定该废水处理方法和工艺时参考。

7.2 废水可生化性综合性实验

(1) 实验目的 工业废水中所含有机物，有的不容易被微生物所降解，有的则对微生物有毒害作用。为了合理地选择废水处理方法，或是为了确定进入生化处理构筑物的有毒物质容许浓度，都需要进行废水可生化性实验。鉴定废水可生化性方法很多，利用瓦勃氏呼吸仪（以下简称瓦呼仪）测定废水的生化呼吸线是一种较有效的方法。

本实验的目的有以下几点。

① 熟悉瓦呼仪的基本构造及操作方法。

② 理解内源呼吸线及生化呼吸线的基本含义。

③ 分析不同浓度的含酚废水的生物降解及生物毒性。

(2) 实验原理 微生物处于内源呼吸阶段时，耗氧的速率恒定不变。微生物与有机物接触后，其呼吸氧的特性反映了有机物被氧化分解的规律，一般来说，耗氧量大，耗氧速率高，即说明该有机物易被微生物降解，反之亦然。

测定不同时间的内源呼吸耗氧量及与有机物接触后的生化呼吸耗氧量，可得内源呼吸及生化呼吸线，通过比较即可判定废水的可生化性。当生化呼吸线位于内源呼吸线上时，废水中有机物一般是可被微生物氧化分解的；当生化呼吸线与内源呼吸线重合时，有机物可能不能被微生物降解，但它对微生物的生命活动仍无抑制作用；当生化呼吸线位于内源呼吸线下时则说明有机物对微生物的生命活动产生了明显的抑制作用。

瓦呼仪的工作原理是：在恒温及不断搅拌的条件下，使一定量的菌种与废水在定容的反应瓶中接触反应，微生物耗氧将使反应瓶中氧的分压降低，测定分压的变化，即可推算出消耗的氧量。

（3）实验仪器　瓦呼仪（图7-3）、离心机、活性污泥培养及驯化装置、测酚装置。

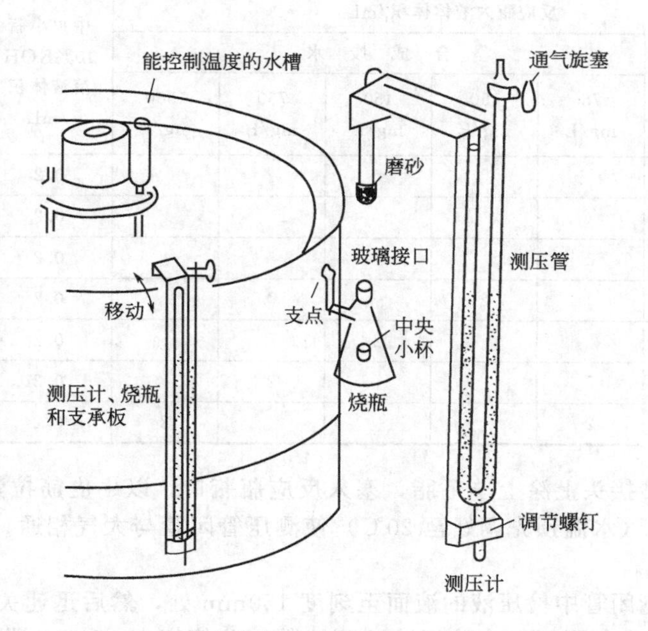

图7-3　瓦呼仪

（4）实验试剂　苯酚、硫酸铵、磷酸氢二钾、碳酸氢钠、氯化铁。

（5）实验方法与步骤

① 活性污泥的培养、驯化及预处理

a. 取已建污水处理厂活性污泥或带菌土壤为菌种，在间歇式培养瓶中以含酚合成废水为营养、曝气或搅拌，以培养活性污泥。

b. 每天停止曝气1h，沉淀后去除上清液，加入新鲜含酚合成废水，并且逐步提高含酚浓度，达到驯化活性污泥的目的。

c. 当活性污泥数量足够，而且对酚具有相当去除能力后，即认为活性污泥的培养和驯化已告完成。停止投加营养，空曝24h，使活性污泥处于内源呼吸阶段。

d. 取上述活性污泥在3000r/min的离心机上离心10min，倾去上清液，加入蒸馏水洗涤，在电磁搅拌器上搅拌均匀后再离心，反复三次，用pH＝7的磷酸盐缓冲液稀释，配制成所需浓度的活性污泥悬浊液。因需时间较长，此步骤由教师进行。

② 含酚合成废水的配制：配制五种不同含酚浓度的合成废水，内含成分见表7-1。

表7-1　不同含酚浓度的合成废水内含成分　单位：mg/L

成　本	废水1	废水2	废水3	废水4	废水5
苯酚	75	150	450	750	1500
硫酸铵	22	44	130	217	435
磷酸氢钾	5	10	30	51	102
碳酸氢钠	75	150	450	750	1500
氯化铁	10	10	10	10	10

③ 取清洁干燥的反应瓶及测压管14套，测压管中装好Brodie溶液备用，反应瓶按表7-2加入各种溶液。

表 7-2 反应瓶内溶液成分

反应瓶编号	反应瓶内液体体积/mL							中央小瓶10%KOH溶液体积/mL	液体总体积/mL	备注
	蒸馏水	活性污泥悬浮液	合成废水							
			75 mg/L	150 mg/L	450 mg/L	750 mg/L	1500 mg/L			
1、2	3							0.2	3.2	温度压力对照
3、4	2	1						0.2	3.2	内源呼吸
5、6		1	2					0.2	3.2	
7、8		1		2				0.2	3.2	
9、10		1			2			0.2	3.2	
11、12		1	2			2		0.2	3.2	
13、14		1	2				2	0.2	3.2	

④ 在测压管磨砂接头上涂上羊毛脂，塞入反应瓶瓶口，以牛皮筋拉紧使密封，然后放入瓦呼仪的恒温水槽中（水温预先调好至20℃）使测压管闭管与大气相通，振摇5min，使反应瓶内温度与水浴一致。

⑤ 调节各测压管闭管中检压液的液面至刻度150mm处，然后迅速关闭各管顶部的三通，使之与大气隔断，记录各测压管中检压液液面读数（此值应在150mm附近），再开启瓦呼仪振摇开关，此时刻为呼吸耗氧试验的开始时刻。

⑥ 在开始试验后的0h、0.25h、0.5h、1.0h、2.0h、3.0h、4.0h、5.0h、6.0h，关闭振摇开关，调整各测压管闭管液面至150mm处，并且记录开管液面读数。

⑦ 停止试验后，取下反应瓶及测压管，擦净瓶口及磨塞上的羊毛脂，倒去反应瓶中液体，用清水冲洗后置于肥皂水中浸泡，再用清水冲洗后以洗液浸泡过夜，洗净后置于55℃烘箱内烘干后待用。

（6）实验数据与整理

① 根据实验中记录下的测压管读数（液面高度）计算耗氧量。主要计算公式为：

a.
$$\Delta h_i = \Delta h_i' - \Delta h$$

式中 Δh_i——各测压管计算的Brodie溶液液面高度变化值，mm；

Δh——温度压力对照管中Brodie溶液液面高度变化值，mm；

$\Delta h_i'$——各测压管实验的Brodie溶液液面高度变化值，mm。

b.
$$X_i' = K_i \Delta h_i \quad 或 \quad X_i = 1.429 K_i \Delta h_i$$

式中 X_i'，X_i——各反应瓶不同时间的耗氧量，分别以μL及μg表示；

K_i——各反应瓶的体积常数；

1.429——氧的容重，g/L。

c.
$$G_i = \frac{X_i}{S_i}$$

式中 G_i——各反应瓶不同时刻单位质量活性污泥的耗氧量，mg/g；

X_i——同前；

S_i——各反应瓶中的活性污泥质量，mg。

② 上述计算宜列表进行。

③ 以时间为横坐标，G_i为纵坐标，绘制内源呼吸线及不同含酚浓度合成废水的生化呼吸线，进行比较分析含酚浓度对生化呼吸过程的影响及生化处理可允许的含酚浓度。

(7) 思考题

① 你认为利用瓦呼仪测定废水可生化性是否可靠？有什么局限性？

② 你在实验过程中曾发现哪些异常现象？试分析其原因及解决办法。

③ 了解其他鉴定可生化性的方法。

(8) 注意事项　读数及记录操作应尽可能迅速，作为温度及压力对照的 1、2 两瓶应分别在第一个及最后一个读数，以修正操作时间的影响（即从测压管 2 开始读数，然后 3、4、5……最后是测压管 1）。读数、记录全部操作完成后即迅速开启振摇开关，使实验继续进行，待测压管读数降至 50mm 以下时，需开启闭管顶部三通放气。再将闭管液位调至 150mm，并且记录此时开管液位高度。

7.3 间歇式活性污泥法实验

(1) 实验目的

① 通过实验认识 SBR 法计算机自动控制系统的构造及运行过程。

② 加深对 SBR 法的工艺特征的认识。

③ 了解 SBR 法系统的特点，适用范围；掌握 SBR 间歇式曝气池运行的五个工序；学会分配 SBR 间歇式曝气池在各个工序的时间。

(2) 实验原理　SBR 是序列间歇式活性污泥法（sequencing batch reactor activated sludge process）的简称，是一种按间歇曝气方式来运行的活性污泥污水处理技术，又称序批式活性污泥法。

与传统污水处理工艺不同，SBR 技术采用时间分割的操作方式替代空间分割的操作方式，非稳定生化反应替代稳态生化反应，静置理想沉淀替代传统的动态沉淀。它的主要特征是在运行上的有序和间歇操作，SBR 技术的核心是 SBR 反应池，该池集均化、初沉、生物降解、二沉等功能于一池，无污泥回流系统。

SBR 工艺在运行上的主要特征就是顺序、间歇式的周期运行，其一个周期的运行通常可以分为以下五个阶段。

① 进水阶段：将待处理污水注入反应池，注满后再进行反应。此时的反应池就起到了调节池调节均化的作用。另外，在注水的过程中也可以配合其他操作，如曝气、搅拌等以达到某种效果。

② 反应降解阶段：污水达到反应器设计水位后，便进行反应。根据不同的处理目的，可以采用不同的操作，如欲降解水中有机物要进行硝化；吸收磷就以曝气为主要操作方式；若欲进行反硝化反应则进行慢速搅拌。

③ 沉淀澄清阶段：以理想静态的沉淀方式使泥水进行分离。由于是在静止的条件下进行沉淀，因而能够达到良好的沉淀澄清及污泥浓缩效果。

④ 排放处理水阶段：经沉淀澄清后，将上清液作为处理水排放直至设计最低水位，有时在此阶段在排水后可排放部分剩余污泥。

⑤ 待进水阶段：此时反应器内残存高浓度活性污泥混合液。

整个运行过程如图 7-4 所示。

(3) 实验仪器

① SBR 法实验装置及计算机控制系统 1 套。

② 水泵。

③ 水箱。

④ 空气压缩机。

⑤ DO 仪。

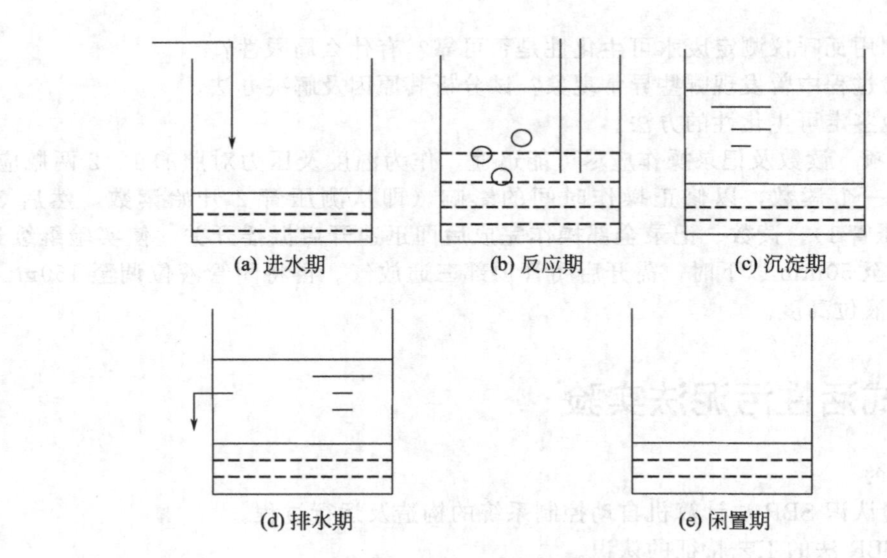

图 7-4 SBR 工艺的基本运行过程

⑥ COD 测定仪或测定装置。

(4) 实验试剂 COD 测试相关药剂：见 2.1.5 节。

(5) 实验方法与步骤

① 实验准备

a. 活性污泥的培养、驯化 活性污泥由具有活性的微生物、微生物自身氧化的残留物、吸附在活性污泥上的不能被微生物降解的有机物组成。其中微生物是活性污泥的主要组成部分。一个生化系统的运行，必须要有活性污泥及与之相适应的生物相。活性污泥的培养、驯化，就是为活性污泥的微生物提供一定的生长繁殖条件，即营养物质、溶解氧、适宜的温度和酸碱度等，在这种情况下，经过一段时间就会有活性污泥形成，并且在数量上逐渐增长，最后达到处理废水所需的污泥浓度。

b. 生物膜的挂膜 生物膜系统处理废水是依靠附着生长在填料表面上的生物膜的氧化分解能力。因此，在投入运行前须使填料上长出生物膜，这一过程称为挂膜。挂膜过程可分两步。首先按照培养活性污泥的方法，培养出适合于待处理废水的活性污泥；然后将活性污泥置于氧化槽中（生物转盘），或将氧化塔底部集水槽中的活性污泥用泵抽入上方布水器中淋下（生物滤池），使污泥在滤池内反复循环。使微生物生长黏附于填料上并逐渐适应水质，利用废水中有机物不断繁殖生长，使膜不断增厚，最后达到所需的生物量，系统便可进入正常运行。

② 实验方法与步骤 挂膜时间 1～2 周。

投加 30％活性污泥及生活污水，SBR 闷曝气。

第 7 天，换水，增加污泥及污水量至 50％。

第 14 天，换水，增加污泥及污水量至 100％。

第 21 天，换水，取样测试进水指标。

第 23 天，取样测水质指标。

第 28 天，取样测水质指标。

定期观察活性污泥生长状况。

定期记录：SBR 活性污泥生长状况（定期测量 SV_{30}，观察污泥量）。

(6) 实验数据与整理 对 SBR 工艺的污泥驯化过程进行讨论分析。

7.4 自动控制废水生化处理组合工艺模拟实验

（1）实验目的

① 通过实验装置的演示，了解传统活性污泥法、A/O、A-A/O 等工艺的工程运行状况及运行操作方式。

② 加深对活性污泥法基本原理的理解和掌握。

③ 理解生物硝化反硝化理论，掌握不同混合液回流比时的脱氮率及两者间的关系。

（2）实验原理

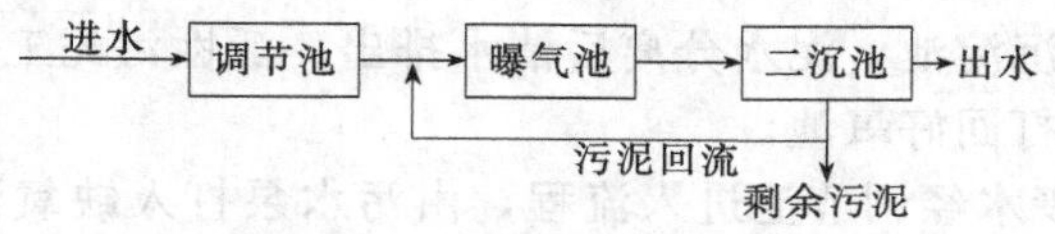

图 7-5　活性污泥工艺流程

① 活性污泥法　活性污泥法是利用活性污泥中的好氧细菌及原生动物对污水中的有机物进行吸附、氧化、分解，最后把这些有机物变成二氧化碳和水的方法。活性污泥工艺流程如图 7-5 所示。

先将废水注入调节池，调节 pH 值，并且去除易于沉降的固体颗粒物，然后连续注入曝气池，增殖的活性污泥在二沉池中进行水分离。在曝气池中，可利用活性污泥中的多种好氧微生物分解废水中的有机物，并且最终生成二氧化碳和水，同时曝气池中的活性污泥也增殖。然后在二沉池中进行泥水分离。上清液作为处理水排放，分离出的污泥一部分作为接种污泥不断回流到曝气池，另一部分由于污泥的增长而以剩余污泥的形式从体系中排出。

② A/O 法　A/O 工艺即缺氧-好氧生物处理系统，它是随着废水深度处理，尤其是脱氮要求的提高而出现的。其所完成的脱氮在机制上主要由硝化和反硝化两个生物过程构成。废水首先在好氧反应器中进行硝化，使含氮有机物被细菌分解成氨，然后在亚硝化菌的作用下氨进一步转化为亚硝酸盐氮（NO_2^--N），再经硝化菌作用转化为硝酸盐氮（NO_3^--N）。硝酸盐氮进入缺氧或厌氧反应器后，经过反硝化作用，利用废水中原有的有机物，进行无氧呼吸，分解有机物，同时将硝酸盐氮还原为气态氮（N_2）。A/O 工艺不仅能取得比较满意的脱氮效果，同时可取得较高的 COD 和 BOD 去除率。

单级 A/O 工艺是指用一个缺氧反应器和另一个好氧反应器组成的联合系统，从好氧反应器出来的部分混合液返回到缺氧反应器的进水端，另一部分进入二沉池分离活性污泥后，上清液作为处理水排放。A/O 生物脱氮工艺流程如图 7-6 所示。

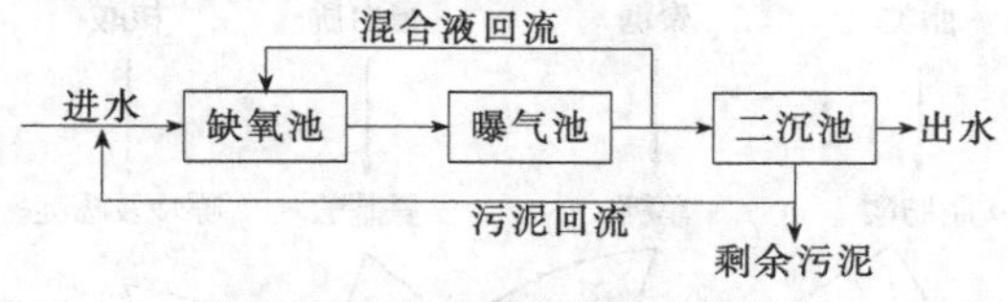

图 7-6　A/O 生物脱氮工艺流程

③ A-A/O 法　A/O 工艺即厌氧-缺氧-好氧组合系统，由三段生物处理装置组成，即在单级 A/O工艺的前段再设置一厌氧反应器，目的在于通过厌氧过程使废水中的部分难降解有机物得到降解去除，以改善废水的可生化性，并且为后续的缺氧段提供适合于反硝化过程的碳源，最终达到高效去除 COD、BOD、N、P 的目的，A-A/O 生物脱氮除磷工艺流程如图 7-7 所示。

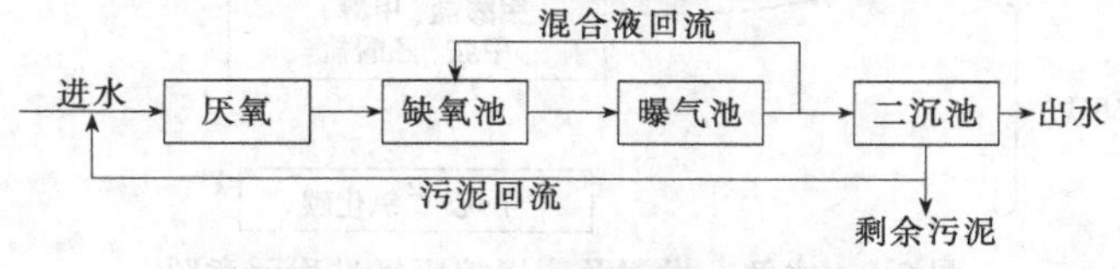

图 7-7　A-A/O 生物脱氮除磷工艺流程

废水经预处理后进入厌氧反应器，使高 COD 物质在该段得到部分降解，然后进入兼氧段，进行反硝化过程，最后进入好氧段氧化降解有机物和进行硝化反应，好氧段出水一部分回流进入兼氧段并与厌氧段出水混合，利用厌氧出水中的碳源进行反硝化，另一部分出水进入二沉池，分离活性污泥后作为出水，污泥直接回流到厌氧段。

(3) 实验仪器　自动控制废水生化处理实验装置。

(4) 实验方法与步骤

① 灌水、打开阀门　将各组曝气池、集水池灌满水，打开除了放空阀以外的其他所有阀门，流量设为 8L/h。

② 活性污泥工艺运行　废水经调节池进入流程，由污泥泵先打入好氧池。好氧池进行生物处理。处理后废水流入沉淀池，泥水分离后清水排出。活性污泥工艺系统有污泥回流，经沉淀池沉淀的污泥经污泥泵打回好氧池。

③ A/O 工艺运行　废水经调节池进入流程，由污水泵打入缺氧池，再流入好氧池，经好氧池处理后出水到沉淀池。好氧池的一部分出水经回流泵打回缺氧池进水处，以此进行实验废水的缺氧-好氧生物脱氮处理。进入沉淀池的泥水经沉淀分离后，清水排出。污泥经污泥泵从沉淀池打回缺氧池。

④ A-A/O 工艺运行　废水经调节池进入流程，由污水泵打入厌氧池，流入缺氧池，再流入好氧池，然后流入沉淀池。好氧池的一部分出水经回流泵打回缺氧池，另一部分直接到沉淀池泥水分离后出水。沉淀池的污泥经污泥泵打回到厌氧池进水。废水在其中进行了厌氧放磷-缺氧反硝化-好氧过量吸磷和硝化的生化反应，达到脱氮除磷的目的。

(5) 实验数据与整理

① 列表记录三种工艺脱氮除磷效率，并分析不同混合液回流比对脱氮除磷效率的影响。

② 分析提高脱氮除磷效率的主要影响因素。

③ 分析三种工艺的优缺点。

7.5 厌氧消化处理工艺实验

(1) 实验目的　了解厌氧污泥的培养和污水厌氧生物处理工艺的特点及其运行方式。

(2) 实验原理　厌氧废水处理工艺包含三个基本阶段：水解、发酵（酸化）、产甲烷。这三个阶段如图 7-8 所示。

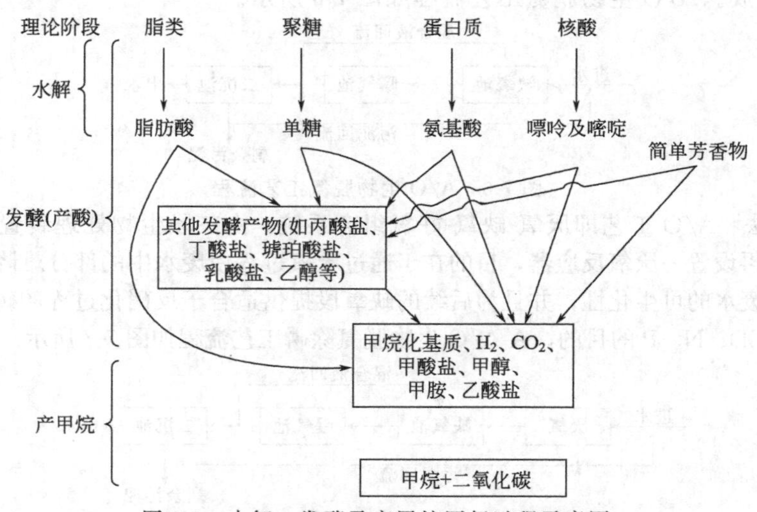

图 7-8　水解、发酵及产甲烷厌氧过程示意图

与好氧工艺相对比，厌氧工艺具有污泥产量低、营养物需求量少和容积负荷高等优点，但也存在启动时间长、运行稳定性差、碱度补充量大和处理程度低等缺点。

厌氧污泥活性实际上是指单位质量的厌氧污泥（以 VSS 计）在单位时间内最多能产生的甲烷量，或是指单位质量的厌氧污泥（以 VSS 计）在单位时间内最多能去除的有机物（以 COD 计）。厌氧细菌的世代周期一般相对很长，合成量相对较少，在短期内（1～2 天）可以认为厌氧微生物的生物量不会发生变化。

在标准状态下，1mol 甲烷体积为 22.414L，按当量 COD 为 64g O_2/mol 甲烷，则等于 0.35L 甲烷/g COD。

因此，可以通过监测厌氧废水处理系统的进水和出水 COD 值，系统水量特征和净生物体合成产量，求出甲烷的产量。

（3）实验仪器

① 厌氧消化反应器装置。

② 测定 COD 或 BOD 仪器、烘箱、分析天平、马弗炉、台秤、坩埚、漏斗、漏斗架、100L 量筒、250L 烧杯等。

（4）实验试剂　配制厌氧消化实验的营养物见表 7-3。

表 7-3　实验所需营养物一览表

序号	营养物	品级	质量/g	序号	营养物	品级	质量/g
1	淀粉	食用	1000	5	$CaCl_2$	CP	500
2	KH_2PO_4	CP	500	6	$MnSO_4$	CP	500
3	$NaHCO_3$	CP	500	7	$FeSO_4 \cdot 6H_2O$	CP	500
4	$MgSO_4$	CP	500				

（5）实验方法与步骤

① 熟悉反应器的结构及其操作方法。

② 采用营养物配制废水，废水基质浓度在 5000mg/L 左右。

③ 按反应器体积投放活性污泥，使各反应器内 MISS 为 3～7g/L。

④ 确定固体停留时间为 30 天。

⑤ 每隔 12h 监测废水的温度、pH、COD、MLSS 及生物气产生特点。

（6）实验数据与整理

① 绘制污水在处理过程中 pH、COD 和生物量的变化特征。

② 测试生物气的产量。

7.6 城市污泥好氧消化处理工艺实验

（1）实验目的　通过对城市污泥好氧消化处理，测试好氧消化前后城市污泥的总悬浮固体 TSS、挥发性悬浮固体、含固率等指标，了解城市污泥好氧消化处理效果，领会好氧消化的作用原理。

（2）实验原理　城市污泥是指城市污水处理厂在处理污水过程中产生的沉淀物质，这种污泥含水量高、易腐烂，有强烈的臭味，并且含有寄生虫卵、病原微生物及重金属，如不加以妥善处理，任意排放，将会造成二次污染。

传统好氧消化（conventional aerobic digestion，CAD）工艺主要通过曝气使污泥中的微生物进入内源呼吸期进行自身氧化，从而使污泥减量和稳定。好氧消化处理的原理是使污泥中的微生物进入内源代谢阶段，通过曝气充氧，活性污泥中的微生物有机体自身氧化分解为水、二氧化碳和氨气等，使污泥得到稳定化，实质上是活性污泥法的继续。

（3）实验仪器　烘箱、马弗炉、紫外可见分光光度计、多功能水浴恒温振荡器、pH 计、电子天平、电热鼓风干燥箱。

（4）实验试剂

① 试验用污泥　取城市污水处理厂的初沉池污泥和二沉池污泥。

② 污泥的预处理　在实验前，污泥需经过前期处理：将污泥经筛网过滤除去大颗粒物质、毛发、沙粒等杂质后，备用。

（5）实验方法与步骤　取所需处理后污泥 1.5L 于 2L 锥形瓶中，将锥形瓶放入水浴恒温振荡器中培养，设定相应曝气量。将水浴恒温振荡器设置不同的温度，初始反应温度分别设定为 25℃、30℃。

将实验分两组，一组是常温好氧消化，即传统好氧消化法。即好氧消化过程中，始终将温度维持在 25℃。

另一组是高温好氧消化，即在初始温度 30℃条件下，每隔 12h 升高 2.5℃直到温度升至 45℃和 50℃温度为止，并且用水浴锅维持此温度继续培养 16 天。

在培养期间污泥消化 48h 内，每隔 24h 取一次样，以后每隔 48h 取一次样进行 TSS、VSS、含固率等指标测定。高温使污泥水分挥发，因此要及时补充水分。

（6）计算　计算 TSS、VSS 的去除率。

① TSS 的去除率

$$\eta_{TSS}=\frac{TSS_0\times V_0-TSS_t\times V_t}{TSS_0\times V_0}\times 100\%$$

式中　TSS_0，TSS_t——原始污泥和处理后污泥的总悬浮物浓度，g/L；

　　V_0，V_t——原始污泥体积和处理后污泥体积，m^3。

② VSS 的去除率

$$\eta_{VSS}=\frac{VSS_0\times V_0-VSS_t\times V_t}{VSS_0\times V_0}\times 100\%$$

式中　VSS_0，VSS_t——原始污泥和处理后的挥发性有机悬浮物浓度，g/L；

　　V_0，V_t——原始污泥体积和处理后污泥体积，m^3。

（7）实验数据与整理

① 将污泥经好氧消化后，计算 TSS 和 VSS 的去除率。

② 分析 TSS 和 VSS 的去除率与实验时的反应温度之间的关系。

③ 讨论反应温度对好氧消化效果的影响。

7.7 城市污泥中 Cu、Zn 和 Ni 的测定（FAAS 法）

（1）实验目的

① 了解原子吸收分光光度法 FAAS 测定重金属的原理和方法。

② 掌握用 FAAS 测试城市污泥中重金属的方法。

③ 通过了解城市污泥中重金属含量，检查废水的处理是否按设计要求正常运行。

④ 通过了解城市污泥中重金属含量，提出污泥的浓缩与综合利用的处理处置方式。

（2）实验原理　采用盐酸-硝酸-高氯酸全分解的方法，破坏试样的晶体结构，使试样中以各种形态存在的待测元素，转化为离子态进入溶液，在空气-乙炔火焰中开成基态原子，并且分别对 324.8nm、213.8nm 和 232.0nm 的特征谱线产生选择性吸收。在最佳测定条件下，测定吸光度。

（3）实验仪器

① 原子吸收分光光度计 FAAS、水浴锅、烘箱。

② 蒸发皿、移液管、烧杯、砂芯漏斗。

(4) 实验试剂

① HCl(Cu)、HCl(Zn) 和 HCl(Ni)。

② 盐酸(分析纯)、硝酸(分析纯)、高氯酸(分析纯)。

(5) 实验方法与步骤 污水处理厂污泥分析步骤如下。

① 取50g试样，在103～105℃下烘干至恒重(采用四分法取样)。

② 取0.5～2.0g试样于50mL的烧杯中，用少量水润湿。

③ 加入10mL盐酸低温加热至5mL左右，取下冷却。

④ 加入5mL硝酸、3mL高氯酸中温加热消解。

⑤ 过滤(用砂芯漏斗过滤)，定容。

⑥ 用FAAS法测定Cu、Zn和Ni。

(6) 计算

$$\text{重金属总量(Cu/Zn/Ni)(mg/kg)}=\frac{V\times C}{W}$$

式中 V——用FAAS测试样体积，L；

C——重金属浓度，mg/L；

W——污泥泥样总质量，g。

(7) 实验数据与整理 对不同污泥的Cu、Zn和Ni数据整理，比较不同污泥的Cu、Zn和Ni含量。

7.8 城市垃圾固体废物组成的测定

(1) 实验目的 鉴别固体废物危害性；分析固体废物物理、化学和生物特征值及变化规律，为废物综合利用与贮存、处理处置提供依据。

(2) 实验原理 通过固体废物处理前后质量变化，测定其物理参数：组分、含水率、挥发分和灰分，分析固体废物的物理特性及变化规律。

(3) 实验仪器

① 采样：0.5t小型手推货车、100kg磅秤、铁锹、竹夹、橡皮手套、剪刀、小铁锤。

② 物理性质测定：烘箱、马弗炉、天平。

(4) 实验方法与步骤

① 采样 取样方法为四分法。

a. 采样点的确定 为了使样品具有代表性，采用点面相结合，确定几个采样点，在市区选择2～3个居民生活水平与燃料结构具有代表性的居民生活区作为点；再选择一个或几个垃圾堆放场所为面，定期采样。

b. 采样点确定以后，可按下列步骤采集样品。

(a) 将50L容器洗净、干燥、称重、记录；然后布置于点上，每个点若干个容器；面上采集时，带好备用容器。

(b) 点上采样量为该点24h内的全部生活垃圾，到时间后收回容器，并且将同一点上若干容器内的样点全部集中；面上的取样数量50L为一个单位，要求从当日卸到垃圾堆放场的每车垃圾中进行采样(即每车5t)。

(c) 将各点集中或面上采集的样品中大块物料现场人工破碎，然后用铁锹充分均匀混合，此过程尽可能迅速完成，以免水分散失。

(d) 混合后的样品现场采用四分法，把样品缩分到90～100kg为止，即为初样品。

(e) 将初样品装入容器，取回分析。

② 固体废物物理性质分析

a. 垃圾物理成分的分析步骤如下。

(a) 取垃圾试样 25～50kg，按表 7-4 分类进行粗分拣。

表 7-4 生活垃圾分类

类别	有机物		无机物		可回收物						其他
	动物	植物	灰土	砖瓦、陶瓷	纸类	玻璃	金属	塑料、橡胶	纺织物	木竹	

(b) 分类称量计算各成分组成。

$$C_{t(湿)}=\frac{M_1}{M}\times 100\%$$

$$C_{t(干)}=C_{t(湿)}\times\frac{1-C_{t(水)}}{1-C_{(水)}}$$

式中 $C_{t(湿)}$——垃圾样品中某单一成分所占的比例，%；

M_1——某种成分的湿重，g；

M——垃圾样品的总湿重，g；

$C_{t(干)}$——垃圾样品某种成分的干固体比例，%；

$C_{t(水)}$——垃圾样品某种成分的水分比例，%；

$C_{(水)}$——垃圾样品的总含水率，%。

b. 含水率 垃圾含水率的分析步骤如下。

(a) 将各垃圾成分试样破碎到粒度小于 15mm 后，置入干燥箱中，在 (105±5)℃条件下烘 4～8h，取下冷却后称量。

(b) 重复烘 1～2h，再称量，直至质量恒定。

(c) 计算含水率：

$$W=\frac{A-B}{A}$$

式中 W——垃圾样品的含水率，%；

A——垃圾样品的总质量（包括干固体质量和水分质量），g；

B——垃圾样品的干固体质量，g。

c. 挥发分和灰分量 分析步骤如下。

(a) 用普通天平称取并记录下一系列坩埚质量。

(b) 将粉碎后的各垃圾成分样品按物理组成的比例充分混合，在每个坩埚中加入适当的量，称取并记录质量。

(c) 将放有试样的坩埚放入马弗炉内，在 600℃温度下，灼烧 2h，取出后，置于干燥器中冷却到室温，称量。

(d) 分别计算挥发分和灰分量并取平均值。

$$V_s=\frac{\Delta W}{W_0}$$

式中 V_s——垃圾样品的挥发分比例，%；

ΔW——垃圾样品的干固体经焚烧后的体积变化质量，g；

W_0——垃圾样品的干固体质量，g。

(5) 实验数据与整理

① 记录生活垃圾分类情况，完成表 7-5。

② 分类称量计算各成分组成，填写表 7-5。

③ 计算各类垃圾的含水率，记录 W。

④ 计算各类垃圾的挥发分和灰分量，记录 V_s。

⑤ 总结生活垃圾的各类组成、含水率、水分、挥发分和灰分，讨论生活垃圾处理处置方式。

表 7-5　生活垃圾分类

组成	有机物		无机物		可回收物						其他
	动物	植物	灰土	砖瓦、陶瓷	纸类	玻璃	金属	塑料、橡胶	纺织物	木竹	
$C_{t(湿)}$											
$C_{t(干)}$											

7.9 垃圾性能测定分析

(1) 实验目的

① 掌握全自动热量计的使用。

② 测定垃圾堆肥中纸张、织物、木屑、布等的热值。

③ 加深对燃烧热的理解。

(2) 实验原理　先用已知质量的标准苯甲酸在热量计弹筒内燃烧，求出热量计的热容量（即在热值上等于热体系温度升高 1K 所需的热量，以 J/K 表示），然后使被测物质在同样条件下，在热量计氧弹内燃烧，测量体系温度升高，根据所测温度升高及热体系的热容量，即可求出被测物质的发热量。

设被测热量计热容量时，标准物质所产生的热量为 Q，温度升高为 Δt，则热量计的热容量 $E=Q/\Delta t$(J/K)。设被测物质产生的热量为 Q，体系温度升高为 Δt，而体系温度每升高 1K，所需的热量为 E，则被测物质热量 $Q=E\Delta t$(J)。

(3) 实验仪器

① 计算机全自动热量计。

② 破碎机。

③ 烘箱一台，氧气钢瓶一个。

④ 压片机一台，坩埚一只。

⑤ 元素分析仪。

⑥ 烧杯、容量瓶等玻璃器皿。

(4) 实验试剂　垃圾样品（纸张、织物、木屑、布等）。

(5) 实验方法与步骤

① 取样　从垃圾中选取有代表性的样品，如纸张、织物、木屑、布等，用四分法缩分 2～5 次后，分别粉碎成小于 0.5mm 的微粒，在烘箱 100～105℃条件下烘干至恒重。

② 元素分析　将样品放入德国产元素分析仪中，测定样品中含有的 C、H、O、N、S 的含量，计算其热值。

③ 压片　称 1.0g 试样压片。

④ 充氧　把试样压片放入坩埚，将坩埚装在坩埚架上。在两电极上装好点火丝，拧紧弹盖，在充氧装置上充氧，压力 2.8～3MPa，充氧时间不少于 15s。

⑤ 测试　将氧弹装到内筒的氧弹架上，盖好内筒盖。打开计算机并启动全自动热量计，

输入数据（试样编号和试样质量），其他所有操作都是自动进行。

试验过程中如出现异常，计算机都将给予提示。

（6）实验数据与整理　记录实验数据。比较计算值和测试值。

7.10 垃圾渗滤液综合处理实验

（1）实验目的

① 掌握垃圾填埋中渗滤液的浊度的测定方法。

② 掌握 Fenton 氧化与吸附法联合处理渗滤液的方法。

（2）实验原理　本实验主要采用 Fenton 氧化与吸附法联合处理的方法来处理填埋垃圾渗滤液。

Fenton 试剂的氧化机理如下。

Fenton 试剂由氧化剂 H_2O_2 和催化剂 Fe^{2+} 所组成，Fenton 试剂具有极强的氧化能力，特别适用于生物难降解或一般化学氧化难以奏效的有机废水的氧化处理，因而，Fenton 试剂在废水处理中的应用具有特殊意义，在国内外受到普遍重视。

Fenton 试剂之所以具有非常强的氧化能力，是由于 H_2O_2 在催化剂 Fe^{2+} 作用下分解成 ·OH自由基的缘故。·OH 自由基具有以下重要性质。

①具有很高的氧化电极电位。·OH 自由基的氧化电位为2.8V，比其他一些常用的氧化剂如 Cl_2、ClO_2、$KMnO_4$、O_3 的氧化电极电位均要高。因此，·OH 自由基是一种很强的氧化剂。

② ·OH 自由基具有很高的电负性或亲电性。·OH 自由基的电子亲和能为569.3kJ，这就决定了·OH 自由基能够对有机物进行有效的降解。

Fenton 试剂参与有机物的氧化过程为链式反应，通过链的开始、链的传递和链的结束三个过程降解有机物，其中链的开始阶段产生·OH 自由基接着其他的自由基和反应的中间体构成了链的节点，使反应链进行传递最后各种自由基之间或自由基与其他物质的相互作用使自由基被消耗，反应链终止，从而达到降解有机物的目的。Fenton 试剂参与的主要控制步骤是自由基尤其是·OH 自由基的产生及其与有机物相互作用的过程。

Fenton 试剂的反应机理可由以下方程式表示：

$$Fe^{2+} + H_2O_2 \longrightarrow Fe^{3+} + OH^- + \cdot OH$$

$$Fe^{3+} + H_2O_2 \longrightarrow Fe^{2+} + HO_2\cdot + H^+$$

$$Fe^{2+} + \cdot OH \longrightarrow Fe^{3+} + OH^-$$

$$Fe^{3+} + HO_2\cdot \longrightarrow Fe^{2+} + O_2 + H^+$$

$$\cdot OH + RH \longrightarrow R\cdot + H_2O$$

$$R\cdot + Fe^{3+} \longrightarrow R^+ + Fe^{2+}$$

$$R\cdot + H_2O_2 \longrightarrow OH + \cdot OH$$

Fenton 氧化法的 COD 去除率会受 pH 值、所投加的 H_2O_2 与 Fe^{2+} 的摩尔比、反应时间、H_2O_2 或 Fe^{2+} 投加量等反应条件的因素影响。而目前对其反应最佳条件还未有定论（一般认为 pH＝3，H_2O_2：Fe^{2+}＝3.0，反应时间为 3h 时为最佳），因而要通过大量实验进行验证与分析。

（3）实验仪器

① 浊度分析仪、COD 快速测定仪、pHS-25 型 pH 计、TOC 分析仪、搅拌器。

② 烧杯、土壤、煤灰吸附柱等。

（4）实验试剂

① Fenton 试剂 H_2O_2、$FeSO_4\cdot 7H_2O$（固体）。

② H_2SO_4、NaOH。

③ 垃圾渗滤液。

(5) 实验方法与步骤

① 浊度的测定 取一定量的待处理的渗滤液，用浊度分析仪测定其浊度。

② Fenton 氧化预处理渗滤液

a. 取 400mL 待处理渗滤液于烧杯中。

b. 加入 H_2SO_4 或 NaOH 调节其 pH 值至 3.0（此为最佳值）。

c. 定量加入 0.02mol Fe^{2+}一边搅拌一边再加入 H_2O_2，充分搅拌，使其充分混合反应。

d. 反应一定时间（1～3h）后，沉淀，取上清液，用 COD 快速测定仪测定其 COD 值。

③ 土壤和煤灰吸附处理 将经 Fenton 试剂氧化预处理后的渗滤液经吸附柱吸附处理，再用 COD 快速测定仪测定其 COD 值并记录下来。

(6) 实验数据与整理 通过对多组、多次不同实验条件下（H_2O_2 与 Fe^{2+} 的摩尔比、反应时间、H_2O_2 或 Fe^{2+} 投加量等）的 Fenton 氧化反应实验结果进行对比分析，得到最佳的反应条件；并分析土壤和煤渣的吸附效果。

7.11 膜分离水质净化实验

(1) 实验目的

① 了解膜的结构和影响膜分离效果的因素，包括膜材质、压力和流量等。

② 了解膜分离的主要工艺参数，掌握膜组件性能的表征方法。

③ 掌握膜分离流程，比较各膜分离过程的异同。

④ 掌握电导率仪、紫外分光光度计等检测方法。

(2) 实验原理 膜分离是以对组分具有选择性透过功能的膜为分离介质，通过在膜两侧施加（或存在）一种或多种推动力，使原料中的某组分选择性地优先透过膜，从而达到混合物的分离并实现产物的提取、浓缩、纯化等目的的一种新型分离过程。其推动力可以为压力差（也称跨膜压差)、浓度差、电位差、温度差等。膜分离过程有多种，不同的过程所采用的膜及施加的推动力不同，通常称进料液流侧为膜上游、透过液流侧为膜下游。

微滤（MF)、超滤（UF)、纳滤（NF）与反渗透（RO）都是以压力差为推动力的膜分离过程，当膜两侧施加一定的压差时，可使一部分溶剂及小于膜孔径的组分透过膜，而微粒、大分子、盐等被膜截留下来，从而达到分离的目的。

四个过程的主要区别在于被分离物粒子或分子的大小和所采用膜的结构与性能。微滤膜的孔径范围为 0.05～10μm，所施加的压力差为 0.015～0.2MPa；超滤分离的组分是大分子或直径不大于 0.1μm 的微粒，其压差范围为 0.1～0.5MPa；反渗透常被用于截留溶液中的盐或其他小分子物质，所施加的压差与溶液中溶质的分子量及浓度有关，通常的压差在 2MPa 左右，也有高达 10MPa 的；介于反渗透与超滤之间的为纳滤过程，膜的脱盐率及操作压力通常比反渗透低，一般用于分离溶液中分子量为几百至几千的物质。

① 微滤与超滤 在微滤过程中，被膜所截留的通常是颗粒性杂质，可将沉积在膜表面上的颗粒层视为滤饼层，则其实质与常规过滤过程近似。本实验中，以含颗粒的浑浊液或悬浮液，经压差推动通过微滤膜组件，改变不同的料液流量，观察透过液清澈情况。

对于超滤，筛分理论被广泛用来分析其分离机理。该理论认为，膜表面具有无数个微孔，这些实际存在的不同孔径的孔眼像筛子一样，截留住分子直径大于孔径的溶质和颗粒，从而达到分离的目的。应当指出的是，在有些情况下，孔径大小是物料分离的决定因素；但对另一些情况，膜材料表面的化学特性却起到了决定性的截留作用。如有些膜的孔径既比溶剂分子大，又比溶质分子大，本不应具有截留功能，但令人意外的是，它却仍具有明显的分离效果。由此可见，膜的孔径大小和膜表面的化学性质将分别起到不同的截留作用。

② 膜性能的表征 一般而言，膜组件的性能可用截留率（R）、透过液通量（J）和溶质浓缩倍数（N）来表示。

$$R=\frac{C_0-C_p}{C_0}\times 100\%$$

式中 R——截流率；

C_0——原料液的浓度，$kmol/m^3$；

C_p——透过液的浓度，$kmol/m^3$。

对于不同溶质成分，在膜的正常工作压力和工作温度下，截留率不尽相同，因此这也是工业上选择膜组件的基本参数之一。

$$J=\frac{V_p}{S\times t}$$

式中 J——透过液通量，$L/(m^2 \cdot h)$；

V_p——透过液的体积，L；

S——膜面积，m^2；

t——分离时间，h。

其中 $Q=V_p/t$，即透过液的体积流量，在把透过液作为产品侧的某些膜分离过程中（如污水净化、海水淡化等），该值用来表征膜组件的工作能力。一般膜组件出厂，均有纯水通量这个参数，即用日常自来水（显然钙离子、镁离子等成为溶质成分）通过膜组件而得出的透过液通量。

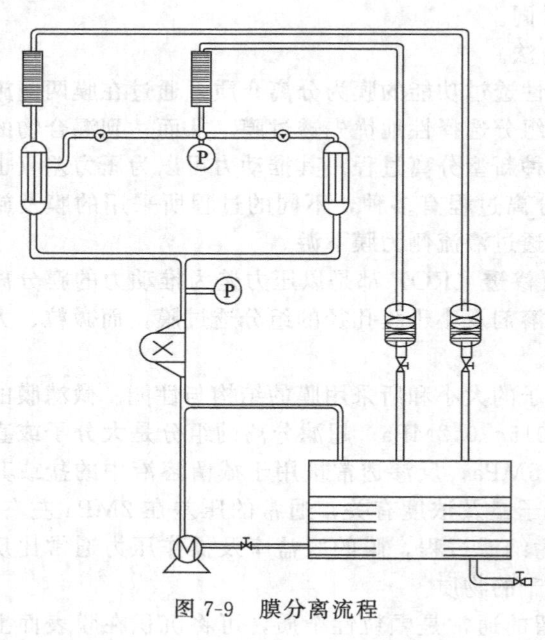

图 7-9 膜分离流程

$$N=\frac{C_R}{C_p}$$

式中 N——溶质浓缩倍数；

C_R——浓缩液的浓度，$kmol/m^3$；

C_p——透过液的浓度，$kmol/m^3$。

该值比较了浓缩液和透过液的分离程度，在某些以获取浓缩液为产品的膜分离过程中（如大分子提纯、生物酶浓缩等），是重要的表征参数。

(3) 实验方案

① 实验流程 实验流程如图 7-9 所示。

② 实验方法与步骤 以自来水为原料，考察料液通过超滤膜后，膜的渗透通量随时间的衰减情况，并且考察操作压力和膜表面流速对渗透通量的影响。操作步骤如下。

a. 放出超滤组件中的保护液。

b. 用去离子水清洗加热 50℃后清洗超滤组件 2～3 次，时间 30min。

c. 在原料液贮槽中加入一定量的自来水后，打开低压料液泵回流阀和低压料液泵出口阀，打开超滤料液进口阀、超滤清液出口阀和浓液出口阀，则整个超滤单元回路已畅通。

d. 启动泵至稳定运转后，通过泵出口阀门和超滤液出口阀门调节所需要的流量和压力，待稳定后每隔 5min 测定一定实验时间内的渗透液体积，做好记录。

e. 调节膜后压力为 0.02MPa，稳定后，测量渗透液的体积，做好记录。

f. 依次增加膜后压力分别为 0.04MPa、0.06MPa、0.08MPa、0.10MPa 分别测量渗透液的体积，做好记录。

g. 利用去离子水清洗超滤组件 2～3 次，时间间隔 30min。

h. 加入保护液甲醛溶液于超滤组件中，然后密闭系统，避免保护液的流失。

(4) 实验数据处理

① 原始数据　将原始数据填入表 7-6 和表 7-7 中。

表 7-6　渗透液中浓液和清液的流量关系

序　号	浓液/(mL/10s)		清液/(mL/10s)	
1				
2				
3				
4				
5				
6				
7				
8				
9				
10				
11				
12				

表 7-7　不同膜后压力下取出的浓液与清液的体积关系

膜后压力/MPa	温度/℃	浓液/(mL/10s)	清液(mL/10s)
0.10			
0.08			
0.06			
0.04			
0.02			

② 数据处理　依据实验结果，整理实验数据，并且填写在表 7-8 和表 7-9 中。

表 7-8　膜的渗透量随时间变化数据记录

序号	时间/min	浓液 V_1/mL		清液 V_2/mL		浓液的平均值	清液的平均值	清液的渗透通量 J_2/[L/(m²·h)]
		1	2	1	2			
1	0							
2	5							
3	10							
4	15							

续表

序号	时间/min	浓液 V_1/mL		清液 V_2/mL		浓液的平均值	清液的平均值	清液的渗透通量 J_2/[L/(m²·h)]
		1	2	1	2			
5	20							
6	25							
7	30							
8	35							
9	40							
10	45							
11	50							
12	55							

表 7-9 膜后压力的改变对渗透通量的影响数据记录

序号	膜后压力/MPa	浓液量/mL	清液量/mL	浓液平均量/mL	清液平均量/mL	清液通量/[L/(m²·h)]
1	0.02					
2	0.04					
3	0.06					
4	0.08					
5	0.10					

(5) 实验数据与整理

① 依据实验结果绘制液体体积随时间变化关系图及膜的渗透通量随时间的变化关系图，并讨论液体体积及渗透量随时间变化关系及其原因。

② 绘制膜的渗透通量随压力的变化关系图，并分析渗透通量随压力的变化关系及原因。

③ 误差分析：分析实验中出现的误差及产生的原因。

(6) 思考题

① 膜组件中加保护液有什么意义？

② 查阅文献，回答什么是浓度极差？有什么危害？有哪些消除方法？

③ 为什么随着分离时间的进行，膜的通量越来越低？

④ 实验中如果操作压力过高或流量过大会有什么结果？

第三篇

探究性实验

第8章

三废处理探究性实验

探究实验是在不知道某现象原因的前提下，先对该现象的产生做出合理的假设，然后设计一系列实验来验证假设的过程。探究实验通常是科学家对新事物、新现象进行研究时常用的方法。科学探究包括提出问题、猜想与假设、确定计划与设计实验、进行实验与收集数据、分析与论证、评估、合作与交流六个基本过程，因此探究性实验教学模式也主要由这六个基本过程来确定。

目前，在教学中的探究实验并不是真正意义上为了新发现而设计的探究实验，因为都是在重复前人的实验。课堂上所谓的探究实验，是在教师知道而学生不知道答案的前提下完成的，旨在培养学生的探究意识和能力。

教学上的探究性实验过程通常是教师提出某种现象或问题（学生还不是很清楚），然后由学生进行原因的假设，接着根据假设设计实验，完成实验，最终根据实验结果来验证假设，得出结论。实验结果与假设一致，则假设成立，反之假设不成立。

本章的探究性实验包括废水、城市污泥、城市垃圾、一般性固体废弃物和工业废气的污染治理、综合利用等方面的实验，均来自于科学研究项目。这些实验项目均是在已获得的、较为成熟的、科学研究成果的基础上，根据本科生实践教学目标要求，设计这些探究性实验，其目的在于通过实验，培养学生根据实际问题设计实验能力和创新能力，从而使学生具备初步的科研能力。

8.1 光催化法处理高浓度难降解有机工业废水实验

（1）实验目的　通过光催化降解高浓度难降解有机废水实验，不但可以深入了解该研究领域，更可加深对课程中催化转化法去除污染物相关章节的理解，并且掌握相关的实验方法与技能。达到的目的具体有以下几点。

① 能独立操作每一个实验方法与步骤，了解和掌握其相关的原理，培养学生熟练的实验操作。

② 能利用一些实验方法如正交实验的实验方案，认真记录实验数据，并且通过数据处理分析实验数据，分析实验结果。

③ 能适当了解一些科研过程，培养学生发现问题、分析问题、解决问题的能力。

（2）实验原理　光催化降解有机废水工艺简单，成本较低，可以在常温常压下氧化分解结构稳定的有机物，半导体光催化氧化净水技术不会产生对环境有影响的副产物。

（3）实验仪器

① 光催化氧化废水处理实验系统。

② COD测定仪、PHS-2型酸度计。

（4）**实验试剂**　锐钛矿相纳米TiO_2和催化助剂$FeCl_3$。

（5）**实验方法与步骤**

① 根据不同有机废水的主要成分，配制水样（或到相关企业取废水），并且测定COD、色度、浊度、pH等水质指标。

② 选择催化剂（锐钛矿相纳米TiO_2）和助催化剂$FeCl_3$；确定影响因素，初始COD（因素A）、光照时间（因素B）、催化助剂$FeCl_3$加入量（因素C，以Fe_3^+的质量浓度表示）、纳米TiO_2加入量（因素D，以TiO_2的质量浓度表示）以及初始pH（因素E）5个因素。

③ 进行单因素光催化氧化实验，确定各因素水平。

④ 进行多因素正交实验，确定最佳反应条件。

根据资料和单因素实验结果，选取初COD（因素A）、光照时间（因素B）、催化助剂$FeCl_3$加入量（因素C，以Fe^{3+}的质量浓度表示）、纳米TiO_2加入量（因素D，以TiO_2的质量浓度表示）以及初始pH（因素E）5个因素，每个因素选定4个水平，采用$L_{16}(4^5)$正交实验表进行正交实验，每组实验重复一次，取COD去除率平均值和色度去除率平均值为评价指标，实验方案和结果见表8-1。

表8-1　实验方案和结果

实验号	A	B	C	D	E	去除率/%		终点pH
						COD	色度	
1	1	1	1	1	1			
2	1	2	2	2	2			
3	1	3	3	3	3			
4	1	4	4	4	4			
5	2	1	2	3	4			
6	2	2	1	4	3			
7	2	3	4	1	2			
8	2	4	3	2	1			
9	3	1	3	4	2			
10	3	2	4	3	1			
11	3	3	1	2	4			
12	3	4	2	1	3			
13	4	1	4	2	3			
14	4	2	3	1	4			
15	4	3	2	4	1			
16	4	4	1	3	2			

对正交实验结果进行极差分析，确定实验所选取的5个因素对COD去除率的影响显著性顺序，最主要的影响因素以及最优工艺条件，见表8-2。

表8-2　正交实验结果对COD去除率的极差分析

因素	A	B	C	D	E
K_1					
K_2					
K_3					
K_4					
极差R					

（6）实验数据与整理

① 整理实验数据，填写表 8-1 和表 8-2。

② 分析如何设计相应实验、如何分析数据、如何与提出的假设机理相关联等。

③ 总结对 TiO_2 光催化氧化降解有机废水的认识（写出反应方程式）。

8.2 电凝聚气浮和电化学法处理有机污染物实验

（1）实验目的

① 了解和掌握电凝聚气浮的原理。

② 能利用正交实验的方法进行数据分析，从而分析实验结果，得出结论。

③ 能适当了解一些科研过程，培养学生发现问题、分析问题、解决问题的能力。

（2）实验原理　电凝聚又称电絮凝，就是在外电压作用下，利用可溶性阳极产生大量阳离子，对胶体废水进行凝聚沉淀。通常选用铁或铝作为阳极材料。将金属电极（如铝）置于被处理的水中，然后通以直流电，此时金属阳极发生氧化反应产生的铝离子在水中水解、聚合，生成一系列多核水解产物而起凝聚作用，其过程和机理与化学混凝法基本相同。

同时，在电凝聚器中阴极上产生的新生态的氢，其还原能力很强，可与废水中的污染物起还原反应，或生成氢气。在阳极上也可能有氧气放出。氢气和氧气以微气泡的形式出现，在水处理过程中与悬浮颗粒接触可获得良好的黏附性能，从而提高水处理效率。

此外，在电流的作用下，废水中的部分有机物可能分解为低分子有机物，还有可能直接被氧化为 CO、H 和 O 而不产生污泥。未被彻底氧化的有机物部分还可和悬浮固体颗粒被吸附凝聚并在氢气和氧气带动下上浮分离。总之，电凝聚处理原水和废水是多种过程的协同作用，污染物在这些作用下易被除去。

（3）实验仪器　电凝聚器、搅拌机、潜水泵、GDS-3 型光电式浊度仪，其中电凝聚器主要由电解槽、电极板和交直流变电柜组成。电极板阳极采用纯铝板，厚为 3mm，弯折角度为 90°，弯折边长为 20mm，阴极采用不锈钢板，厚为 0.8mm，每块有效面积为 $0.05m^2$，COD 测定仪，PHS-2 型酸度计。

（4）实验试剂　COD 测试用试剂。

（5）实验方法与步骤　实验时首先将印染废水泵入电凝聚-气浮槽内，待槽内充满水时接通电解电源进行反应，同时开启刮泡机，将浮渣刮除。待一段时间后在污水出口处取样并分析测定其色度（脱色率）、浊度和 COD。

① 电凝聚时间对色度去除率的影响　取 7 份印染废水水样，调节 pH=6，电流强度 I=2A，倒极时间 $t=0.5$min，电凝聚时间分别为 10min、15min、20min、25min、30min、35min、40min，进行电凝聚-气浮反应。实验完毕后，取样测定处理后废水各种指标。

② 电流强度对色度去除率的影响　取 5 份初始的印染废水水样，调节 pH=6，电凝聚时间为 20min，倒极时间为 0.5min，电流强度分别为 0.5A、1A、1.5A、2A、2.5A，进行电凝聚-气浮反应。实验完毕后，取样测定处理后废水各种指标。

③ pH 对色度去除率的影响　取 7 份初始的印染废水水样，调节电凝聚时间为 20min，电流强度 I=1.5A，倒极时间为 0.5min，用稀 H_2SO_4 溶液或者稀 NaOH 溶液来调节 pH 值分别为 3、4、5、6、7、8、9，进行电凝聚-气浮反应，实验完毕后，取样测定处理后废水各种指标。

（6）实验结果与整理

① 整理实验数据，画图总结实验结果并进行分析。

② 分析如何设计相应实验、如何分析数据、如何与提出的假设机理相关联等。

③ 提出实验中存在的问题及还需改进的地方。

8.3 化学实验室有毒有害废水无害化处理

(1) 实验目的

① 掌握典型废水处理的基本原理，了解典型废水处理的工艺。

② 学会根据废水的水质，设计典型废水处理工艺，并且通过实验验证设计的工艺。培养学生熟练的实验操作。

(2) 实验原理　略。

(3) 实验仪器　实验室废水处理工艺装置，如图8-1所示。

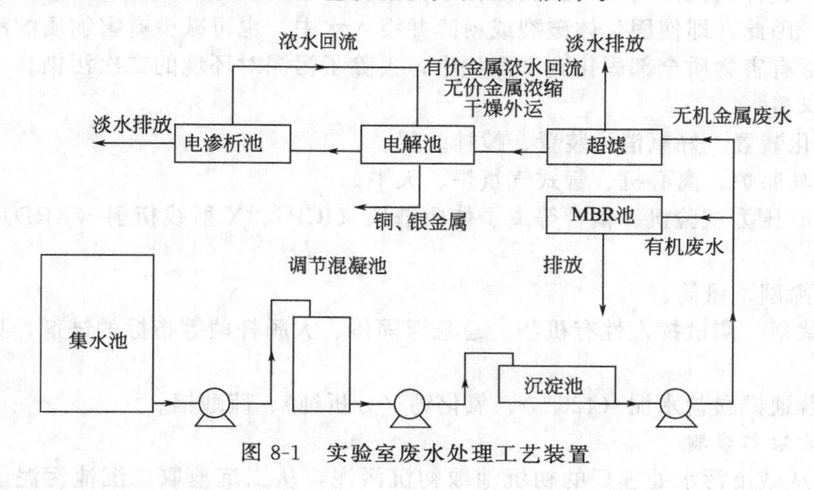

图8-1　实验室废水处理工艺装置

(4) 实验试剂　COD测试用试剂。

(5) 实验方法　分析水质情况，组合选用不同工艺，废水经过处理后达到相应标准。

(6) 实验结果与整理

① 整理实验数据，画图表示实验结果并进行分析。

② 分析如何设计相应实验、如何分析数据、如何与提出的假设机理相关联等。

8.4 城市污泥的处理与综合利用实验

随着城镇化进程的加快，城镇污水的排放量也在不断增加，城市污水处理厂污泥的处理处置问题迫在眉睫。城市污水处理厂污泥的处理处置要减量化、稳定化、无害化、资源化，按照以上原则，根据城市污泥的性质，本实验设计了城市污泥的生物处理方法化学处理方法以及焚烧、水泥固化的处置方法，对污泥进行综合回收与利用。

(1) 实验目的

① 了解污泥的生物处理和化学处理方法及原理。

② 了解污泥的焚烧、水泥固化的处置方法及原理。

③ 能根据污泥性质，初步设计污泥处理处置的工艺。

(2) 实验原理

① 生物处理方法　生物处理法是一种污泥稳定化方法。污泥是通过微生物降解有机物，使之成为稳定的无机物或不易被微生物作用的有机物，一般认为当污泥中的挥发性固体的量降低40%左右，即可认为已达到污泥稳定。污泥的生物稳定分为厌氧消化和好氧消化两种。

② 化学处理方法　化学处理法是一种污泥稳定化方法。污泥化学处理时向污泥投加化学药剂，抑制和杀死微生物，投加的化学药剂有石灰和氯。石灰稳定法是一种非常简单的方法，

其主要作用是抑制污泥臭气和杀灭病原菌，石灰稳定法中，实际上并没有有机物直接被降解，该方法不仅不能使固体物量减少，而且使固体物量增加。

③ 污泥焚烧法 污泥焚烧法是一种污泥最终处置方法，可破坏全部有机质，杀死一切病原体，并且最大限度地减少污泥体积，当污泥自身燃烧值很好，或污泥卫生要求高，或污泥有毒物质含量高不能被利用时，可采用污泥焚烧处理。

④ 水泥固化法 水泥固化法是一种最终处置方法，也是污泥无害化、稳定化处理的一种方法。水泥是一种无机胶结材料，加水产生水化反应，反应后形成坚硬的水泥块。将污泥与水泥掺和在一起，水泥同污泥中的水分发生反应产生凝胶化，把含有有害物质的污泥微粒分别包覆而逐渐硬化，这种固化体的结构主要是在水泥水化反应产生的 $3CaO \cdot SiO_2$ 结晶体之间包进了污泥的微粒，因此，即使固化体破裂或粉碎并浸入水中，也可减少有害物质的浸出性，这样将污泥中的有毒有害物质全部固化到水泥块中，去除了污泥对环境的二次污染。

(3) 实验仪器

① 厌氧消化装置、好氧消化装置、搅拌装置。

② 烘箱、马弗炉、离心机、管式气氛炉、天平。

③ SYE-300 压力试验机、耦合等离子体质谱仪（ICP）、X 射线衍射（XRD）仪、扫描电镜（SEM）。

④ 坩埚、筛网、量筒。

(4) 实验试剂 测试挥发性有机物、总悬浮固体、大肠杆菌等指标的试剂，见 5.1.3 节和 3.2.3 节。

固化剂：普通硅酸盐水泥（425#）、氧化钙（分析纯）、硫酸铝。

(5) 实验方法与步骤

① 取样 从城市污水处理厂的初沉池取初沉污泥，从二沉池取二沉池污泥（活性污泥），从污泥浓缩池取得浓缩污泥，从污泥脱水机房取脱水污泥。若城市污水处理厂设有初沉池，而且将初沉污泥和二沉池污泥一并送至污泥浓缩池浓缩，则浓缩污泥和脱水污泥为初沉污泥和二沉污泥的混合污泥。

② 城市污泥的预处理 将取来的污泥通过筛网过滤，去除大颗粒物、毛发等，备用。

③ 城市污泥的性质指标测试 首先测试城市污泥的总悬浮固体 TSS、挥发性悬浮固体 VSS、含固率。了解城市污泥的 VSS/TSS 比例，确定城市污泥处理方法。

④ 城市污泥的稳定化处理 根据前面测试结果，若 VSS/TSS>60%，考虑采用生物法进行稳定化处理；若 VSS/TSS<60%，考虑用化学法进行稳定化处理。

a. 生物法处理城市污泥 采用厌氧消化法和好氧消化法处理城市污泥。

将预处理后污泥放入厌氧消化装置中，调节温度至中温 32～35℃，进行厌氧发酵，经 20～30 天时间，收集排放气体，测试甲烷含量。并取泥样，观察外观变化测试泥样的含水率、挥发性有机物、总悬浮固体、大肠杆菌等指标，与初始值相比，确定厌氧消化程度。

将预处理后污泥放入好氧消化装置中，调节温度为 25℃，打开曝气设备进行曝气，进行好氧消化。每隔 2 天，取泥样观察外观变化并测试泥样的含水率、挥发性有机物、总悬浮固体、大肠杆菌等指标，与初始值相比，确定好氧消化程度。

b. 化学法处理城市污泥 采用投加石灰，进行化学法稳定化处理。将预处理后污泥放入带有搅拌的容器中，计算好投加量，将石灰均匀投加入污泥中，开启搅拌机进行充分搅拌，石灰投加量要确保污泥中 pH 值在 12 以上并维持 2h。然后关闭搅拌，取出污泥进行测定，测试泥样的含水率、挥发性有机物、总悬浮固体、大肠杆菌等指标，与初始值相比，确定石灰消化程度。

⑤ 城市污泥的处置

a. 焚烧法 将污泥放入烘箱中，进行干化去除水分，然后放入焚烧炉中，在 300～600℃

条件下焚烧，同时控制焚烧时间，将不同温度和不同焚烧时间下的污泥进行测试，测试含水率、挥发性有机物、总悬浮固体、大肠杆菌等指标，与初始值相比，确定焚烧达到稳定化程度。

数据记录在表8-3中。

表8-3　焚烧处理污泥数据结果

焚烧温度 / 焚烧时间	300℃	400℃	500℃	600℃
3min				
5min				
10min				
15min				

b. 水泥固化　先用水泥和氧化钙作为基础固化剂，将城市污泥、水泥、氧化钙的质量比以50∶10∶1的比例掺和，然后加入一定量的硫酸铝固化剂混合均匀，将混合物放入矩形的模具中，制成40mm×40mm×40mm的正方体，静置24h后脱去模具，然后将成型的固化块放入25℃恒温箱中分别养护7天、14天，将达到龄期的固化块取出后再测定相应的指标。固化块龄期从底泥和固化剂混合搅拌之时开始算起。

采用SYE-300压力试验机测定固化块的抗压强度，以衡量其力学性能，最终获得最佳固化剂掺加量。将抗压强度最大的固化块研磨过筛，得到粒径小于425μm的粉末，一部分粉末用TCLP法浸出其中的重金属，用感应耦合等离子体质谱仪（ICP-MS）测定浸出液中的重金属浓度；另一部分粉末用X射线衍射（XRD）仪扫描电镜（SEM）分析化学组成和微观结构。

(6) 计算

$$\text{消化程度}\ \eta=\frac{A_0-A_t}{A_0}\times 100\%$$

式中　A_0——原始污泥的挥发性有机物或总悬浮固体或大肠杆菌等值；

A_t——经一定时间和温度条件下，消化后污泥的挥发性有机物或总悬浮固体或大肠杆菌等值。

(7) 实验数据与整理

① 对于生物法处理结果，对应不同温度和时间条件，计算消化程度η。

② 对于化学法处理结果，对应不同化学药剂投加量和时间条件，计算消化程度η。

③ 对于焚烧法处理结果，完成表8-4，确定最佳实验条件。

④ 将不同条件下得到的水泥固化体，抗压强度填入表8-4，固化剂浸出液中重金属浓度数据填入表8-5。

表8-4　水泥固化实验的抗压强度数据

硫酸铝的掺量/(g/kg)	0	10	30	50	80	100
抗压强度/MPa						

注：硫酸铝的掺量（g/kg）是以城市污泥计。

表8-5　最佳固化剂掺量得到的固化剂浸出液重金属浓度

浸出液中的重金属浓度/(mg/L)	Cu	Ni	Zn	Cr	Cd	Pb

(8) 思考题　各种污泥处理处置方法，适用于何种性质污泥？

8.5 有机垃圾厌氧生物制气探究性实验

(1) 实验目的

① 了解有机垃圾厌氧生物制气的基本原理、工艺流程、运行特点、控制方法等。

② 掌握生物气体流量和成分的测定方法，学会有机垃圾干式生物制气工艺设计、工艺运行等。

(2) 实验原理 垃圾是人类生活的产物。随着经济的发展和物质消费的日趋现代化，城市生活垃圾逐年增多，成为大量废弃物的主要组成部分。垃圾在污染环境的同时，也是一种潜在的资源。科学合理地加以处理和利用，使之减量化、无害化、资源化。通过厌氧生物处理进行制气，回收甲烷等气体，在达到减量化、无害化的同时，也达到资源化目的，厌氧生物制气是一种成本低且具有应用前景的处理方法。

厌氧生物处理，也称为厌氧消化或甲烷发酵，是指在无氧条件下，依赖兼性厌氧菌和专性厌氧菌的生物化学作用，对有机物进行生物降解的过程，有机废弃物（含水量可达到95%）产生生物气。在厌氧消化过程中，复杂的有机物被降解，转化为简单、稳定的物质，同时释放能量，最终转化为甲烷和二氧化碳，还有少量的 NH_3、H_2、H_2S、N_2，能量主要存储在甲烷中。

厌氧发酵过程，可分为以下三个阶段。

第一阶段：水解阶段，通过微生物产生的水解酶将复杂的非溶解性有机物如脂类、蛋白质、纤维素等分解为简单的溶解性单体和二聚体的化合物。

第二阶段：发酵产酸阶段，通过发酵产酸菌将水解产生的小分子化合物转化为挥发性有机酸和二氧化碳，同时会产生甲醇以及其他醇类，pH 值下降。

第三阶段：产甲烷阶段，甲烷由乙酸、甲醇、二氧化碳和氢合成，其中乙酸和乙酸盐是甲烷合成的重要因素。

这三个阶段当中有机物的水解和发酵为总反应的限速阶段。一般来说，碳水化合物的降解最快，其次是蛋白质、脂肪，最慢的是纤维素和木质素。联合厌氧发酵的这几种原料当中粪便是反应最快的物质，几乎看不到酸化过程，剩余污泥次之，因为剩余污泥经过了污水处理的过程，这就相当于给了它一个预处理过程，接下来是生活垃圾当中分离出来的有机物，反应最慢的是厨余物。这就要求联合的过程当中寻找一个契合点让各种物料都完成水解和酸化的步骤，一同进入产甲烷阶段，最终同时完成甲烷发酵。为了解决这一问题，可以进行两相厌氧发酵，将产酸和产甲烷的过程分离，让难降解的有机物在产酸阶段停留的时间较长一些，以便跟上反应较快的粪便和剩余污泥。

(3) 实验仪器

① 有机垃圾厌氧生物制气中试装置，如图 8-2 所示。

② 真空粪便输送系统。

③ 破碎机。

④ 气体收集净化系统。

⑤ 气体流量计。

⑥ 红外气体分析仪。

⑦ 生物制气原料：垃圾、粪便、接种物。

⑧ 垃圾基本特性测定设备。

⑨ COD 和 BOD 测试分析仪。

(4) 实验方法与步骤

① 测定垃圾、粪便的基本特性实验（含水率、挥发分、TOC、pH 值、氨氮）。

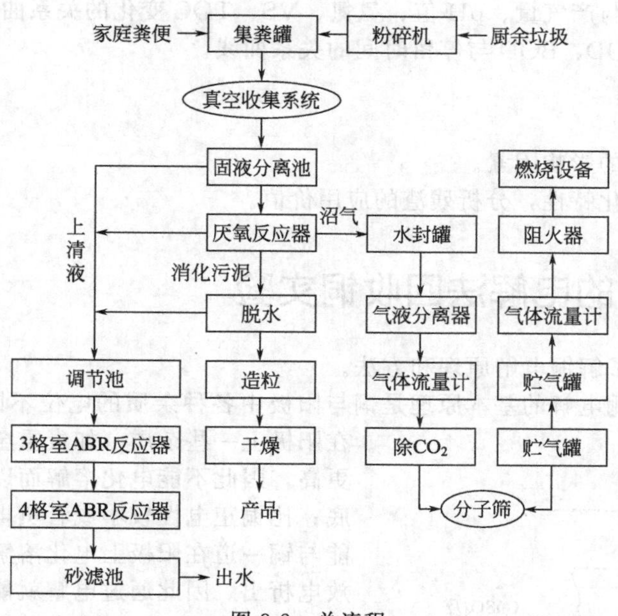

图 8-2　总流程

② 将有机垃圾破碎，操作真空粪便输送系统进行混合、给料。

③ 调节发酵装置温度，控制在 55℃。物料停留时间 20 天。

④ 标定红外气体分析仪，并且进行生物气体提纯净化前后基本成分测试分析。

⑤ 测定上清液处理前后的 COD 和 BOD。

⑥ 测定气体流量的变化。

⑦ 实验开始，每日记录 pH 值、挥发性固体、氨氮、TOC 含量、压力、温度。

⑧ 测定残渣的含固率、挥发分、固定碳、灰分、热值的参数。

⑨ 测定残渣的重金属含量。

(5) 实验数据与整理

① 将实验结果制表（表 8-6）。

原料：厨余垃圾、粪便

发酵温度：55℃

停留时间：20 天

表 8-6　实验结果

日期	pH	TOC/(mg/L)	氨氮/(mg/L)	VS/(mg/L)	产气量/mL	上清液/(mg/L)		气体含量/%	
						COD	BOD	CH_4	CO_2

② 绘制培养时间与产气量、pH 值、氨氮、VS、TOC 变化的关系曲线。

③ 绘制上清液 COD、BOD 与停留时间的关系曲线。

④ 分析残渣特性。

(6) 思考题

① 分析厌氧发酵的影响因素。

② 结合残渣的生化特性，分析残渣的应用价值。

8.6 电镀污泥的电解法回收铜实验

(1) 实验目的　了解铜电解原理和方法。

(2) 实验原理　铜电解的基本原理是铜与阳极中各种杂质的电位不同，当通过直流电时，在阳极上一些杂质（如贵重金属）由于比铜的电位更高，因此不能电化溶解而以泥渣形态沉入电解槽底；比铜正电性较小或者负电性的金属杂质，虽然能与铜一道在阳极上电化溶解，但却不能在阴极上放电析出。因此通过电解就能将铜与杂质分离，而在阴极上得到纯度相当高的电解铜。

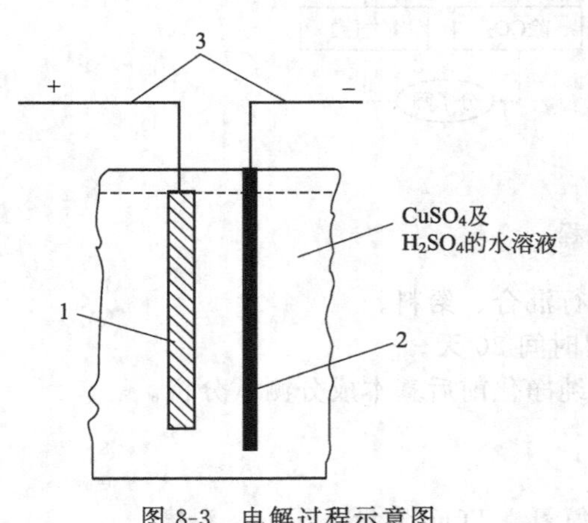

图 8-3　电解过程示意图
1—阳极；2—阴极；
3—导电杆

铜电解精炼的电极过程如下。

铜电解精炼时的电化学体系是：阳极为粗铜，阴极为纯铜镀片，电解液主要含有 $CuSO_4$ 和 H_2SO_4，电解精炼时的总反应为：Cu（粗）$\longrightarrow$ Cu（纯）。电解液中各组成成分都全部或部分电离而给出许多阳离子及阴离子（图 8-3）。

$$CuSO_4 \longrightarrow Cu^{2+} + SO_4^{2-}$$
$$H_2SO_4 \longrightarrow 2H^+ + SO_4^{2-}$$
$$H_2O \longrightarrow H^+ + OH^-$$

没有电流通过时，在电解液中的各个阴离子及阳离子是处于无秩序的热运动中；当与直流电源接通时，则在外界电场的作用下，离子在一定方向的运动就显著起来，于是阴离子向阳极移动，阳离子向阴极移动，并在电极与电解液的界面上发生相应的电化过程。

① 阳极过程　铜电解精炼的阳极是待精炼的粗金属，这是一种含杂质的可溶性阳极，电解时可能发生以下多种电极反应。

$$Cu \longrightarrow Cu^{2+} + 2e \qquad \varphi^{\ominus} = 0.34V$$
$$Cu \longrightarrow Cu^{+} + e \qquad \varphi^{\ominus} = 0.51V$$
$$Cu^{+} \longrightarrow Cu^{2+} + e \qquad \varphi^{\ominus} = 0.17V$$
$$2H_2O \longrightarrow 4H^+ + O_2 + 4e \qquad \varphi^{\ominus} = 1.229V$$

② 阴极过程　铜电解精炼时主要的阴极过程是二价铜离子的还原析出。

$$Cu^{2+} + 2e \longrightarrow Cu \qquad \varphi^{\ominus} = 0.34V$$

它和发生在阳极的反应恰好是一对可逆反应。

③ 杂质的行为及分离杂质的原理　可按其行为将这些杂质分为三类。

不发生电化学溶解的杂质——包括比铜电极电位更正的杂质，如金、银、铂族元素以及以稳定化合物形态存在于阳极中的元素，如氧（Cu_2O）、硫（Cu_2S）、硒（Cu_2Se）、碲（Cu_2Te）等，它们将以极细微粒进入阳极泥中。

形成不溶性产物的杂质——包括铅和锡，它们虽能溶解，却形成不溶性产物。前者生成 $PbSO_4$ 并可进一步氧化为 PbO_2，覆盖在阳极表面；后者溶解生成的 $SnSO_4$ 能进一步氧化为

$Sn(SO_4)_2$，进而水解，生成难溶的碱式盐落入阳极泥中。

发生电化学溶解的杂质——包括电极电位比铜更负的杂质，如铁、锌、镍，以及与铜电位接近的杂质，如砷、锑、铋。前者发生电化学溶解后进入电解液，虽含量很低，但如长时间积累，仍然有害，应定期进行净化处理；后者最为有害，它们既能在阴极与 Cu 共析，影响阴极铜的纯度，降低电流效率，又可能在溶解后产生"漂浮的阳极泥"，黏附在阴极表面，产生同样有害的后果。

(3) 实验仪器　电解装置。

(4) 实验试剂

① 样品含铜电镀污泥。

② 硝酸、盐酸、硫酸、双氧水、硫酸镍、硫酸铜、四氯化碳等。

③ 测试铜的试剂，见 4.2 节。

(5) 实验方法和步骤

① 电镀污泥预处理：将污泥自然风干，经研磨后过 100 目筛，在 105～110℃下烘 2h，放入干燥器中备用。

② 用浓硫酸将电镀污泥进行酸浸出，硫酸浓度为 10%，污泥浓度为 20g/L，浸出时间为 45min，温度为 25℃，获得含铜的浸出液，测试浸出液中铜含量。

③ 放入含铜浸出液到电解槽中，连接电路，仔细检查后再接通电源。

④ 调节电压，使输出电压为 3V，电解 3h。

⑤ 观察电解槽内反应状态并记录。

⑥ 关闭电源，取出阴极电解物品。

⑦ 用去离子水洗涤阴极电解物品，将阴极电解物品刮取 5～8 次，再用去离子水洗涤刮取物 3～5 次，在真空 25℃下干燥 15h，即得单质铜粉，称重，记录数据。

(6) 计算

$$回收率=\frac{电解得到的单质铜粉}{浸出液中铜的总量}\times 100\%$$

(7) 实验数据与整理　记录电解后获得的铜粉质量，计算铜回收率，总结实验条件，分析实验结果与哪些因素有关，以及哪些因素对实验产生关键影响。

(8) 思考题　哪些金属物质能通过电解的方式进行回收利用？

8.7 固体废物热解法制备活性炭实验

(1) 实验目的

① 掌握固体废弃物热解炭化的基本原理。

② 测定热解炭化产品的吸附性能。

③ 掌握固体废弃物热解方法。

(2) 实验原理　热解是一种在缺氧或无氧条件下的燃烧过程，是在低电极电位还原条件下的吸热分解反应，也称为干馏或炭化过程。热解是一个复杂的化学反应过程，是有机物的分解与缩合共同作用的化学转化过程，不仅包括大分子的化学键断裂、异构化，也包括小分子的聚合反应。有机固体废物通过热解，释放氢、甲烷、一氧化碳等气体，以及有机酸、焦油液体，同时固体会生成多孔性炭黑物质，即活性炭。因此通过热解，可将一些主要以纤维素、半纤维素、木质素构成的有机可燃物（如竹子、树枝、椰子壳、桃壳、杏壳、玉米芯、纸板等）的固体废弃物制备活性炭。

(3) 实验仪器

① 微波发生炉、可控气氛炉、元素分析仪、DZF-200 型真空干燥箱、XYK 型控温电热套、SKY-2102C 振荡器、AL204 电子天平、数显恒温水浴锅。

② 瓷坩埚、石英坩埚、200 目筛等。

③ 碘量瓶 8 个、滤纸、漏斗、研钵、烧杯、容量瓶等玻璃器皿。

(4) 实验试剂

① KOH、NaOH。

② $ZnCl_2$、$FeCl_3$、I_2、KI、$(C_6H_{10}O_5)_n$、$Na_2S_2O_3 \cdot 5H_2O$、HCl。

(5) 实验方法与步骤

① 活性炭的制备方法

a. 活性炭的原料可以选择竹子、树枝、椰子壳、桃壳、杏壳、玉米芯、纸板等。将原料在 108℃下干燥 24h，烘干破碎至 0.6mm 左右。

b. 将上述原料与活化剂溶液按一定比例煮沸混合取出，烘干至恒重。

c. 将步骤 b. 制备的混合样品置于可控气氛炉或微波反应炉中，在氮气（40mL/min）气氛中，以 5℃/min 的升温速率升至指定温度后，恒温进行炭活化。

d. 待温度自然降至室温时，将活化后的产物用 1∶10 的盐酸在 90℃下煮 30min，然后用蒸馏水充分漂洗至 pH 值为 6.5～7.5，在 120℃烘干，烘干后放入干燥器中进行冷却，然后研磨至 200 目即得活性炭。

e. 将未经任何处理的原料和制备的样品放入元素分析仪中，测定样品中含有的 C、H、O、N、S 的含量。

② 活性炭的性能测定方法　AC 碘吸附值的测定方法如下。

a. 称取 1.0g 可溶性淀粉，加 10mL 水，在搅拌下注入 190mL 沸水中，再微沸 2min，取上层清液使用，而且在使用前配制。

b. 取 26g 碘化钾溶于约 30mL 水中，加入 13g 碘，使碘充分溶于碘化钾中，然后加水稀释至 1000mL，充分摇匀并静置 2 天，经标定后，贮存于棕色玻璃瓶中。

c. 称取经粉碎至 71μm 的干燥试样 M_g，放入干燥的 100mL 碘量瓶中，准确加入 1∶9 的盐酸 10mL，使试样湿润，放在电炉上加热至沸，微沸（30±2）s，冷却至室温后，加入 50.0mL 碘标准溶液。立即盖好瓶盖，在振荡机上振荡 15min，迅速过滤到干燥烧杯中。

d. 用移液管吸取 10.0mL 滤液，放入 250mL 的锥形瓶中，加入 100mL 水，用 0.1mol/L 硫代硫酸钠标准溶液进行滴定，当溶液呈淡黄色时，加入 2mL 淀粉指示剂，继续滴定使溶液变成无色，记下使用的硫代硫酸钠的体积。

(6) 结果计算

$$A = 5(10C_1 - C_2V_2) \times \frac{127}{M}$$

式中　A——试样的碘吸附值，mg/g；

C_1——碘标准溶液的浓度，mol/L；

C_2——硫代硫酸钠的浓度，mol/L；

V_2——硫代硫酸钠溶液消耗的体积，mL；

M——试样质量，g。

AC 产率 W 计算式如下：

$$W = \frac{m_1}{m} \times 100\%$$

式中　m_1——制得的活性炭质量，g；

m——原料的质量，g。

(7) 实验数据与整理

① 制得的活性炭的碘吸附值进行计算并记录。

② 计算得到活性炭产率并记录。

③ 分析不同类型活性炭制备过程中的主要影响因素，讨论如何以最低成本获得性能优良的活性炭产品。

8.8 工业废气中挥发性有机化合物的测定

(1) 实验目的　了解气相色谱法测试挥发性有机物的原理、特点，掌握分析仪器的基本构造、特点和使用方法，掌握用气相色谱的测试方法，学会对工业废气中的类似有机物的测试，增强动手能力和综合运用知识能力。

(2) 实验原理　选择合适的吸附剂，用吸附管采集一定体积的空气样品，空气中的挥发性有机化合物保留在吸附管中。采样后，将吸附管加热，解吸挥发性有机化合物，待测样品随惰性载气进入毛细管气相色谱仪。用保留时间定性，峰高或峰面积定量。本法适用于浓度范围为 $0.5\mu g/m^{-3}$～$100mg/m^3$ 之间的空气中 VOCs 的测定。

(3) 实验仪器与试剂

① VOCs：为了校正浓度，需用 VOCs 作为基准试剂，配成所需浓度的标准溶液或标准气体，然后采用液体外标法或气体外标法将其定量注入吸附管。

② 稀释溶剂：液体外标法所用的稀释溶剂应为色谱纯，在色谱流出曲线中应与待测化合物分离。

③ 吸附剂：使用的吸附剂粒径为 0.18～0.25mm（60～80 目），吸附剂在装管前应在其最高使用温度下，用惰性气流加热活化处理过夜。为了防止二次污染，吸附剂应在清洁空气中冷却至室温，贮存和装管。解吸温度应低于活化温度。由制造商装好的吸附管使用前也需活化处理。

④ 高纯氮：99.999%。

⑤ 吸附管：外径 6.3mm、内径 5mm、长 90mm 或 180mm 内壁抛光的不锈钢管或玻璃管，吸附管的采样入口一端有标记。吸附管可以装填一种或多种吸附剂，应使吸附层处于解吸仪的加热区。根据吸附剂的密度，吸附管中可装填 200～1000mg 的吸附剂，管的两端用不锈钢网或玻璃纤维堵住。如果在一支吸附管中使用多种吸附剂，吸附剂应按吸附能力增加的顺序排列并用玻璃纤维隔开，吸附能力最弱的装填在吸附管的采样入口端。

⑥ 注射器：可精确读出 $0.1\mu L$ 的 $10\mu L$ 液体注射器，可精确读出 $0.1\mu L$ 的 $10\mu L$ 气体注射器，可精确读出 0.01mL 的 1mL 气体注射器。

⑦ 空气采样器。

⑧ 气相色谱仪：配备氢火焰离子化检测器、质谱检测器或其他合适的检测器。

⑨ 色谱柱：非极性石英毛细管柱。

⑩ 热解吸仪：能对吸附管进行二次热解吸并将解吸气用惰性气体带入气相色谱仪。解吸温度、时间和载气流速是可调的。冷阱可将解吸样品进行浓缩。

⑪ 液体外标法制备标准系列的注射装置：常规气相色谱进样口，可以在线使用，也可以独立装配，保留进样口载气连线，进样口下端可与吸附管相连。

(4) 实验方法与步骤

① 采样　将吸附管与采样泵用塑料或硅橡胶管连接。个体采样时，采样管垂直安装在呼吸带；固定位置采样时，选择合适的采样位置。打开采样泵、调节流量，以保证在适当的时间内获得所需的采样体积（1～10L）。如果总样品量超过 1mg，采样体积应相应减少。记录采样开始和结束时的时间、采样流量、温度和大气压力。

② 样品的解吸和浓缩 将吸附管安装在热解吸仪上、加热，使有机蒸气从吸附剂上解吸下来并被载气流带入冷阱，进行预浓缩，载气流的方向与采样时的方向相反。然后再以低流速快速解吸，经传输线进入毛细管气相色谱仪。传输线的温度应足够高，以防止待测成分凝结。解吸条件见表 8-7。

表 8-7 解吸条件

项目	条件	项目	条件
解吸温度	250～280℃	冷阱的制冷温度	－150～20℃
解吸时间	5～15min	冷阱的加热温度	250～280℃
解吸气流量	30～50mL/min	分流比	分流比根据空气中的有机物浓度来选择

③ 色谱分析条件 可选择膜厚度为 1～5μm、50m×0.22mm 的石英柱。柱操作条件为程序升温，初始温度 50℃保持 10min，以 5℃/min 的速率升温至 250℃。

④ 标准曲线绘制

a. 气体外标法 用泵准确抽取 $100\mu g/m^3$ 的标准气体 100mL、200mL、400mL、1L、2L、4L、10L，通过吸附管，制备标准系列。

b. 液体外标法 利用进样装置取 1～5μL 含液体组分 100μg/mL 和 10μg/mL 的标准溶液注入吸附管，同时用 100mL/min 的惰性气体通过吸附管，5min 后取下吸附管密封，制备标准系列。

用热解吸气相色谱法分析吸附管标准系列，以扣除空白后峰面积为纵坐标，以待测物的质量为横坐标，绘制标准曲线。

⑤ 样品分析 每支样品吸附管按绘制标准曲线的操作步骤（即相同的解吸和浓缩条件及色谱分析条件）进行分析，用保留时间定性、峰面积定量。

(5) 实验数据与整理

① 将采样体积换算成标准状态下的采样体积。

② TVOC 的计算。

计算已鉴定和定量的挥发性有机化合物的浓度 S_{id}，用甲苯的响应系数计算未鉴定的挥发性有机化合物的浓度 S_{un}，S_{id} 与 S_{un} 之和为 TVOC 的总浓度。

空气样品中待测组分的浓度按下式计算：

$$c=\frac{m-m_0}{V_0}\times 1000$$

式中 c——空气样品中待测组分的浓度，$\mu g/m^3$；

m——样品管中组分的质量，μg；

m_0——空白管中组分的质量，μg；

V_0——标准状态下的采样体积，L。

8.9 焚烧处理有害固体废弃物及分析

(1) 实验目的

①了解焚烧原理、方法、对象。

②了解废弃物在处理过程中如何不产生废气，不造成二次污染。

(2) 实验原理

有害固体废弃物又称为危险废物，如含重金属废弃物、医疗废物、含有毒化合物的工业固体废弃物、垃圾焚烧灰飞等，会对地表水、土壤、大气、地下水等造成污染，必须进行安全处理与处置。焚烧处理处置方法是一种高温热处理技术，将危险废物在焚烧炉内进行氧化燃烧反应，废物中的有毒、有害物质在高温下氧化、分解而被破坏。焚烧处置的最大特点是能最大限度地减容，彻底焚毁废物中的毒性物质，并回收利用焚烧产生的废热；可同时实现废物的减量化、无害化、资源化。焚烧处置技术的最大弊端是产生废气污染，如废气中含有氮的氧化物、一氧化碳、重金属与二噁英等有机氯化物。为减少焚烧带来的大气污染，焚烧时温度必须达到至少 800℃，并保证停留时间 2s 以上；经充分燃烧后，再急冷，从而能最大幅度减少废气带来的二次污染。

将危险废物放入气氛炉中，通入足量的空气，控制不同温度下的焚烧，经一定停留时间后，停止焚烧，收取焚烧灰渣和飞灰，测试其中的成分，确定焚烧效果和最佳焚烧温度。

(3) 实验仪器设备

① 管式焚烧炉。

② 空气钢瓶。

③ 气体流量计。

④ 原子吸收分光光度计。

⑤ 分析天平、烘箱。

(4) 实验方法和步骤

① 先通过查阅文献，确定焚烧的方法，确定实验方案和步骤。焚烧的温度和停留时间为关键的影响因素。在确定实验方案时，通过文献，确定合理的参数范围，采用正交实验法开展实验研究。

② 取少量固体样品（典型危险废物，如电镀污泥、医疗垃圾、其他有害工业废弃物等），并进行烘干、粉碎（100～200 目左右）等预处理后备用。

③ 对于管式焚烧炉，调节好温度，将样品称重后送入管式焚烧炉，同时提供空气，按实验方案预定的升温速率开始焚烧。不同停留时间后，取样分析、测试样品成分；改变焚烧温度，重复上述实验。

④ 焚烧后测试样品中的重金属含量、灰分、有机物含量等。

(5) 实验数据与整理

分析比较焚烧后样品重量和成分，确定焚烧后样品的减少量，以及其中的有害成分减量比重，确定最佳的焚烧温度和停留时间。

(6) 注意事项

通过焚烧，不仅要有效处理危险废物，同时还不能产生有毒废气。因此，控制好温度和停留时间是关键。通过充分燃烧、急冷后，废气需要经活性炭进入布袋除尘器进行处理。

8.10 有机固体沼渣肥分评价

(1) 实验目的

①了解有机固体生物制气后沼渣中的肥分，并掌握测试方法。

②了解有机固体废弃物资源化利用的途径，建立资源化回收的理念。

(2) 实验原理

有机固体废弃物如农村家禽粪便、餐厨垃圾、生活垃圾、城市污泥、含碳有机工业废物等，这些废弃物含有大量可降解有机物，通过厌氧发酵过程，可生成沼气。经厌氧发酵后的有机废物形成沼渣，其中保存了有机固体废物中的绝大部分氮、磷、钾元素，是优质的有机肥料。各国对沼气的开发均高度重视，通过厌氧发酵产沼气，不仅处理有机固体废物，还产生低廉的优质气体燃料，而且沼渣可以再利用，很好地消纳了厌氧发酵后的废渣。因此，厌氧发酵产气是处理处置有机固体的最好途径之一，具有良好的经济效益和环境效益。有机固体在厌氧和合适的温度（中温 32～35℃，或高温 50～55℃）条件下，并保持一定的水分、酸碱度，经过多种厌氧微生物作用，将有机固体最终分解生成沼气。经厌氧发酵产气后剩留的沼渣，含有氮、磷、钾等营养元素，可以作为土壤肥料，用于绿化、土壤修复等。总氮用碱性过硫酸钾消解紫外分光光度法测试；总磷用钼酸铵分光光度法（GB 11893—1989）测试，钾用土壤全钾测定法（GB 9836—1988）测试。

（3）实验仪器与试剂

① 有机固体厌氧发酵用装置。

② 紫外分光光度计。

③ 医用蒸汽灭菌锅。

④ 容量瓶、比色管等玻璃器皿。

（4）实验方法与步骤

① 确定实验用的有机固体（如农村家禽粪便、餐厨垃圾、生活垃圾、城市污泥、含碳有机工业废物等），必须是含较高浓度的易降解有机质，并属于无毒害物质的废弃物。

② 先将厌氧菌转接到有机固体中，以加快实验的启动。可采用城镇污水处理厂厌氧池中的厌氧污泥，含水率为 97.0%～99.9%。

③ 将有机固体样品与厌氧污泥按一定的固液比投加到装置中，进行厌氧消化启动。实验过程中产生的气体要及时收集、及时测试。根据甲烷产生量，确定厌氧消化效果。

④ 待装置中产气量和产甲烷量稳定后，开始厌氧发酵产气实验。待产气量和产甲烷量持续下降时，取样测试 COD 和 BOD，确定厌氧消化终点。

⑤ 停止厌氧发酵反应，取出装置中的沼渣，测试其中的总氮、总磷和钾的含量。

⑥ 改变固液比、停留时间等实验条件，重复上述③～⑤步骤。

（5）实验数据与整理

① 整理不同实验条件下的沼渣成分实验数据，列表进行比较。

② 总结实验中关键的影响因素和条件，以及存在的问题，提出改进方法。

（6）注意事项

① 本实验的启动时间长，可通过转接厌氧菌以缩短启动时间。

② 本实验需要封闭的、有排气口和取样口的实验装置。

第四篇

技能培训

第9章 污水处理工职业技能培训

9.1 概述

为促进经济的快速发展，社会最需要的是应用型本科专业人才。环境工程专业等以工为主的专业，培养的人才必须以应用能力为主。江苏技术师范学院有国家人力资源社会保障行政部门认可的职业技能鉴定机构，即职业技能鉴定所（站），对本科生进行职业技能培训已列入人才培养方案中。职业技能培训不仅能获得国家人力资源社会保障部门的职业资格证书，而且，通过培训，获得动手能力的训练，得到实践综合能力的提高，对环境工程等以工为主的专业人才，提高就业竞争力。

实施人才强国战略和建设创新型国家都需要具有一定技能的、有较强实践能力的高素质本科人才。党中央、国务院对职业技能培训和鉴定工作高度重视。1994 年的《劳动法》规定，国家发展职业培训事业，实行职业资格证书制度。1996 年的《职业教育法》对职业教育培训的组织实施提出要求。2007 年的《就业促进法》对加强职业培训工作作了规定。经过十多年的努力，我国职业技能培训事业蓬勃发展。

通过技能培训，使培训者进一步加深对某项技能的基础理论和基本知识的学习和理解。实践告诉我们，通过实验可发现和发展理论，反过来通过实验又可检验和评价理论。因此，培训者可以在技能培训的实践环节中锻炼动手能力，掌握实验基本技能，提高培训者的创新意识和分析问题、解决问题的实际工作能力。通过技能培训，使培训者受到系统、规范的实验训练，掌握实验的基本技能。具体有以下几点。

（1）规范基本操作，正确使用仪器。

（2）准确记录、处理数据，正确表达实验结果。

（3）认真观察实验现象，科学推断、逻辑推理，得出正确结论。

（4）学习查阅手册及参考资料，正确设计实验，培养科学思维和独立工作能力。通过技能培训，使培训者具有严肃认真、实事求是的科学态度，艰苦创业、乐于协作的科学品德，求真、存疑、勇于探索的科学精神，整洁、节约、准确、条理的实验习惯。

根据环境工程专业的特点以及从业需求，本书重点介绍了污废水处理工和三废处理工等两个工种的鉴定要求、鉴定内容，在第 10 章中介绍了这两个工种必须具备的专业知识以及废水处理设施的运行、管理和安全生产等内容。

9.2 污废水处理工职业技能鉴定规范

污废水处理工是具备污废水处理基础理论知识和专业综合技能，能够操作和管理各类工业废水处理设施（设备）和小城镇污水处理厂，能将污染的水进行净化处理并达到国家规定的排放标准，或满足国家规定的各类用水标准的操作人员。以下介绍污废水处理工技能培训的鉴定要求和鉴定内容，并附上培训用习题。

9.2.1 鉴定要求

本职业共设四个等级，分为初级、中级、高级、技师。其培训目标如下。

(1) 培训目标

① 初级工　初级工具有独立执行运行操作的基本能力，在带班班长的带领下，从事污废水处理设施的运行工作。

② 中级工　中级工具有独立解决小型污废水处理设施运行的技术能力，能够带领一班人，执行小型污废水处理设施的运行操作和设备维护及修理。

③ 高级工　高级工具有比较全面的污废水处理设施运行的技术能力、管理能力和培训能力，能够全面胜任小型污废水处理设施的运营管理工作，或能够胜任大中型污水处理厂或大型废水处理设施的部分工序的运行操作及管理工作。

④ 技师　技师具有比较深厚的污废水处理基础理论知识和比较全面的实际操作技能，拥有污废水处理设施运营管理的综合能力和较为丰富的实践经验，能够全面胜任并负责大中型污水处理厂或大型废水处理设施及管理工作。

注：小型污废水处理设施，日处理规模＜30000 吨/日。

(2) 适用对象　从事或准备从事本职业的人员。

(3) 申报条件

① 申报初级工（申报人员应具备以下条件之一）

a. 经国家认可的本职业培训机构初级正规培训达规定标准学时数，并取得结业证书。

b. 在本职业连续见习工作 2 年以上。

c. 本职业学徒期满。

② 申报中级工（申报人员应具有以下条件之一）

a. 取得国家有关部门统一颁发的本职业初级资格证书后，连续从事本职业工作 2 年以上，经国家认可的本职业培训机构中级正规培训达规定标准学时数，并取得结业证书。

b. 取得国家有关部门统一颁发的本职业初级资格证书后，连续从事本职业工作 4 年以上。

c. 连续从事本职业工作 7 年以上。

d. 取得经国家环境保护行政部门和国家劳动社会保障行政部门联合审核认定的、以中级技能为培养目标的中等以上职业学校本职业（专业）毕业证书后，连续从事本职业工作 1 年以上。

③ 申报高级工（申报人员应具备以下条件之一）

a. 取得国家有关部门统一颁发的本职业中级资格证书后，连续从事本职业工作 3 年以上，经国家认可的本职业培训机构高级正规培训达规定标准学时数，并取得结业证书，连续从事本职业工作 1 年以上。

b. 取得国家有关部门统一颁发的本职业中级资格证书后，连续从事本职业工作 5 年以上。

c. 取得高级技工学校或取得经国家环境保护行政部门和国家劳动社会保障行政部门联合审核认定的、以高级技能为培养目标的高等职业学校本职业（专业）毕业证书。

d. 取得国家有关部门统一颁发的本职业中级资格证书的大专或相关专业毕业生，连续从事本职业工作 2 年以上。

④ 申报技师（具备以下条件之一者）

a. 取得国家有关部门统一颁发的本职业高级资格证书后，连续从事本职业工作 5 年以上，经国家认可的本职业培训机构技师正规培训达规定标准学时数，并取得结业证书。

b. 取得国家有关部门统一颁发的本职业高级资格证书后，连续从事本职业工作 7 年以上。

c. 取得国家有关部门统一颁发的本职业高级资格证书的大学专科本专业或相关专业毕业学历，并已连续从事本职业工作 2 年以上。

d. 取得国家工作有关部门统一颁发的本职业高级资格证书的大学专科本专业或相关专业毕业学历，并已连续从事本职业工作 3 年以上。

e. 取得大学本科本专业或相关专业毕业学历，并已连续从事本职业工作 2 年以上。

(4) 鉴定方式 本职业鉴定分为理论知识和技能操作考核。理论知识考试采用闭卷笔试方式；技能操作考核采用现场实际操作方式。理论知识考试和技能操作考核均实行百分制，成绩皆达 60 分以上者为合格，考试合格的通过率控制在 60%。技师还须进行答辩和综合评议。

各等级理论知识考试时间不少于 120min；技能操作考核时间不少于 180min；综合评议的答辩时间不少于 30min。

9.2.2 鉴定内容

9.2.2.1 初级工

(1) 职业素质 职业道德基本知识、职业守则基本知识。

(2) 技能要求

① 污废水处理的基本技术（单元操作）

a. 污废水的预处理技术 输水管渠、提升泵房、调节与匀质、拦污与沉砂等基本技术的方法。

b. 污废水的分析监测技术 水样采集、流量测定、简易水质分析监测的方法、流程和控制参数。

c. 污废水的物理化学法处理技术 化学沉淀与 pH 调节，化学氧化还原，简单物理处理、消毒等基本技术的方法、流程、原理和控制参数。

d. 污废水的好氧活性污泥生物处理技术 标准活性污泥法的流程、原理、微生物的驯化与培养，设施运行的控制参数与设备维护。

e. 污废水的好氧生物膜生物处理技术 初步了解生物接触氧化、生物滤池等常规生物膜反应器处理技术，以及此类基本技术的流程、原理、微生物种群及其驯化与培养，设施运行的控制参数与设备维护。

f. 污废水的厌氧生物处理技术 初步了解水解酸化等厌氧生物处理技术，以及此类基本技术的流程、原理、微生物种群及其驯化与培养，设施运行的控制参数与设备维护。

g. 污废水的污泥处理技术 污泥贮存、污泥浓缩、污泥脱水及药剂投加等污泥处理技术的流程、控制参数和设备维护。

h. 电气仪表和自动化技术 了解常用电工知识、常用仪表和系统自动化及其控制方式和主要技术参数。

i. 劳动、卫生和环境保护知识 劳动安全、事故应急预案、事故应急的处理措施、职业危害、劳动卫生防护常识和防治二次环境污染的环境保护技术。

j. 水处理实验和分析检测实验 混凝试验、气浮试验和污泥性质测定试验与污泥比阻测定试验的实习和基础理论知识。

② 典型污废水处理工艺流程与原理

a. 基本技术的组合原则与污废水处理工艺流程。

b. 典型污废水的水质特性与污染物去除的原理。

③ 典型设施运行管理与操作

a. 大中型城市污水处理厂的处理设施运行管理与操作。

b. 小城镇污水处理厂和小区生活污水处理设施运行管理与操作。

c. 一般工业废水处理设施。

d. 特别工业废水处理设施。

e. 工业用水设施与污水回用设施。

④ 水处理机械设备的技术性能与运行要求 风机、水泵、阀门和典型水处理机械等水处理基本设备的基本性能和技术参数与运行管理和维护保养。

(3) 知识要求

① 水污染防治法律、法规、政策、标准和规范

a. 水污染防治的法律、法规和政策。

b. 环境质量标准与环境监测标准、污水综合排放标准和行业废水排放标准。

② 水环境概论与水污染控制基础理论

a. 水资源、水环境与水的合理利用。

b. 水污染的起因、现象、危害和评价指标。

c. 污废水的来源、特性及污废水处理方法概述。

③ 污废水与再生水处理设施的运行管理概述

a. 设施运行管理中须执行的有关技术规范、产品标准和运行操作规程。

b. 运营企业的法律责任、技术能力和员工素质及相关规章与保障措施。

④ 水污染治理环境工程基础理论

a. 水力学基础知识。

b. 常用材料与常用管配件基本知识。

c. 常用机械知识和常用电工知识。

d. 水质监测分析基础知识。

e. 环境微生物学基础。

f. 化工原理基础。

g. 仪表与自动化控制基础。

9.2.2.2 中级工

(1) 技能要求

① 污废水处理的基本技术（单元操作）

a. 污废水的预处理技术 输水管渠、提升泵房、调节与匀质、拦污与沉砂、中和与除臭、沉淀与隔油等基本技术的方法、原理和控制参数。

b. 污废水的分析监测技术 水样采集、流量测定、简单水质分析监测等技术的方法、流程、原理和控制参数。

c. 污废水的物理化学法处理技术 化学沉淀与 pH 调节，化学氧化还原，物理处理方法、消毒等基本技术的方法、流程、原理和控制参数。

d. 污废水的好氧活性污泥生物处理技术 标准活性污泥法，如 A/O、A^2/O、SBR、氧化沟等好氧生物处理技术，以及此类基本技术的流程、原理、微生物的驯化与培养，设施运行的基本控制参数、水质管理与设备维护。

e. 污废水的好氧生物膜生物处理技术 生物接触氧化、生物滤池、生物滤塔等常规生物膜反应器处理技术，以及此类基本技术的流程、原理、微生物种群及其驯化与培养，设施运行的控制参数与设备维护。

f. 污废水的厌氧生物处理技术 水解酸化等厌氧生物处理技术，以及此类基本技术的流程、原理、微生物种群及其驯化与培养，设施运行的控制参数与设备维护。

g. 污废水的污泥处理技术 污泥贮存、污泥浓缩、污泥调整与污泥脱水及药剂投加等污泥处理技术的流程、原理、作用、控制参数和系统的运行管理与设备维护。

h. 电气仪表和自动化技术 常用电工知识、常用仪表和主要系统自动化及其基本控制方

式和主要技术参数。

i. 劳动、卫生和环境保护知识 劳动安全、事故应急预案、事故应急的处理措施、职业危害、劳动卫生防护常识和防治二次环境污染的环境保护技术。

j. 水处理实验和分析检测实验 混凝试验、气浮试验和污泥性质测定试验与污泥比阻测定试验的实习和基础理论知识。

② 典型污废水处理工艺流程与原理

a. 基本技术的组合原则与污废水处理工艺流程。

b. 典型污废水的水质特性与污染物去除的原理。

c. 典型城市污水处理实用工艺技术介绍。

③ 典型设施运行管理与操作

a. 大中型城市污水处理厂的处理设施运行管理与操作。

b. 小城镇污水处理厂和小区生活污水处理设施运行管理与操作。

c. 一般工业废水处理设施。

d. 特别工业废水处理设施。

e. 工业用水设施与污水回用设施。

④ 水处理机械设备的技术性能与运行要求 风机、水泵、阀门和典型水处理机械等水处理基本设备的基本性能和技术参数与运行管理和维护保养。

(2) 知识要求

① 水污染防治法律、法规、政策、标准和规范

a. 水污染防治的法律、法规和政策。

b. 环境质量标准与环境监测标准、污水综合排放标准和行业废水排放标准。

c. 水污染治理的技术政策、产业政策和设施运营资质管理的相关法规政策。

② 水环境概论与水污染控制基础理论

a. 水资源、水环境与水的合理利用。

b. 水污染的起因、现象、危害和评价指标。

c. 污废水的来源、特性及污废水处理方法概述。

③ 污废水与再生水处理设施的运行管理概述

a. 设施运行管理中须执行的有关技术规范、产品标准和运行操作规程。

b. 运营企业的法律责任、技术能力和员工素质及相关规章与保障措施。

c. 设施运行管理的基本技术。包括流程生产作业基础、开停机技术、设备维护保养与简单修理技术。

④ 水污染治理环境工程基础理论

a. 水力学基础知识。

b. 常用材料与常用管配件基本知识。

c. 常用机械知识和常用电工知识。

d. 水质监测分析基础知识。

e. 环境微生物学基础。

f. 化工原理基础。

g. 仪表与自动化控制基础。

h. 环境工程设计基础。

9.2.2.3 高级工

(1) 技能要求

① 污废水处理的基本技术(单元操作)

a. 污废水的预处理技术 输水管渠、提升泵房、调节与匀质、拦污与沉砂、中和与除臭、

沉淀与隔油等基本技术的方法、原理和控制参数。

b. 污废水的分析监测技术　水样采集、流量测定、水质分析监测、水质评价等技术的方法、流程、原理和控制参数。

c. 污废水的物理化学法处理技术　化学沉淀与pH调节，化学氧化还原，物理处理方法、消毒等基本技术的方法、流程、原理和控制参数。

d. 污废水的好氧活性污泥生物处理技术　标准活性污泥法及各种变形方法，如A^2/O及变形法、SBR及变形法、氧化沟及变形法等好氧生物处理技术，以及此类基本技术的流程、原理、微生物的驯化与培养，设施运行的控制参数、水质管理与设备维护。

e. 污废水的好氧生物膜生物处理技术　生物接触氧化、生物流化床、生物滤池、生物滤塔等生物膜反应器处理技术，以及此类基本技术的流程、原理、微生物种群及其驯化与培养，设施运行的控制参数、水质管理与设备维护。

f. 污废水的厌氧生物处理技术　水解酸化、升流式污泥床、厌氧生物滤池等厌氧生物处理技术，以及此类基本技术的流程、原理、微生物种群及其驯化与培养，设施运行的控制参数、水质管理与设备维护。

g. 污废水的污泥处理技术　污泥贮存、污泥浓缩、污泥消化、污泥调整与污泥脱水及药剂投加等污泥处理技术的流程、原理、作用、控制参数和系统的运行管理与设备维护。

h. 电气仪表和自动化技术　常用电工知识、过程测量、常用仪表和系统自动化及其控制方式和主要技术参数。

② 典型污废水处理工艺流程与原理

a. 基本技术的组合原则与污废水处理工艺流程。

b. 典型污废水的水质特性与污染物去除的原理。

c. 典型行业污废水处理实用工艺技术介绍。

注：行业污废水包括城市污水、小区生活污水、污水回用、循环冷却水、医院污水，以及选择造纸、印染、皮革、食品、酿造、化工、石油、冶金、焦化、电镀与线路板等工业废水。

③ 水处理机械设备的技术性能与运行要求　风机、水泵、阀门和水处理专用机械等水处理设备的种类、构造、原理、基本性能和技术参数与运行管理和维护保养。

(2) 知识要求

① 水污染防治法律、法规、政策、标准和规范

a. 水污染防治的法律、法规和政策。

b. 环境质量标准与环境监测标准、污水综合排放标准和行业废水排放标准。

c. 水污染治理的技术政策、产业政策和设施运营资质管理的相关法规政策。

② 水环境概论与水污染控制基础理论

a. 水资源、水环境与水的合理利用。

b. 水污染的起因、现象、危害和评价指标。

c. 污废水的来源、特性及水处理（含污废水与再生水）方法概述。

③ 污废水与再生水处理设施的运行管理概述

a. 设施运行管理中须执行的有关技术规范、产品标准和运行操作规程。

b. 运营企业的法律责任、技术能力和员工素质及相关规章与保障措施。

c. 设施运行管理的基本技术。包括流程生产作业基础、开停机技术、设备维护保养与简单修理技术。

④ 水污染治理环境工程基础理论

a. 常用材料与常用管配件基本知识。

b. 环境微生物学基础。

c. 化工原理基础。

d. 仪表与自动化控制基础。

e. 环境工程设计基础。

(3) 其他要求

① 管理知识与能力　具备全面质量管理的内容、方法；会用危险度评价表做事故预测；对装载生产、质量、设备、安全、班组经济核算等方面的管理及提出改进建议。

② 工艺计算与设计　具备能对本装置进行正确的物料衡算能力、配制一定浓度药剂的计算能力；能初步设计关键水处理设施、绘图、选设备。

9.2.2.4 技师

(1) 技能要求

① 污废水处理的基本技术（单元操作）

a. 污废水的预处理技术　输水管渠、提升泵房、调节与匀质、拦污与沉砂、中和与除臭、沉淀与隔油等基本技术的方法、原理和控制参数。

b. 污废水的分析监测技术　水样采集、流量测定、水质分析监测、水质评价等技术的方法、流程、原理和控制参数。

c. 污废水的物理化学法处理技术　化学沉淀与 pH 调节，化学氧化还原，过滤、电解、混凝、气浮、吸附、离子交换、膜分离、消毒等基本技术的方法、流程、原理和控制参数。

d. 污废水的好氧活性污泥生物处理技术　标准活性污泥法及各种变形方法，如 A/O 及变形法、SBR 及变形法、氧化沟及变形法等好氧生物处理技术，以及此类基本技术的流程、原理、微生物的驯化与培养，设施运行的控制参数、水质管理与设备维护。

e. 污废水的好氧生物膜生物处理技术　生物接触氧化、生物流化床、生物滤池、生物滤塔等生物膜反应器处理技术，以及此类基本技术的流程、原理、微生物种群及其驯化与培养，设施运行的控制参数、水质管理与设备维护。

f. 污废水的厌氧生物处理技术　水解酸化、升流式污泥床，及流化床、膨胀床与复合滤池等厌氧生物处理技术，以及此类基本技术的流程、原理、微生物种群及其驯化与培养，设施运行的控制参数、水质管理与设备维护。

g. 污废水的污泥处理技术　污泥贮存、污泥浓缩、污泥消化、污泥调整与污泥脱水及药剂投加等污泥处理技术的流程、原理、作用、控制参数和系统的运行管理与设备维护。

h. 电气仪表和自动化技术　常用电工知识、过程测量、常用仪表和系统自动化及其控制方式和主要技术参数。

i. 劳动、卫生和环境保护知识　劳动安全、事故应急预案、事故应急的处理措施、职业危害、劳动卫生防护常识和防治二次环境污染的环境保护技术。

j. 水处理实验和分析检测实验　混凝试验、气浮试验和污泥性质测定试验与污泥比阻测定试验的实习和基础理论知识。

② 典型污废水处理工艺流程与原理

a. 基本技术的组合原则与污废水处理工艺流程。

b. 典型污废水的水质特性与污染物去除的原理。

c. 典型行业污废水处理实用工艺技术介绍。

注：行业污废水包括城市污水、小区生活污水、污水回用、循环冷却水、医院污水和造纸、印染、皮革、食品、酿造、化工、石油、冶金、焦化、电镀与线路板等工业废水。

③ 水处理机械设备的技术性能与运行要求　风机、水泵、阀门和水处理专用机械等水处理设备的种类、构造、原理、基本性能和技术参数与运行管理和维护保养。

④ 典型设施运行管理与操作

a. 大中型城市污水处理厂的处理设施运行管理与操作。

b. 小城镇污水处理厂和小区生活污水处理设施运行管理与操作。

c. 一般工业废水处理设施。

d. 特别工业废水处理设施。

e. 工业用水设施与污水回用设施。

(2) 知识要求

① 水污染防治法律、法规、政策、标准和规范

a. 水污染防治的法律、法规和政策。

b. 环境质量标准与环境监测标准、污水综合排放标准和行业废水排放标准。

c. 水污染治理的技术政策、产业政策和设施运营资质管理的相关法规政策。

② 水环境概论与水污染控制基础理论

a. 水资源、水环境与水的合理利用。

b. 水污染的起因、现象、危害和评价指标。

c. 污废水的来源、特性及水处理（含污废水与再生水）方法概述。

③ 污废水与再生水处理设施的运行管理概述

a. 设施运行管理中须执行的有关技术规范、产品标准和运行操作规程。

b. 运营企业的法律责任、技术能力和员工素质及相关规章与保障措施。

c. 设施运行管理的基本技术。包括流程生产作业基础、开停机技术、巡检技术、测量技术、设备维护保养与简单修理技术、系统故障分析与调整技术。

④ 水污染治理环境工程基础理论

a. 常用材料与常用管配件基本知识。

b. 环境微生物学基础。

c. 化工原理基础。

d. 仪表与自动化控制基础。

e. 环境工程设计基础。

(3) 其他要求

① 管理知识与能力　具备全面质量管理的内容、方法；会用危险度评价表做事故预测；对装载生产、质量、设备、安全、班组经济核算等方面的管理及提出改进建议。

② 工艺计算与设计　具备能对本装置进行正确的工艺计算能力；能设计关键水处理设施、绘图、选设备。

9.2.2.5　鉴定内容的比重

污废水处理工职业鉴定的四个等级，即初级工、中级工、高级工和技师的鉴定内容比重总结在表9-1和表9-2中。

从表9-1和表9-2两张表格中看出，初级工和中级工侧重基本的实践操作，以及劳动安全卫生与环境保护知识，另外初级工还必须有职业素质的培训，内容包括职业道德基本知识和职业守则基本知识。对于高级工和技师，则侧重于要求实践操作和理论知识体系的掌握，由于申请高级工和技师的人员从事本行业时间较长或接受了一定的教育，具有大专以上学历，因此要求高级工和技师必须有全面的理论知识，对技师尤其要求有扎实的基础理论知识，并具备技术能力、管理能力和实际操作技能。

表9-1　污废水处理工的鉴定内容中理论知识比重表

序号	项　目		初级/%	中级/%	高级/%	技师/%
1	职业素质	职业道德基本知识	3			
2		职业守则基本知识	3			

续表

序号	项目		初级/%	中级/%	高级/%	技师/%
3	基础知识	水污染防治法律、法规、政策和标准	4	2		
4		水环境概论与废水来源和特性	5	3	2	2
5		污废水处理方法与设施运行管理概要	5	5	3	3
6	工程基础理论	水力学基础知识	2	3		
7		电气自动化控制基础知识	3	5	5	5
8		常用机械知识与常用电工知识	2	3		
9		常用材料与常用管配件知识	2	3		
10		化工原理基础		3	5	5
11		环境微生物学基础	3	5	5	5
12		水质监测分析基础	3	5		
13		环境工程设计基础		3	5	5
14	水处理基本技术	物理化学处理技术	5	5	10	10
15		污泥处理与处置技术	5	5	5	5
16		好氧生物处理技术	5	5	10	10
17		厌氧生物处理技术	5	5	5	10
18		水处理实验技术	5	5	2	
19	劳动安全卫生与环境保护	劳动安全与劳动卫生	2	1		
20		职业危险与职业防护	2	1		
21		污废水处理设施运行的环境保护	3	2		
22		防治二次环境污染的主要措施	3	1		
23	水处理设备原理、性能与维护	电气、仪表与自动化控制设备	3	3	5	3
24		设施运行的自动化控制系统	2	2	5	3
25		污水处理专用机械设备	2	5	5	3
26		污水处理通用机械设备	3	5	5	3
27		废水处理组合一体化装置	2	2	5	3
28		过滤分离机械与膜装置和药剂材料	3	3	5	5
29	典型设施运行管理操作要点	大中型城市污水处理厂	2	2	3	5
30		小城镇污水处理厂和小区生活污水处理设施	3	2	2	2
31		一般工业废水处理设施	5	2	3	3
32		特别工业废水处理设施	3	2	3	5
33		工业用水设施与污水回用设施	2	2	4	5
34	总计		100	100	100	100

表 9-2 污废水处理工的鉴定内容中技能操作比重表

	项目		初级/%	中级/%	高级/%	技师/%
1	一、工前准备	(一)启动设备和系统	5	5		
2		(二)运行调试	5	5	10	10

续表

	项　　目		初级/%	中级/%	高级/%	技师/%
3	二、日常运行管理	(一)水处理系统的运行	10	15	10	10
4		(二)泥处理系统的运行	10	15	10	10
5		(三)控制系统的运行管理	10	10	10	5
6		(四)电气系统的调试	10	10	5	5
7		(五)沼气利用系统的运行			5	10
8	三、设备维护与故障排除	(一)电气控制设备	10	5	5	5
9		(二)专用机械设备	10	5	10	5
10		(三)通用机械设备	10	5	10	5
11		(四)分析化验仪器	10	5	5	5
12	四、停机	(一)停机操作	5	10		
13		(二)停机保持	5	10		
14	五、其他能力	(一)管理			10	15
15		(二)工艺计算和设计			10	15
16	合计		100	100	100	100

9.2.3 附录习题

§1 法律法规

一、选择题

（一）单项选择（下列每题的选项中，只有1个是正确的，请将其代号填在横线空白处）

1. 制定我国环境保护法，是为保护和改善生活环境与生态环境，防治污染和其公害，______促进社会现代化发展。

A. 保护环境资源　　B. 保障人体资源　　C. 保障国家安全

2. 我国环境保护法规定，一切单位和个人都有保护环境的义务，并有权对污染和破坏环境单位和个人进行______。

A. 检举　　B. 控告　　C. 检举和控告

3. 开发利用自然环境资源，必须采取措施保护______。

A. 生态环境　　B. 自然环境

4. 制定城市规划，应当确定保护和改善环境的______。

A. 办法　　B. 措施　　C. 目标和任务

5. 排放污染物的企业事业单位，必须依照______的规定申报登记。

A. 国务院环保行政主管单位　B. 各级环保主管单位

6. 对造成______的企业事业单位，限期治理。

A. 环境严重污染　　B. 污染事故

7. 未经环保部门同意，擅自拆除或者闲置防治污染的设施，污染物排放超过规定的标准的，由环保行政主管部门责令______。

A. 重新安装　　B. 处以罚款　　C. 重新安装使用并处以罚款

8. 中华人民共和国缔结或者参加的环境保护有关的国际条约，同中华人民共和国的法律有不同规定的，适用______的规定，但中华人民共和国声明保留的条款除外。

A. 国际条约　　B. 中华人民共和国的法律

9. ______是水污染防治实施统一监督管理的机关。

A. 各级人民政府的环保部门　B. 县级以上环保行政主管部门

10. 中华人民共和国环境保护法由______公布施行。

A. 国家环保局　B. 全国人大常委会　C. 国家主席令

11. 环境保护监督管理人员滥用职权，______，徇私舞弊的，由其所在单位或上级主管机关给予行政处分；构成犯罪的，依法追究刑事责任。

A. 弄虚作假　B. 玩忽职守

12. ______制定了国家水环境质量标准。

A. 国务院环境保护部门　B. 国家技术监督局

13. 国务院环保部门根据中华人民共和国水污染防治法制定实施细则，报______批准后施行。

A. 全国人大常委会　B. 国务院

14. 凡是向已有地方污染排放标准的水体排放污染物的，应当______。

A. 执行地方污染物排放标准　B. 继续执行国家污染物排放标准

15. 防治水污染应是按流域或按区域进行______。

A. 统一管理　B. 统一规划　C. 统一计划

16. 建设项目中防治水污染的设施，必须与______同时设计，同时施工，同时投产使用。

A. 建设项目　B. 生产设施　C. 主体工程

17. 建设项目的环境影响报告书中，应当有该项目所在地单位和______的意见。

A. 居民　B. 群众　C. 职工

18. 我国《水污染防治法》公布前已有的排污口，排放污染物超过国家或地方标准的______。

A. 应当治理　B. 可缓期治理　C. 应当关闭

19. 排放含有病原体的污水，必须______，符合国家有关标准后，方可排放。

A. 加氯　B. 消毒处理　C. 无害处理

20. 我国《水污染防治法》中所说的“油类”是指______。

A. 任何类型的油　B. 动物油　C. 矿物油　D. 任何类型的油及其炼制品

21. 环保部门在接到水污染事故的初步报告后应当立即会同有关部门采取措施，对______进行监测，并由环保部门或授权的有关部门对事故进行调查处理。

A. 现场　B. 事故可能影响的水域　C. 污染源

22. 《中华人民共和国水污染防治法实施细则》是______发布实行。

A. 国务院　B. 国家环保局

23. 任何单位和个人都有保护大气环境的______。

A. 权利　B. 义务　C. 责任

24. 国家采取有利于大气污染物防治的及相关的综合利用活动的______政策和措施。

A. 经济，技术　B. 管理　C. 优惠

25. 在大气受到严重污染，危害人体健康和安全的紧急情况下，当地人民政府必须采取______措施，包括责令有关污染单位停止排放污染物。

A. 紧急　B. 强制性　C. 强制性应急

26. 对违反我国《大气污染防治法》的规定，造成大气污染事故的企业事业单位，由环保部门对______处以罚款。

A. 所造成的危害后果　B. 超标排污情况

（二）多项选择（下列每题的选项中，至少有一个是正确的，请将其代号填在横线空白处）

1. 我国《环境保护法》适用于______。

A. 中华人民共和国领域　B. 中华人民共和国管辖的其他海域

C. 中华人民共和国境内所有地域

2. 制定城市规划，应当确定保护和改善环境的______和______。

A. 目标　B. 措施　C. 任务　D. 方法

3. 防治污染的设施不得擅自______和______。

A. 使用　B. 拆除　C. 闲置　D. 新增

4. 县级以上人民政府的______，______，______，______，______行政管理部门，依据有关法律的规定对资源的保护实施监督管理。

A. 环保　B. 土地　C. 矿产　D. 林业
E. 工业　F. 水利　G. 农业

5.《水污染防治法》规定______和______都有责任保护水环境，并有权对污染损害水环境的行为进行监督和检举。

A. 一切单位　B. 环保部门　C. 水利部门　D. 个人

6. 国务院环保部门根据国家水环境质量标准，______和______，制定国家污染物排放标准。

A. 社会发展　B. 国家经济　C. 技术经济

7. ______和______必须将水环境保护工作纳入计划，采取防治水污染的对策和措施。

A. 国务院　B. 国务院有关部门
C. 地方各级人民政府　D. 县级以上环保行政主管部门

8. 环保主管部门的环境监测组在现场检查时，可以要求被检查单位提供______和______。

A. 采取的监测分析方法　B. 监测人员档案
C. 监测记录　D. 监测经费

9. 向大气排放污染物的，其污染物排放浓度不得超过______和______的排放标准。

A. 国家　B. 排污申报　C. 地方规定

10. 在人群集中地区存放煤炭、煤矸石、煤渣、煤灰、砂石、灰土等物料，必须采取______，______措施，防止污染大气。

A. 防风　B. 防燃　C. 防尘　D. 防雨

二、判断题（下列判断正确的请打√，错误的请打×）

1. 环境是指人类生存和发展的各种天然因素的总体。（　）
2. 环境行政法律责任分为行政处分和行政处罚。（　）
3. 在环境保护法中，罚款是一种最轻微的行政处罚。（　）
4. 我国的《环境保护法》规定："因环境污染损害提起诉讼的时效期间为二十年。"（　）
5. 追究环境民事法律责任的途径主要有调解、仲裁、诉讼等。（　）
6. 环境刑事法律责任适用于一般的违法行为。（　）
7. 各级人民政府的环境保护部门是对水污染物防治实施统一监督管理的机关。（　）
8. 在生活饮用水地表水源取水口附近可以划定一定的水域和陆域为一级保护区。（　）
9. 矿井、矿坑排放的有害的废水，应当在矿区外设置集水工程。（　）
10. 已缴纳排污费、超标排污费或被处罚款的单位可以免除赔偿损失的责任。（　）

三、问答题

1. 我国《水污染防治法》对向农田灌溉渠道排放工业废水和城市污水有什么规定？

2. 单位因发生事故或者其他突发性事件，排放和泄漏有毒有害气体造成大气污染事故，危害人体健康时，该单位依法给予什么处罚？

3. 当某单位拒绝环保部门的环境监测站对其现场采样时，环保行政主管部门可以对该单位依法给予什么处罚？

4. 当前城市居民区的街头露天烧烤摊点的油烟的无组织排放是否合法？为什么？

5.《环境噪声污染防治法》中所指的环境噪声有什么？

四、案例分析

某市化工厂在正常作业情况下，排放废水进入某村生产河。该村农民在秧苗栽插期间，不了解该厂排污情况，抽用该生产河水，造成秧苗大面积死亡。市环保局接到报告后，立即派员到现场，市环境监测站的工作人员进入厂区没有通知厂方人员到场即取样监测。经过调查，确认秧苗死亡原因系抽用因被该厂超标排放废水而污染了的河水所致。市环境监理支队遂决定由该化工厂赔偿农民直接经济损失 5 万元。该化工厂认为，在正常生产情况下，不应负赔偿责任，因此拒不支付赔偿。市环境监理支队只得申请人民法院强制执行。请问：

1. 某市化工厂是否应承担赔偿责任？

2. 市环境监测站的工作人员在厂方人员不在场的情况下采样监测是否有效？

3. 能否以环境监理支队的名义决定赔偿？

4. 能否申请人民法院强制执行？

§2 标准规范

一、选择题

（一）单项选择（下列每题的选项中，只有1个是正确的，请将其代号填在横线空白处）

1. 某条河流位于国家自然保护区内，按照保护目标应将其划分为______类。

A. Ⅰ　B. Ⅱ　C. Ⅲ　D. Ⅳ　E. Ⅴ

2.《污水综合排放标准》GB 8978—1996 是对 GB 8979—88 的修订。修订的主要内容是：用______代替原标准以现有的企业和新扩改企业分类。

A. 年限制　B. 时间段

3. 环境空气质量标准分类______。

A. 三级　B. 五级

4.《环境空气质量标准》规定可吸入颗粒物的二级标准日平均浓度限值为______ mg/m^3。

A. 0.12　B. 0.15　C. 0.10

5. 在环境空气质量功能区划中，农村地区属于______。

A. 一类环境空气质量功能区　B. 二类环境空气质量功能区

C. 三类环境空气质量功能区

6. 夜间偶然突发的噪声，其最大值不准超过标准值______ dB。

A. 5　B. 10　C. 15　D. 20

7. 新建锅炉房烟囱周围半径 200m 距离内有建筑物时，其烟囱应高出最高建筑物______ m 以上。

A. 3　B. 5　C. 8　D. 10

8. 我国《环境监测技能规范》已实施多年，许多地方已经与环境监测技术的发展不相适应，因此，迫切需要______。

A. 重新修订　B. 废除

9. 测定钢铁工业废水中的氰化物应采用______法。

A. 异烟酸-吡唑啉酮法（GB 7487—87）　B. 硝酸银滴定法（GB 7487—87）

10. 地表水环境监测技术规范规定监测断面全年采样______次。

A. 6　B. 12　C. 4

11. 地表水监测中新增项目连续______年的测定值均低于检出限，可以在每年1月份采样一次进行核查，如未检出，一年可不再监测。

A. 一　B. 二　C. 三

12. 地表水采样应力求以最低的采样频次，取得最有______代表性的样品。

A. 水期　B. 时间　C. 空间

13. 开展环境质量评价、预测、预报以及监测新技术、新方法的研究，促进______的发展，是监测工作的基本任务之一。

A. 环境保护　B. 环境科学　C. 环境监测科学技术

14. 尽量避免水样发生变化，在尽可能缩短运输时间的同时，必须采用______保存方法。

A. 相应的　B. 低温　C. 加保存剂

15. 位于两控区内锅炉二氧化硫排放除执行 GWPB3—1999《锅炉大气污染物排放标准》外，还应执行所在地控制区规定的______。

A. 总量控制标准　B. 地方标准　C. 大气污染物综合排放标准

16.《大气污染物综合排放标准》规定了______大气污染物的排放限值。

A. 23种　B. 33种　C. 35种

17. 环境空气质量标准分为______。

A. 三类　　B. 三级

18. 环境空气监测点的采样口水平线与周围建筑物高度的夹角应不大于______。

A. 30°　　B. 35°　　C. 45°

19. 地表水某一水域兼有多功能类别时，应依要求______类别功能划分。

A. 最低　　B. 最高

20. 查明和确定计量器具是否符合法定要求的程序，称为______。

A. 校准　　B. 检验　　C. 检定

（二）多项选择（下列每题的选项中，至少有1个是正确的，请将其代号填在横线空白处）

1.《地表水环境质量标准》GHZB1—1999将标准项目划分为基本项目和特定项目。基本项目适用于全国________等具有使用功能的地表水水域，是满足规定使用功能和生态环境质量的基本水质要求。特定项目适用于特定地表水域的特定污染物的控制，由县级以上的人民政府环境保护行政主管部门根据本地环境管理的需要自行选择，作为基本项目的补充指标。

A. 江河　　B. 废水　　C. 湖泊　　D. 海水　　E. 运河

F. 渠道　　G. 水库

2. 依据地表水水域使用目的和保护目标将其划分为五类，各类分别适用于：

Ⅰ类：主要适用于______。

Ⅱ类：主要适用于______。

Ⅲ类：主要适用于______。

Ⅳ类：主要适用于______。

Ⅴ类：主要适用于______。

A. 农业用水区及一般景观要求水域

B. 源头水、国家自然保护区

C. 集中式生活饮用水源地二级保护区、一般鱼类保护区及游泳区

D. 集中式生活饮用水源地一级保护区、珍贵鱼类保护区、鱼虾产卵场

E. 一般工业用水及人体非直接接触的娱乐用水区

F. 集中式生活饮用水源地二级保护区、鱼类保护区、娱乐用水及游泳区

3. 下列属于二类环境空气质量功能区的有：______。

A. 居住区　　B. 特定工业区

C. 商业交通居民混合区　　D. 自然保护区　　E. 文化区

4. 城市环境噪声4类标准适用于______区域。

A. 工业区　　B. 城市中的道路交通干线道路两侧

C. 穿越城区的内河行道两侧

D. 穿越城区的铁路主、次干线两侧区域的背景噪声限值

E. 穿越城区的铁路主、次干线两侧区域的背景噪声（指不通过列车时的噪声水平）限值

5. 轻型汽车排放的气体污染物是指______。

A. CO　　B. CO_2　　C. HC　　D. NO_x　　E. Pb

6.《环境监测技术规范》包括______几部分。

A. 地表水和废水　　B. 大气和废气　　C. 噪声　　D. 生物

E. 生物（水生生物）F. 放射

7. 环境空气监测中______的要求，按《环境监测技术规范》（大气部分）执行。

A. 采样点　　B. 采样环境　　C. 采样高度

D. 采样频率　　E. 采样周期

8. 控制湖库富营养化的特定项目是______。

A. 总磷　　B. 总氮　　C. 凯氏氮　　D. 叶绿素a　　E. 透明度

9. 产品可以是______。

A. 有形的　　B. 无形的　　C. 有形的和无形的组合

10. 指出下列属于我国法定计量单位中选定的非国际单位制单位______。

A. 米　B. 秒　C. 吨　D. 升　E. 分贝

二、判断题（下列判断正确的请打√，错误的请打×）

1. 溶解氧、化学需氧量、挥发酚、氨氮、氰化物、总汞、砷、铅、六价铬、镉十项指标，丰、平、枯水期水质达标率均应达到95%，其他各项指标，丰、平、枯水期水质达标率均应达到85%。（　）

2. 可吸入颗粒物是指悬浮在空气中，空气动力学当量直径≤10μm 的颗粒物。（　）

3. 标准状态是指温度为298K，压力为101.235kPa时的状态。（　）

4. 生活垃圾填埋厂应设在当地夏天主导风向上风向，在人畜居栖点300m 以外。（　）

5.《土壤环境质量标准》适用于农田、蔬菜地、茶园、果园、牧场、林地、自然保护区等地的土壤。（　）

6. 根据土壤应用功能和保护目标，《土壤环境质量标准》将土壤划分为四类。（　）

7. 地下水质量标准适用于地下矿水的监测和评价。（　）

8. 城市区域环境噪声分为三类区域。（　）

9. 按照国家综合排放标准与国家行业排放标准不交叉执行的原则，对钢铁工业水污染物排放，必须先执行《钢铁工业水污染物排放标准》(GB 13456—92)，再执行《污水综合排放标准》(GB 8978—1996)。（　）

10. 污水是指在生产与生活活动中排放的水的总称。（　）

11.《大气污染物综合排放标准》适用于各行业的大气污染物排放。（　）

12. 总悬浮颗粒物是指悬浮在空气中，空气动力学当量直径小于100μm 的颗粒物。（　）

13. 为使监测数据具有可比性，能较好地反映同一水系中不同断面的水质状况，对同一江河、湖库的监测采样应力求同步，并应避免大雨时采样。（　）

14. 城市区域环境噪声标准规定居住、商业、工业混杂区适用2类标准。乡村居住环境也可参照执行该类标准。（　）

15. 环境保护的污染物排放国家标准和环境质量国家标准，有的属于强制性国家标准，有的属于推荐性国家标准。（　）

三、问答题

当实施具体的监测行为时，遇到《环境监测技术规范》规定的监测方法与环境保护国家标准的技术要求不一致情况，该如何处理？

四、案例

某食品厂地处环境空气质量功能区二类区和城市区域环境噪声标准二类区。1999 年建成投产，采用新立项安装的 10t/h 燃煤锅炉供热（烟囱高度为 35m）。生产污水排入附近地河中（该河水属于GHZB1—1999 地表水环境质量标准中的Ⅴ类水）。请问：

1. 其排放的污水应执行《污水综合排放标准》(GB 8978—1996) 中的几级标准？

2. 其锅炉的烟尘排放浓度应执行什么标准？

3. 该厂的厂界噪声执行什么标准？

§3 质量保证

一、多项选择（下列每题的选项中，至少有1个是正确的，请将其代号填在横线空白处）

1. 减少系统误差的办法有______。

A. 进行仪器校准　B. 空白试样

C. 对照分析（对照标准物质或经典方法）

D. 平行双样　E. 回收实验

2. 系统误差产生的原因：______。

A. 方法误差　B. 仪器误差　C. 试剂误差　D. 操作误差

E. 环境误差　F. 操作过程中的样品损失

3. 随机误差产生的原因：______。

A. 测量过程中环境温度的变化　B. 电源电压的微小波动

C. 仪器噪声的变动　D. 分析人员的判断能力

E. 操作技术的微小差异及前后不一致

F. 仪器出现异常而未发现

4. 常用的实验室内质量控制中平行双样反映数据的______；加标回收反映数据______的质量指标。

A. 精密性　　B. 相对误差　　C. 准确度　　D. 偏倚

5. 仪器三色管理标志红色代表______，黄色代表______，绿色代表______含义。

A. 合格　　B. 准用　　C. 停用

6. 精密度用______表示。

A. 绝对误差　　B. 相对误差　　C. 极差

D. 相对标准偏差和相对偏差　E. 平均偏差和相对平均偏差

7. 对地面水环境监测，江苏省暂规定为______采样，按样品数加采不少于______的样品作为密码平行样；在实验室内随机抽取不少于______密码平行样作为质量检查样同时进行测定。

A. 瞬时　　B. 连续　　C. 10%　　D. 20%

8. 用万分之一的天平秤，应记录到小数点后第______位，分光光度测量，记录到小数点后第______位。

A. 2　　B. 3　　C. 4

9. 当日常测得的空白值超过空白值控制图的______，表明实验室环境质量或分析质量开始下降；当测得的空白值超过______或连续两次超过______，表明实验室环境污染严重或分析过程已经失控，应立即停止测定。

A. 上辅助线　　B. 上警告线　　C. 上控制线

10. 在线性范围内，校准曲线至少有______浓度点，其中应包括______点、______点和______点。

A. 五　　B. 六　　C. 零浓度

D. 接近上限浓度点　　E. 接近下限浓度点

11. 有些分析方法校准曲线的斜率较为稳定，这时可使用原校准曲线。但在使用时须先测定两个标准点，以测定上限浓度的______倍和______倍各一份为宜。当此两个点与原曲线相应点的相应偏差均在______或在______置信水平以内时，原曲线可以使用。

A. 0.2　　B. 0.3　　C. 0.5　　D. 0.8

E. <5%　　F. <0.5%　　G. 90%　　H. 95%

12. 校准曲线回归方程的相关系数______为合格。分光光度法截距一般应______，否则进一步做截距显著性统计检验。

A. ≥0.999　　B. ≤0.005　　C. ≥0.99　　D. ≤0.5

13. 加标回收检查时，加标量以相当于待测组分浓度的______倍为宜，加标后的总浓度不应大于方法上限的______倍。如待测组分的浓度小于最低检出浓度时，按方法最低检出浓度的______倍加标。

A. 1～2.5　　B. 0.9～3　　C. 3～5　　D. 0.5　　E. 0.9

14. 容器材质对于水样在贮存期间的稳定性影响很大。一般来说，容器材质与水样的相互作用表现在______。

A. 容器材质可溶入水样中　　B. 容器材质可吸附水样中的某些组分

C. 水样与容器直接发生化学反应　D. 水样中的组分通过容器挥发到空气中

15. 常用的化学试剂分为四级，在环境样品分析中，通常优级纯试剂用于配制______；分析纯试剂用于配制______。

A. 缓冲溶液　　B. 定性分析溶液　　C. 标准溶液　　D. 定量分析中的普通试液

16. 在多次测量同一样时，测定值与真值之间误差的绝对值和符号保持恒定，或在改变测量条件时，测量值常表现出按某一确定规律变化的误差为______。

误差的绝对值和符号的变化时大时小，时正时负，以不可测定的方式变化，但遵从正态分布的误差为______。

A. 系统误差　　B. 随机误差　　C. 过失误差

17. 真实正确可靠，在使用中具有权威性和法律性的监测数据应具备______的质量指标。

A. 代表性　　B. 完整性　　C. 可比性　　D. 精密性　　E. 准确性

18. 量质传递是将______所复现的单位量质，通过计量检定（或其他传递方式）传递给下一级的计量标准，并依次逐级传递到工作______，以保证被测对象的量质准确一致的过程。

A. 计量基准　B. 计量器具　C. 计量标准　D. 实验室

19. 衡量分析结果的主要质量指标是______和______。精密度通常用______和______表示，准确度通常用______和______表示。

A. 偏倚　B. 精密度　C. 系统误差　D. 加标回收率

E. 准确度　F. 随机误差　G. 绝对误差　H. 相对误差

I. 相对标准偏差　J. 标准偏差　K. 绝对偏差　L. 相对偏差

20. 实验室内监测分析中常用的质量控制技术有______。

A. 平行性测定　B. 加标回收率　C. 空白实验值的测定

D. 标准物质对比实验　E. 质量控制图　F. 标准曲线

二、判断题（下列判断正确的请打√，错误的请打×）

1. 加标物质的形态应该和待测物的形态相同。（　）
2. 加标量应尽量与样品中待测物含量相等或相近，不需要注意对样品容积的影响。（　）
3. 当样品中待测物含量接近方法检出限时，加标量应控制在校准曲线的低浓度范围。（　）
4. 在任何情况下加标量均不得大于待测物含量 3 倍。（　）
5. 为达到质量要求所采取的作业技术和活动，称为质量控制。（　）
6. 为实施质量管理所需的组织结构，程序、过程和资源称为质量体系
7. 质量保证是为了提供足够的信心，表明实体能够满足质量要求，而在质量体系中实施，不必根据需要进行证实的全部有计划和有系统的活动。（　）
8. 环境监测质量保证是对实验室的质量保证。（　）
9. 每个方法的检出限和灵敏度都是表示该方法对待测物测定的最小浓度（　）
10. 空白实验值的大小只反映实验用水质量的优劣。（　）
11. 校准实验的相关系数是反映自变量和因变量之间的相互关系。（　）
12. 校准曲线散点图中的点阵稍差无关紧要，只要将这组数据进行回归，得出的回归线的线性就会好的。（　）
13. 进行校准曲线回归时，如果以 $Y_i=A_i-A_0$ 进行回归计算，则回归方程 $y=a+bx$ 中的 a 值一定是零。（　）
14. 在校准曲线的回归方程 $y=a+bx$ 中的 a 如果不等于零，经系统检验 a 值与零无显著差异，即可判断 a 值是由随机误差引起的。（　）
15. 冷藏法的作用是能抑制微生物的活动，减缓物理作用和化学作用的速度。（　）
16. 当干扰物质与被测物质直接结合，可使结果偏低。（　）
17. 当干扰物质具有与被测物质相同反应时，会使结果偏低。（　）
18. 每个方法的检出限和灵敏度都是表示该方法对待测物测定的最小浓度。（　）

三、问答题

1. 什么叫质量管理？
2. 什么叫质量控制、质量保证？
3. 什么叫质量体系？
4. 在水环境监测中开展质量保证工作，它包括哪些内容？
5. 什么是空白实验？什么是全程序空白实验？为什么要做这两种实验？
6. 实验室内常用的质量控制方法有哪些？它能控制哪些误差？
7. 在监测分析中，标准物质有哪些用途？
8. 实施环境监测质量保证的目的是什么？在环境监测工作中对监测结果的质量有什么要求？

四、计算题

1. 一组测定值为 14.65mg/L、14.90mg/L、14.90mg/L、14.92mg/L、14.95mg/L、14.96mg/L、15.00mg/L、15.00mg/L、15.01mg/L、15.02mg/L 用 Dixon 检验法检验最小值是否离群？（$n=10$，$\alpha=0.01$ 时 $Q_{0.01}=0.597$）

2. 某一分析人员分析一组数据为4.06mg/L、4.05mg/L、4.17mg/L、4.05mg/L、4.09mg/L，试用Grnbbs法检验4.17mg/L是否为离群值？[$T_{(0.05,5)}=1.672$]

3. 分析人员用两种方法测定COD，所得结果分别为：

A法：103mg/L、104mg/L、102mg/L、99mg/L

B法：103mg/L、103mg/L、99mg/L、99mg/L

$\overline{X}_A=102$，$S_A=2.16$mg/L

$\overline{X}_B=101$，$S_B=2.31$mg/L

试用t检验判断两种方法结果是否一致？[$t_{(\alpha,f)}=t_{(0.05,6)}=2.45$]

4. 某样品A进行5次测定结果为2.8mg/L、2.9mg/L、2.6mg/L、2.6mg/L、2.3mg/L，求其平均值及置信区间，给定置信水平$1-\alpha=0.95$，$t_{(4,0.05)}=2.78$，给定$s=0.14$mg/L。

§4　水和废水监测——水质

一、选择题

（一）单项选择（下列每题的选项中，只有1个是正确的，请将其代号填在横线空白处）

1. 在污染物水样的分析中，可以采用预蒸馏的方法将被测组分与干扰物质分离，以下物质不用此方法消除干扰的是______。

A. 酚　　B. 氨氮　　C. 氰化物　　D. 硝酸盐氮

2. 地表水环境质量标准不适合的水域是______。

A. 江河　　B. 湖泊　　C. 海洋　　D. 水库

3. 根据国家标准GB/T 16488—1996对石油类的定义正确的是______。

A. 用四氯化碳萃取，不被硅酸镁吸附的物质

B. 用四氯化碳萃取，不被硅酸镁吸附的物质，并且在波数为2930cm^{-1}、3000cm^{-1}、3030cm^{-1}全部或部分谱带处有特征吸收的物质

C. 用四氯化碳萃取，并且在波数为2930cm^{-1}、2960cm^{-1}、3030cm^{-1}全部或部分谱带处有特征吸收的物质

4. 根据国家标准GB/T 16488—1996水质石油类和动植物油的测定，当水中含有大量芳烃及其衍生物时，使用非分散红外分光光度法的测定结果与红外分光光度法的测定结果相比会______。

A. 偏高　　B. 偏低　　C. 无差异

5. 水中石油类的测定，下列说法错误的是______。

A. 红外分光光度法可以准确测定含有大量芳烃及其衍生物的水样

B. 非分散红外分光光度法不能准确测定含有大量芳烃及其衍生物的水样

C. 非分散红外分光光度法对芳烃及其衍生物的测定结果只是一个估计值

D. 非分散红外分光光度法可以准确测定含有大量芳烃及其衍生物的水样

6. 二苯碳酰二肼分光光度法测定水质中六价铬，根据样品情况可以用适当的方法进行预处理，下列方法不可以选用的是______。

A. 色度校正　　B. 锌盐沉淀　　C. 消除还原性物质　　D. 蒸馏法

7. 水质五日生化需氧量（BOD_5）的测定稀释接种法，说法错误的是______。

A. 五日生化需氧量（BOD_5）是在规定条件下，水中有机物和无机物在生物氧化作用下所消耗的溶解氧

B. 向所需要接种的水样，加入稀释接种水后，会造成测定结果偏高

C. 恰当的稀释比应使培养后剩余溶解氧至少有1mg/L和消耗的溶解氧至少2mg/L

D. 当水样不含有足够的合适性微生物，应进行接种，否则测定结果偏低

8. 使用重铬酸盐法测定水质化学需氧量（COD_{Cr}），氯离子对测定有干扰，作为消除干扰的试剂是______。

A. 硫酸　　B. 硫酸银　　C. 硫酸汞

9. 使用GB 11914—89重铬酸钾法测定水质化学需氧量（COD_{Cr}），下列说法正确的是______。

A. 无机还原性物质如亚硝酸盐、硫化物及二价铁盐将使结果增加，将其需氧量作为水样COD_{Cr}值的

一部分是可以接受的

B. 无机还原性物质如亚硝酸盐、硫化物及二价铁盐将使结果增加，因此使测定结果不准确

C. 当试样中含有氯离子时，将使结果增加，将其需氧量作为水样COD_{Cr}值的一部分是可以接受的

10. 下列说法正确的是______。

A. 同一水样中凯氏氮测定值应大于总氮测定值

B. 同一水样中凯氏氮测定值应小于总氮测定值

C. 同一水样中凯氏氮测定值不大于总氮测定值

11. 悬浮物是指在规定温度条件下烘干后残留在滤器上的______。

A. 总残渣　　B. 总不可滤残渣　　C. 总可滤残渣

12. 用4-氨基安替比林萃取光度法测定挥发酚，萃取时的pH值是______。

A. 8.0±0.5　　B. 9.0±0.2　　C. 10.0±0.2

13. 高锰酸盐指数项目分析过程中，在酸性条件下，草酸钙和高锰酸钾的反应温度应保持在______℃，所以滴定操作必须趁热进行，若温度过低，需适当加热。

A. 50～60　　B. 60～70　　C. 70～80　　D. 60～80

14. 对色泽很深或含酚量较高的水样，测定苯胺时，可采用______以消除干扰。

A. 过滤法　　B. 离子交换树脂法　C. 蒸馏法　　D. 活性炭吸附法

15. 分析氰化物进行蒸馏时，先后加入10mL硝酸锌溶液7～8滴甲基橙指示剂，迅速加入10mL酒石酸溶液，立即盖好瓶塞使瓶内溶液保持红色。此过程应迅速进行的主要原因为______。

A. 保持溶液呈酸性 B. 防止氰化氢挥发 C. 防止生成络合物

（二）多项选择（下列每题的选项中，至少有1个是正确的，请将其代号填在横线空白处）

1. 下列各指标中可作为水质有机物污染综合指标的是______。

A. 高锰酸盐指数　　B. COD_{Cr}　　C. BOD_5　　D. 总磷　　E. 总氮

2. 下列各项监测指标中，湖泊、水库富营养化的特定指标是______。

A. 酚　　B. 氰化物　　C. 叶绿素a　　D. 总磷　　E. 总氮

3. 下列监测项目中，所采集的水样必须充满采样容器的为______。

A. 高锰酸盐指数　　B. 溶氧　　C. BOD_5　　D. 酚　　E. Pb

4. 在采集测定硫化物的水样时，下列说法正确的是______。

A. 因为硫化氢易自水体中逸出，因此水样应防止曝气

B. 在水样中加入氢氧化钠溶液和乙酸锌-乙酸钠溶液使水样呈碱性，并形成硫化锌沉淀

C. 在水样中加入氢氧化钠溶液和乙酸锌-乙酸钠溶液使水样呈碱性，但由于形成硫化锌沉淀，会对分析结果产生影响

5. 二乙基二硫代氨基甲酸银分光光度法测定砷时，下列说法正确的是______。

A. 在砷化氢发生瓶与吸收管的导管内放入乙酸铅棉花是为了消除自砷化氢发生瓶中带出干扰性气体

B. 在砷化氢发生瓶与吸收管的导管内放入乙酸铅棉花是为了消除自砷化氢发生瓶中带出的水蒸气

C. 在砷化氢发生瓶与吸收管的导管内放入乙酸铅棉花是为了消除水样中砷化氢气体对测定的干扰

6. 亚硝酸盐在水体中很不稳定，当含氧和微生物时，可被氧化为______，在缺氧或无氧条件下可被还原为______，所以采样后应______保存。

A. 氨　　B. 硝酸盐　　C. 加固剂　　D. 低温2～5℃

7. 高锰酸盐指数______作为理论需氧量或总有机物含量的指标，因为在规定的条件下，许多有机物______被氧化，易挥发的有机物也______在测定值之内。

A. 不能　　B. 能　　C. 只能部分地　　D. 包含　　E. 不包含

8. 碱性过硫酸钾消解紫外分光光度法测定总氮，可测定水中______及大部分有机含氮化合物中氮的总和。

A. 亚硝酸盐氮　　B. 硝酸盐氮　　C. 无机铵盐氮　　D. 凯氏氮　　E. 溶解态氮

9. 使用亚甲基蓝分光光度法测定水质阴离子表面活性剂时，部分有机物或多或少与亚甲基蓝作用生成可溶于氯仿的蓝色络合物，使结果偏高，可采用______消除。

A. 水溶液反洗　　B. 气提萃取法　　C. 阳离子交换树脂 D. 蒸馏法

10. 根据国家标准 GB 11897—89 水质总氯是由______含氯物质组成。

A. 游离氯　B. 化合氯　C. 氯铵　D. 氯离子

11. 原子荧光法的分析项目是______。

A. Hg、Mg、As　B. Hg、As、Se　C. Hg、As、Sb　D. Hg、As、Ca

12. 荧光分析法的项目是______。

A. Se、As、Be　B. Se、Be、油类　C. Be、油类、BaP

二、判断题（下列判断正确的打√，错误的打×）

1. 水体中氰化物只来源于含有氰化物的工业废水。（　）
2. 当需要报告一段时间内油类物质的平均浓度时，可以在规定时间间隔分别采样混合后测定。（　）
3. 选用亚甲基蓝分光光度法测定硫化物时，主要干扰为 SO_3^{2-}、$S_2O_3^{2-}$、SCN^-、NO_2^-、CN^- 这些阴离子，金属离子对测定无影响。（　）
4. 硫化物易从水样中逸出，因此采样时应防止曝气。（　）
5. 用纳氏试剂比色法测定氨氮时，向比色管中加入酒石酸钾溶液是为了消除氯的干扰。（　）
6. 总氰化物是指水中的全部简单氰化物和绝大部分络合氰化物。（　）
7. 金属离子与 EDTA 的络合能力强于氰离子的络合能力，所以在 pH<2、EDTA 存在下氰化物以氰化氢形式存在于水中。（　）
8. 测定氰化物的水样，如果采回后立即分析，可以不加氢氧化钠固定。（　）
9. 4-氨基安替比林分光光度法测定水质酚，无论是氯仿萃取法还是直接分光光度法测定波长都是 510nm。（　）
10. 国家标准 GB 11901—89 水质中的悬浮物是指水样通过过滤，截留在滤膜上并于 103～105℃烘干至恒重的固体物质。（　）
11. 高锰酸盐指数以每升样品消耗高锰酸钾的毫克数来表示。（　）

三、案例

1. 对同一地面水进行测定 BOD_5、COD_{Mn}、COD_{Cr} 分别为 58mg/L、63mg/L、80mg/L，此测定结果是否合理，试述理由。

2. 现到某一水域采集水样，测定项目为：总磷、总氮、氨氮、凯氏氮、砷、镉、铅、六价铬、石油类、化学需氧量、高锰酸盐指数、酚、硝酸盐氮、亚硝酸盐氮、氰化物，请选择合适的水样存放容器及适当的保存方法填入下表。

序号	容器材质	保存条件	测定项目	备注

3. 长江水中 4 个项目分析结果列下表。

样品编号	Ⅰ-A	Ⅰ-B	Ⅰ-C	Ⅱ-A	Ⅱ-B	Ⅱ-C	Ⅲ-A	Ⅲ-B	Ⅲ-C
高锰酸盐指数浓度/(mg/L)	1.8	1.6	1.9	2.0	2.0	2.1	1.8	1.8	1.9
化学需氧量浓度/(mg/L)	25	25	25	25	25	25	25	25	25
DO 浓度/(mg/L)	9.6	9.6	9.7	9.5	9.4	9.4	9.3	9.5	9.3
BOD_5 浓度/(mg/L)	0.8	0.9	1.0	0.9	1.0	1.0	0.9	0.9	1.0

判断此批分析结果是否可信，并找出原因。

4. 采地表水粪大肠菌群样品是从水桶内用水勺取水，经漏斗灌入样品瓶，分析结果（Ⅱ类）往往会>1000 个/L，剖析其中原因。

四、计算题

某项目测定校准曲线数据如下：

含量/mg	0.000	0.500	1.00	2.00	5.00	10.00	15.00
吸光度(A)	0.008	0.029	0.054	0.098	0.247	0.488	0.648

用最小二乘法计算其回归方程，并说明该校准曲线能否在工作中使用。

§5 水和废水监测——废水

一、选择题

（一）单项选择（下列每题的选项中，只有 1 个是正确的，请将其代号填在横线空白处）

1. 用 EDTA 络合滴定法测定水中总硬度时，加入三乙醇胺能消除______的干扰。

A. 铜　B. 锌　C. 铝　D. 铅

2. BOD_5 稀释接种法中，接种稀释水的 pH 值应为______。

A. 7.0　B. 7.5　C. 7.2　D. 7.8

3. 在测定六价铬时，如需做色度校正，则另取一份水样，在待测水样中加入各种试剂进行同步操作，以 2mL ______代替显色剂，以此代替水作为参比测定吸光度。

A. 乙醇　B. 甲醛　C. 丙酮　D. 尿素

4. 用于 BOD_5 的稀释水在加入各类无机营养盐后，其 BOD_5 值应小于______。

A. 0.1　B. 0.2　C. 0.3　D. 0.4

5. pH 测定中，在 25℃时，溶液中每改变 1 个 pH 单位，电位差改变为______ mV。

A. 49.19　B. 50.12　C. 59.16　D. 69.12

6. 总氰化物不包括______。

A. 碱土金属的氰化物　B. 铵的氰化物

C. 钴氰络合物　D. 镍氰络合物

7. 浊度水样在 4℃冷暗处最多可保存时间为______ h。

A. 8　B. 12　C. 24　D. 36

8. 用非分散红外法测定矿物油的原理为：利用石油类物质的甲基（$—CH_3$）、亚甲基（$—CH_2$）在近红外区______ μm 的特征吸收，作为测定水样中油含量的基础。

A. 2.3　B. 3.4　C. 3.8　D. 4.2

9. 测定可过滤金属时所用滤膜的孔径为______ μm。

A. 0.045　B. 0.25　C. 0.45　D. 0.50

10. 用三角堰测定流量时，______是无关的因素。

A. 流速　B. 堰的水位差　C. 流量系数　D. 水面宽度

11. 关于校准 pH 计的记述，______项是错误的。

A. 规定了五种 pH 标准液的配制

B. 用过一次和在空气中开口放置的 pH 标准液，不能再继续使用

C. 明显污染的电极，先用氢氧化钠溶液（5%）洗，再用水冲洗

D. 测定 pH=11 以上的试液时，使用锂玻璃电极

12. 关于溶解氧和溶解氧计的记述，______不恰当。

A. 20℃的纯水中约溶解 9mg/L 的氧

B. 氧在海水中的溶解度比在纯水中小

C. 在膜电极法中，用经煮沸脱氧的水调节零点

D. 在膜电极法中，用溶解氧达到饱和的水调节满量程

13. 关于测定 BOD 的记述，______是错误的。

A. 所谓 BOD 是水中的好氧微生物消耗溶解氧的量

B. 不能立即进行测定 BOD 的试样，应在 0～100℃的暗处保存

C. 稀释试样用的接种稀释水，应调节pH值至7.2

D. 当试样含悬浮物时，用慢速定量滤纸过滤后，再取适当量的水样进行测定

14. 测定大肠菌群数的记述中，______是正确的。

A. 大肠菌群只分解果糖，生成的酸在培养基上产生深红色的特定形态菌落

B. 大肠菌培养基须在1200℃灭菌30min后再使用

C. 将试样进行稀释，在培养皿中的菌落在3～30个的范围内

D. 在培养皿中，将试样和培养基混合，双层、凝固后，在（36±1）℃培养18～20h

15. 估计工厂排放水的BOD值约是100mg/L，测定这种试样的BOD时，为了使稀释水和试样的总量为1L，应分取试样______mL为最适宜。

A. 10　　B. 20　　C. 50　　D. 100

16. 在测定酚类的记述中，______是错的。

A. 试样不能立即测定时，应加入盐酸调节pH值约为2，再加入五水硫酸铜，在0～100℃的暗处保存

B. 氧化剂存在时，在氨碱性条件下，4-氨基安替比林和酚类聚合，形成红色的安替比林染料

C. 由于酚类物质的种类不同，显色的强度也不同

D. 含有亚硫酸离子的试样，采样后立即用磷酸调节pH值约为4，搅拌除去二氧化硫

17. 测定某工厂排放水中的BOD时，稀释20倍约消耗掉50%的溶解氧。这个工厂排放水的BOD（mg/L）大概是______。

A. 10　　B. 20　　C. 40　　D. 80

18. 测定排放水中酚类含量的有关记述中，______是错误的。

A. 试样采集后立即进行测定

B. 试样采集后如不立即进行测定时，加磷酸调节pH值约为4，再加硫酸铜摇匀后，于0～10℃的暗处保存

C. 将蒸馏试样所得的馏出液，调节其pH值约为10

D. 所有酚类的显色强度基本相同

19. 测得基本溶液得pH值为6.0，其氢离子活度为______mol/L。

A. 6×10^{-1}　　B. 3×10^{-2}　　C. 1×10^{-6}　　D. 4

20. 我国规定的硬度单位是每升水含有______。

A. 10mg Ca^{2+}　　B. 100mg Ca^{2+}　　C. CaO毫克数　　D. $CaCO_3$毫克数

21. 用EDTA-2Na滴定法测定硬度时，滴定操作应控制不超过5min，其目的是______。

A. 防止铬黑T分解　　B. 终点明显

C. 使$CaCO_3$沉淀减至最少　　D. 避免氨挥发而改变pH

22. 某分析人员取20.0mL工业废水样，加入10.0mL 0.2500mol/L重铬酸钾溶液，按操作步骤测定COD，回流后用水稀释至140mL，以0.1033mol/L硫酸亚铁铵标准液滴定，消耗19.55mL。全程序空白测定消耗该标准液24.92mL。这份工业废水的COD值为______mg/L。

A. 221.89　　B. 222　　C. 222.0　　D. 221.9

23. 某水样含氯离子105mg/L，若不加硫酸汞，则测得该水样的COD_{Cr}值与真值相比结果______。

A. 相同　　B. 偏高　　C. 偏低

24. 稀释水的溶解氧要达到______mg/L左右。

A. 4　　B. 6　　C. 8　　D. 10

25. 测定氨氮时，如水样浑浊可于水样中加入适量______，取上清液测定。

A. $ZnSO_4$和HCl　　B. $ZnSO_4$和NaOH　　C. $ZnSO_4$和HAc　　D. $SnCl_2$和NaOH

26. 分光光度法测定水中亚硝酸盐氮是基于______反应。

A. 中和　　B. 重氮-偶联　　C. 偶联-重氮　　D. 氧化还原

27. 配制纳氏试剂时，静置过夜，______贮存于聚乙烯瓶中，密塞保存。

A. 用滤纸过滤，取滤液　　B. 摇匀　　C. 倾出上清液　　D. 加水稀释后

28. 测定工业废水中的氰化物时，应对水样进行预处理，比较安全的预处理方法为______。

A. 水蒸气蒸馏法　　B. 直接蒸馏法　　C. 过滤法　　D. 萃取法

（二）多项选择题（下列每题的选项中，至少有1个是正确的，请将其代号填在横线空白处）

1. 用离子选择电极法测定氟化物时，______干扰测定。

A. 三价铁　　B. 钠离子　　C. 钾离子　　D. 铝离子

2. 用硝酸银滴定法测定氯化物可用过氧化氢消除______的干扰。

A. 硫化物　　B. 硫代硫酸盐　　C. 硫酸盐　　D. 亚硫酸盐

3. 总氮是指______等的加和。

A. 有机氮　　B. 氨氮　　C. 亚硝酸盐氮　　D. 硝酸盐氮

4. 磷存在于天然水和废水中的形式有______。

A. 正磷酸盐　　B. 缩合磷酸盐　　C. 有机结合的磷酸盐　　D. 多磷酸盐

5. BOD_5 的测定中，对于要稀释的工业废水，由重铬酸钾测得的COD值来确定稀释比，通常选定的稀释比有______。

A. 0.075　　B. 0.15　　C. 0.225　　D. 0.250

6. 在地面水监测中，总汞的分析方法一般为______。

A. 冷原子吸收法　　B. 纳氏试剂比色法　　C. 硝酸汞容量法　　D. 冷原子荧光法

7. 由于金属以不同形态存在时其毒性大小不同，所以可以分别测定______。

A. 可过滤金属　　B. 不可过滤金属　　C. 金属总量

8. 请写出下列各论述中正确的序号______。

A. pH值表示酸的浓度

B. pH值越大，酸性越强

C. pH值表示稀溶液的酸碱性强弱程度

D. pH值越小，酸性越弱

9. 下列论述中______是错的。

A. 目前我国标准规定使用的硬度单位有德国度和每升水样中所含氧化钙的毫克数

B. 在环境监测中常用络合滴定法测定水的总硬度

C. 总硬度是指水样中各种能和EDTA络合的金属离子总量

D. 碳酸盐硬度是指水中钙、镁离子与碳酸根离子结合时所形成的硬度

10. 用重铬酸钾法测定水样的COD值时，下列论述中______是错误的。

A. 回流过程中溶液颜色变绿，说明氧化剂量不足，应减少取样量重新测定

B. 氯离子能干扰测定，用硫酸汞消除之

C. 回流结束，冷却后加入试亚铁灵指示剂，以硫酸亚铁铵标准液滴定至溶液颜色由红褐色经蓝绿色恰转变为黄色即为终点

D. 用0.025mol/L的重铬酸钾溶液可测定>50mg/L的COD值

11. 稀释水的 BOD_5 不应超过______mg/L；接种稀释水的 BOD_5 为______mg/L。

A. 0.3～1.0　　B. 2　　C. 0.5　　D. 0.2

12. 以下对 BOD_5 测定的论述______是正确的。

A. 测定 BOD_5 用的稀释水中加入营养物质的目的是为引入微生物菌种

B. 对于不含或少含微生物的工业废水，在测定 BOD_5 时应进行接种

C. 对于工业废水，由重铬酸钾法测得的COD值来确定稀释倍数

D. 水样的pH值若超过6.5～7.5范围时，可用盐酸或氢氧化钠稀溶液调节pH值近于7，但用量不要超过水样体积的5%

13. 纳氏试剂分光光度法测定水中氨氮，在显色前加入酒石酸钾钠的作用是______。

A. 使显色完全　　B. 调节pH值

C. 消除金属离子的干扰　　D. 消除 Ca^{2+}、Mg^{2+} 离子的干扰

14. 以下对挥发酚测定的说法______是错误的。

A. 4-氨基安替比林在酸性介质中有氧化剂存在是能与酚类反应成红色染料

B. 水样中酚含量较低时宜用4-氨基安替比林萃取法测定

C. 含酚水样采集后，应置于塑料瓶中，加磷酸值pH<4，加1g $CuSO_4$，在4℃可保存24h

D. 4-氨基安替比林分光光度法测酚，要求空白实验值以三氯甲烷为参比液的吸光度不大于0.1

15. 分光光度法测定水中氰化物的干扰有______等。

A. NaCl　　B. NaClO　　C. Na_2SO_3　　D. Na_2SO_4

E. $Na_2S_2O_3$　　F. 油

16. 测定CR（Ⅵ）所用的玻璃器皿，如果内壁有油污可用______洗液洗涤。

A. H_2SO_4　　B. HNO_3-H_2SO_4

C. 碱性高锰酸钾　　D. 合成洗涤剂

17. 用电极法测定水中氟化物时，加入总离子强度调节剂的作用是______。

A. 增强溶液总离子强度，使电极产生响应

B. 络合干扰离子

C. 保持溶液总离子强度，弥补水样中总离子浓度-活度之间的差异

D. 调节水样酸碱度

18. 废水样品采集的基本类型有______。

A. 瞬时废水样　　B. 平均废水样　　C. 混合废水样　　D. 综合废水样

19. 有机物含量较多的工业废水，BOD_5需要稀释后再培养测定，稀释的程度应使培养中所消耗的溶解氧大于______mg/L，而剩余溶解氧在______mg/L以上。

A. 1　　B. 0.5　　C. 0.2　　D. 2

20. 对于工业废水，我国规定用铬酸钾测化学需氧量，测定中，主要干扰离子为______，加______消除其干扰。

A. Cl^-　　B. I^-　　C. $HgSO_4$　　D. H_2SO_4

21. 对污染严重的工业废水，测定氨氮时常用蒸馏法消除干扰。采用纳氏比色法或酸滴定法测氨氮时，以______溶液为吸收液，采用水杨酸—次氯酸比色法时，以______吸收液。

A. 硫酸　　B. 盐酸　　C. 硝酸　　D. 硼酸

22. 工业废水中DO的测定，必须采用修正的电量法或膜电极法。水样中亚硝酸盐含量高于0.05mg/L时，采用______；二价铁高于1mg/L时，采用______。

A. 叠氮化钠修正法　　B. 明矾修正法　　C. 高锰酸钾修正法

D. 硫酸铜-氨基磺酸絮凝修正法

23. 硫化物是指水中溶解性的______和酸溶性______。样品中硫化物含量大于1mg/L时，采用碘量法测定。

A. 无机硫化物　　B. 金属硫化物　　C. 亚硫酸盐　　D. 硫化硫酸钠

24. 测定加氯处理的印染废水中余氯含量时，N,N-二乙基对苯二胺-硫酸亚铁铵滴定法可应用的含氯浓度范围为______游离氯。N,N-二乙基对苯二胺光度法测定可应用的含氯浓度范围为______mg/L游离氯（Cl_2）

A. 0.05～1.5　　B. 0.03～1.5　　C. 0.03～5　　D. 0.05～5

25. 用重铬酸钾法测定废水中COD值时，使用0.4g硫酸汞络合氯离子的最高量可达______，对于化学需氧量小于50mg/L的水样，应用______重铬酸钾标准溶液，回滴时用0.01mg/L硫酸亚铁铵标准溶液。

A. 40mg　　B. 80mg　　C. 0.0250mol/L　　D. 0.2500mol/L

26. 下列污染物属于第一类污染物的是______。

A. 氰化物　　B. 苯胺类　　C. 六价铬　　D. 总镉

27. 下列污染物不应在车间排放口设置监测点的是______。

A. 总汞　　B. 总砷　　C. 总氰化物　　D. BOD_5

二、判断题（下列判断正确的打√，错误的打×）

1. 氨氮（NH_3-N）以游离氨（NH_3）或铵盐（NH_4^+）形式存在于水中，两者的组成比取决于水的pH值。（　）

2. BOD_5测定中，对含较多有机物的废水需要稀释后再培养测定，稀释程度应使培养中所消耗的溶

解氧大于 1mg/L，剩余溶解氧在 2mg/L 左右。 ( )

3. 六价铬保存方法为加入氢氧化钠调节 pH 值约为 8。 ( )

4. 总铬的保存方法为加入硝酸调节 pH 值小于 2。 ( )

5. 用碘量法测定溶解氧时，若水样中含有氧化性物质可使碘化物游离出碘，产生正干扰。 ( )

6. 在用 EDTA 容量法滴定时，缓冲溶液加入镁盐，可使含镁较低的水样在滴定时，终点更敏锐。 ( )

7. 在络合滴定法中，都要控制一定的 pH 值。 ( )

8. 水溶液的电导率取决于离子的性质和浓度，溶液的温度和黏度等。 ( )

9. 水的颜色可分为“表色”和“真色”，“表色”是指去除浊度后水的颜色，“真色”是指没有去除悬浮物的水所具有的颜色，包括溶解性物质及不溶解悬浮物所产生的颜色。 ( )

10. 测定水样中金属化合物时，消解的目的是将样品中对测定有干扰的有机物和悬浮颗粒物分解掉，使待测金属以离子形式进入溶液中。 ( )

11. 锰等金属的水样，在经过酸化处理后，最长可保存 3 个月。 ( )

12. 盛装测金属的水样的容器，先用洗涤剂清洗，自来水冲洗，再加 10%硝酸或盐酸浸泡 8h，用自来水和蒸馏水冲净。 ( )

13. 在排污管道或渠道中采样时，不应在具有湍流状况的部位采集。 ( )

14.《污水综合排放标准》里所述排水量是指在生产过程中直接用于工艺生产的水的排放量。包括间接冷却水、厂区锅炉、电站排水。 ( )

15. GB 8978—1996 标准适用于现有单位水污染物的排放管理，以及建设项目的环境影响评价，建设项目环境保护设施设计，竣工验收及其投产后的排放管理。 ( )

16. 把从不同采样点同时采集的各个瞬时水样混合起来所得到的样品称为混合水样。 ( )

三、问答题

1. 一台分光光度计的校准应包括哪四个部分？

2. 测定水中氰化物，有两种蒸馏方法，各在什么条件下蒸馏？分别能蒸出哪些氰化物？

3. 水质现场采样时，同时要求测定的气象水文要素有哪些？

4. 如何采集地表水溶解氧样品？注意什么？

5. 流经城市的河流，一般应设置哪些监测断面？试述其功能和布设原则。

6. 测定细菌的水样品如何保存？

7. 作为基准物质应具备哪些条件？

8. 纯水制备的方法有哪些？

9. 请写出称量误差来源中，你认为的三种误差。

10. 不同的光度计都由哪些基本部件组成？

11. 比色皿如何维护？

12. 在比色测定时，吸光度应在什么范围内为宜？

13. 比色液吸收波长在 370nm 以上及在 370nm 以下各选用什么材料比色皿？

14. 污水综合排放标准中污水的定义是什么？

15. 测定工业废水中氨氮含量时，常用蒸馏法消除干扰，在蒸馏时为什么要加入玻璃珠，加入石蜡碎片的目的是什么？

16. 第一类污染物及二类污染物的采样要求是什么？

17. 用偶氮比色法测定工业废水中苯胺时如果水样中酚含量较高，如何消除干扰？

18. 在建设项目环境保护设施竣工验收监测中，对采样周期有如何规定？

19. 采集硫化物水样时，应如何正确进行？

20. 保存水样的基本要求是什么？多采用哪些措施？

四、案例

1. 某市造纸厂 2001 年 3 月建厂，年产 7000t，日排水量 4000t（包括少量生活污水），生产周期 12h。请问其采样频率为几小时采样一次？监测项目主要有哪些？其排污口是否应安装流量计和污水比例采样装置？

2. 某市大型化肥厂1986年建厂，年产纯碱10×10^4t，氯化铵11×10^4t。其废水大部分经处理后循环使用，其余排入GB 3097三类海域，应执行几级标准？主要监测项目？采样频率？

9.3 三废处理工职业技能鉴定规范

三废处理工是具备三废（废水、废气和固体废弃物）处理基础理论知识和专业综合技能，能够操作和管理各类企业三废处理设施（设备），能将三废进行净化处理并达到国家规定的特定排放标准的操作人员。以下介绍三废处理工技能培训的鉴定要求和鉴定内容，并附上培训用习题。

9.3.1 鉴定要求

本职业共设四个等级，分为初级、中级、高级、技师。其培训目标如下。

（1）培训目标

① 初级工　初级工具有独立执行运行操作的基本能力，在带班班长的带领下，从事三废处理设施的运行工作。

② 中级工　中级工具有独立解决小型三废处理设施运行的技术能力，能够带领一班人，执行小型三废处理设施的运行操作和设备维护及修理。

③ 高级工　高级工具有比较全面的三废处理设施运行的技术能力、管理能力和培训能力，能够全面胜任小型三废处理设施的运营管理工作，或能够胜任大中型三废处理设施的部分工序的运行操作及管理工作。

④ 技师　技师具有比较深厚的三废处理基础理论知识和比较全面的实际操作技能，拥有三废处理设施运营管理的综合能力和较为丰富的实践经验，能够全面胜任并负责大中型三废处理设施及管理工作。

（2）适用对象　从事或准备从事本职业的人员。

（3）申报条件

① 申报初级工（申报人员应具备以下条件之一）

a. 经国家认可的本职业培训机构初级正规培训达规定标准学时数，并取得结业证书。

b. 在本职业连续见习工作2年以上。

c. 本职业学徒期满。

② 申报中级工（申报人员应具有以下条件之一）

a. 取得国家有关部门统一颁发的本职业初级资格证书后，连续从事本职业工作2年以上，经国家认可的本职业培训机构中级正规培训达规定标准学时数，并取得结业证书。

b. 取得国家有关部门统一颁发的本职业初级资格证书后，连续从事本职业工作4年以上。

c. 连续从事本职业工作7年以上。

d. 取得经国家环境保护行政部门和国家劳动社会保障行政部门联合审核认定的、以中级技能为培养目标的中等以上职业学校本职业（专业）毕业证书后，连续从事本职业工作1年以上。

③ 申报高级工（申报人员应具备以下条件之一）

a. 取得国家有关部门统一颁发的本职业中级资格证书后，连续从事本职业工作3年以上，经国家认可的本职业培训机构高级正规培训达规定标准学时数，并取得结业证书，连续从事本职业工作1年以上。

b. 取得国家有关部门统一颁发的本职业中级资格证书后，连续从事本职业工作5年以上。

c. 取得高级技工学校或取得经国家环境保护行政部门和国家劳动社会保障行政部门联合审核认定的、以高级技能为培养目标的高等职业学校本职业（专业）毕业证书。

d. 取得国家有关部门统一颁发的本职业中级资格证书的大专或相关专业毕业生，连续从事本职业工作 2 年以上。

④ 申报技师（具备以下条件之一者）

a. 取得国家有关部门统一颁发的本职业高级资格证书后，连续从事本职业工作 5 年以上，经国家认可的本职业培训机构技师正规培训达规定标准学时数，并取得结业证书。

b. 取得国家有关部门统一颁发的本职业高级资格证书后，连续从事本职业工作 7 年以上。

c. 取得国家有关部门统一颁发的本职业高级资格证书的大学专科本专业或相关专业毕业学历，并已连续从事本职业工作 2 年以上。

d. 取得国家工作有关部门统一颁发的本职业高级资格证书的大学专科本专业或相关专业毕业学历，并已连续从事本职业工作 3 年以上。

e. 取得大学本科本专业或相关专业毕业学历，并已连续从事本职业工作 2 年以上。

（4）鉴定方式　本职业鉴定分为理论知识和技能操作考核。理论知识考试采用闭卷笔试方式；技能操作考核采用现场实际操作方式。理论知识考试和技能操作考核均实行百分制，成绩皆达 60 分以上者为合格，考试合格的通过率控制在 60%。技师还须进行答辩和综合评议。

各等级理论知识考试时间不少于 120min；技能操作考核时间不少于 180min；综合评议的答辩时间不少于 30min。

9.3.2 鉴定内容

本职业对初级、中级、高级、技师和高级技师的技能要求依次递进，高级别涵盖低级别的要求。

9.3.2.1 初级工

根据申报情况选择废气处理、废水处理、废渣处理三个职业功能之一进行考评。其余职业功能为必考内容。

（1）技能要求

① 工艺准备

a. 工艺文件准备

(a) 能识别本岗位工艺流程中各种常用标识符号。

(b) 能识记本岗位有关工艺参数和工艺操作规程。

b. 设备准备

(a) 能按生产要求检查设备管线是否畅通，盲板是否抽堵。

(b) 能按生产要求检查阀门的灵活性及现场开、关的准确位置。

(c) 能按生产要求检查设备润滑情况，转动设备是否良好可靠。

(d) 能检查现场照明、通信是否正常。

② 废气处理

a. 废气处理

(a) 能填写生产操作记录和交接班记录。

(b) 能按操作规定完成本岗位的巡检。

(c) 能根据工艺指令调整本岗位的各项工艺参数，使废气处理达到本岗位工艺处理要求。

(d) 能根据分析测试报告中的结果，判定本岗位是否维持原工艺操作。

b. 设备维护与保养

(a) 能定期对本岗位设备进行正常保养，并做好记录。

(b) 能对润滑器具进行维护，定期检查和清洗。

(c) 能及时发现、报告本岗位设备异常情况。

c. 事故判断和处理

(a) 能判断温度、压力、液位、流量异常等故障。
(b) 能判断现场机、泵、阀门、法兰泄漏事故。
(c) 能处理阀门、法兰泄漏事故。
(d) 能及时汇报生产中的异常现象及事故。
(e) 能及时处理用电时的突发事故。
d. 工艺计算
(a) 能进行压力、温度等常用单位换算。
(b) 能进行溶液浓度的计算。
③ 废水处理
a. 废水处理
(a) 能填写生产操作记录和交接班记录。
(b) 能按操作规定完成本岗位的巡检。
(c) 能根据工艺指令调整本岗位的各项工艺参数，使废水污染指标达到本岗位工艺处理要求。
(d) 能根据分析测试报告中的结果，判定本岗位是否维持原工艺操作。
b. 设备维护与保养
(a) 能定期对本岗位设备进行正常的维护与保养，并做好记录。
(b) 能对润滑器具进行维护，定期检查和清洗。
(c) 能及时发现、报告本岗位设备异常情况。
c. 事故判断和处理
(a) 能判断温度、压力、液位、流量异常等故障。
(b) 能判断现场机、泵、阀门、法兰泄漏事故。
(c) 能处理阀门、法兰泄漏事故。
(d) 能及时汇报生产中的异常现象及事故。
(e) 能及时处理用电时的突发事故。
d. 工艺计算
(a) 能进行压力、温度等常用单位换算。
(b) 能进行溶液浓度的计算。
④ 废渣处理
a. 废渣处理
(a) 能填写生产操作记录和交接班记录。
(b) 能按操作规定完成本岗位的巡检。
(c) 能根据工艺指令调整本岗位的各项工艺参数，使废渣处理达到本岗位工艺处理要求。
b. 设备维护与保养
(a) 能定期对本岗位设备进行正常的维护与保养，并做好记录。
(b) 能对润滑器具进行维护，定期检查和清洗。
(c) 能及时发现、报告本岗位设备异常情况。
c. 事故判断和处理
(a) 能判断温度、压力、液位、流量异常等故障。
(b) 能判断现场机、泵、阀门、法兰泄漏事故。
(c) 能处理阀门、法兰泄漏事故。
(d) 能及时汇报生产中的异常现象及事故。
(e) 能及时处理用电时的突发事故。
d. 工艺计算

(a) 能进行压力、温度等常用单位换算。
(b) 能进行溶液浓度的计算。
(2) 知识要求
① 工艺准备
a. 工艺文件准备
(a) 工艺流程图中各种符号的含义。
(b) 本岗位的工艺技术规程和操作法。
(c) 化工设备图形代号知识。
b. 设备准备
(a) 常用设备类型、材质、性能和使用知识。
(b) 设备、管线检查的基本方法。
(c) 本岗位操作职责。
② 废气处理
a. 废气处理
(a) 交接班的时间、地点、内容、要求及注意事项。
(b) 巡回检查的路线、次数和要求。
(c) 本岗位工艺操作控制指标。
(d) 中间控制项目、指标及其意义。
b. 设备维护与保养
(a) 机、泵日常维护保养制度。
(b) 轴承的润滑知识。
(c) 润滑油的规格、型号及使用知识。
(d) 设备运行常识。
c. 事故判断和处理
(a) 温度、压力、液位、流量等对废气处理操作的影响。
(b) 机、泵常见事故的判断知识。
(c) 本岗位工艺参数。
d. 工艺计算
(a) 计量单位的含义。
(b) 单位换算知识。
(c) 浓度计算知识。
③ 废水处理
a. 废水处理
(a) 交接班的时间、地点、内容、要求及注意事项。
(b) 巡回检查的路线、次数和要求。
(c) 本岗位工艺操作控制指标。
(d) 中间控制项目、指标及其意义。
b. 设备维护与保养
(a) 机、泵日常维护保养制度。
(b) 轴承的润滑知识。
(c) 润滑油的规格、型号及使用知识。
(d) 设备运行常识。
c. 事故判断和处理
(a) 温度、压力、液位、流量等对废水处理操作的影响。

（b）机、泵常见事故的判断知识。
（c）本岗位工艺参数。
d. 工艺计算
（a）计量单位的含义。
（b）单位换算知识。
（c）浓度计算知识。
④ 废渣处理
a. 废渣处理
（a）交接班的时间、地点、内容、要求及注意事项。
（b）巡回检查的路线、次数和要求。
（c）本岗位工艺操作控制指标。
（d）中间控制项目、指标及其意义。
b. 设备维护与保养
（a）机、泵日常维护保养制度。
（b）轴承的润滑知识。
（c）润滑油的规格、型号及使用知识。
（d）设备运行常识。
c. 事故判断和处理
（a）温度、压力、液位、流量等对废气处理操作的影响。
（b）机、泵常见事故的判断知识。
（c）本岗位工艺参数。
d. 工艺计算
（a）计量单位的含义。
（b）单位换算知识。
（c）浓度计算知识。

9.3.2.2　中级工

根据申报情况选择废气处理、废水处理、废渣处理三个职业功能之一进行考评。其余职业功能为必考内容。

（1）技能要求
① 工艺准备
a. 工艺文件准备
（a）能绘制本岗位设备示意图。
（b）能识读本岗位的工艺技术文件。
b. 设备准备
（a）能完成本岗位开车前的吹扫、试漏、单机试车等各项准备工作。
（b）能进行装置静态设备的检查准备工作。
（c）能检查确认本岗位所配备的安全、消防、气防设施是否处于备用状态。
② 废气处理
a. 废气处理
（a）能按工艺要求进行本岗位废气处理开车、停车操作。
（b）能根据废气污染指标，按工艺要求将本岗位各工艺参数调节到正常范围。
（c）能根据分析测试报告中的结果，判定本岗位是否维持原工艺操作。
（d）能完成停车后本岗位所有阀门的开、关位置的确定。
（e）能按安全生产操作规程，进行设备试车前的检查。

（f）能完成设备检修动火前的准备工作。

b. 设备维护与保养

（a）能对本岗位设备不进行检修的部位和部件采取相应的保护措施。

（b）能完成本岗位设备检修时的监护工作。

（c）能对本岗位运行设备进行简单检修（如更换垫圈、阀门等）。

（d）能完成设备堵漏、更换管线、拆装盲板等。

c. 事故判断和处理

（a）能判断本岗位设备的异常部位。

（b）能判断和处理因废气处理生产过程中管线、阀门堵塞等而造成的故障。

（c）能判断和处理本岗位流体输送设备所出现的汽蚀等常见故障。

d. 工艺计算

（a）能进行本岗位物料衡算。

（b）能进行传热量、传热面积、平均温度差、蒸汽消耗量的计算。

③ 废水处理

a. 废水处理

（a）能按工艺要求进行本岗位废水处理开车、停车操作。

（b）能根据废水污染指标，按工艺要求将本岗位各工艺参数调节到正常范围。

（c）能根据分析测试报告中的结果，判定本岗位是否维持原工艺操作。

（d）能完成停车后本岗位所有阀门的开、关位置的确认。

（e）能按安全生产操作规程，进行设备试车前的检查。

（f）能完成设备检修动火前的准备工作。

b. 设备维护与保养

（a）能对本岗位设备不进行检修的部位和部件采取相应的保护措施。

（b）能完成本岗位设备检修时的监护工作。

（c）能对本岗位运行设备进行简单检修（如更换垫圈、阀门等）。

（d）能完成设备堵漏、更换管线、拆装盲板等。

c. 事故判断和处理

（a）能判断本岗位设备的异常部位。

（b）能判断和处理因废水处理过程中管线、阀门堵塞等而造成的故障。

（c）能判断和处理本岗位流体输送设备所出现的汽蚀等常见故障。

d. 工艺计算

（a）能进行本岗位物料衡算。

（b）能进行传热量、传热面积、平均温度差、蒸汽消耗量的计算。

④ 废渣处理

a. 废渣处理

（a）能按工艺要求进行本岗位废渣处理开车、停车操作。

（b）能根据废渣污染指标，按工艺要求将本岗位各工艺参数调节到正常范围。

（c）能根据分析测试报告中的结果，判定本岗位是否维持原工艺操作。

（d）能完成停车后本岗位所有阀门的开、关位置的确认。

（e）能按安全生产操作规程，进行设备试车前的检查。

（f）能完成设备检修动火前的准备工作。

b. 设备维护与保养

（a）能对本岗位设备不进行检修的部位和部件采取相应的保护措施。

（b）能完成本岗位设备检修时的监护工作。

(c) 能对本岗位运行设备进行简单检修（如更换垫圈、阀门等）。
(d) 能完成设备堵漏、更换管线、拆装盲板等。
c. 事故判断和处理
(a) 能判断本岗位设备的异常部位。
(b) 能判断和处理因废渣处理生产过程中管线、阀门堵塞等而造成的故障。
(c) 能判断和处理本岗位流体输送设备所出现的汽蚀等常见故障。
d. 工艺计算
(a) 能进行本岗位物料衡算。
(b) 能进行传热量、传热面积、平均温度差、蒸汽消耗量的计算。
(2) 知识要求
① 工艺准备
a. 工艺文件准备
(a) 设备的型号、规格及处理能力。
(b) 设备、装置简图。
(c) 本岗位工艺参数的设计值和工艺技术要求。
b. 设备准备
(a) 设备的操作规程和注意事项。
(b) 设备单机试车的目的、条件及原则。
(c) 设备静态检查、准备操作的程序和注意事项。
② 废气处理
a. 废气处理
(a) 本岗位正常工艺指标。
(b) 物料的物理、化学性质。
(c) 主要检验指标范围和对工艺操作的影响。
(d) 本岗位机、泵、管线、容器等设备的降温、卸压、排空知识。
(e) 密封设备进入检修时的操作要领和程序。
(f) 动火常识和注意事项。
b. 设备维护与保养
(a) 机、泵的维护保养知识。
(b) 检修监护人员的要求。
(c) 设备润滑管理“五定”（定点、定人、定时、定质、定量）和润滑油“三级过滤”知识。
(d) 处理跑、冒、滴、漏等常见故障的注意事项和操作要领。
c. 事故判断和处理
(a) 判断常用设备运行故障的方法。
(b) 机械原理基础知识。
(c) 流体输送设备的相关知识。
(d) 运行设备检修的操作程序和注意事项。
d. 工艺计算
(a) 物料衡算知识。
(b) 传热知识。
③ 废水处理
a. 废水处理
(a) 本岗位正常工艺指标。

(b) 物料的物理、化学性质。

(c) 主要检验指标范围和对工艺操作的影响。

(d) 本岗位机、泵、管线、容器等设备的降温、卸压、排空知识。

(e) 密封设备进入检修时的操作要领和程序。

(f) 动火常识和注意事项。

b. 设备维护与保养

(a) 机、泵的维护保养知识。

(b) 检修监护人员的要求。

(c) 设备润滑管理“五定”(定点、定人、定时、定质、定量)和润滑油“三级过滤”知识。

(d) 处理跑、冒、滴、漏等常见故障的注意事项和操作要领。

c. 事故判断和处理

(a) 判断常用设备运行故障的方法。

(b) 机械原理基础知识。

(c) 流体输送设备的相关知识。

(d) 运行设备检修的操作程序和注意事项。

d. 工艺计算

(a) 物料衡算知识。

(b) 传热知识。

④ 废渣处理

a. 废渣处理

(a) 本岗位正常工艺指标。

(b) 物料的物理、化学性质。

(c) 主要检验指标范围和对工艺操作的影响。

(d) 本岗位机、泵、管线、容器等设备的降温、卸压、排空知识。

(e) 密封设备进入检修时的操作要领和程序。

(f) 动火常识和注意事项。

b. 设备维护与保养

(a) 机、泵的维护保养知识。

(b) 检修监护人员的要求。

(c) 设备润滑管理“五定”(定点、定人、定时、定质、定量)和润滑油“三级过滤”知识。

(d) 处理跑、冒、滴、漏等常见故障的注意事项和操作要领。

c. 事故判断和处理

(a) 判断常用设备运行故障的方法。

(b) 机械原理基础知识。

(c) 流体输送设备的相关知识。

(d) 运行设备检修的操作程序和注意事项。

d. 工艺计算

(a) 物料衡算知识。

(b) 传热知识。

9.3.2.3 高级工

根据申报情况选择废气处理、废水处理、废渣处理三个职业功能之一进行考评。其余职业功能为必考内容。

(1) 技能要求
① 工艺准备
a. 工艺文件准备
(a) 能够识读工艺配管图。
(b) 能识读仪表联锁图。
(c) 能参与本车间大检修方案的编制。
b. 设备准备
(a) 能确认本装置设备、电气、仪表等是否具备开车条件。
(b) 能确认设备的运行参数，保持设备良好的运行状态。
(c) 能根据工艺要求提供仪表、电气应达到的范围。
② 废气处理
a. 废气处理
(a) 能按操作法进行本装置开车、停车操作。
(b) 能完成本岗位设备检修后的验收、试车操作。
(c) 能根据来气的波动和外界因素的影响，调整装置的工艺参数。
b. 设备维护与保养
(a) 能根据本装置停车时间对系统设备采取相应的防腐蚀措施。
(b) 能根据分析结果，提出设备维护保养的改进意见或措施。
(c) 能完成设备检修前各项安全条件的确认。
c. 事故判断和处理
(a) 能判断装置上的电气故障。
(b) 能判断和处理设备和管路中的安全隐患。
(c) 能根据分析结果，提出大修时间。
(d) 能针对装置异常情况，提出开车、停车建议和安全整改建议。
(e) 能判断、处理和分析紧急停车的原因。
d. 工艺计算
(a) 能进行本岗位的热量衡算。
(b) 能进行班组经济核算。
(c) 能绘制本岗位工艺流程。
③ 废水处理
a. 废水处理
(a) 能按操作法进行本装置开车、停车操作。
(b) 能完成本岗位设备检修后的验收、试车操作。
(c) 能根据来水的波动和外界因素的影响，调整装置的工艺参数。
b. 设备维护与保养
(a) 能根据本装置停车时间对系统设备采取相应的防腐蚀措施。
(b) 能根据分析结果，提出设备维护保养的改进意见或措施。
(c) 能完成设备检修前各项安全条件的确认。
c. 事故判断和处理
(a) 能判断装置上的电气故障。
(b) 能判断和处理设备和管路中的安全隐患。
(c) 能根据分析结果，提出大修时间。
(d) 能针对装置异常情况，提出开车、停车建议和安全整改建议。
(e) 能判断和分析紧急停车的原因，处理紧急停车。

d. 工艺计算

(a) 能进行本岗位的热量衡算。

(b) 能进行班组经济核算。

(c) 能绘制本岗位工艺流程图。

④ 废渣处理

a. 废渣处理

(a) 能按操作法进行本装置开车、停车操作。

(b) 能完成本岗位设备检修后的验收、试车操作。

(c) 能根据来渣的波动和外界因素的影响，调整装置的工艺参数。

b. 设备维护与保养

(a) 能根据本装置停车时间对系统设备采取相应的防腐蚀措施。

(b) 能根据分析结果，提出设备维护保养的改进意见或措施。

(c) 能完成设备检修前各项安全条件的确认。

c. 事故判断和处理

(a) 能判断装置上的电气故障。

(b) 能判断和处理设备和管路中的安全隐患。

(c) 能根据分析结果，提出大修时间。

(d) 能针对装置异常情况，提出开车、停车建议和安全整改建议。

(e) 能判断、处理和分析紧急停车的原因。

d. 工艺计算

(a) 能进行本岗位的热量衡算。

(b) 能进行班组经济核算。

(c) 能绘制本岗位工艺流程图。

(2) 知识要求

① 工艺准备

a. 工艺文件准备

(a) 化工机械安装的基本知识。

(b) 检修方案制定的基本原则。

b. 设备准备

(a) 设备运行参数调节的措施和手段。

(b) 设备的性能和主要技术参数。

(c) 设备的验收检验方法和程序。

② 废气处理

a. 废气处理

(a) 常见废气的物理、化学性质，废气的划分和常用的去除方法。

(b) 装置开车、停车步骤及注意事项。

(c) 设备检修后的验收程序及技术要求。

(d) 设备运行参数制定的标准和依据。

(e) 分析结果对工艺操作的影响。

b. 设备维护与保养

(a) 金属腐蚀与防护的有关知识。

(b) 装置技术规程和操作法。

(c) 设备运行参数制定的标准和依据。

c. 事故判断和处理

(a) 本岗位常用设备易出现的故障。
(b) 设备维护程序和有关注意事项。
(c) 设备故障分析知识。
(d) 开车、停车条件和紧急停车处理注意事项。
d. 工艺计算
(a) 热量衡算知识。
(b) 装置成本核算知识。
(c) 化工制图基础。
③ 废水处理
a. 废水处理
(a) 常见废水的物理、化学性质，废水中污染物去除的方法。
(b) 装置开车、停车步骤及注意事项。
(c) 设备检修后的验收程序及技术要求。
(d) 设备运行参数制定的标准和依据。
(e) 分析结果对工艺操作的影响。
b. 设备维护与保养
(a) 金属腐蚀与防护的有关知识。
(b) 装置技术规程和操作法。
(c) 设备运行参数制定的标准和依据。
c. 事故判断和处理
(a) 本岗位常用设备易出现的故障。
(b) 设备维护程序和有关注意事项。
(c) 设备故障分析知识。
(d) 开车、停车条件和紧急停车处理注意事项。
d. 工艺计算
(a) 热量衡算知识。
(b) 装置成本核算知识。
(c) 化工制图基础。
④ 废渣处理
a. 废渣处理
(a) 常见废渣的物理、化学性质，废渣中污染物去除的方法。
(b) 装置开车、停车步骤及注意事项。
(c) 设备检修后的验收程序及技术要求。
(d) 设备运行参数制定的标准和依据。
(e) 分析结果对工艺操作的影响。
b. 设备维护与保养
(a) 金属腐蚀与防护的有关知识。
(b) 装置技术规程和操作法。
(c) 设备运行参数制定的标准和依据。
c. 事故判断和处理
(a) 本岗位常用设备容易出现的故障。
(b) 设备维护程序和有关注意事项。
(c) 设备故障分析知识。
(d) 开车、停车条件和紧急停车处理注意事项。

d. 工艺计算

(a) 热量衡算知识。

(b) 装置成本核算知识。

(c) 化工制图基础。

9.3.2.4 技师

根据申报情况选择废气处理、废水处理、废渣处理三个职业功能之一进行考评。其余职业功能为必考内容。

(1) 技能要求

① 工艺准备

a. 工艺文件准备

(a) 能编制本装置检修的方案。

(b) 能编制本装置开车、停车方案。

(c) 能绘制本装置技术改造图。

(d) 能参与制定工艺规程和管理制度。

(e) 能参与设备巡视、检查、维护保养、更换、报废等制度的制定。

b. 设备准备

(a) 能完成本装置联动试车准备工作。

(b) 能完成设备间相互切换的准备工作。

(c) 能组织完成本装置开车、停车、检修的气体置换工作，确认准备无误。

② 废气处理

a. 废气处理

(a) 能组织完成本装置大修后的试车、验收工作。

(b) 能根据分析结果，改变工艺参数，调整工艺操作。

(c) 能优化装置操作，提高设备的利用率，降低装置的能耗和物耗。

(d) 能对废气吸收剂或药剂进行去除率操作评价。

(e) 能对岗位操作提出合理化修改建议。

b. 设备维护与保养

(a) 能根据设备运行情况提出检修项目。

(b) 能进行设备装置的防腐维护保养。

(c) 能参与本装置设备、管道的防腐蚀、保温、保冷等项目施工后的竣工验收工作。

c. 事故判断和处理

(a) 能及时发现、处理多岗位各种异常现象和事故。

(b) 能组织处理本装置停电、停水、停料等突发性事故。

(c) 能做好事故调查、责任认定等工作。

d. 工艺计算

(a) 能进行能量平衡和传质、传热计算。

(b) 能绘制工艺流程简图和车间平面简图。

(c) 能利用统计、核算数据，提出工艺改进方案。

③ 废水处理

a. 废水处理

(a) 能组织完成本装置大修后的试车、验收工作。

(b) 能根据分析结果，改变工艺参数，调整工艺操作。

(c) 能优化装置操作，提高设备的利用率，降低装置的能耗和物耗。

(d) 能对活性污泥或菌种进行驯化操作。

(e) 能对不同来水污染物去除方法进行筛选。
(f) 能对岗位操作提出合理化修改建议。
b. 设备维护与保养
(a) 能根据设备运行情况提出检修项目。
(b) 能进行设备装置的防腐维护保养。
(c) 能参与本装置设备、管道的防腐蚀、保温、保冷等项目施工后的竣工验收工作。
c. 事故判断和处理
(a) 能及时发现、处理多岗位各种异常现象和事故。
(b) 能组织处理本装置停电、停水、停料等突发性事故。
(c) 能做好事故调查、责任认定等工作。
d. 工艺计算
(a) 能进行能量平衡和传质、传热计算。
(b) 能绘制工艺流程简图和车间平面简图。
(c) 能利用统计、核算数据，提出工艺改进方案。
④ 废渣处理
a. 废渣处理
(a) 能组织完成本装置大修后的试车、验收工作。
(b) 能根据分析结果，改变工艺参数，调整工艺操作。
(c) 能优化装置操作，提高设备的利用率，降低装置的能耗和物耗。
(d) 能根据来料的性质进行无害化处理。
(e) 能对岗位操作提出合理化修改建议。
b. 设备维护与保养
(a) 能根据设备运行情况提出检修项目。
(b) 能进行设备装置的防腐维护保养。
(c) 能参与本装置设备、管道的防腐蚀、保温、保冷等项目施工后的竣工验收工作。
c. 事故判断和处理
(a) 能及时发现、处理多岗位各种异常现象和事故。
(b) 能组织处理本装置停电、停水、停料等突发性事故。
(c) 能做好事故调查、责任认定等工作。
d. 工艺计算
(a) 能进行能量平衡和传质、传热计算。
(b) 能绘制工艺流程简图和车间平面简图。
(c) 能利用统计、核算数据，提出工艺改进方案。
⑤ 培训与指导
a. 培训
(a) 能制定培训初级、中级、高级操作人员培训计划。
(b) 能根据培训计划和操作经历，传授操作经验。
b. 指导
(a) 能指导初级、中级、高级操作人员，按规程完成该等级操作。
(b) 能指出初级、中级、高级操作人员在操作中存在的问题。
(2) 知识要求
① 工艺准备
a. 工艺文件准备
(a) 设备检修的有关规定。

(b) 工艺指标制定的依据和范围的确定。
(c) 化工制图知识。
(d) 技术规程文件编写规范的相关知识。
(e) 设备折旧、报废的有关知识。
b. 设备准备
(a) 本装置联动试车相关知识。
(b) 设备间相互切换的相关知识。
(c) 安全、环保制度。
② 废气处理
a. 废气处理
(a) 进行试车、验收操作的有关知识。
(b) 优化目标及调优因素分析。
(c) 化工原理和化学工艺操作的有关知识。
(d) 吸收剂的再生和重复利用的有关知识。
b. 设备维护与保养
(a) 设备的操作保养知识。
(b) 分析结果对设备防腐操作的指导。
(c) 设备、管道的防腐蚀、保温、保冷等项目竣工验收要求。
c. 事故判断和处理
(a) 各岗位异常现象的分析判断和处理知识。
(b) 突发性事故处理要点。
(c) 设备故障分析知识。
d. 工艺计算
(a) 物料衡算和热量衡算的有关知识。
(b) 工艺技术管理的有关规定。
(c) 统计学的相关知识。
③ 废水处理
a. 废水处理
(a) 进行试车、验收操作的有关知识。
(b) 优化目标及调优因素分析。
(c) 化工原理和化学工艺操作的有关知识。
(d) 菌种培养、驯化的有关知识。
(e) 工艺操作分析和评价的有关知识。
b. 设备维护与保养
(a) 设备的操作保养知识。
(b) 分析结果对设备防腐操作的指导。
(c) 设备、管道的防腐蚀、保温、保冷等项目竣工验收要求。
c. 事故判断和处理
(a) 各岗位异常现象的分析判断和处理知识。
(b) 突发性事故处理要点。
(c) 设备故障分析知识。
d. 工艺计算
(a) 物料衡算和热量衡算的有关知识。
(b) 工艺技术管理的有关规定。

(c) 统计学的相关知识。

④ 废渣处理

a. 废渣处理

(a) 进行试车、验收操作的有关知识。

(b) 优化目标及调优因素分析。

(c) 化工原理和化学工艺操作的有关知识。

(d) 固体废弃物的处理知识和选用废渣操作的依据。

(e) 工艺操作分析和评价的有关知识。

b. 设备维护与保养

(a) 设备的操作保养知识。

(b) 分析结果对设备防腐操作的指导。

(c) 设备、管道的防腐蚀、保温、保冷等项目竣工验收要求。

c. 事故判断和处理

(a) 各岗位异常现象的分析判断和处理知识。

(b) 突发性事故处理要点。

(c) 设备故障分析知识。

d. 工艺计算

(a) 物料衡算和热量衡算的有关知识。

(b) 工艺技术管理的有关规定。

(c) 统计学的相关知识。

⑤ 培训与指导

a. 培训　根据培训大纲制定出相应的培训计划和要求的相关知识。

b. 指导

(a) 操作中的注意事项和相关知识。

(b) 提高操作技能经常采用的方法和经验教训。

9.3.2.5　高级技师

(1) 技能要求

① 工艺准备

a. 工艺文件准备

(a) 能编制突发性异常事故（如生产过程中出现重大异常而造成的严重污染）。

(b) 能编制新产品开发过程中产生的不固定污染物处理的操作规程。

(c) 能编制新建车间试车期间产生的污染物处理操作法。

b. 设备准备

(a) 能完成联动设备的整体调试。

(b) 能组织不同类型设备检修时的各项准备工作。

② 三废处理

a. 三废处理

(a) 能进行车间技改项目的实施，并对废物回收利用提出方案。

(b) 能根据国外文献开发出适合本企业综合利用的流程。

(c) 能通过对来料的特性（如色、态）观察，指导分析操作。

(d) 能对来料组分进行快速检验。

b. 设备维护与保养

(a) 能制定设备的维护保养制度。

(b) 能根据设备运行情况，参与设备报废的鉴定工作。

c. 事故判断和处理
(a) 能组织、协调处理流程中发生的多点（两点以上）事故。
(b) 能判断和处理仪表（包括 DCS）及联锁引起的故障。
d. 工艺计算
(a) 能进行数据处理和统计核算。
(b) 能制定车间的工艺流程指标和管理制度。
③ 回收利用
a. 三废的回收
(a) 能根据来料的性质进行液体废料的回收。
(b) 能根据来料的性质进行固体废料的回收。
b. 三废的利用
(a) 能对生产过程中产生出的三废提出治理方案。
(b) 能综合利用产生出的三废。
④ 培训与指导
a. 培训
(a) 能对技师进行理论培训。
(b) 能传授特有的操作技巧。
b. 指导
(a) 能根据要求，开发技能培训模块和计划，并组织实施。
(b) 能针对培训对象及培训内容，选择适当的教学方式。
(2) 知识要求
① 工艺准备
a. 工艺文件准备
(a) 应急机制建立的相关知识。
(b) 无机物、有机物和有机混合物处理方法。
(c) 本行业国内外技术发展信息。
b. 设备准备
(a) 联动设备整体调试时的注意事项。
(b) 不同类型设备检修时准备工作中的注意事项。
② 三废处理
a. 三废处理
(a) 仿生学基础。
(b) 文献检索的相关知识。
(c) 有机物快速检验方法。
b. 设备维护与保养
(a) 设备维护保养制度的相关知识。
(b) 设备报废鉴定工作程序。
c. 事故判断和处理
(a) 工艺条件变化对设备的影响情况。
(b) 重大事故的划分和责任的确定等相关知识。
d. 工艺计算
(a) 高等数学和统计学知识。
(b) 综合化利用的标准和经济分析。
③ 回收

a. 三废的回收

(a) 固体废料的鉴别划分知识。

(b) 液体废料的回收常识。

b. 三废的利用

(a) 综合利用的基本原则。

(b) 综合化利用的主要途径和常采用的手段。

④ 培训与指导

a. 培训　对学员进行有针对性的讲授，如何将经验和技能有效地教给学生的相关知识。

b. 指导　技能学习过程中的学习技巧。

9.3.2.6　鉴定内容的比重

相关知识和技能要求中，根据申报情况，初级工、中级工、高级工、技师选择废气处理、废水处理与废渣处理三个职业功能之一进行考评。三废处理工的鉴定内容中理论知识比重见表 9-3，三废处理工的鉴定内容中技能操作比重见表 9-4。

表 9-3　三废处理工的鉴定内容中理论知识比重

项目			初级/%	中级/%	高级/%	技师/%	高级技师/%
基本要求		职业道德	5	5	5	5	5
		基础知识	30	25	20	15	10
相关知识	工艺准备	工艺文件准备	20	10	5	10	10
		设备准备	15	15	5	10	5
	废气处理	废气处理	12	15	25	10	
		设备维护与保养	12	20	25	10	
		事故判断和处理	3	5	10	15	
		工艺计算	3	5	5	15	
	废水处理	废水处理	12	15	25	10	
		设备维护与保养	12	20	25	10	
		事故判断和处理	3	5	10	15	
		工艺计算	3	5	5	15	
	废渣处理	废渣处理	12	15	25	10	
		设备维护与保养	12	20	25	10	
		事故判断和处理	3	5	10	15	
		工艺计算	3	5	5	15	
	三废处理	三废处理					5
		设备维护与保养					5
		事故判断和处理					5
		工艺计算					5
相关知识	基本要求	职业道德	5	5	5	5	5
		基础知识	30	25	20	15	10
	回收利用	三废的回收					15
		三废的利用					15
	培训与指导	培训				5	10
		指导				5	10
合计			100	100	100	100	100

表 9-4 三废处理工的鉴定内容中技能操作比重

项目			初级/%	中级/%	高级/%	技师/%	高级技师/%
技能要求	工艺准备	工艺文件准备	5	5	5	10	15
		设备准备	50	15	10	15	
	废气处理	废气处理	15	30	25	10	
		设备维护与保养	20	20	30	10	
		事故判断和处理	20	15	25		
		工艺计算	5	10	25		
	废水处理	废水处理	15	30	25	10	
		设备维护与保养	20	20	30	10	
		事故判断和处理	20	15	25		
		工艺计算	5	10	25		
	废渣处理	废渣处理	15	30	25	10	
		设备维护与保养	20	20	30	10	
		事故判断和处理	20	15	25		
		工艺计算	5	10	25		
	三废处理	三废处理					5
		设备维护与保养					5
		事故判断和处理				5	
		工艺计算				5	
	回收利用	三废的回收					15
		三废的利用				15	
	培训与指导	培训				5	10
		指导			5	10	
合计			100	100	100	100	100

从表 9-3 和表 9-4 中看出，初级工和中级工侧重基本的实践操作，以及劳动安全卫生与环境保护知识，另外，初级工还必须有职业素质的培训，内容包括职业道德基本知识和职业守则基本知识。对于高级工和技师，则侧重于要求实践操作和理论知识体系的掌握，由于申请高级工和技师的人员从事本行业时间较长或接受了一定的教育，具有大专以上学历，因此要求高级工和技师必须有全面的理论知识，对技师尤其要求有扎实的基础理论知识，并具备技术能力、管理能力和实际操作技能。

9.3.3 附录习题

一、单项选择题（下列每题的选项中，只有 1 个是正确的，请将其代号填在横线空白处）

1. 颗粒污染物中，粒径小于 10μm 而长期飘浮者称为______。

A. 飘尘　　B. 粉尘　　C. 烟尘　　D. 降尘

2. 不属于化工废气特点的是______。

A. 都具有剧毒　　B. 污染物质浓度高　　C. 组成复杂，危害性大　　D. 种类繁多

3. 不是化工废气治理措施的是______。

A. 制定并执行合理的控制标准和法规　　B. 开发和使用清洁能源

C. 改革生产工艺和设备，调整产品结构　　D. 废除能产生化工废气的生产工艺

4. ______是利用旋转的含尘气体所产生的离心力将尘粒从废气中分离出来。

A. 惯性力除尘　　B. 旋风除尘　　C. 重力除尘　　D. 质量除尘

5. 从废气中将颗粒污染物分离出来并加以捕集、回收的过程称为______。

A. 消烟　　B. 除杂　　C. 吸尘　　D. 除尘

6. 下列属于地下水的是______。

A. 冰川　　B. 沼泽　　C. 水库　　D. 潜水

7. 重力沉降是利用粉尘与气体的______不同使含尘气体中的尘粒从气流中自然沉降下来。

A. 密度　　B. 运动惯性　　C. 离心力　　D. 质量

8. SO_3 被溶液吸收所产生的酸雾属于______。

A. 烟尘　　B. 煤尘　　C. 雾尘　　D. 粉尘

9. 化学需氧量简称______。

A. BOD　　B. BOD_5　　C. COD　　D. TOD

10. 工业生产中可以用水去除废气中的 HCl 属于______。

A. 化学法　　B. 物理法　　C. 物理化学法　　D. 生物法

11. 用活性炭作为吸收剂吸收化工废气中的 SO_2 属于______过程。

A. 物理　　B. 化学　　C. 物理化学　　D. 生物

12. 用 NaOH 作为吸收剂吸收盐酸厂的含 HCl 废气属于______方法。

A. 物理　　B. 化学　　C. 物理化学　　D. 生物

13. 下列不能从根本上治理废气的是______。

A. 废气高空排放　　B. 合理调整生产布局

C. 改革生产工艺和设备，调整产品结构

D. 制定并执行合理的控制标准和法规

14. 热电站的冷却水排放到江河湖海中造成的污染属于______。

A. 悬浮物质污染　　B. 放射性污染　　C. 热污染　　D. 生物性污染

15. 下列不属于国际六大毒物的是______。

A. 氰化物　　B. 汞化物　　C. 铬化物　　D. 铜化物

16. BOD 是______的简称。

A. 生化需氧量　　B. 化学需氧量　　C. 总需氧量　　D. 总有机碳

17. 磁力分离法是借助外加______的作用将废水中有磁性的悬浮固体吸出。

A. 电场　　B. 磁场　　C. 磁力　　D. 密度

18. 用活性炭吸附废气中的甲苯，吸附质是______。

A. 活性炭　　B. 甲苯　　C. 活性炭和甲苯

19. 在酸性废水中加入一些碱进行中和，这种处理废水的方法属于______。

A. 化学转化法　　B. 生物化学转化法　　C. 消毒转化法　　D. 物理转化法

20. 用 H_2SO_4 作为吸收剂可吸收化工废气中的______。

A. HCl　　B. NH_3　　C. HF　　D. NO_x

二、填空题

1. 五日生化需氧量简称______。

2. 废水的温度、浑浊度颜色、味道等是废水的______性水质指标。

3. 化工废气的产生与排放存在____________、______较大等特点。

4. 整个水循环系统应该包括水的____________，造成水体污染的主要原因是______和______。

5. 水体能在______范围内，经过水体的_____、___和___的作用，使排入的污染物质的______和________随着时间的推移在向下游流动的过程中自然降低，称为______。

6. 所谓环境是指______________周围的空间及空间中的_____和______。

7. 化工废气是从各种不同______及其有关______中排放的含有污染物质的______总称。

8. 吸附过程是______过程，在吸附质被吸附的同时，部分已被吸附的吸附质又会回到气相中去，这种现象称为_________。

9. 组成大陆地壳的三种岩石分别是______、______、______。

10. 粉尘中，靠重力作用能在短时间内沉降到地面的是________。

11. 废水对水体、大气、土壤、生物的污染称为________。

12. 生物圈是地球表面全部________包括______及与之发生相互作用的_____的总称。

13. 在生物圈中，对紫外线有吸收作用的是_________。

14. 消烟主要是消除工业生产中产生的________，它主要是由于_______造成的，改善的主要办法是___________。

15. 根据除尘原理，可以概括为________，________，________，________。

16. 低浓度 SO_2 脱硫方法，总的来说可分成______和______两大类。

17. 处理低浓度 SO_2 时，可用活性炭吸附 SO_2，SO_2 是______，吸附剂是______。

18. 国际上公认的六大毒物是______、______、______、______、______、______。

19. 利用微生物处理废水中的污染物（主要是有机物）的方法，称为__________。

20. 生物化学转化处理法中，要在充分的供氧条件下进行的是属于______（好氧/厌氧）生物转化处理。

21. NH_4HCO_3 吸收低浓度的 SO_2 时，吸收剂是________，属于________吸附法（干法或湿法）。

三、判断题（下列判断正确的打√，错误的打×）

1. 用 NaOH 作为吸收剂吸收盐酸厂的含 HCl 废气属于物理吸收。（　）

2. 氮、磷是微生物和植物的营养物质，但废水中它们的含量分别超过 0.02mg/L 和 0.2mg/L 就会引起水体的富营养化。（　）

3. 水体和水不是同一个概念。（　）

4. 总有机碳 TOC 表示水体中有机污染物的总含碳量。（　）

5. BOD_5 表示五日化学需氧量。（　）

6. 利用大气的自净作用对废气进行高空排放可以达到废气的最终处置。（　）

7. 磁力分离法是借助外加磁场的作用，将废水中具有磁性的悬浮固体吸出。（　）

8. 水质指标可分为物理的、化学的和生物学的三大类。（　）

9. 两种药物共同作用时，可以使彼此的药效增强，这种作用称为协同作用。（　）

10. 高温堆肥、厌气塘、化粪池等属于厌氧生物转化处理方法。（　）

11. 鼓风机选择时，在同一供气系统，尽量选用同一型号的鼓风机，工作鼓风机台数≤3 台时，备用 1 台；工作鼓风机≥4 台，备用 2 台。（　）

12. 与离心式鼓风机相比，进气温度的变化对罗茨鼓风机性能的影响可以忽略不计。（　）

13. 对于小型污水泵站，水泵台数可按 2～3 台（2 用 1 备）设置；对于大中型泵站，可按 3～4 台设置。（　）

14. 纯氧曝气系统的污泥泥龄通常为 5～15 天。（　）

15. AB 法两段严格分开，拥有独立污泥回流和微生物种群，不利于各自功能的发挥。（　）

16. AB 法工艺处理污水时，A、B 两段污泥泥龄相同。（　）

17. 水泵运行中如果遇到突然断电而停车的时候，首先要拉掉电源开关，同时手动关闭出口阀。（　）

18. 为保证 BOD_5/COD_{Cr} 值的提高和 A 段处理效果，A 段可缺氧和好氧交替运行。（　）

19. A/O 法的 A 段容积一般比 O 段大。（　）

20. 由于硝酸菌繁殖较慢，A/O 池必须维持足够长的泥龄。（　）

四、名词解释

1. 水体
2. 水体的自净作用
3. 水质
4. 富营养化
5. 氧垂曲线

五、问答题

1. 化工废气的治理技术有哪些？

2. 现场采样中，产生误差的主要因素有哪些？

3. 在下水道、污水处理厂和污水泵站等部位采样时，容易产生危险，必须采取措施，请写出不少于四种危险的情况。

4. SBR 法工艺是否无须再设二沉池和污泥回流设备？为什么？

5. 城市污泥的处理处置方法有哪些？如何达到城市污泥处理的减量化、稳定化、无害化？

参考文献

[1] 奚旦立等主编. 环境监测. 第4版. 北京：高等教育出版社，2011.
[2] 高廷耀主编. 水污染控制工程（下册）. 第3版. 北京：高等教育出版社，1999.
[3] 周群英，高廷耀编. 环境工程微生物学. 第2版. 北京：高等教育出版社，2000.
[4] 陈泽堂主编. 水污染控制工程实验. 北京：化学工业出版社，2003.
[5] 李燕城主编. 水处理实验技术. 北京：中国建筑工业出版社，1988.
[6] 周全法，尚通明. 电子废料回收与利用丛书：电子元器件与材料的回收利用. 北京：化学工业出版社，2003.
[7] 周全法，尚通明. 电子废料回收与利用丛书：废电脑及配件与材料的回收利用. 北京：化学工业出版社，2003.
[8] 周全法，尚通明. 电子废料回收与利用丛书：废电池与材料的回收利用. 北京：化学工业出版社，2003.
[9] 中国石油和化学工业协会制定. 化学工艺职业标准　化工三废处理工. 北京：化学工业出版社，2005.
[10] 王琪，周全法. 分析工职业技能鉴定培训教程. 北京：中国教育文化出版社，2004.
[11] 张自杰主编. 排水工程（下册）. 第4版. 北京：中国建筑工业出版社，2000.